ग्वार उत्पादन प्रौद्योगिकी

ग्वार उत्पादन प्रौद्योगिकी

सहयोग

दीपा मेहंदीरत्ता
कपिल सोलंकी
हंसराज महला

हिन्दी टाईप : हरिशचन्द्र शर्मा

ग्वार उत्पादन प्रौद्योगिकी

डॉ. डी. कुमार

परियोजना समन्वयक
अखिल भारतीय समन्वित मरू दलहन अनुसंधान परियोजना
काजरी,
जोधपुर 342 003

SCIENTIFIC
PUBLISHERS (INDIA)
www.scientificpub.com

प्रकाशक:
साइन्टिफिक पब्लिशर्स (इंडिया)
5–ए, न्यू पाली रोड़
पो.बॉ. नं. 91
जोधपुर – 342 001

फोन – 0291 2433323
फैक्स – 0291 2613449
E-mail: info@scientificpub.com
www.scientificpub.com

ISBN: 978-81-7233-645-5

लेजर टाईपसेट – राजेश ओझा

बाईन्डिंग – राजस्थान लॉ बुक बाईन्डिंग वर्क्स, जोधपुर
भारत में मुद्रित

विषय सूची

भारतीय कृषि अनुसंधान परिषद्
कृषि अनुसंधान भवन–II, पूसा, नई दिल्ली – 110 012
INDIAN COUNCIL OF AGRICULTURAL RESEARCH
Krishi Anusandhan Bhawan & Pusa, New Delhi 110 012
Ph.: 91-11-25848364 (O), 25843496, 25849786 (R)
Fax: 91-11-25848366
E-mail: aksingh@icar.org.in; aks_wtc@yahoo.com

आमुख

ग्वार एक गहरे जड़ तंत्र वाली शुष्कता–प्रतिरोधी बहुउद्धेशीय रूक्ष दलहन है। सम्पूर्ण संसार का लगभग 82% ग्वार का उत्पादन भारत से तथा 15% पाकिस्तान से प्राप्त होता है। राजस्थान, भारत का अकेला ऐसा प्रदेश है, जो 86% ग्वार उगाता है तथा 56% का उत्पादन करता है। इसके विपरीत ग्वार उत्पादकता राजस्थान में सबसे कम (234 कि. ग्राम/है) जबकि दूसरे कम महत्त्वपूर्ण राज्यों हरियाणा, गुजरात, पंजाब की उत्पादकता काफी अधिक (665-800 कि.ग्राम/है) है। अतः राष्ट्रीय स्तर पर क्षेत्रफल तथा उत्पादन में सामन्जस्य लाने के लिए राजस्थान में ग्वार की उत्पादकता को लगभग 500 कि.ग्राम/है तक बढ़ाने की आवश्यकता है। ग्वार की अनुकूलता वर्षा पर आधारित, कम देखरेख व सीमित लागत स्थितियों में होने के कारण इसके क्षेत्रफल (5.56 से 33.43) लाख हैक्टर तथा उत्पादन (2.32 से 11.69 लाख टन) में भारी फेरबदल एक भारी चिंता का विषय है। अतः वर्षा की बढ़ती अनिश्चितता, तेज गर्मी व घटते संसाधनों की स्थितियों में राजस्थान में ग्वार के क्षेत्रफल तथा उत्पादन को स्थायित्व देना एक गम्भीर चुनौती जान पड़ती है। इस दिशा में प्रमाणित बीजों की अपर्याप्तता, कुछ व्याधियों (जीवाणुज पर्ण झुलसा, आल्टरनेरिया पर्ण झुलसा, चूर्ण फूंद) का समय समय पर प्रकोप भी उत्पादन के गिरते स्तर के लिए मुख्य कारण हो सकते हैं।

ग्वार एक सीमान्त दलहन के रूप में रूक्ष क्षेत्र से प्रारम्भ होकर एक अन्तर्राष्ट्रीय, निर्यात बहुमूल्य वाली नगदी फसल के रूप में जानी जाने लगी है। ग्वार के दानों से प्राप्त बहुशर्करा गैलेक्टोमैनन गोंद, एक बहुउद्धेशीय औद्योगिक पदार्थ है। जिसका जैवरासायनिक विलक्षणों द्वारा भोज्य, खनिज तेल, कागज, कपड़ा, खनन, आयुर्वेदिक इत्यादि उद्योगों में प्रयोग होता है। इन्हीं कारणों से ग्वार गोंद व इसके सह–पदार्थों का मुख्यतया पश्चिमी राष्ट्रों में लगभग 1.70 से 2.04 लाख टन का प्रति वर्ष निर्यात किया जाता है, जिसकी अन्तर्राष्ट्रीय स्तर पर कीमत लगभग 1000-1200 करोड़ रू. होती है।

ग्वार गोंद उद्योगों द्वारा प्राप्त अप्रधान उत्पाद ग्वार आहार में प्रोटीन की अधिकता (40-50%) के कारण एक मुख्य सान्द्र माना जाता है। यह प्रोटीन सान्द्र गुणात्मक लक्षणों

के कारण मूंगफली की खली को पूरी तरह से प्रतिस्थापन कर सकता है। ग्वार के दानों का तेल (5-6%) कुछ अमीनों अम्लों के संदर्भ में सूरजमुखी के तेल के तुल्य माना जाता है।

अतः ग्वार के क्षेत्र में अनुसंधान की प्रबल संभावनाएँ नजर आती हैं। उदाहरण के तौर पर इसके क्षेत्रफल, उत्पादन व उत्पादकता में ऊँचे स्तर पर स्थायित्व लाना, प्रमाणिक बीजों की उपलब्धता बढ़ाना, जैविक तनावों का प्रबंध करना, कृषकों को उन्नतशील शस्य क्रियाओं तथा फसल प्रबंध के दूसरे सुधरे तरीकों का ज्ञान कराना। यह आवश्यक है कि ग्वार गोंद का निर्यात आगामी **5-6** वर्षों में रू. **1500** करोड़ से अधिक पहुंचाया जाये। ग्वार आहार के प्रोटीन सान्द्र की विभिन्न स्तरों पर उपयोग की संभावनाएँ खोजना इत्यादि। अतः इस दिशा में उपलब्ध अनुसंधान की विभिन्न सूचनाओं को एकत्रित करना तथा मातृभाषा में प्रकाशित करना एक सराहनीय कदम हो सकता है।

प्रस्तुत पुस्तक **ग्वार उत्पादन प्रौद्योगिकी"** में उपरोक्त सभी आयामों व आवश्यकताओं का विस्तार से वर्णन किया गया है, तथा इन सभी सूचनाओं व अनुसंधानों को पुस्तक के 11 अध्यायों में बहुत सरल तथा आकर्षित भाव से प्रदर्शित किया गया है। उपरोक्त पुस्तक का प्रकाशन हमारी राष्ट्रभाषा हिन्दी में करना एक सराहनीय तथा प्रशंसनीय कार्य है।

मैं लेखक डॉ. डी. कुमार को इसके लिए बधाई देता हूँ तथा मुझे पूर्ण विश्वास है कि वर्तमान पुस्तक ग्वार की संर्वागीण विकास में मील का पत्थर सिद्ध होगी।

स्थान : नई दिल्ली

डॉ. ए.के.सिंह

आभार

सम्पूर्ण निष्ठा व पूर्ण कृतज्ञता के साथ, मैं, भारतीय कृषि अनुसंधान परिषद् के महानिदेशक व कृषि अनुसंधान और शिक्षा विभाग, कृषि मंत्रालय, नई दिल्ली के सचिव डा. मंगलाराय को अखिल भारतीय समन्वित मरू दलहन अनुसंधान परियोजना को अनन्त व निरन्तर सहयोग व मार्गदर्शन देते रहने के लिए धन्यवाद अर्पण करता हूँ। परियोजना का वर्तमान स्वरूप, इसका योगदान तथा फेलाव आपके मार्गदर्शन में सम्पन्न हुआ है। वर्तमान पुस्तक के लिखने व प्रकाशन में भी आप एक प्रेरणा के स्त्रोत तथा लम्बे समय से ऐसा करने के लिए अग्रिम प्रशंसक के पवित्र स्त्रोत बने हुए हैं। इन सभी कृत्यों के लिए, मैं, और मेरी परियोजना के वैज्ञानिक हमेशा ही अपने को भाग्यशाली मानते आ रहे हैं, तथा आपका भारी आभार प्रकट करते हैं।

भारतीय कृषि अनुसंधान परिषद् के पूर्व उप महानिदेशक (फसल विज्ञान) तथा वर्तमान में राष्ट्रीय जैवविविधता प्राधिकरण चैन्नई के अध्यक्ष डा. पी.एल. गौतम व वर्तमान उप महानिदेशक (फसल विज्ञान) डा. सपन दत्ता द्वारा दिये गये लम्बे प्रोत्साहन, मार्गदर्शन व समय–समय पर की गई समीक्षा के लिए धन्यवाद अर्पण करते समय, हर्ष की अनुभूति महसूस कर रहा हूँ। आप द्वारा इस परियोजना को सदैव ही सराहा गया है। भारतीय कृषि अनुसंधान परिषद के सहायक महानिदेशक डा. वी.डी. पाटिल (तिलहन व दलहन) द्वारा इस परियोजना तथा परिषद् के मध्यम महत्त्वपूर्ण शृंखला के रूप में कार्य करते हुए तकनीकी, वित्त व प्रशासनिक मार्गदर्शन दिया जा रहा है, जो कि प्रशंसा योग्य व स्मरणीय है। अतः मैं अन्तःकरण से आपको धन्यवाद देना चाहता हूँ।

काजरी के पूर्व निदेशक व वर्तमान में राष्ट्रीय अजैविक तनावों पर प्रबंध अनुसंधान संस्थान, बारामती के निदेशक डा. के.पी.आर. विट्ठल तथा काजरी के वर्तमान निदेशक डा. एन.वी. पाटिल को मैं विशेष रूप से उनके द्वारा हर आवश्यक सहायता उपलब्ध कराने, भौतिक व वित्त अनुसंशा देने तथा समय–समय पर आवश्यक सुविधा प्रदान करने के लिए धन्यवाद अर्पित करता हूँ। इन सभी सुविधाओं व दूसरी आवश्यकताओं को जुटाने के कारण इस पुस्तक का लिखना तथा प्रकाशन संभव हो सका है।

मेरे साथी कपिल सोलंकी तथा दीपा मैंहन्दीरत्ता ने इस पुस्तक के वर्तमान स्वरूप के लिए काफी सराहनीय कार्य किया है, तथा मुझे हर कदम पर आवश्यक सहयोग दिया है। अतः मैं आप दोनों को उनके द्वारा किये गये सहायता कार्य के लिए आभार प्रकट करता हूँ।

मेरे साथी हरिशचन्द्र शर्मा, आशुलिपिक ने इस पुस्तक के पूरे अनुक्रमणिका को टाईप किया है तथा हर कदम पर इसे सुधारने के पूरे प्रयत्न भी किये हैं। अतः मैं इन बातों व कार्यों के वास्ते मैं उनका अन्तः दिल से धन्यवाद देता हूँ।

मेरी परियोजना–परिवार के दूसरे सदस्यगण कुम्भसिंह, जगदीश गौड़, हनुमानराम, मदनलाल, उम्मेदसिंह व पतासी बाईजी ने भी हर कदम पर मेरा साथ दिया है। मेरी सभी परेशानियों का हल निकालते हुए, मुझे कार्य करने में हर्षित किया है। अतः छः माह के रिकॉर्ड समय में यह पुस्तक पूरी की जा सकी है, अतः अपने सभी परिवार के इन सभी साथियों को धन्यवाद देकर प्रसन्नता महसूस कर रहा हूँ।

डी. कुमार

प्रस्तावना

भारत में ग्वार पर अनुसंधान, अखिल भारतीय समन्वित मरू दलहन अनुसंधान परियोजना के अन्तर्गत पूर्ण रूप से एकत्रित व सघन प्रयासों द्वारा किया जा रहा है, परन्तु इन प्रयासों के इतिहास में काफी उतार–चढ़ाव, स्थानान्तरण व व्यक्तिगत प्रयास गौण रहे हैं। ग्वार का आज जो भी महत्व है, विभिन्न विलक्षण हैं या राष्ट्रीय–अन्तर्राष्ट्रीय गूंज है, उन सभी को काजरी के पुराने दिग्गज व कर्णधार वैज्ञानिकों ने पूर्व में आज से लगभग तीन दशक पूर्व भली भाँति समझ व परख लिया था। ग्वार में छिपी प्रतिभाओं व संभावनाओं को खोजने, सतह पर लाने व आम जनों के कल्याण के वास्ते, कृषि वैज्ञानिकों के एक समूह द्वारा 11-12 जनवरी, 1977 को **"ग्वार में अनुसंधान व विकास"** विषय पर एक कार्यशाला आयोजित की गई, तथा अपने ही स्तर पर ग्वार पर सतत् कार्य करने का संकल्प लिया। यह कार्य काजरी, जोधपुर; दुर्गापुरा, जयपुर; एस.के.नगर; दांतीवाड़ा; हिसार; भटिण्डा तथा ग्वालियर में विभिन्न वर्गीकृत विषयों पर दस वर्ष तक निरन्तर चलता रहा। इन स्वतः कार्यकत्ताओं के संकल्प व महत्त्वपूर्ण सूचनाएँ प्राप्त हो जाने तथा आनुवंशिक संधान के विकास हो जाने के कारण, "भारतीय कृषि अनुसंधान परिषद्" द्वारा अप्रेल 1986 में **अखिल भारतीय समन्वित ग्वार अनुसंधान परियोजना** की स्वीकृति तो प्रदान कर दी परन्तु इसका संचालन दिल्ली से करवाया।

उपरोक्त मुख्य केन्द्रों (एस.के.नगर, दुर्गापुरा, हिसार) व उपकेन्द्रों (काजरी, भटिण्डा, ग्वालियर) पर एकत्रित ढंग से सफलताओं को छूते हुए ग्वार पर कार्य निरन्तर चलता रहा।

ग्वार के अतिरिक्त मोठ बीन, चंवला व कुल्थी की शुष्कता रोधी क्षमता देखते हुए व इन दलहनों के मरू भूमियों में क्षेत्र व उत्पादन के महत्व को देखते हुए, इन फसलों को दलहन परियोजना निदेशालय कानपुर से हटा कर इस परियोजना में शामिल कर, ग्वार परियोजना को **अखिल भारतीय मरू दलहन अनुसंधान परियोजना** का 1 अगस्त 1989 को नया स्तर दे दिया तथा इसका संचालन नई दिल्ली से ही होता रहा। परन्तु इस परियोजना ने शुरू होने के 8 वर्ष पश्चात् फिर एक स्थानान्तरण का अनुभव किया, जबकि मरू दलहन परियोजना को 1 अप्रेल 1997 को मरू प्रदेश की हृदयस्थली बीकानेर में विस्थापित कर दिया गया। यह शायद काफी नहीं था, अतः डा. एच.के. जैन समिति की सिफारिश पर इस परियोजना पर फिर वार करते हुए, इसे राष्ट्रीय नेटवर्क परियोजना में परिवर्तित करके 1 जनवरी, 2000 को काजरी में स्थानान्तरण कर दिया गया। इस परियोजना यह स्वरूप कुछ दूसरी परियोजनाओं के साथ ही किया गया था तथा यह एक विशेष केस नहीं था।

यह परियोजना भारतीय कृषि अनुसंधान परिषद् नई दिल्ली व काजरी प्रशासनों द्वारा सुविधाओं तथा आवश्यक दिशा निर्देशों का पालन करती हुई आगे बढ़ती जा रही है। इस

परियोजना का कुछ भी नाम या स्वरूप है या कैसी भी सुविधाएँ है, परन्तु ग्वार ही हमारी मुख्य प्राथमिकता रही है, यह हमारी जीवन रेखा है, तथा इस दिशा में सभी केन्द्रों की भरपुर मेहनत व लगन से ग्वार के क्षेत्रों में अद्भुत अनुसंधान हुए हैं, निष्कर्ष प्रयोगात्मक है वास्तविकता पर टिके हैं तथा निष्कर्ष जनहित है। ये सभी निष्कर्ष नीचे उल्लेखित है तथा शनैः शनैः कुछ चुनौतियों का भी उल्लेख होने व प्रदर्शित हो जाने पर, अनुसंधानों को आवश्यकताओं व संसाधनों की उपलब्धता के अनुरूप या कृषकों व उद्योगों की अपेक्षाओं के अनुसार तोड़ा मरोड़ा व जोड़ा भी गया है। कृषकों के खेतों पर उनकी देखरेख में अग्रिम पंक्ति प्रदर्शन किये गये हैं। उनके अनुभवों व अपेक्षाओं को एकीकृत अनुसंधानों के कार्यक्रमों में उचित स्थान देकर फिर से परिवर्तित किया गया है। अतः यह आवश्यक है कि अखिल भारतीय समन्वित ग्वार व राष्ट्रीय मरू दलहन अनुसंधान परियोजनाओं के अन्तर्गत ग्वार पर किये गये अनुसंधानों के निष्कर्षो को एकत्रित किया जाये, उचित व आकर्षित ढ़ंग से प्रस्तुत किया जाये, शुभअवसरों व चुनौतियों का उल्लेख किया जाये तथा हर अध्याय में निर्दिष्ट सूचनाओं व रूपरेखाओं से संबधित भविष्य के दृष्टिकोण को भी दर्शाया जाये। कुछ मुख्य अनुसंधानों तथा निष्कर्षों का निम्न प्रकार से उल्लेख किया गया है।

ग्वार के क्षेत्र, उत्पादन व उत्पादकता में विभिन्न वर्षों की अवधि में, वर्षा की मात्रा व इसके वितरण पर निर्भरता के कारण, काफी उतार चढाव पाया गया है। ग्वार का क्षेत्र जो 1980–81 में 24.02 लाख हैक्टर था, 1987-88 में घटकर 11.0, 2002-03 में चिन्ताजनक रूप से 5.56 लाख हैक्टर तक घटकर वर्ष 2006-07 में नाटकीय ढंग से फिर 33.43 लाख हैक्टर तक बढ़ गया। उत्पादन जो वर्ष 1980-81 में काफी कम (5.6 लाख टन) था, वर्ष 1987-88 में काफी अधिक (14.40 लाख टन) बढ़ गया। इसी प्रकार उत्पादकता 50 (2002-2003) से लेकर 490 कि.ग्राम/हैक्टर (1990-1991) तक वितरित पाई गई है।

ग्वार प्रजनन के क्षेत्र में महत्त्वपूर्ण उपलब्धियाँ है तथा पिछले 25 वर्षों में ग्वार की 23 उन्नतशील किस्मों का राष्ट्रीय व राज्य स्तर पर विकास किया गया है। ये किस्में ग्वार के प्रारूप, पकने की अवधि, मुख्य व्याधियों तथा उपज व गुणात्मक विलक्षणों में सुधार को दर्शाती है। उदाहरण के तौर पर, पकने की अवधि 85-87 (आर.जी.सी.–936, आर.जी.एम.–112, एच.जी.–563, एच.जी.–365) से लेकर 115-120 दिन (आर.जी.सी.–986, एच.जी.–2-20) तक पाई गई है। किस्मों की उपज क्षमता 800-1000 (आर.जी.सी.–471, मरू ग्वार) से लेकर 1500-2000 कि.ग्राम/हैक्टर (एच.जी.–884, आर.जी.सी.–1063, आर.जी.सी.–1002) तक पाई गई है। शाखित व अशाखित किस्मों का विकास किया गया है। अशाखित किस्म (आर.जी.सी.–1066) की कम्बाईन द्वारा कटाई व मंडाई की जा रही है। ग्वार की किस्मों के विकास में आनुवंशिक संसाधनों का उचित प्रयोग किया गया है। तथा अभी तक दानों व सब्जियों के लिए उपयुक्त 6 व 7 क्रमशः किस्मों का विकास आनुवंशिक संसाधनों द्वारा किया गया है।

नई किस्मों की पकने की अवधि व उनके प्रारूप के अनुसार शस्य क्रियाओं का अध्ययन किया है, तथा उपयुक्त बोने का समय, उर्वरक प्रबंध, खरपतवार प्रंबध, सूक्ष्तम तत्त्वों का प्रबंध व फसल की विभिन्न पद्धतियों को खोजा गया है तथा उन्हे विभिन्न पद्धतियों में शामिल करने की संभावनाओं को तलाशा गया है। उपरोक्त सभी शस्य क्रियाओं का फसल उत्पादन में मात्रात्मक सहयोग को ढूँढा गया है तथा कृषकों के खेत पर

आंकलन किया गया है। ग्वार–गैहूँ व ग्वार–सरसों उत्तर–भारत के महत्त्वपूर्ण फसल क्रमांश हैं। उपरोक्त प्रथम क्रमांश द्वारा लगभग 26 कि.ग्राम पी$_2$ ओ$_5$ व 30-40 किलोग्राम नत्रजन प्रति हैक्टर की बचत होती है। ग्वार + बाजरा 3:1 अनुपात में उगाने पर ग्वार तुल्यांकन उपज व जल–उपयोग–क्षमता में वृद्धि पाई गई है। ग्वार की एकल फसल द्वारा ज्वार व बाजरा एकल फसल की तुलना में उत्पादन में अच्छी वृद्धि पाई गई है। विभिन्न अनुसंधान दर्शाते हैं कि ग्वार के लिए साधारण अवस्था में उर्वरक प्रबंध 20 + 40 + 20 नत्रजन, फास्फोरस व जिंक सल्फेट प्रति है. क्रमशः उपयुक्त पाया गया है।

ग्वार के संदर्भ में जीवाणुज पर्ण अंगमारी, आल्टरनेरिया पर्ण झुलसा, चुर्ण आसिता, जड़ व तना विगलन बीमारियाँ प्रधानता दर्शाती है, तथा इनकी तीव्रता क्षेत्र विशेष व अनुकूलक स्थितियों पर निर्भर करती हैं, जीवाणुज पर्ण अंगमारी अधिक तापमान (28-30° सैं.) व आर्द्रता (80-90%) की स्थितियों में अधिक तीव्रता से प्रभाव दिखाती हैं। चुर्ण आसिता अधिक तापक्रम (32-33° सैं.) व कम आर्द्रता (72-75%) तथा देरी से बोने की स्थितियों में मुख्य रूप से प्रकोप दिखाती हैं। जड़ व तना विगलन भूमि में काफी लम्बे समय तक पाये जाने वाले फफूंद के द्वारा प्रकोपित होती हैं, तथा अधिक शुष्कता, सीमित भूमि जल (15-16%) व अधिक तापक्रम (28-30%) इन बिमारियों के फैलाव के मुख्य कारक हैं। इन सभी व दूसरी बिमारियों के रोगों के लक्षण, बीमारी की तीव्रता, प्रबंध के जैविक रासायनिक वानस्पतिक तथा एकीकृत तरीके ढूंढ निकाले गये हैं, तथा उनकी स्पष्ट रूप से विस्तृत व्याख्या भी की गई है।

ग्वार की अन्तर्राष्ट्रीय व नगदी फसल के रूप में मान्यता, इसके दानों के भ्रुण में पाये जाने वाले बहुशर्करा गैल्क्टोमैनन ग्वार गोंद व औद्योगिक सह–उत्पाद “ग्वार–आहार” गर्भ + बीज का बाहरी आवरण जनित द्वारा है। इनकी विशिष्ट विशेषताऐं हैं तथा विशिष्ट क्षेत्रों में अपना स्थान है। ग्वार गोंद स्थायित्व, शक्ति, जल सोखना, लसलसापन, मोटी पर्त जैसे जैवरासायनिक गुण प्रदान करने के लिए उन विभिन्न उद्योगों में उपयोग में लाया जाता है जहाँ पर जल का प्रधान उपयोग होता है। ग्वार गोंद के कुल उत्पादन का 90% विदेशों में निर्यात हो जाता है। इसकी मांग, मुख्य रूप से खनिज तेल व तेल कुओं की खुदाई से आती है। अमेरिका से ही लगभग 40 हजार टन प्रतिवर्ष ग्वार गोंद की माँग आती है। वर्ष 2006-07 में लगभग 2.04 लाख टन ग्वार गोंद व सह–उत्पादों (लगभग 1200 करोड़ रूपये) का निर्यात किया गया था। ग्वार गोंद का निर्यात मुख्य रूप से इसके लसलसापन पर निर्भर करता है। ग्वार गोंद (28-31%) तथा ग्वार गोंद की लसलसाहट लगभग 1500-3000 सी.पी. पायी जाती है। ये लक्षण वातावरण, भूमि, शस्य क्रियाओं, उर्वरकों, बोने का समय, किस्म, सैम्पल की स्थिति व अवस्था इत्यादि द्वारा प्रभावित होते हैं। ग्वार आहार में लगभग 40-45% तक पाई जाने वाली कच्ची प्रोटीन के कारण मवेशियों का अच्छा सान्द्र पाया जाता है। तथा यह मूंगफली की खली की पूरी तरह से पूर्ति कर सकता है। ग्वार–आहार सान्द्र की विभिन्न पदार्थों में प्रयोग की प्रबल संभावनाएँ हैं। आहार में कुछ विषैले पदार्थ–सैपोनियनस, ट्रिप्सीन इन्हीबिटर्स, पौलीफीनोल पाये जाते हैं। ये गर्म दबाव (ऑटोक्लेव) द्वारा कम किये जा सकते हैं। ग्वार के बीज में 5-6% तेल पाया जाता है तथा यह तेल कुछ अमीनो अम्लों के संदर्भ में सूरजमूखी के तेल के तुल्य पाया जाता है।

ग्वार के संबन्ध में पूर्व के 8-9 वर्षों में 676 सफल अग्रिम पंक्ति प्रदर्शन, कृषकों के खेत पर उनके सहयोग द्वारा किये गये हैं। इनमें उपज के विभिन्न कारकों को अलग–अलग, समूहों में तथा एक साथ एक आवश्यक इकाई मान कर उनके प्रभाव अध्ययन किये गये हैं, तथा उनका उपज पर मात्रात्कृम प्रभावों का आंकलन किया गया है। निष्कर्षों से ज्ञात हुआ है कि उचित व उपयुक्त बोने का तरीका, रासायनिक उर्वरक प्रबन्ध, जिंक सल्फेंट द्वारा उपज में लगभग 37, 26 व 18% क्रमशः वृद्धि प्राप्त की जा सकती है। क्षेत्रवार उन्नत किस्मों का भी चयन किया गया है।

अतः उपरोक्त संदर्भों से यह बात काफी स्पष्ट हो जाती है कि ग्वार के विभिन्न क्षेत्रों में सूचनाओं का विशालतम भंडार उपलब्ध हैं। अतः ग्वार में अब तक किये गये मुख्य निष्कर्षों को एकत्रित करने व सुगम, सुन्दर तथा आकर्षित भाव से प्रस्तुत करने की आवश्यकता है। ऐसा करने से अनुसंधानों की ऊँचाईयों को जाना जा सकेगा, कुछ त्रुटियाँ जो छूट गईं हैं, को इंगित किया जा सकेगा। अतः ऐसी ऊँचाईयों तथा त्रुटियों द्वारा ग्वार के अनुसंधान व विकास की भारत में दिशा तथा गति तय की जा सकेगी। इन भावों तथा भावनाओं को मातृभाषा में प्रस्तुत किये जाने पर कृषकों व आमजनों की भावनाओं की पूर्ति व कदर भी हो सकेगी।

अतः वर्तमान पुस्तक **"ग्वार उत्पादन प्रौद्योगिकी"** के संदर्भ में उपलब्ध अनुसंधान, विकास व निर्यात के उपलब्ध ज्ञान व सूचनाओं को 11 अध्यायों में विभाजित करके वैज्ञानिकों, प्रबंधकों, वाणिज्यिकों, निर्यातकों, कृषकों व दूसरे व्यक्तियों के लिए जो किसी न किसी रूप से ग्वार से जुड़े हैं या जुड़ना चाहते हैं, प्रस्तुत करने की चेष्टा लेखक द्वारा उनकी मातृभाषा में की गई है। आशा व विश्वास है कि यह पुस्तक राष्ट्रहित में देखी, परखी व उपयोग की जायेगी।

स्थान : जोधपुर

डी. कुमार

परिचय

सामान्य भाषा में पुकारे जाने वाले शब्द *ग्वार* को सम्भवतः हमारी प्राचीनतम भाषा संस्कृत से लिया जान पड़ता है। दूसरे शब्दों में ग्वार से गाय के आहार का बोध होता है। अतः उतरी, पश्चिमी व केन्द्रीय भारत की विभिन्न भाषाओं जैसे हिन्दी, मराठी, गुजराती, मारवाड़ी, हरियाणवी, पंजाबी में इसे भिन्न–भिन्न व बिगड़े हुए नामों से जैसे ग्वार, ग्वारा, खुद्धि, डेरेरीटिक, गुवारा, ग्वारिन, गूर, ग्वरी इत्यादि के नामों से भी पुकारा जाता है। ब्रिटिशर्स दक्षिणी भारत में ग्वार को क्लस्टरबीन पुकारते थे यह नाम तमिल भाषा के शब्द कोटाविरएई या कोटावेराईकी से लिया गया था।

ग्वार के भारत में पुरातत्व होने का प्रमाण, इस कल्टीजन को पुकारे जाने वाले संस्कृत के शब्दों को ऋग्वेद से 1500–1000 बी.सी. के बीच में लिखा गया था। ग्वार के शब्द को संस्कृत से अंग्रेजी में किर्तिकर व बसू ने बदला बताया जाता है। रोक्सबर्ग के अनुसार ग्वार, *डोलीकस फेबेईफोरमिस* (आजकल *सायेमोप्सिस टैट्रागोनोलोबा*) को भारत में सर्वप्रथम कलकत्ता के वानस्पतिक बगीचे में 1797 में पुनर्स्थापित किया गया था। डा. जोहन द्वारा ग्वार के बीजों को तेलगू नाम गूर–चिकुरकई से कोरमैन्डल से कैल्क्टा भेजा गया था। डॉ. जोहन सम्भवतः डॉ. गेरहारड कोइनिंग थे तथा महान वानस्पतिक वैज्ञानिक लीनियेएस के शिष्य थे, आपने ट्रान्क्युबेर मिशन को पदार्थ शास्त्रज्ञ तथा सर्जन के रूप में 1768 से संबध जोड़ा था। यह मिशन चैन्नई से लगभग 250 किलोमीटर की दूरी पर स्थापित था। रोक्सबर्ग के शब्दों में जिनका उल्लेख फ्लोरा इंडिका में मिलता है, यह पौधा कोरोमण्डल के समुद्र के समीप स्थानीय बगीचों में बहुतायत में उगाया जाता था।

ग्वार एक शुष्क–रोधी, गहरी मूल वाली वर्षा ऋतु में उगाई जाने वाली मरू क्षेत्र की महत्त्वपूर्ण दलहन है। कम लागत, सीमित देखरेख व अनऊपजाऊ तथा हल्की भूमियों में अनुकूलन के कारण, ग्वार सीमान्त किसानों की पहली पसन्द मानी जाती है। हरे चारे व हरी सब्जियों के रूप में इसे काफी प्राचीन समय से जाना जाता है, वर्षा व गर्मी के मौसम में अनुकूलन की क्षमता के कारण तथा बुवाई की लम्बी अवधि की उपयुक्तता के कारण, ग्वार दिनों–दिन आम किसानों व दूसरे उपयोग करने वालों की फसल बनती जा रही है। जल्दी पकने वाली किस्मों (85–90 दिन) की उपलब्धता के कारण उत्तरी व उत्तरी–पश्चिमी भारत में ग्वार–सरसों व ग्वार–गेहूँ एक महत्त्वपूर्ण फसल चक्र जाना जाता है। ग्वार में अंकुरण के समय तथा फलियों के पकते समय किसी प्रकार के जैविक हानि का भय नहीं होता है तथा भंडारण की अवधि में भी दूसरी दलहनों की अपेक्षा यह एक टिकाऊ दलहन के रूप में जानी जाती हैं।

ग्वार में जलीय तनाव ऊँचे स्तर तक, पहुँचने के बावजूद, तनाव दूर हो जाने पर इसमें तुरन्त ही पुनर्जीवित हो जाने की अद्भुत क्षमता पाई जाती है। ग्वार की जड़ों में गांठें मेरिस्टीमेटक प्रकार की होने के कारण, दूसरी दलहनों की तुलना में, जड़ों में गांठों की संख्या, जल तनाव की स्थिति में कम प्रभावित होती है। इसके विपरीत जल तनाव की स्थितियों में, नत्रजन पुर्नस्थापना की क्षमता में कमी देखी जा सकती हैं। ग्वार की फसल में यह मुख्य गुण है कि, यदि गांठों में जल प्रतिशतता 60–70 तक भी घट जाती है, तब भी नत्रजन की गतिविधियाँ, अनुकूल स्थिति आ जाने पर दोबारा शुरू हो जाती हैं, परन्तु दूसरी दलहनों में ऐसा संभव नहीं है। नाइट्रोजिनेस गतिविधियों के प्रवेश मार्ग की सीमाऐं –2.4, –2.2 व –1.8 एम.पी.ए. ग्वार, मूंगबीन तथा मोठबीन में क्रमशः दर्शाती हैं कि जल तनाव की दृष्टि से ग्वार कार्यिकी रूप से एक श्रेष्ठतम दलहन के रूप में जानी जाती है।

उद्भव

अरब में, ग्वार को *हिनडिया* के नाम से पुकारा जाता था, इस कारण ग्वार की उत्पत्ति भारत से ही मानी जाती है (विसलर व हिमोविज, 1979)। हिमोविज (1972) के अनुसार एक शुष्कता प्रतिरोधक दलहन (*सायेमोप्सिस सेनेगेलेनसिस*) सेनेगल, सहारा व सऊदी अरब के दक्षिण में अर्द्ध–मरू क्षेत्रों में पाई जाती थी। अरब व भारत के बीच व्यापार द्वारा यह दलहन भारत में पहुँची थी। प्राचीन समय में अरब व भारत के बीच व्यापार मुख्य रूप से घोड़ों के द्वारा होता था। अतः सम्भावना इस बात की है कि घोड़ों के चारे के लिए, ग्वार के पौधों को काटकर जहाजों द्वारा भारत भेजा जाता रहा होगा। भारत उप–महाद्वीप में शुष्क जलवायु *ग्वार* के प्रति सम्भवतः अनुकूल थी, अतः इसके बीजों का अंकुरण आसानी से हो गया, तथा इसके पौधों के भारत में, वर्षा पर आधारित मरू क्षेत्रों में चारे के लिए उपयोग में लाया जाने लगा। अतः यह प्रजाति *स. टैट्रागोनोलोबा* के रूप में विकसित हो गई। ग्वार का उद्भव तथा फैलाव एक प्रकार से विचारों के मंथन पर आधारित जान पड़ता है। अतः यह आवश्यक है कि क्रमबद्ध तरीके से *स. टैट्रागोनोलोबा* तथा *सैनेगेलैनसिस* प्रजातियों में सामंजस्य व संबध स्थापित किया जा सके तथा ठीक प्रकार से उत्पत्ति के बारे में ज्ञान अर्जित किया जा सके।

क्षेत्र, उत्पादन व उत्पादकता

भारत एवं सम्पूर्ण संसार में उगाये जाने वाले ग्वार के लगभग 80.0% क्षेत्र के लिए जाना जाता है, जबकि अकेला राजस्थान प्रदेश, सम्पूर्ण भारत में उगाये जाने वाले ग्वार के लगभग 86% क्षेत्र के लिए भली–भाँति जाना जाता है। ग्वार की फसल पूर्ण रूप से वर्षा पर आधारित परिस्थितियों में उगाई जाती है, अतः कुल वर्षा व इसके वितरण पर ही पूर्ण से ग्वार का क्षेत्र निर्भर करता है, तथा विभिन्न वर्षों में यह स्थिर नहीं रह पाती है, यदि ग्वार के पिछले 25 वर्षों के क्षेत्र पर विचार किया जाये तो सबसे कम क्षेत्र (5.56 लाख है.) वर्ष 2002–03 में तथा अधिकतम क्षेत्र (33.43 लाख है.) वर्ष 2006–07 में था (चित्र 1)। परन्तु अबसे लगभग 28–29 वर्ष पूर्व (1980–81) में भी ग्वार का क्षेत्र काफी अधिक था (24.02 लाख है.)। अतः राजस्थान में यदि मध्य जुलाई में एक बार में 30–40 मि.मि. वर्षा हो जाती है तो ग्वार के क्षेत्रफल के बढ़ जाने की संम्भावना रहती है। इसी प्रकार इन्दिरा गांधी नहर परियोजना के कार्यक्षेत्र में इस नहर के जून–जुलाई में बंद होने व पानी की

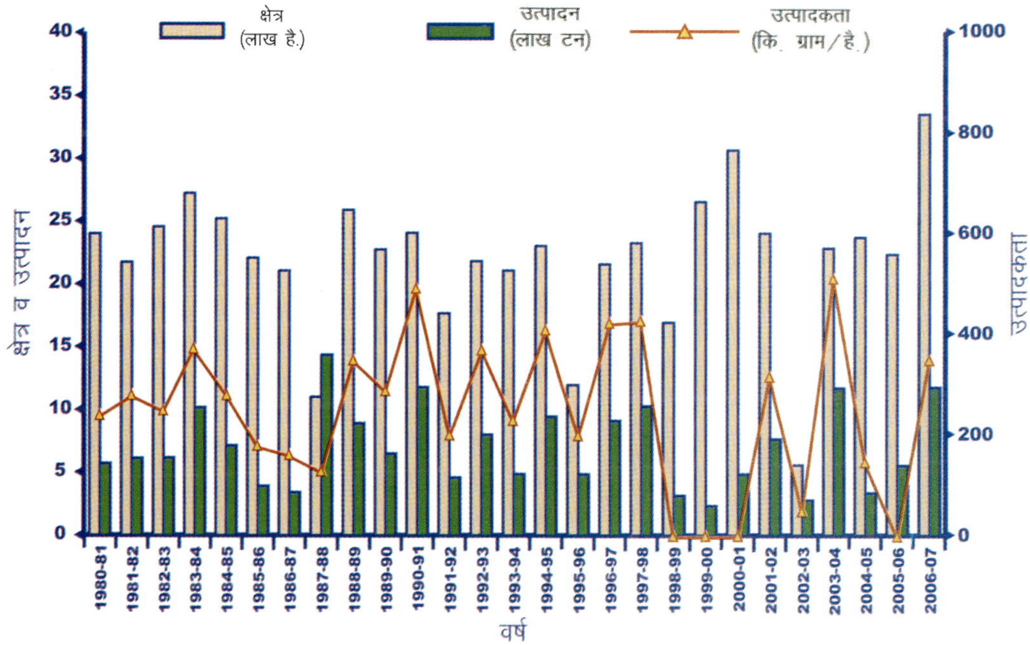

चित्र 1. भारत में ग्वार का क्षेत्र, उत्पादन व उत्पादकता (कुमार, 2009)

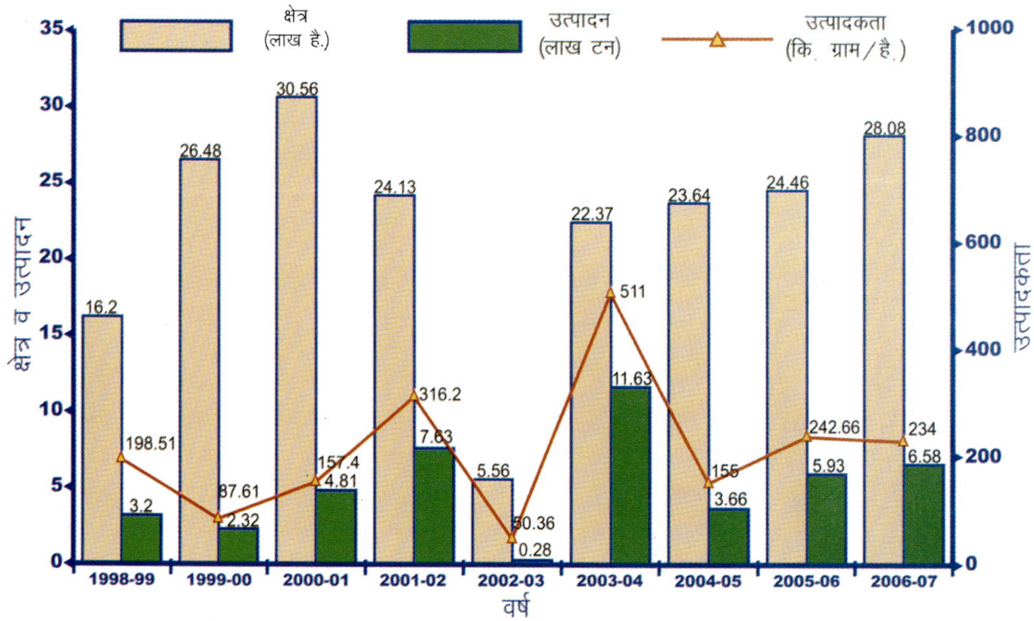

चित्र 2. राजस्थान में ग्वार का क्षेत्र, उत्पादन व उत्पादकता (कुमार, 2009)

उपलब्धता पर भी समीप के क्षेत्रों (गंगानगर, हनुमानगढ़, भादरा, जैसलमेर) में ग्वार के क्षेत्र पर प्रभाव पड़ता है, क्षेत्र के अनुसार उत्पादन में भी विभिन्न वर्षों में काफी उछाल देखने में आया है उत्पादन सबसे कम (1.4 लाख टन) वर्ष 1987–88 में तथा अधिकतम (11.75 लाख टन) वर्ष 1990–91 में दर्ज किया गया। उत्पादन में अस्थिरता को मुख्य रूप से उत्पादकता से जोड़ कर देखा जा सकता है जो कि विभिन्न वर्षों में काफी अस्थिर पाई गई है। उदाहरण के तौर पर ग्वार की उत्पादकता 50 कि./हे. (2002–2003) से लेकर 511 कि./हे. (2003–2004) तक पाई गई है (चित्र 2)।

भारत में ग्वार उगाने वाले प्रदेशों के बारे में विचार किया जाये तो स्पष्ट हो जाता है कि राजस्थान, क्षेत्र तथा उत्पादन के संदर्भ में सबसे मुख्य प्रदेश है। आंकड़े बताते हैं कि सम्पूर्ण भारत का लगभग 86% क्षेत्र तथा 59% उत्पादन राजस्थान से ही है। इसके विपरीत ग्वार की उत्पादकता राजस्थान में सबसे कम (370 कि.ग्राम/हे.), जबकि उत्पादकता हरियाणा में सबसे अधिक (800-1000 कि.ग्राम/हे.) है। हरियाणा में ग्वार के क्षेत्र में वृद्धि प्रशंसनीय रही है। अतः भारत में ग्वार के क्षेत्र तथा उत्पादन को मुख्य रूप से राजस्थान द्वारा ही निर्धारित किया जाता है। अतः यह आवश्यक है, कि या तो राजस्थान में ग्वार की उत्पादन क्षमता को बढ़ाया जाये या दूसरे प्रदेशों (हरियाणा, गुजरात व पंजाब) में ग्वार के क्षेत्र को बढ़ाया जाये, क्योंकि इन प्रदेशों में उत्पादकता पहले से ही अधिक है (600–1000 कि.ग्राम/हे.)।

राजस्थान में ग्वार के क्षेत्र को जनपद स्तर पर आँकने से ज्ञात होता है कि इसका सबसे अधिक क्षेत्र चुरू (315 हजार है.) में है तथा घटते क्रम में बाड़मेर (310 हजार है.), नागौर (209 हजार है.), जैसलमेर (170 हजार है.) हनुमानगढ़ (109 हजार है.) तथा झुझंनू (67 हजार है.) जनपद आते हैं। ग्वार के संदर्भ में चुरू जनपद काफी महत्व रखता है, ज़हाँ पर क्षेत्र व उत्पादन अधिकतम (315 हजार है; 79.50 हजार टन क्रमशः) तथा उत्पादकता में यह जनपद नम्बर दो पर आता है (225 कि.ग्राम/हे.)। झुंझुंनू जनपद में क्षेत्र सबसे कम परन्तु उत्पादकता सबसे अधिक (325 कि.ग्राम/हे.) है। अतः राजस्थान के संदर्भ में ग्वार की अच्छी वृद्धि के लिए आवश्यक है कि झुंझंनू जनपद में क्षेत्र में बढ़ोतरी की जाये तथा बाड़मेर व जैसलमेर जनपदों में उत्पादकता बढ़ाने से ग्वार के उत्पादन में संतोषजनक व ऐच्छिक स्तर तक वृद्धि प्राप्त की जा सकेगी (तालिका – 1)।

तालिका 1. ग्वार के क्षेत्र, उत्पादन व उत्पादकता के संदर्भ में राजस्थान के छः मुख्य जनपदों का ब्यौरा।

क्रम संख्या	जनपद	क्षेत्रफल (हजार है.)	उत्पादन (हजार टन)	उत्पादकता (कि.ग्राम/हे.)
1.	चुरू	315.0	79.50	255.0
2.	बाड़मेर	310.0	12.40	4.0
3.	नागौर	209.0	14.00	67.0
4.	जैसलमेर	170.0	0.90	5.0
5.	हनुमानगढ़	109.0	20.60	189.0
6.	झुझंनू	67.0	21.80	325.0

स्त्रोत : कुमार, 2009।

उपयोग

वार्षिक दलहन होने के कारण, ग्वार का मुख्य उपयोग भूमि की गुणवत्ता को बनाये रखने में है। ग्वार की फसल नत्रजन पुनर्स्थापना की प्रक्रिया के द्वारा लगभग 30–40 कि. ग्राम नत्रजन/है. भूमि में स्थापित करने की क्षमता रखती है, पकते–पकते पत्तियाँ पूर्ण रूप से गिर जाती हैं जो कि भूमि की कार्बन प्रतिशतता को बढ़ाने में सहायक सिद्ध होती है। पूर्व से ही ग्वार को दाना, चारा व सब्जियों के लिए उगाया जाता रहा है ग्वार की हरी फलियाँ, जिंक व लोहा की उपयुक्त मात्रा की अच्छी स्त्रोत जानी जाती हैं। मध्य–ग्रीष्म से लेकर वर्षा ऋतु के अन्त तक हरी सब्जियाँ प्रचुरता से बाजार में उपलब्ध रहती हैं। ग्वार गोंद उद्योगों का सह–उत्पाद, ग्वार आहार, प्रोटीन (40–45%) का अच्छा स्त्रोत है। यह मुख्य रूप से मत्स्य पालन, मवेशियों तथा मुर्गी पालन के लिए सान्द्र आहार के रूप में प्रयोग किया जाता है।

ग्वार मुख्य रूप से ग्वार गोंद, जो कि उच्च आणविक भार वाला एक बहुलक कार्बोहाइड्रेट है, के कारण जाना जाता है। ग्वार गोंद का सबसे मुख्य गुण है कि यह ठंडे पानी में आसानी से घुलकर उच्च लसलसाहट घोल बना लेता है। यह अआयनिक, उदासीन, बहु शर्करा है तथा जल तंत्र के लिए विस्कासिता प्रदान करता है, इसके अतिरिक्त ग्वार गम शक्ति, स्थरीकरण, मोटाई, बांधने आदि गुणों के कारण कागज, कपड़ा, पेट्रोलियम, खनन, खाद्य, कान्तिवर्धक, विस्फोटक, फोटोग्राफी, तम्बाकू, कृषि इत्यादि उद्योगों में प्रचुरता से प्रयोग किया जाता है।

सुअवसर

ग्वार कृषकों, उपभोक्ताओं, उद्योग घरानों व पर्यावरणविदों को बहुउपयोगी होने के अतिरिक्त रोजगार सृजन में बहुत से सुअवसर प्रदान करता है, जो कि निम्न प्रकार हैं :–

1 शुष्कता व अधिक तापक्रम – रोधी तथा लवणता के प्रति मध्यम – रोधी क्षमता रखने के कारण, ग्वार की फसल इन अजैविक परिस्थितियों में फसल का क्षेत्र बढाने तथा अधिकतम उत्पादन प्राप्त करने में समर्थ हो सकेगी। दूसरे शब्दों में भूमि में काफी जल तनाव, वातावरण में अधिक तापक्रम (30–35°C), काफी कम वर्षा (200–300 मि.मि.) व वर्षा का अनियंत्रित वितरण (20–30 सूखे दिन), पोषक तत्वों की कमी व हल्की भूमियों तथा कम से कम देखरेख तथा कम लागत जैसी परिस्थितियों में भी ग्वार को प्रथम पसंद के रूप में माना जाता है। अतः शुष्कता का सामना करने, मृदा संरक्षण तथा मरुभूमियों को हरा–भरा करने में, इस दलहन को महत्वपूर्ण योगदान के लिए जाना जाता है।

2 ग्वार की फलियाँ विटागिन ए, कैल्शियम, लोहा, फॉस्फोरस तथा एसकोरबिक अम्ल की अच्छी स्त्रोत जानी जाती हैं, तथा पोषक तत्त्वों की पूर्ति में योगदान करती है (रॉय व चक्रवर्ती, 1993)।

3 ग्वार की पत्तियां उत्सर्जन क्षमता के लिए जानी जाती है, फलस्वरूप पौधों को ठंडा रखने में योगदान देती हैं तथा भूमि जल की अधिकतम मात्रा का शोषण करने में सहायक होती है।

4 जड़ों की गांठों की प्रकृति मैरिस्टमेटिक प्रकार की होने के कारण, यह विलक्षण पौधों को विपरीत परिस्थितियों से उभरने की क्षमता प्रदान करती है।

5 एक अच्छी व स्वादिष्ट सब्जी का स्त्रोत होने के कारण ग्वार की फसल रसोई व बाजार की बागवानी के लिए अच्छा अवसर प्रदान करती हैं ओसतन ग्वार की फसल 40 (पूसा बहार) से 150 क्विंटल/है. (सदाबहार) तक 50–90 दिन में सींचित अवस्था में हरी सब्जी देने की क्षमता रखती है।

6 ग्वार की फसल मरू परिस्थितियों में अच्छा व्यवसाय दिलाने की क्षमता रखती है तथा यह ग्वार गोंद उद्योगों के कारण संभव जान पड़ता है। इन उद्योगों की संख्या बढ़ती ही जा रही है तथा वर्तमान में भारत में ग्वार गोंद पर आधारित 110 छोटे बड़े उद्योग है (एनोनिमस, 2009)। यह दलहन संसार भर में आयात, निर्यात व दूसरे स्त्रोतों द्वारा भी व्यवसाय प्रदान करती है। ग्वार का दुनिया भर में व्यवसाय लगभग 1,30,000 टन प्रति वर्ष होता है तथा इसका लगभग 75% से अधिक व्यवसाय भारत में होता है।

7 गैलेक्टोमैनन गम जो कि भ्रूण से प्राप्त होता है विदेशी मुद्रा अर्जित करने का मुख्य स्त्रोत है, उदाहरण के तौर पर वर्ष 2007– 2008 में भारत से 2.04 लाख टन का ग्वार गम विदेशों में निर्यात किया गया जिसका मूल्य लगभग रू. 1200 करोड़ है (एनोनिमस, 2009)। अतः ग्वार एक अन्तरदेशीय कैश फसल के रूप में जानी जाती है।

8 ग्वार की फलियों में झड़ने व फटने की समस्या नहीं होती है तथा दूसरी दलहनों की तरह भंडारण करने पर भंडारण कीटों द्वारा नुकसान भी काफी कम पहुँचाया जाता है।

9 ग्वार की नई व उन्नत किस्मों के विकास के साथ इस दलहन का दूसरे नये क्षेत्रों में प्रवेश व सफलतापूर्वक खेती करना आसान हो गया है तथा ग्वार दूसरी मुख्य फसलों को वर्षा पर आधारित स्थितियों में सहारा देने में सक्षम हैं। उदाहरण के तौर पर रॉयल सीमा के क्षेत्र अन्नतपुर, कोड्डपपा व चित्तुर (आन्ध्रप्रदेश) में इसके प्रदर्शन सफल रहे हैं तथा कम से कम लागत व देखरेख पर लाल मिट्टी वाली मृदाओं में 8–12 कि./है. उपज प्राप्त की गई है, तथा आर.जी.एम.–112 व एच.जी–563 किस्में अनुकूल पाई गई हैं। आन्ध्रप्रदेश के इन क्षेत्रों के लिए ग्वार की फसल को वर्षा पर आधारित तथा कम लागत वाली फसल के रूप में राज्य सरकार द्वारा अपना लिया गया है।

10 गंगानगर (राजस्थान) के नहरी क्षेत्रों मे अशाखित किस्म **आर.जी.सी.–1066** को किसानों द्वारा काफी पंसद किया जा रहा है तथा यह फसल धीरे–धीरे कपास का स्थान ले रही है। इस नहरी क्षेत्रों में ग्वार की कटाई व मंडाई जैसी शस्य क्रियाऐं कम्बाईन द्वारा की जा रही है, जो बताता है कि कम पहचान वाली व सीमान्त फसल व मशीन का मिलन एक कृषि क्रान्ति है।

11 दूसरे गैर परम्परागत कृषि क्षेत्रों जैसे आगरा, दांतीवाड़ा, भुज (गुजरात) व लातुर (महाराष्ट्र) में भी ग्वार की फसल कम आमदनी देने वाले फसलों को स्थान ले रही है।

12 अन्तर राष्ट्रीय स्तर पर ग्वार के सद्‌गुणों को सराहा जा रहा है तथा जाम्बिया (अफ्रीका) की सरकार गार्ट (ग्रीन वैली एग्रीकल्चर रिसर्च ट्रस्ट) संगठन के माध्यम से ग्वार की पूरी तकनीकी हस्तांतरण तथा ग्वार स्पिलिट के उद्योग लगाने में तत्पर जान पड़ती है।

चुनौतियाँ

ग्वार एक बहुउद्धेशीय दलहन है, तथा विभिन्न प्रकार की जीवन उपयोगी उद्धेश्यों की पूर्ति में सहायक सिद्ध हो रही हैं। ग्वार का हर भाग किसी न किसी प्रकार से मृदा, जल, कृषि विविधता, खान–पान, पशु–आहार, निर्यात, व्यवसायों, व्यापार इत्यादि में लाभदायक सिद्ध होकर, एक आमजन की फसल बन कर उभर रही है। इन सबके बावजूद, इस बहुमुखी दलहन के सामने कुछ समस्याएँ भी हैं, जो कि इसकी वृद्धि को किसी न किसी रूप में प्रभावित करती हैं। ग्वार की वृद्धि का सीधा प्रभाव हमारे द्वारा विदेशी मुद्रा को अर्जित करने पर भी पड़ सकता है। अतः इस मरूदलहन के सुअवसरों के साथ–साथ, समस्याओं की जानकारियों का उल्लेख करना अत्यन्त आवश्यक है तथा राष्ट्र हित में है। कुछ विशेष प्रकार की समस्याऐं ग्वार के संदर्भ में निम्न प्रकार से हैं।

1. तकनीकी : तकनीकी रूप से ग्वार के सम्मुख कुछ विपरीत समस्याएँ हैं तथा इनका हल निकालना आवश्यक है। पिछले तीन दशकों से ग्वार की फसल पर विभिन्न स्तरों व स्थानों पर अकेले व एकत्रित रूप काफी सघन अनुसंधान किये जा चुके हैं परन्तु फिर भी कुछ समस्याऐं हमारा घ्यान अवश्य ही आकर्षित करती हैं।

(i) कम व अस्थिर उत्पादन व उत्पादकता : पूर्ण रूप से वर्षा पर आधारित ग्वार की खेती की प्रकृति ही इसके फैलाव तथा उत्पादन में गौण रूकावट है। वर्षा के कम व अनियंत्रित होने के कारण एच्छिक क्षेत्र सीमित समय में बोना एक भारी रूकावट जान पड़ता है। अतः ग्वार के मुख्य प्रदेश राजस्थान में क्षेत्र उत्पादन व उत्पादकता में भारी उथल–पुथल जान पड़ती है। उदाहरण के तौर पर राजस्थान में क्षेत्र 5.56 (2002-2003) से 33.43 (2006-2007) लाख हैक्टर; उत्पादन 1.4 (1987-1988) से 11.75 लाख टन (1990-1991) तथा उत्पादकता 50.0 (2002-2003) से 511 कि.ग्राम./हे. (2003-2004) उपरोक्त स्थिरता को दर्शाते हैं, अतः यह अत्यन्त आवश्यक है कि ग्वार की वृद्धि में स्थिरता लाई जाये।

(ii) किस्मों की लम्बी अवधि : ग्वार में उपलब्ध नई व पुरानी किस्में पकने में लम्बा (85–120 दिन) समय लेती हैं, यह लम्बी अवधि वर्षा पर आधारित फसलों के वास्ते जहाँ वर्षा 250–400 मि.मि. होती है, अनउपयुक्त मानी जाती है अतः पकते समय ग्वार की फसल जल तनाव से पूरी तरह घिर जाती है तथा उपज में भारी गिरावट का होना सामान्य बात है, यही कारण है कि ग्वार के उत्पादन में काफी अस्थिरता बनी रहती है।

(iii) तापक्रम व दिन–उदासीन किस्मों का न होना : वर्षा की प्राप्ति व समाप्ति के समय में प्रति वर्ष भारी अनिश्चितता बनी रहती हैं अतः फसल बोने का समय व फसल अवधि भी प्रभावित हुए बिना नहीं रह सकते हैं। अतः आवश्यक है कि ऐसी किस्में उपलब्ध होनी चाहिए जो तापक्रम व दिन की लम्बाई की अनिश्चितता में उचित अंकुरण के साथ अच्छा उत्पादन दे सकने में सक्षम हो सकें। अतः तापक्रम रोधी तथा दिन की लम्बाई के प्रति उदासीन किस्में इन परिस्थितियों के लिए नितान्त आवश्यक हैं। ऐसी किस्में गर्मी की ऋतु में तथा देश के दूसरे क्षेत्रों में भली भांति अच्छी उपज देने में समर्थ हो सकेगीं, परन्तु 30 से अधिक विकसित की गई नई–पुरानी किस्मों में से एक भी किस्म इस मापदण्ड पर खरी नहीं उतरती है। अतः इस दिशा में अनुसंधान की भारी आवश्यकता है।

(iv) *बीमारियों के प्रति संवेदनशीलता :* यद्यपि कम वर्षा, अधिक तापक्रम तथा कम आर्द्रता, फसल अवधि में बीमारियों के आमंत्रण तथा फेलाव में रूकावट सिद्ध होते हैं, परन्तु फिर भी भूमि जनित बीमारियाँ– जड़ व तना गलन; तथा पर्ण जीवाणुज अंगमारी तथा चूर्णित आसिता रोग ग्वार के संदर्भ में मुख्य स्थान रखते हैं, तथा बार बार वर्षा के साथ अधिक तापक्रम या शुष्कता की स्थिति तथा देरी से बुवाई की स्थिति में ये बीमारियां काफी हानि पहुँचा सकती हैं। इन रोगों के प्रति रोधक किस्में नहीं हैं, अतः रोकथाम के आर्थिक व सुविधाजनक तरीकों की आवश्यकता है।

(v) उचित प्लांटर की कमी : वर्षा पर आधारित खेती करने के कारण ग्वार के पौधों की संख्या उचित व पर्याप्त नहीं रह पाती है। अतः वर्षा व मृदा के संदर्भ में पौध गणित का होना अत्यन्त आवश्यक है। फसल की बुवाई, उचित वर्षा (30–40 मि.मि.) समाप्त हाने के दो– तीन दिन में ही करना एक कठिन कार्य है। इस कारण बीजों का अंकुरण असमान व कम होने के कारण, ऐच्छिक उत्पाद मिलना कठिन हो जाता है। अतः एक ऐसे सस्ते व सुविधाजनक प्लांटर की आवश्यकता है, जो कि मृदा नमी की उपलब्धता के अनुसार बीजों की संख्या व गहराई को नियंत्रित कर सके।

(vi) प्रमाणित बीजों की कमी : ग्वार के अधिकतम उत्पादन हेतु नई व उन्नतशील किस्मों का बीज उपलब्ध होना एक सस्ता व टिकाऊ उपाय है, परन्तु यह हो नही पा रहा है, किस्में हैं, संसाधन भी है, परन्तु प्रमाणित बीजों की अनउपलब्धता अत्यन्त चिंताजनक है, यह कहने में सामान्य है, परन्तु ग्वार का विकास प्रमाणित बीजों पर ही काफी सीमा तक निर्भर करता है।

2. सामाजिक व आर्थिक

(i) द्वितीय पसंदः वर्षा के सामान्य समय (जुलाई का प्रथम पखवाड़ा) में उपलब्धता पर, मरु कृषकों की पहली पसंद बाजरा या दूसरी अन्न वाली फसलें हो जाती हैं, ताकि दाना व चारा दोनों की उपलब्धता की जा सके। इस स्थिति में ग्वार कृषकों की दूसरी पसंद बन जाती है। तथा वर्षा के देरी से आने की स्थिति (जुलाई का दूसरा पखवाड़ा) में यह दलहन कृषकों की प्रथम पसंद बनी रहती है।

(ii) कम उपजाऊ भूमियों व सीमित साधनों का प्रयोग : विस्तृव व छोटे दोनों ही स्तरों पर खेती करने की स्थितियों में कृषक जन अनउपजाऊ, बेकार पड़ी, असमतल भूमियों का चुनाव, इस फसल के लिए करते हैं। कम से कम शस्य साधन तथा सीमित देखरेख की परम्परा के कारण यह फसल वैज्ञानिक तौर तरीकों से वंचित रह जाती है। कृषक शुद्ध व उन्नत बीजों के अतिरिक्त किसी दूसरे शस्य साधनों का प्रयोग नहीं करते हैं।

3. उपज का उचित मूल्य

उपज का उचित दाम किसी भी फसल के क्षेत्र के फैलाव तथा फसल की महत्ता का मुख्य कारण है ग्वार भी इसका अपवाद नहीं है। राजस्थान में वर्ष **1999–2000** में ग्वार का रिकार्ड क्षेत्र तथा उत्पादन का मुख्य कारण पूर्व वर्ष में ग्वार की कीमत में भारी चढ़ाव (रू. 25–28/ किलो) समझा जाता है, इसके विपरीत अभी तक ग्वार का भाव 10–18 रू.

किलोग्राम ही रहा है। अतः ग्वार के अन्तर्देशीय महत्व व सीमान्त कृषकों की जीवन रेखा के महत्व को देखते हुए, इसके उत्पाद की सरकारी खरीद का उचित मूल्य निर्धारण किया जाना अत्यन्त आवश्यक है।

4. गैलैक्टोमैनन गोंद का वैकल्पिक स्त्रोत

आज के समय में ग्वार की फसल का गैल्क्टोमैनन गोंद का वैकल्पिक स्त्रोत उपलब्ध है। उदाहरण के तौर पर *सैसबेनिया बिसपीनोसा, सैसबेनिया सैसबेन, कैशिया एक्सीडेन्ट्लेस कैशिया सोफेरा* व *कैशिया टोरा* ऐसी पौध प्रजातियाँ है जिनमें अच्छे गुणों वाला गैल्क्टोमैनन गम विद्यमान है जो कि ग्वार के लिए कड़ी चुनौती दे रहे हैं। आँकड़े दर्शाते हैं कि इन प्रजातियों में गोंद 30.5 से 34.5% तक पाया जाता है जबकि ग्वार में गोंद लगभग 28–31% तक पाया जाता है। लसलसापन भी इन प्रजातियों में 3800 सी.पी.एस विद्यमान है जबकि ग्वार में 2800 सी.पी.एस काफी कम है। (तालिका – 2) यद्यपि ग्वार के सामने ये चुनौतियाँ हैं परन्तु उपज बढाकर तथा दूसरे गुणों में सुधार लाकर ग्वार के सम्मुख इन चुनौतियों को काफी कम किया जा सकता है।

तालिका 2. गैलैक्टोमैनन गोंद वाली दलहनों का कार्बोहाईड्रेट्स (%) व रिहोलोजिकल गुणों का तुलनात्मक अध्ययन।

क्र. सं.	प्रजातियां	भ्रुण (%)	गैलैक्टोमैनन गोंद (%)	गैलैक्टोज : मैनोज अनुपात (जी/एम)	लसलसापन (सी.पी. एस.)	रिहोलोजिकल गुण	
						स्थिरता का सूंचकांक "के"	ब्हाव व्यवहार का सूंचकांक "एन"
1.	ग्वार	32.5 ± 2.0	31.2 ± 2.0	1 : 20.0	2800.0	4.26	0.47
2.	*सैसबेनिया बिसपीनोसा*	37.5 ± 1.5	34.5 ± 1.5	1 : 2.20	3800.0	3.40	0.46
3.	*सैसबेनिया सैसबेन*	34.5 ± 1.5	31.8 ± 0.5	1 : 1.80	3160.0	2.98	0.45
4.	*कैशिया टोरा*	33.0 ± 1.5	30.5 ± 0.5	1 : 1.50	1880.0	1.72	0.78
5.	*कैशिया सोफेरा*	36.0 ± 2.5	32.5 ± 1.25	1 : 2.30	1900.0	1.60	0.68
6.	*कैशिया एक्सीडेन्टोलिस*	35.2 ± 2.5	31.5 ± 1.0	1 : 2.60	1650.0	1.21	0.66

स्त्रोतः कुमार व सिंह, 2002।

5. पाकिस्तान से स्पर्धा

भारत में उत्पन्न ग्वार गोंद के निर्यात की स्पर्द्धा पाकिस्तान से है, क्योंकि पाकिस्तान समस्त संसार का 15% ग्वार उगाता है तथा उचित मात्रा में निर्यात भी करता है। पाकिस्तान का शुष्क क्षेत्र ग्वार गोंद व उसके लसलसापन के लिए अनुकूल भी माना जाता है परन्तु पाकिस्तान में मुद्रास्फीती के कारण, विदेशी खरीददार भारत से ही ग्वार गोंद या

स्पलिट्स खरीदना चाहेंगे। इसका मुख्य कारण यह है कि पाकिस्तान में ग्वार के बीज का मूल्य रू. 2800–3000/क्विंटल. है जो कि भारतीय ग्वार के मूल्य (रू. 1800-1900/क्विंटल.) से काफी अधिक है। यह अन्तर अवश्यक रूप से अन्तर्राष्ट्रीय बाजार में भारत से ही ग्वार की खरीद को बढ़ावा देगा (एनोनिमस, 2009)।

ग्वार में पौध प्रजनन

ग्वार जननद्रव्यों के एकत्रित समूह से चयन करके, संकरण विधि व उत्प्रेरक द्वारा नई किस्मों के विकास में अच्छा अनुसंधान किया गया है, तथा प्रयोगात्मक निष्कर्ष काफी सराहनीय रहे हैं। निष्कर्ष दर्शाते हैं कि अब से लगभग 10-12 वर्ष पूर्व ग्वार की किस्में 95 से 120 दिन में पकती थी, उनकी बाह्य प्रारूप की वृद्धि अनिर्धारित होने, व अधिक जैविक–पदार्थ तथा कम दानों की क्षमता के लिए जानी जाती थी, इसी के कारण 500-800 किग्रा./हे. उपज देने की इनमें क्षमता थी। इसके विपरीत उन्नत किस्में जोकि वर्ष 1995 के बाद चयनित की गई हैं, लगभग 85–105 दिनों में पक जाती हैं, इनकी वृद्धि निर्धारित है, कॉम्पैक्ट है, जैविक पदार्थ कम तथा फलियां अधिक लगने के कारण 1000-1500 किग्रा/है. उपज देने की क्षमता पाई जाती है। उदाहरण के तौर पर आर.जी.सी-936 लगभग 85-90 दिनों में पक जाती है, जबकि पुरानी किस्म आर.जी.सी.–986 लगभग 115-120 दिनों में पक पाती है। हाल ही में विकसित किस्में एच.जी.884 (2007), आर.जी.सी –1038 (2006), आर.जी.एम–112 (2005), आर.जी.सी–1002 (1999), व एच.जी. –563 (1998), की उत्पादन क्षमता काफी है (1000-1500 कि.ग्रा/है.)। इन किस्मों के अतिरिक्त आर.जी.सी.–1066 अशाखीय, एक तनेवाली किस्म, काफी फलियां/पौधा रखने की क्षमता रखती है तथा कम्बाईन मशीन द्वारा इसकी कटाई तथा मढांई की जाती है यह किस्म कतारों की नजदीक दूरी (25-30 से.मी.) में भी सफलता से उगाई जा सकती है। इतना सब कुछ होने के बावजूद, अभी भी 80 दिन से कम अवधि में पकने वाली किस्मों के विकास करने की आवश्यकता है। इस दिशा में ग्वार की दूसरी प्रजातियों को संकरण प्रक्रिया में उपयोग में लाया जा रहा है *जैसे: सी. टैट्रागोनोलोबा x सी. सैरेटा तथा सी. टैट्रागोनोलोबा x सी.सैनेगैनसिस / सैनेगैनसिस,* 50-50 दिन में पक जाती हैं व काफी शुष्क रोधकता तथा जीवाणुज पर्ण झुलसा रोग के लिए रोधक जानी जाती है।

जननद्रव्य

ग्वार के जननद्रव्य को एकत्रित करना, आंकलन करना, संरक्षण करना, विशेष गुणों वाले जननद्रव्यों का पंजीकरण करना तथा अच्छे गुणात्मक तथा मात्रात्मक जननद्रव्यों का ग्वार उत्पादन प्रक्रिया में उपयोग करना एक युग्मन तरीके से विभिन्न संस्थानों में किया जा रहा है। आंकलन के उपरान्त, जल्दी पकने वाली, अधिक उपज देने वाली तथा बीमारियों के प्रतिरोधक किस्मों का चयन किया गया है। यह बताना उचित होगा कि जननद्रव्यों के समूहों में से सघन आंकलन के बाद कुछ उन्नत किस्मों का विकास किया गया, जो निम्न प्रकार से हैं।

(i) सब्जी के महत्त्व की किस्में : पूसा मौसमी, पूसा सदाबहार, पूसा नवबहार, आई. सी–11388, पी.एल.जी.–850, शरदबहार व पी. 28-1-1।

(ii) दानों के महत्त्व की किस्में: सोना (1978), आई.सी./पी.–3 (1980), नवीन (1986), पी.एल.जी. (1988), व आर.जी.सी.–471।

व्याधि

ग्वार की फसल को जीवाणु, कवक, वायरस जनित बीमारियाँ, जिनमें से बीज जनित, भूमि जनित व दूसरे स्त्रोतों द्वारा जनित है, इस दलहन पर अनुकूल अवस्था में काफी हानि पहुँचाती हैं। अध्ययन बताते हैं कि जीवाणुज पर्ण अंगमारी सबसे भयंकर बीमारी है तथा इसके प्रकोप से 50-67% फसल उपज में गिरावट की सम्भावना रहती है। अधिक तापक्रम (28-30 सेंटीग्रेड) व आर्द्रता (80-90%) इसके फैलाव में सहायक होती है तथा इसके रोकथाम के उपाय उपलब्ध हैं। आल्टरनेरिया पत्ती झुलसा ग्वार की दूसरी भंयकर बीमारी है डाईथैन जेड़–78, डाइथैन एम.–45 व कैप्टान बीज उपचार प्रभावशाली पाये गये हैं। देरी से बुवाई करने, कम आर्द्रता (7.75%) व सूर्य की चमक पड़ने पर पर्ण आसिता बीमारी व्यापक रूप ले लेती है। सल्वाडोरा पत्तियों के 1% अरक के छिड़काव द्वारा इस बीमारी को रोका जा सकता है। मूल व तना विगलन रोग मृदा जल की कमी, शुष्कता बढ़ जाने पर भूमि जनित कवकों द्वारा उत्पन्न यह भी ग्वार की मुख्य बीमारी है। भूमि जल संरक्षण क्रियाएँ अपनाना, भूमि में बाजरा भूसी (3.5 टन/है.) ढालने, गोबर की खाद (10 टन/है.) तथा भूमि में ग्रीष्मकालीन सिंचाई देने से कवक की वृद्धि को 20-40% तक कम किया जा सकता है। इन बीमारियों के अतिरिक्त, झुलसा रोग, पत्ती घब्बा भी कभी कभी विशेष हानि पहुंचा सकती है। इन सभी बीमारियों को सम्पूर्ण तरीके से नियत्रंण करना काफी प्रभावकारी सिद्ध हो सकता है। इन क्रियाओं में मुख्य रूप से खेत को साफ रखना, अवशेषों को बाहर निकाल देना, उचित फसल चक्र अपनाना, नई उन्नत किस्मों के 10-12% अधिक बीज की मात्रा को उचित समय पर बोना, मई के माह में गहरी जुताई करना, बीजों को 2 ग्राम/किलोग्राम बैविस्टीन द्वारा उपचारित करके बोना, फसल पर जीवाणुज अंगमारी बीमारी के लक्षण प्रकट होने पर 150 पी.पी.एम. स्ट्रेप्टोसाईक्लीन द्वारा 1-2 छिड़काव करना काफी प्रभावी पाये गये हैं।

शस्य क्रियाऐं

शस्य क्रियाओं पर उन्नत किस्मों के विकास के साथ ही, उनकी पकने की अवधि, बाह्य प्रारूप, क्षेत्र व स्थिति के अनुसार अखिल भारतीय मरू दलहन परियोजना के तत्वाधान में काफी सराहनीय कार्य किया गया है, फलस्वरूप फसल उत्पादन में एकल, अन्तर फसल व मिश्रण पद्धति के संदर्भ में उत्पादन में संतोषजनक वृद्धि पाई गई है। कुछ महत्त्वपूर्ण अनुसंधानों का संक्षेप में विवरण इस प्रकार है। ग्वार की फसल को अन्तर फसल पद्वति व फसल चक्र में शामिल करने से, भूमि उपयोग, जल उपयोग व फसल उत्पादकता में वृद्धि पाई गई है। ग्वार – गेहूँ फसल क्रमांशः से लगभग 26 कि.ग्राम पी$_2$ओ$_5$ व 30 से 40 कि. ग्राम नत्रजन प्रति है की बचत पाई गई है। कम वर्षा वाले क्षेत्रों में ग्वार की एकल फसल, ज्वार व बाजरा की एकल फसलों की तुलना में काफी अधिक अच्छी पाई गई है। जबकि ग्वार – बाजरा 3:1 अनुपात में, ग्वार की तुल्यांकन उपज व जल उपयोग क्षमता अधिक पाई गई है। जोधपुर में बाजरा + ग्वार 1:1 अनुपात में जल उपयोग क्षमता तथा

आर्थिक दृष्टि से सबसे अच्छी पद्धति सिद्ध हुई है। ग्वार की अधिकतम उपज के लिए 20 कि.ग्रा. नत्रजन + 40 कि.ग्रा. पी$_2$ओ$_5$ प्रति है. की मात्रा उचित पाई गई है। गंधक की 20–40 कि.ग्रा. प्रति है. मात्रा का ग्वार की फसल पर सकारात्मक प्रभाव पाया गया है, परन्तु 10 से 20 किलोग्राम गंधक/हैं की मात्रा को उत्तम माना गया है। सूक्ष्म तत्वों में जस्ता 20 कि.ग्रा./हैं. की दर से बुवाई से पूर्व या इसका 0.5% बुवाई के 25 व 40 दिन बाद छिड़काव लाभदायक सिद्ध हुआ है। खरपतवार नियंत्रण में बेसालिन 1 से 1.5 कि. ग्रा/है. की दर से भूमि की संरचना के आधार पर ग्वार की फसल में उत्पन्न खरपतवारों को नष्ट करने में सहायक पाया गया है।

रसायन विज्ञान, पुष्टीकर मूल्य व औद्योगिक आकृति

ग्वार एक बहुउद्धेशीय दलहन है तथा इसका रसायन विज्ञान व औद्योगिक दृष्टि से महत्व और भी बढ़ जाता है। ग्वार के बीज में 35-42% पाये जाने वाला भ्रुण बहुशक्ररा गैलक्टोमैनन गोंद का प्रमुख स्त्रोत है, जबकि बीज का बाहरी आवरण (14-17%), व गर्भ (43-47%) मिलकर ग्वार आहार बनाते हैं। ग्वार गोंद कृषि औद्योगिक पदार्थ है तथा बहुत से गुणों–ठंडे जल में घुलनशील, मोटी परत, जैलिंग, स्थरीकरण, बांधना, शक्ति व शुद्धिकरण इत्यादि के कारण बहुत से उद्योगों में उपयोग के कारण ग्वार अन्तर्राष्ट्रीय महत्त्व की फसल बन गई है, तथा विदेशी मुद्रा अर्जित करने वाली 4 बड़ी फसलों में से एक है, इसे कैश फसल का दर्जा मिल चुका है। वर्ष 2006-07 में लगभग 1200 करोड़ रूपयों का लगभग 2.04 लाख टन ग्वार गम विदेशों में निर्यात किया गया था। ग्वार गम को मुख्य रूप से भोज्य पदार्थों (3%), खनिज व तैल उद्योगों (20%), वस्त्र उद्योगों (18%), कागज उद्योगों (12%), आयुर्वेदिक उद्योगों (10%), व दूसरे अन्य उद्योगों जैसे कृषि, चमड़ा इत्यादि में (10%) उपयोग किया जाता है ग्वार गोंद की विदेशों में खपत मुख्य रूप से खनिज तेल उद्योगों में संयुक्त राज्य अमेरिका तथा तेल के कुओं के क्षेत्रों में, मध्य पूर्वी अरब–संसार में है। अमेरिका से ही ग्वार गोंद व इसके यौगिकों की ही माँग लगभग 40 हजार टन प्रति वर्ष है। ग्वार आहार, प्रोटीन (45–50%) व अमीनो अम्लों (मिथयोनिन, ट्रिप्टोफेन व थ्रीयोनीन) की अधिकता व गुणवत्ता के लिए जाना जाता है। यह आहार एक सान्द्र है तथा मूंगफली की खली का पशुओं के आहार में सान्द्र के रूप में पूरी तरह से पूर्ति कर सकता है। कुकटों के आहार में भी इसे 10% तक मिलाया जा सकता है। ग्वार के बीज में 5.6% तेल पाया जाता है जिसके गुणों की सूरजमुखी के तेल से तुलना की जा सकती है। ग्वार आहार में गोंद अवशेष व दूसरे विषैले पदार्थ (ट्रिप्सीन इन्हीबिटर्स, पौलीफीनोल तथा सैपोनियन) पाये जाते हैं जो कि ऑटोक्लेविंग व दूसरी प्रक्रियाओं से दूर किये जा सकते हैं।

अग्रिम पंक्ति प्रदर्शन

अग्रिम पंक्ति प्रदर्शन ग्वार के प्रचार और प्रसार के लिए अत्यंत आवश्यक हैं। इस प्रकार के प्रदर्शनों से किसानों की भागीदारी व विश्वास मजबूत होते हैं। हाल ही में विकसित ग्वार की उत्पादन तकनीकी तथा उत्पन्न किस्में तुरन्त ही किसानों के द्वार पर पहुंच जाती हैं। इसी क्रम में पिछले छः वर्षों में कुल 676 अग्रिम पंक्ति प्रदर्शन सात प्रदेशों

में किसानों के खेतों में लिए गये। इन प्रदर्शनों में उन्नत किस्में, बीज बोने का तरीका, खरपतवार नियंत्रण, व्याधि प्रबन्ध, उर्वरक व जिंक प्रबंध शामिल किये गये हैं। इन प्रदर्शनों के निष्कर्षों से विभिन्न क्षेत्रों से अच्छे उत्पादन प्राप्ति के लिए, कुछ उन्नत किस्में स्पष्ट रूप चयनित की गई हैं। उदाहरण के तौर पर गुजरात में ग्वार के क्षेत्रों में जी.जी.–1, हरियाणा के रेवाड़ी जिले में **एच.जी–563**, उत्तरप्रदेश के आगरा क्षेत्र में **एच.जी–563**, आन्ध्रप्रदेश के अन्नतपुर, कोड्डपा व चित्तुर क्षेत्रों में **आर.जी.सी.–1003**, **आर.जी.एम.–112** व **एच.जी. 563,** पंजाब के भटिण्डा क्षेत्र में **एच.जी. 365** उत्तम पाई गई हैं। राजस्थान के विभिन्न क्षेत्रों के लिए भी उन्नत किस्मों का चयन किया गया है। उदाहरणतः दुर्गापुरा व उसके आस–पास के ग्वार के क्षेत्रों के लिए आर.जी.सी –1066, आर.जी.सी –1002, आर. जी.सी –936, व आर.जी.सी.–1003 उत्तम पाई गई है। वनस्थली में आर.जी.सी.–1055 (1412 कि.ग्राम/हे), व आर.जी.सी.–1002 (1243 कि.ग्राम/हे.) अजमेर में **आर.जी.सी. –233** (1084 कि.ग्राम/हे.)। बुवाई के तरीकों पर ग्वालियर के क्षेत्र में किये गये प्रदर्शन बताते हैं कि पंक्तिवार बुवाई से लगभग 37% तक उपज में बढ़ोतरी प्राप्त की जा सकती है। उर्वरक प्रबंध पर किये गये प्रदर्शनों से ज्ञात हुआ है कि 20 किलोग्राम नत्रजन + 30–40 पी$_2$ओ$_5$ कि.ग्राम/हे. से उपज में 26% वृद्धि पाई गई है। जस्ते के प्रभाव से ग्वार की उपज में 17–18% वृद्धि प्राप्त की गई है। खरपतवारों पर किये गये प्रदर्शन सुझाव देते हैं कि फसल को बोने के 20 से 30 दिन की अवधि में पूर्ण रूप से खरपतवार रहित रखा जाना चाहिए।

संदर्भ

कुमार, डी और सिंह, एन.बी. (2002). ग्वार – एन इन्ट्रोडक्शन पृ. 1-10 (ऐडीटरस – कुमार, डी. एवं सिंह, एन.बी.) *इन: ग्वार इन इण्डिया,* साईन्टिफिक पब्लिशर्स (इंडिया), जोधपुर, पृ. 225।

कुमार, डी. (2009). ग्वार के क्षेत्रफल, उत्पादन व उत्पादकता के संदर्भ में राजस्थान के छः मुख्य जनपदों का ब्यौरा, पृ. 1-22 (एडिटरस – कुमार डी. एवं हैनरी, ए.) *इन पर्सपेक्टिव रिसर्च एक्टिविटिज़ आफ एरिड़ लेग्यूमस इन इण्डिया,* इन्डियन मैप सर्विस, जोधपुर, पृ. 214।

रॉय, एस.के. और चक्रवर्ती, ए.के. (1993). वेजीटेबल्स् फार टेम्परेट क्लाईमेट। इनः *एनसाइक्लोपीड़िया आफ फुड साईन्स, फूड टैक्नोलॉजी एण्ड न्यूट्रीशन* (एडीटरस – आर. मा. केई., आर.के रोबिन्सन एण्ड एम.जे. सेडलर), *एकेडमी प्रेस लंदन* – पृ. 4715.

हिमोविज़, टी. (1972). दी ट्रांस डोमेस्टिकेशन कंसेप्ट एस एप्लाईड टू ग्वार, *ईकोन. बोट.* 26 : 49-80।

विसलर, व हिमोविज. (1979) *ग्वार* : एग्रोनॉमी, प्रोडक्शन इनडस्ट्रीयल यूज एण्ड न्यूट्रीशन। परडयु युनिवर्सिटी प्रेस, वैस्ट लाफायेद्दी, इन्डियाना, पृष्ठ 124।

ग्वार आनुवंशिक व प्रजनन

सारांश

मरू भूमियों में ग्वार के वर्तमान आर्थिक स्तर को बनाये रखने, अन्तर्राष्ट्रीय स्तर पर इसके वर्तमान निर्यात को स्थायित्व देने तथा बढ़ती आवश्यकताओं की पूर्ति इत्यादि; इस दलहन के प्रजनन व इससे संबन्धित प्रयत्नों की दिशा व गति पर पूर्ण रूप से निर्भर करते हैं। सीमित संसाधनों के बावजूद ग्वार के अनुसंधान निष्कर्ष काफी सराहनीय हैं तथा व्यवहारिक स्तर तक पहुँच रहे हैं, यही कारण है कि उतार–चढ़ाव के बाद भी ग्वार की वृद्धि निर्णायक स्तर तक पहुंच गई है। ग्वार के उद्भव का केन्द्र सम्भवतः अफ्रीका था, जहाँ से यह अरब देशों से होते हुए घोड़ों द्वारा चारे के रूप में भारत पहुँचा रहा होगा। ग्वार की तीन प्रजातियाँ हैं (*स. टैट्रगोनोलोबा, स. सैरेटा.* व *स. सैनेगेलन्सिस*) तथा इनमें गुण सूत्रों की संख्या 2 एन = 14 है। इन प्रजातियों का आपस में संकरण काफी कठिन है। *स.सैनेगेलन्सिस* कम अवधि (60 दिन) व बीमारियों की प्रतिरोधक क्षमता के अच्छे स्त्रोत के लिए जानी जाती है। ग्वार में प्रति पौधा फलियों व गुच्छों की संख्या का, दानों की उपज के साथ सीधा घनात्मक सह–संबंध पाया गया है। वर्षा पर आधारित ग्वार की मॉडल प्रारूप : प्रति पौधा अधिक फलियाँ तथा गुच्छे, दानों का अधिक वजन, कम शाखाएँ तथा 80-85 दिन पकने की अवधि माना जाता है। यद्यपि दानों की उपज व ग्वार गोंद में सीधा संबध पाया गया है, परन्तु दानों के वजन का ग्वार गोंद से ऋणात्मक संबध होने के कारण भारी व मोटे दानों के वरण से ग्वार गोंद में बढोतरी कठिन जान पड़ती है। उत्परिवर्तन प्रजनन ग्वार में एक सफल प्रक्रिया है, तथा इसका महत्वपूर्ण योगदान रहा है। ग्वार में भौतिक, रासायनिक तथा भौतिक–रासायनिक उत्सर्जकों का सफलतम उपयोग किया गया है। गामा विकिरणों तथा इ.एम.एस. उत्प्रेरकों द्वारा ग्वार की किस्म आर. जी.सी.–936 व एच.जी.एस.–365 में जल्दी पकने (65 दिन), अधिक गोंद (33. 0-35.7%), व दानों की अधिक प्रोटीन (30.0-32.5%) संबंधी महत्त्वपूर्ण प्रसर उत्पन्न की जा सकी है। ग्वार में उपज के लिए 140% तक संकर ओज उपलब्ध पाया गया है, जो संकरण प्रजनन की संभावना को दर्शाता है। ग्वार के प्रजनन क्षेत्र में जैव प्रौद्योगिकी का पदार्पण कुछ महत्त्वपूर्ण गुणात्मक लक्षणों के लिए अवश्यमभावी है। ग्वार में सघन प्रजनन कार्यक्रमों तथा प्रयत्नों के फलस्वरूप, पिछले दो दशकों में अखिल भारतीय मरू दलहन अनुसंधान परियोजना के सतत् प्रयासों द्वारा 30 से अधिक किस्मों का राष्ट्रीय व प्रादेशिक स्तरों पर, विकास संभव हो सका है। इन किस्मों में से 90% को विभिन्न प्रदेशों की सरकारों द्वारा अपना लिया गया है। वर्तमान किस्में कम वर्षा (300–400 मि.मि.) वाले क्षेत्रों के लिए 80–85 दिन में पकने की अवधि

के कारण (एच.जी.–365, एच.जी.–563, आर.जी.सी.–936, आर.जी.एम.–112) प्रसिद्ध है। देरी से पकने वाली (115-120 दिन) किस्में आर.जी.सी.–986, एच. जी.–20-2, अच्छी वर्षा (500-600 मि.मि.) व अच्छी भूमि तथा अच्छी लागत के लिए जानी जाती है। कुछ किस्मों में ग्वार गोंद की अधिकता (31-31.5%) तथा लसलसाहट (2500-3000 सी.पी.) के लक्षण विद्यमान है (एच.जी.–884, एच.जी. –2–20, एच.जी.–563)। अशाखित किस्म (आर.जी.सी.–1066) सघन बुवाई (20-25 से.मी.) तथा कम्बाईन मशीन द्वारा कटाई व मंडाई के लिए उपयुक्त पाई गई है। यह किस्म तथा दूसरी किस्म (आर.जी.सी.–197) अन्तर–फसल पद्धति के लिए उपयुक्त हैं। सामान्य वर्षा पर आधारित परिस्थितियों में कुछ किस्में (आर.जी.सी.–1038, एच.जी.–884, एच.जी.–563 व आर.जी.सी.–1017) लगभग 1200–1400 किलोग्राम/हेक्टर उपज देने की क्षमता रखती हैं। आर. जी.एम.–112 व एच.जी.–563 रॉयलसीमा क्षेत्र (ए.पी.) में भी वर्षा पर आधारित, बिना रासायनिक उर्वरकों के लाल भूमियों में 800–1000 किलोग्राम प्रति हैक्टर दानों की उपज देने की क्षमता रखती हैं। अतः ग्वार प्रजनन अनुसंधान, भारत में उचित दिशा में, पूर्ण वेग से आगे बढ़ रहा है। यही कारण है कि ग्वार का क्षेत्र सम्पूर्ण भारत में लगभग 33 लाख हैक्टर तक पहुंच गया है जबकि विगत वर्षों में 25–26 लाख हैक्टर के लगभग ही था।

प्रस्तावना

पूर्व समय में ग्वार की फसल को कम उपयोगी दलहन के रूप में जाना जाता था, परन्तु समय के साथ, विशेष रूप से द्वितीय विश्वयुद्ध के बाद लोक्स्ट बीन द्वारा प्राप्त स्टार्च की कमी हो जाने के बाद, ग्वार ही औद्योगिक गोंद का एक मात्र स्त्रोत प्रतीत हुआ था। ग्वार के बीजों के भुर्ण में पाये जाने वाले गोंद ने ग्वार को विश्व स्तर की औद्योगिक फसल बना दिया है, तथा भारत की विदेशी मुद्रा में ग्वार गोंद के निर्यात की भारी संभावना के कारण इसके योगदान ने ग्वार की फसल को एक महत्वपूर्ण दलहन का दर्जा प्रदान करा दिया है। आज ग्वार, छोटी फसल की तुलना में एक बड़ी नगदी दलहन के रूप में जानी जाती है, तथा ग्वार का स्तर मरूप्रदेश से शुरू हो कर एक महत्वपूर्ण अन्तर्राष्ट्रीय स्तर तक पहुँच चुका है। ग्वार का उपयोग गोंद के अलावा बहुत सारे दूसरे स्त्रोतों मे भी जाना जाता है। दलहन होने के साथ–साथ, इसकी महत्ता किसी भी दालवाली बड़ी फसलों से कम नहीं है, परन्तु ग्वार की फसल का आनुवंशिक विकास कम हुआ है, क्योंकि अबसे लगभग एक या डेढ़ दशक पूर्व इसे मुख्य रूप से चारे वाली फसल के रूप में ही जाना जाता था। अतः इसके आनुवंशिक विकास के बारे में आवश्यकता कम ही आँकी गई थी, परन्तु धीरे–धीरे वर्षा पर आधारित मरू स्थितियों में, इसके स्थायित्व होने के कारण तथा प्राकृतिक स्त्रोतों की कमी होने तथा उत्पादन प्रति इकाई बढ़ाने की आवश्यकता ने ग्वार के विभिन्न गुणों के आनुवांशिक सम्बन्धी शोध पर ध्यान देने की आवश्यकता पर बल बढ़ा दिया है। अतः इस अध्याय में ग्वार पर विभिन्न आनुवांशिक तथा प्रजनन पर किये गये अनुसंधानों को आवश्यकतानुसार सूचिबद्ध किया गया है।

उद्भव

सम्भवतः अफ्रीका *जीनस सायेगोप्सिस* की उत्पत्ति का केन्द्र माना जाता है (गिलेट, 1958)। इस बात की सम्भावना कम ही है कि इस फसल का खेती के रूप में प्रचलन

अफ्रीका तथा अरब राष्ट्रों से होकर भारतीय उपमहाद्वीप में पहुंचा था। अरब में, इसे पूर्व में *हिनडिया* के नाम से पुकारा जाता था, इस कारण ग्वार की उत्पत्ति भारत से ही मानी जाती है (विसलर व हिमोविज, 1979)। हिमोविज (1972) के अनुसार, एक शुष्कता रोधक दलहन (*सायेमोप्सिस सेनेगैलेनेसिस*) सेनेगल, सहारा व सऊदी अरब के दक्षिण में, अर्द्ध–मरू क्षेत्रों में पाई जाती थी। अरब व भारत के बीच शनैः शनैः व्यापार द्वारा यह दलहन भारत–पाकिस्तान में पहुंची थी। प्राचीन समय में अरब व भारत के बीच व्यापार मुख्य रूप से घोड़ों के द्वारा होता था। अतः सम्भावना इस बात की है कि घोड़ों के चारे के लिए ग्वार के पौधों को काटकर जहाजों द्वारा भारत भेजा जाता रहा होगा। भारतीय उप–महाद्वीप में, शुष्क जलवायु *स. सेनेगैलेनेसिस* के प्रति संभवतः अनुकूल रही होगी, अतः इसके बीजों का अंकुरण आसानी से हो गया होगा तथा पौधों के भारत में, वर्षा पर आधारित मरू क्षेत्रों में चारे के लिए उपयोग में लाया जाने लगा। अतः यह प्रजाति *स.टैट्रागोनोलोबा* के रूप में धीरे–धीरे विकसित हो गई जान पड़ती है। ग्वार की उत्पत्ति तथा फैलाव एक प्रकार से विचारों के मंथन पर आधारित है। अतः यह आवश्यक है कि क्रमबद्ध तरीके से *स. टैट्रागोनोलोबा* तथा *सैनेगेलैनसिस* प्रजातियों में सामंजस्य व संबध स्थापित किया जा सके तथा ठीक प्रकार से उत्पत्ति के बारे में ज्ञान अर्जित किया जा सके।

पुष्प जैविकी

ग्वार के फूल *एक्सीलरी रेसीम* में लगते हैं। पाँच असामान्य दांतों की तरह की पंखड़िया बाह्य दल पुंज बनाती हैं, जबकि *पैपलियोनिस* दलपुंज लम्बी व चौड़ी पंखड़ियों से मिलकर बनता है। फूलों का रंग प्रायः हल्के पीले से लेकर गुलाबी सा होता है। कुछ सफेद रंग की पंक्तियों में फूल पाये जाते हैं। दस वर्तिका भी पाये जाते हैं जो कि डाइएल्फस दशा (9+1) में होते हैं तथा *एन्थर एपिक्यूलर* होते हैं। मादा भाग (वर्तिकाम) छोटा तथा सिलेन्डर होता है वर्तिकाम सर के आकार का होता है। (जाफरी 1966; मैनन *एट एल.,* 1968; सैनी *एट एल.,* 1981)।

परागण

कलिसटोगैम्स प्रकृति के कारण ग्वार पूर्ण रूप से एक स्वपरागित फसल मानी जाती है फिर भी बाह्य निषेचन लगभग 0.3 से लेकर 7.0% तक पाया जाता है (मेनन *एट एल.* 1968, चौधरी व सिंह, 1986)।

पराग

ग्वार की *सी.सैरेटा* प्रजाती में 95%, जबकि दूसरी प्रजाती *सी.टैट्रागोनोलोबा* में 90% तक परागकण पूर्ण रूप से विकसित पाये जाते हैं। 20% सुकरोज के घोल में *सी. टैट्रागोनोलोबा* के परागकणों का अंकुरण 63.4% तथा पराग नली की लम्बाई 60.5 म्यू पाई गई (त्यागी, 1974)। यह बात बहुत रूचीकर है कि इस घोल में 0.15% बोरिक अम्ल मिला देने पर परागकणों का अंकुरण 84.7% तथा पराग नली की लम्बाई 208.4 म्यू तक बढ़ सकती है। प्रयोगों से यह ज्ञात हुआ है कि *सी.टैट्रागोनोलोबा* के परागकणों के अंकुरण के

लिए 25% सुकरोज +100 पी.पी.एम. बोरिक अम्ल +250 पी.पी.एम कैल्सियम नाइट्रेट व 0.5% औगर घोल की आवश्यकता होती है, जबकि *सी.सैरेटा* के लिए 35% सुकरोज +150 पी.पी.एम बोरिक अम्ल +300 पी.पी.एम कैल्सियम नाइट्रेट व 0.5% औगर व 1.0% पी.ई.जी की आवश्यकता जान पड़ती है। इन प्रयोगों से आगे यह ज्ञात हुआ है कि सुकरोज (25%) परागनली की अधिकतम लम्बाई बढ़ाने में सहायक सिद्ध हुआ है, जबकि 30% ग्लूकोज, कैल्शियम तथा बोरोन के द्वारा अधिकतम अंकुरण बढ़ाया जा सकता है।

कोशानुवंशिकी

सायमोप्सिस डी.सी, एक प्राचीन *जीनस* है (*पैप्लियोनेसिस* परिवार का प्राचीन सदस्य) जिसकी चार प्रजातियाँ (*सी. टैट्रागोनोलोबा, एल. टोब; सी सैरेटा सजिंक्; सी.सैनेगैलेनेसिस* गुइल और पर्र; तथा *सी.डैनटेटा* टैरी) हैं। *सी. टैट्रागोनोलोबा* (सिन्थ. *सी. पसोरालिओइडस*) एक ग्रीष्म कालीन वार्षिक दलहन है, तथा रावलपिण्डी व अफगानिस्तान इसके लिए अनुकूल स्थान है परन्तु इसकी कोई जंगली प्रजातियाँ नहीं है, लगता है कि इस प्रजाति का इन स्थानों से ही भारत में प्रवेश हुआ है (सरभोय, 1977)। दूसरी प्रजाति *सी. सैनेगेलेनसिस* अर्द्ध–शुष्क सबन्नाह क्षेत्रों में पाई जाती है। जो सहारा से सऊदी अरबिया तक फैला हुआ है।

सी. सैरेटा तथा सी. डैनटेटा मुख्यरूप से दक्षिण अफ्रीका गणतंत्र, दक्षिण पश्चिम एशिया तथा बोत्सवाना में अनुकूलित पाये गये हैं। सी. सैनेगैलेनेसिस तथा *सी. सैरेटा* प्रजातियाँ शुष्कता व बीमारियों के लिए भारी प्रतिरोधक क्षमता रखते हैं (मैनन, 1973)। संधु (1988) के अनुसार *सी. सैरेटा* में गुणसूत्रों के 7 जोड़े पाये जाते हैं, इसी प्रकार *सी. टैट्रागोनोलोबा* (सिन्थ.सी. पसोरालिओइडस) में गुणों सूत्रों के 7 जोड़े पाये जाते हैं (विग 1963ए, श्रीवास्तव व नयथानी, 1964; संधु *एट एल.* 1988)। श्रीवास्तवा व नयथानी, 1964 तथा सरभोय (1977) ने *सी.टैट्रागोनोलोबा* के गुण सूत्रों की बाहरी आकृति पर अध्ययन किया है, जबकि अरोरा *एट एल.* (1985) ने पहली बार इस प्रजाति के गुणसूत्रों की बाहरी संरचना की तुलना जंगली प्रजाति के साथ थी। संधु (1988) ने भी ऐसा अध्ययन सी.सैरेटा तथा *सी.टैट्रागोनोलोबा* प्रजातियों में किया है। ग्वार की तीनों प्रजातियों के *कैरियोटाइपिक* अध्ययन के अनुसार गुण सूत्रों के नम्बर (एन = 7) तथा उनकी बाहरी आकृति में समानता दिखाई पडती है। सभी गुण सूत्रों की बनावट पूर्ण या अर्द्ध *मिडियन* पाई गई है। सी.सैरेटा के गुण सूत्रों की लम्बाई दूसरी दो प्रजातियों (*सी.सैनेगैलनेसिस* तथा *सी. टैट्रागोनोलोबा)* से अधिक पाई गई है। *सी.टैट्रागोनोलोबा, सी.सैरेटा व सी.सैनेगैलनेसिस* के गुण सूत्रों की लम्बाई 7.16-9.26; 7.33-11.52 व 5.50-9.60 म्यू क्रमशः पाई गई है। टी.एफ. प्रतिशत के अनुसार *सी.टैट्रागोनोलोबा* (44%), *सी.सैरेटा* (45%), और *सी.सैनेगैलनेसिस* (45%) में काफी निकटता पाई गई है। गुण सूत्रों के तीन जोड़ों (दूसरा, चौथा व सातवाँ) के कारण इन प्रजातियों के गुणसूत्रों में *सैन्ट्रोमियर* में कुछ स्थानान्तरण हुआ है। इन तीनों प्रजातियों की कैरियोटाइप में काफी एकता व समानता है। बाद में *कैरियोटाइपिक* अध्ययन से ज्ञात होता है कि *सी. सैरेटा* के गुण सूत्रों की लम्बाई अपेक्षाकृत अधिक होने के कारण, यह प्रजाति अधिक प्राचीन स्तर रखती है।

गुणात्मक लक्षणों की आनुवंशिकी

क्रमबद्ध व लम्बी–अवधि सुधार के लिए फसल में गुणात्मक तथा मात्रात्मक लक्षणों के बारे में आधारभूत आनुवंशिकी सूचनाओं का ज्ञान प्रथम व आवश्यक कदम माना जाता है। फसल सुधार कार्यक्रमों की सफलता मुख्यरूप से इन लक्षणों में आनुवंशिक प्रसरता की सघनता पर निर्भर करती है। ये सूचनाएँ प्रजनन की दिशा, सघनता, प्रकार व अवधि का निर्धारण करती हैं। गुणात्मक लक्षणों के चयन में अपेक्षाकृत कम समय तथा कम परिश्रम की आवश्यकता पड़ती है। अतः इनका सुधार भी आसान जान पड़ता है। इन लक्षणों की आनुवंशिकी भी साधारण जान पड़ती है। अतः इस प्रकार के लक्षणों का अपना महत्व है। गुणात्मक लक्षणों के विभिन्न प्रकार के आनुवंशिकी जैसे जीन संख्या, उनकी प्रसर, सिम्बल इत्यादि के बारे में विस्तृत जानकारी दी गई है।

पौध बाह्यीकी : ग्वार के पौधों में दो प्रकार की प्रारूप : फैलावदार व सीधा बढ़ने वाले या शाखित व अशाखित पाये जाते हैं। शाखित प्रारूप अशाखित पर प्रभावी पायी जाती है (साहू व गिल, 1976)। हिमोविज़ (1963) के अनुसार, ग्वार में शाखाओं का व्यवहार मुख्य रूप से चार प्रकार की आधारभूत शाखाओं पर निर्भर करता है : अशाखित व सीधी वृद्धि वाले पौधे, सीधी वृद्धि व शाखादार, आधारित शाखाऐं व पूर्णरूप से शाखित। अशाख्ति पौध प्रारूप एक जीनीय प्रभावी प्रकृति जानी जाती है। इसी प्रकार के निष्कर्ष दूसरे वैज्ञानिकों द्वारा निकाले गये हैं (मैनन, 1980; सहारण *एट एल.* 1999)। इसके विपरीत सोहू व गिल (1976) के अनुसार शाखित प्रारूप, अशाखित पर प्रभावी पाई गई है। चौधरी व लोधी (1981) के अनुसार शाखित प्रारूप जीन के दो जोड़ो द्वारा प्रभावित होती है तथा द्विगुन अप्रभावी (*ऐपिसटैसिस* प्रभाव) दर्शाती है। चौधरी व सिंह (1980) के निष्कर्ष भी इसी प्रकार के थे। हाल ही में किये गये अशाखित (पी.आई. 217923) व शाखित (लेविस) किस्मों के संकरण द्वारा आधारिय शाखाओं की प्रकृति को एक जीनिय प्रभावी पाया गया है (ल्यू *एट एल.* 2006)। ग्वार के विभिन्न भागों में एकत्रित शुष्क पदार्थ की कुल मात्रा के आधार पर किये गये मूल्यांकन से निष्कर्ष निकाला जा सकता है कि आधारीय शाखाओं वाली किस्मों में अधिक उपज तथा तना : फलियों व पत्तियों : फलियों का अनुपात अधिक पाया गया (स्ट्रेफरउ, 1987)। अतः आधारीय शाखित किस्में अशाख्ति किस्मों की अपेक्षा उन्नत समझी जाती हैं। शाखित किस्में दानों की अधिक पैदावार के लिए (परौदा व सैनी, 1978) तथा सीधे कद वाली किस्में मुख्य रूप से सब्जियों के लिए जानी जाती है। (फ्लैचर व मरफी, 1998)।

फूल आने की प्रकृति के अनुसार ग्वार को नियंत्रित व अनियंत्रित वर्गों में विभाजित किया जा सकता है। ग्वार के अधिकतर जननद्रव्य अनियंत्रित प्रकार के ही पाये गये हैं तथा अब तक विकसित सभी किस्में भी फूलों के इस प्रकार की ही पाई गई हैं (गोपालकृष्णन व द्विवेदी, 2007)। एन.सी.–70 नियंत्रित किस्म शाखित किस्म के साथ संकरण द्वारा अनियंत्रित को नियंत्रित प्रकृति पर पूर्ण रूप से प्रभावी पाया गया है।

ग्वार की पत्तियों, तनों व फलियों पर पाये जाने वाले छोटे–छोटे रोयें/बाल (प्यूबीसेन्स) एक महत्वपूर्ण लक्षण है। प्यूबीसेन्स के लक्षण पत्तियों पर अंकुरण से शुरू होकर पकने तक की अवधि तक पाये जाते हैं। ग्वार में यह लक्षण एक जीनिय प्रभावी के रूप में प्रदर्शित

होना पाया गया है (किनमैन *एट एल.* 1952; साहू व गिल 1976; मैनन, 1980; चौधरी व सिंह, 1980; सिंह *एट एल.* 1990, 1999)। फलियों में प्यूबीसेन्स की अनुपस्थिति मुख्य रूप से सब्जियों वाली किस्मों का लक्षण है।

पत्तियाँ : ग्वार में पत्तियों का रंग हल्के हरे रंग से लेकर गहरे हरे रंग तक पाया जाता है। प्रसाद व पटेल (1974) द्वारा किये गये अनुसंधान द्वारा गहरे हरे रंग को हल्के रंग पर प्रभावी पाया गया है। डबास (1975) द्वारा गहरे हरे रंग का एक जीनिय प्रभावी पाया गया है।

ग्वार की पत्तियां जटिल त्रिभागीय पाई जाती है, तथा पतले आकार की पत्तियां चौड़ी पत्तियों पर प्रभावी पाई गई हैं (चौधरी व सिंह, 1980)। इसके विपरीत सहारण *एट एल.* (1999) के अनुसार चौड़ी पत्तियां, पतली पत्तियों पर प्रभावी पाई गई हैं। ग्वार की पत्तियों को उनके आकृति के अनुसार विभाजित करते हुए, पतले आकार की पत्तियों को सामान्य आकार की पत्तियों पर प्रभावी पाया गया है (साहू व गिल, 1976)। ग्वार की पत्तियों के किनारे कटावदार व बिना कटावदार प्रकार के पाये जाते हैं, तथा कटावदार पत्तीयाँ बिना कटावदार आकृति पर प्रभावी पाई गईं है। मैनन (1980); सिंह, *एट एल.* (1990) द्वारा किये गये अध्ययन द्वारा कटावदार पत्तीयों के किनारे द्विगुन अप्रभावी जीन द्वारा प्रभावित होना पाये गये हैं। पत्तीपटल का रंग एक जीन द्वारा प्रभावित जाना जाता है, तथा इसका हरा रंग, पीले रंग पर प्रभावी पाया गया है (साहू व गिल, 1976)।

पुष्पलताः ग्वार के पौधों की गाँठों पर उत्पन्न होने वाले फूलों के गुच्छों के अनुसार, पुष्प गुच्छे तीन प्रकार के पाये जाते हैं। प्रथमः फुलों के गुच्छे प्रत्येक गाँठ पर उत्पन्न होते हैं, फलस्वरूप पूरे पौधे पर लगातार फलियों के गुच्छे पाये जाते हैं। द्वितीयः फुलों के गुच्छे गाँठों पर एकान्तरित रूप से उत्पन्न होने के कारण, फलियां एक के बाद एकान्तरित क्रम में पाई जाती हैं। तृतीयः गाँठों पर पुष्प गुच्छों का कोई कम नहीं होता है। साहू व गिल (1976), के अनुसार अनियन्त्रित पुष्प क्रम नियन्त्रित क्रम पर एक जीनिय प्रभावी पाया गया है। इसके उपरान्त चौधरी व सिंह, (1980), तथा चौधरी व लोधी (1981), ने भी अपने अनुसंधानों के आधार पर उपरोक्त ही निष्कर्ष निकाले हैं। मैनन (1980), के अनुसार भी एकान्त्रित क्रम को प्रभावी जीनिय प्रकृति द्वारा प्रभावित पाया। सहारण *एट एल* (1999) के अनुसार एकान्त्रित फलियों की प्रकृति *कम्पलीमेन्ट्री* जीन प्रकृति द्वारा प्रभावित होती है। ग्वार के फूलों का रंग सफेद व बैंगनी पाया जाता है। सफेद रंग बैंगनी रंग के मुकाबले अप्रभावी तथा एक जीन द्वारा प्रभावित पाया गया है (मैनन, 1980; सहारण *एट एल.* 1999)।

युग्मों की बनावट तथा उनकी वृद्धिः ग्वार की लाइन जी–150 में नरवधता के लिए विसंयोजना पायी गयी है (साहू व गिल 1976)। आनुवंशिक व कोशानुवांशिक के आकलन द्वारा जी–150 में नरवधता अर्द्धसूत्रीय विभाजन का असामान्य होने के कारण पाई गई है। यह असामान्य व्यवहार एक अप्रभावी जीन के कारण पाया गया है। अतः इस लाइन का प्रयोग एकाधि लाईन विकसित करने में आ सकता है। ग्वार के गुणसूत्र नं 1 व नं. 2 में परस्पर अतिक्रम (रेसीप्रोकल ट्रांसलोकेशन) के कारण दानों की उर्वरकता प्रभावित होती है, तथा उर्वरकता लगभग 41.5% तक ही प्राप्त की जा सकी (विग, 1965)। दूसरे

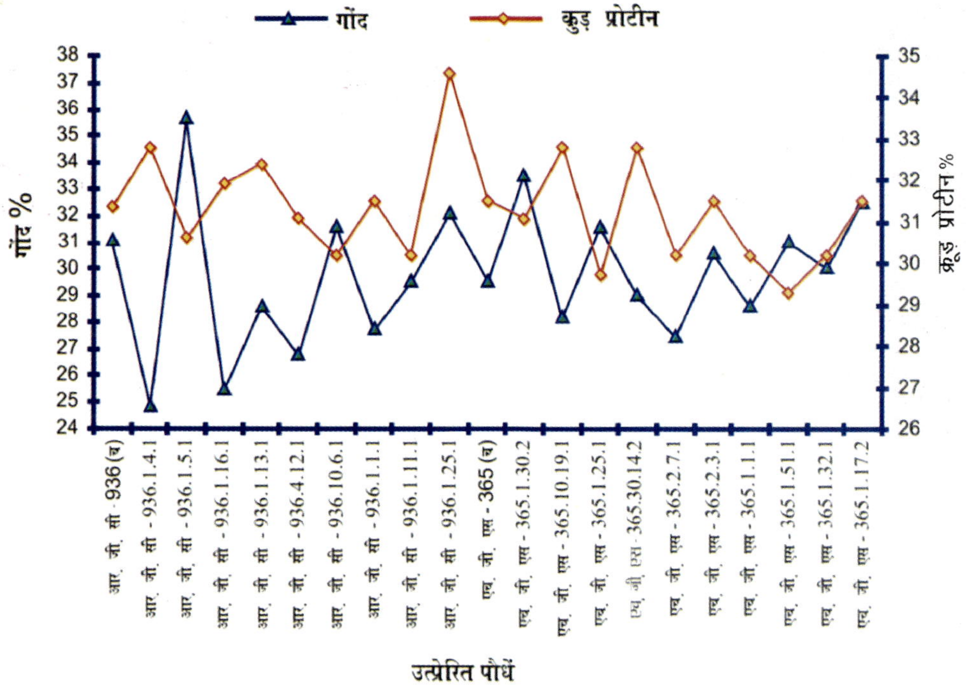

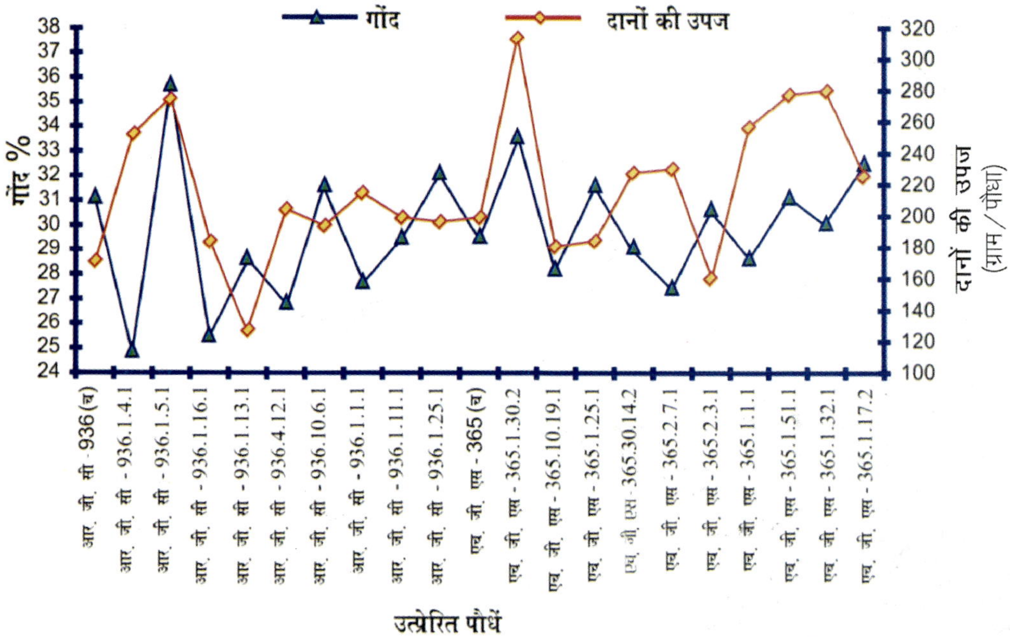

चित्र 1. ग्वार के उत्प्रेरित पोधों में दानों की उपज व गोंद (%) तथा गोंद व क्रूड़ प्रोटीन (%) में रेखीय सम्बन्ध

चित्र 2. ग्वार की उन्नत किस्में

अध्ययनों से ज्ञात हुआ है कि ग्वार में अर्द्ध–उर्वरता 1:1 अनुपात में विसंयोजन (सेग्रीगेशन) में पाई गई तथा इसका कारण परस्पर अतिक्रम पाया गया (किनमैन *एट एल.* 1969), आपके द्वारा एक ही नहीं बल्कि तीन गुणसूत्रों से संबन्धित तीन परस्पर अतिक्रम भी प्रकाशित किये हैं।

नर वधताः नर वधता का फसल सुधार कार्यक्रमों में, मुख्य रूप से आनुवंशिक नर वधता द्वारा संकर किस्मों को उत्पन्न करने व अन्तर व अन्तरा प्रजाति संकरण द्वारा नई विविधता व प्रसर उत्पन्न करने में विस्तार से उपयोग किया जाता है। ग्वार में आनुवंशिक नर वधता एक अप्रभावी जीन द्वारा प्रभावित पाई जाती है। चौहान *एट एल.* (2005) के द्वारा प्राकृतिक उत्परिवर्तन द्वारा प्राप्त आनुवंशिक नर वधता को एक अप्रभावी जीन द्वारा प्रर्दशित पाया गया था। ग्वार में प्राप्त अर्द्ध नर वधित पौधों का कारण मुख्य रूप से गुणसूत्रों में परस्पर अतिक्रम द्वारा होना पाया गया है (विग, 1965; किनमैन *एट एल.* 1969)। साधारणतः अर्द्ध नरवधित पौधे सामान्य पौधों की तुलना में लम्बे, देरी से पकने, प्रति फली दानों की संख्या कम तथा फूलों के अधिक गुच्छों द्वारा पहचाने जा सकते हैं। सामान्य अवस्था में भी, कुछ किस्मों व जननद्रव्यों में भी अर्द्ध नरवधता 75–94% तक पाई जा सकती है। स्ट्रेफरड (1989) के अनुसार अर्द्ध नरवधता मुख्य रूप से दो जीन द्वारा प्रभावित होती है, जिनमें एक जीन प्रभावी *एपिसटैस* प्रभाव दर्शाती है, जबकि दूसरी जीन अपूर्ण प्रभावी क्रम को दर्शाती है। इन जीनों के सिम्बल पी.एम. एस. 1 तथा पी.एम.एस–2 सुझाये गये हैं। जी.जी.–1 ग्वार की किस्म में पाये गये पौधों में 68% तक नरवधिता पाई गयी है, तथा यह लक्षण एक जीन द्वारा प्रभावित पाया गया है।

फलियाँः ग्वार की फलियाँ या तो सीधी या फिर वक्रदार पाई जाती हैं, तथा फलियों की वक्रता भी भिन्न–भिन्न होती है। पूर्व में किये गये अनुसंधानों द्वारा यह पाया गया है कि फलियों की सीधी प्रकृति वक्रदार आकृति पर प्रभावी पाई गई है। (मैनन, 1980; सहारण *एट एल.* 1999)। उपरोक्त शोधों द्वारा प्राप्त, पतली फलियाँ द्विगुण जीन से प्रभावित होती हैं। द्विवेदी *एट एल.* (1999) के वृतान्त के अनुसार मोटी तथा लम्बी फलियां मुख्य रूप से एक तने वाले पौधों पर तथा छोटी व पतली फलियाँ मुख्य रूप ये फैलावदार किस्मों में पाई जाती है। अधिकतर क्षेत्रों में उगाई जाने वाली फलियाँ झड़नशील नहीं होती है, परन्तु, पश्चिमी राजस्थान से एकत्रित कुछ जननद्रव्य में ऐसा पाया गया है कि जिसकी फलियाँ झड़ जाती हैं (डबास व थोमस, 1986)। उनके शोध के वृतान्त द्वारा पाया गया है कि फलियों का झड़नशील होना न झड़नशीलता पर अप्रभावी पाया गया तथा फलियों का झड़ना एक जीन द्वारा प्रभावित होना पाया गया है (तालिका – 1)।

तालिका 1. गुणात्मक लक्षणों पर आनुवंशिकी अनुसंधानों की संक्षेप में समीक्षा।

क्र.सं	लक्षण	उपस्थित वृतान्त	जीन सिम्बल	संदर्भ
1	2	3	4	5
अ	**पौधे का बाह्य आकार**			
		सामान्य : प्रभावी	B	साहू व गिल (1976)
i.	पौध प्रारूप	फैलावदार : अप्रभावी	B	

		सामान्य : प्रभावी		
ii.	शाखित प्रकृति	फैलावदार : अप्रभावी (द्विगुन अप्रभावी ऐपिस टेसिस)	Brh-1. Brh-2	चौधरी व लोधी (1981)
iii.	आधार शाखाऐं	आधार शाखाऐं : अप्रभावी आधार शाखाऐं : प्रभावी	Brh-1. Brh-1	ल्यू *एट एल* (2006)
iv.	वृद्धि की प्रकृति	अनिर्धारित : प्रभावी निर्धारित : अप्रभावी	De de	चौधरी व सिंह (1980)
ब	**प्यूबीसेंट (रोयें)**	रोयेंदार : प्रभावी चिकना : अप्रभावी	G g	किनमैन *एट एल* (1952)
i.	पत्ती			
ii.	रंग	हरा : प्रभावी हल्का : अप्रभावी	Y y	प्रसाद व पटेल (1974)
iii	आकार	पतली पटल : प्रभावी चौड़ा पटल : अप्रभावी	Ls ls	चौधरी व सिंह (1980)
iv.	आकृति	पतला पटल : प्रभावी सामान्य पटल : अप्रभावी	N s	सोहू व गिल (1976)
v.	सतह	उठानवाली सतह : प्रभावी चिकनी सतह : अप्रभावी	- -	सहारण *एट एल* (1999)
vi.	पत्ती का किनारा	कटान सहित : प्रभावी बिना कटान : अप्रभावी	Se se	मैनन (1980)
vii.	पत्ती का रंग	हरा : प्रभावी पीला : अप्रभावी	Y y	सोहू व गिल (1976)
स	**फूलों के गुच्छे (रेसीम)**			
i.	गुच्छों की प्रकृति	अनियन्त्रित : प्रभावी नियन्त्रित : अप्रभावी	CL cl	सोहू व गिल (1976)
ii.	गुच्छों का प्रकार	सामान्य : प्रभावी असामान्य (रोसेट): अप्रभावी	ROS ros	स्ट्रैफोर्ड (1988)
iii	गुच्छों का रंग	बैंगनी : प्रभावी सफेद : अप्रभावी	WTF wtf	मैनन (1980)
द	**युग्मों का बनना तथा विकास**	सामान्य : प्रभावी असामान्य : अप्रभावी	Asn asn	सोहू व गिल (1975)
इ	**नर वधता**			
	नर वधता अर्ध नर वधता	नर वधता : प्रभावी नर वधता : अप्रभावी	Ms ms	मित्तल, *एट एल* (1968)
		नर वधता : प्रभावी अर्ध नर वधता : अप्रभावी		स्ट्रैफोर्ड (1989)

ई	**फलियां**			
	आकृति	सीधी : प्रभावी	Pms-1,	मैनन, (1980)
	झड़न	उभारदार : अप्रभावी	Pms-2	
		अझडनशील : प्रभावी झड़नशील : अप्रभावी	Crp crp	डवास व थोमस (1986)
एफ	**दाने**			
i.	आकार	मध्यम आकार : प्रभावी छोटा आकार : अप्रभावी	Sms sms	मैनन (1980)
ii.	आकृति	चपटा : प्रभावी गोल : अप्रभावी	R r	सोहू व गिल (1976)

दाने : ग्वार के दानो की आकृति गोल, चपटी, अंडाकार या कुछ हद तक आयताकार होती है (द्विवेदी *एट एल.,* 1999; डवास *एट एल.,* 2001)। प्राचीन खरपतवार जैसे व ग्वार की जंगली प्रजातियों के बीज आयताकार (अडक ग्वार) बीज पाये जाते हैं। साहू व गिल (1976); मैनन (1980) के अनुसंधानों द्वारा यह प्रकट हुआ है कि चपटे आकार के बीज गोल आकृति पर प्रभावी पाये जाते हैं। अड़क ग्वार के बीजों की आकृति पर जननद्रव्य में काफी प्रसर पाई गई हैं। मध्यम आकार के बीज, छोटे बीजों पर प्रभावी पाये जाते हैं। ग्वार उद्योगों द्वारा बीजों की प्रक्रिया की सुविधा हेतु साधारणतः ग्वार के मोटे बीज (100–बीजों का वजन 3.0 ग्राम) तथा गोल आकृति युक्त बीज पसंद किये जाते हैं (मित्तल *एट एल.,* 1977)।

प्रजनन अनुसंधान

इस फसल की उपज में स्थायित्व, लाना, बीमारियों की प्रतिरोधक क्षमता का विकास, गोंद व प्रोटीन की मात्रा में सुधार तथा गुणात्मक, पौधों के प्रारूप में आवश्यकतानुसार परिवर्तन, पकने की अवधि कम करना, सूखा के प्रति और अधिक सहनशील बनाना, ग्वार को दूसरे क्षेत्रों गें उगाने की क्षमता वाली किस्मों का विकास करना, विभिन्न प्रकार की शस्य क्रियाओं के वास्ते किस्मों व प्रारूपों को तैयार करना, कार्यिकी रूप से अधिक क्षमता वाली किस्मों का विकास तथा जल–उपयोग क्षमता का बढ़ना आदि ग्वार प्रजनन के मुख्य उद्धेश्य हैं। सबसे महत्त्वपूर्ण उद्धेश्य है कि ऐसी किस्मों का विकास करना ताकि जल, भूमि तथा समय की प्रति इकाई की दर से अधिकतम तथा गुणवत्ता से भरपूर उत्पादन प्राप्त किया जा सके। इन सभी की संख्यात्मक प्राप्ति के लिए विभिन्न प्रकार के आधारभूत तथा व्यावहारिक अनुसंधान किये गये हैं जिनका ब्यौरा निम्न प्रकार से है :–

आनुवंशिक प्रसर व सह–सम्बन्ध अध्ययन

किसी भी फसल सुधार कार्यक्रम में यह जानना अत्यन्त आवश्यक है कि उपज व उपज के लक्षणों तथा गुणतम लक्षणों में आनुवंशिक प्रसर की संख्यात्मक स्तर व दिशा क्या है तथा ये प्रसर वातावरण से कितने प्रभावित होती हैं तथा इनका आनुवंशिक भाग कितना

है, साथ –साथ यह भी आवश्यक है कि विभिन्न लक्षणों में आपस में तथा उपज के साथ सह–सम्बन्ध कितना है तथा उसकी दिशा (+/–) क्या है। अतः ग्वार के आनुवंशिक सुधार कार्यक्रमों को एक परिपक्व तथा उचित दिशा देने के लिए इस क्षेत्र में विभिन्न संस्थानों में काफी कार्य किया गया है। इस प्रकार की सूचनाएँ पौधा के उचित वरण की एक श्रृंखला बनाने में सहायक सिद्ध हो सकेंगी। पूर्व के अध्ययनों से ज्ञात हुआ है कि दानो की उपज तथा उपज के मुख्य कारक जैसे गुच्छों की संख्या/ पौधों, फलियों की संख्या/पौधा, शाखाओं की संख्या/पौधा, पौधों की लम्बाई तथा फूल आने की अवधि की कुल बाह्य लक्षण प्रसर का 50% से अधिक भाग अनुवंशिक प्रसर से प्रभावित होता हैं (सिंह 2001, सैनी *एट एल.,* 2005; महला व कुमार 2006; चौधरी *एट एल* 2004; चौधरी व श्रीमाली 2006)।

ग्वार के बीजों में % ग्वार व प्रोटीन में ऋणात्मक संबध पाया गया है (हैनरी व माथुर, 2008)। इसी प्रकार फलियों की संख्या/पौधा, गुच्छों की संख्या/पौधों का उपज के साथ मजबूत घनात्मक सहसम्बन्ध पाया गया है (भारद्वाज *एट एल.* 1981, विजय 1988; पटेल व चौधरी 2001; महला व कुमार 2006; सिंह *एट एल* 2001) इन अध्ययनों के अतिरिक्त दूसरे प्रयोग या अनुसंधान भी यही दर्शाते हैं कि ग्वार के पौधों की उपज मुख्य रूप से गुच्छों व फलियों की संख्या/पौधों व दानों की संख्या/फली, फलियों की लम्बाई व शाखाओं की संख्या तथा दानों के वजन से घनात्मक रूप से सहसम्बन्धित पाई गई है (टिक्का 1975; नाथ 1979; नाथ व सैनी 1980; सिंधु *एट एल.,* 1982; सिंह *एट एल.,* 1988 विजय, 1988)। अतः उपरोक्त विभिन्न अध्ययनों से यह कहा जा सकता है कि वर्षा पर आधारित स्थितियों के लिए ग्वार की एक मॉडल प्रारूप : अधिक फलियां तथा गुच्छे/पौधा, दानों का अधिक वजन तथा अपेक्षाकृत कम शाखाएँ समझा जाता है।

साधारणतः वशांगतित्व व आनुवंशिक प्राप्ती (%) कुछ लक्षणों में काफी अधिक पाये गये हैं (त्रिपाठी व लाल 1975; रेड्डी व गुप्ता 1984; सिंह, *एट एल* 1989, लोकेश व शिवशंकर 1990)। सीमित अनुसंधानों से ज्ञात हुआ है कि उपज व इसके कारकों का आनुवंशिक प्रसर मुख्य रूप से *नॉन एडेटिव* जीनस से प्रभावित होते हैं, परन्तु एडेटिव जीनस का भी कुछ लक्षणों में जैसे फूल खिलने की अवधि, पौधों की लम्बाई, शाखाओं की संख्या, फलियों की संख्या तथा बीजों की संख्या में आनुवांशिक निर्धारण में अंशदान पाया गया है। (जोहरण व सोलंकी, 1983; जोहरण *एट एल.* 1988; हुड्डा *एट एल.* 1991; अरोरा *एट एल.,* 1999)।

ग्वार में उपज/पौधा % भ्रूण, लसापन संयुक्त रूप में आनुवंशिक विविधा में सबसे अधिक सहयोगी पाये गये हैं (रघुप्रकाश *एट एल.,* 2008)। चौधरी व श्रीमाली (2006) द्वारा ग्वार की 28 किस्मों पर किये गये अध्ययनों द्वारा वृतान्त दर्शाते हैं कि प्रतिदिन उत्पादकता व फलियों की संख्या/पौधा का ग्वार की उपज से सीधा सम्बन्ध पाया गया है, तथा इनका अन्तिम उपज पर सीधा घनात्मक प्रभाव पाया गया है, उनके द्वारा इन लक्षणों की वंशागतित्व तथा अनुवंशिक प्राप्ति काफी अधिक (>90% , >50% क्रमशः) दर्ज की गई।

उत्परिवर्तन प्रजनन

उत्परिवर्तन प्रजनन का फसल सुधार में प्राचीन समय से ही महत्वपूर्ण योगदान रहा है। ग्वार जैसी दलहन में भी जहां आर्थिक जीन प्रसर व लक्षण प्रसर काफी कम है, यह

प्रजनन विधि काफी सहायक सिद्ध हो सकती है। उत्परिवर्तन प्रजनन विधी द्वारा कुछ अत्यन्त महत्वपूर्ण लक्षण जैसे रोग व कीट रोधिता, पकने की कम अवधि, पौध प्रारूप, ग्वार गोंद जैसे गुणात्मक तथा मात्रात्मक लक्षणों में सुधार हेतु प्रसर उदय करने का अच्छा अवसर जाना जाता है। इन लक्षणों के प्रति ग्वार जनन द्रव्य में ऐच्छिक स्तर तक प्रसर उपलब्ध लगभग नहीं हैं। इसके साथ–साथ, ग्वार की फसल में, फूल छोटे व कमजोर होने के कारण अन्तर व अन्तरा किस्म स्तर पर संकरण प्रक्रिया एक कठिन कदम जान पड़ती है, दूसरा कारण यह है कि संकरण का बीज बनने की प्रतिशतता पर भारी विपरीत प्रभाव देखने में आया है। अतः विभिन्न अनुसन्धान संस्थानों द्वारा ग्वार में ऐच्छिक प्ररूपी उत्परिवर्तन के विभिन्न स्तरों व माध्यमों द्वारा उत्पन्न करने की ओर ध्यान दिया गया है, तथा सकारात्मक निष्कर्ष प्राप्त हुए हैं। इस दिशा में भौतिक, रासायनिक व उनके सम्मिल्लित मात्राओं का प्रयोग किया गया है।

भौतिक उत्परिवर्तजन

विग (1965 व 1969) द्वारा ग्वार में सर्वप्रथम भौतिक उत्परिवर्तजनों का सफलतापूर्वक प्रयोग किया गया तथा गामा किरणों की 25 के.आर. द्वारा व्युत्क्रम अतिक्रम (रैसीप्रोकल ट्रांसलोकेशन) का वृतान्त दिया है, तथा इस प्रकार उत्पन्न उत्परितजित में नरवधता काफी पाई गयी। इस श्रृंखला में सिंह (1972) द्वारा ग्वार के बीजों को गामा किरणों का वकर्णित करके एकाधि सूत्री (ट्राईसोमिक) पौधे को एम$_2$ संतति में खोज पाने में सफलता प्राप्त की। लाथर व चौधरी (1972) द्वारा ग्वार के दो किस्मों के बीजों को गामा किरणों की 10, 20, 40, 60, 80, 100, 150 व 200 के.आर. इकाई द्वारा विकरणित (इरेडियेटिड) करके वाहिकी तथा कोशिका विज्ञान पर अध्ययन किया तथा पाया कि किरणों की सघनता बढ़ने से बीजों के अंकुरण व अंकुरित पौधों के जीवन काल पर नकारात्मक प्रभाव जान पड़ा, 200 के.आर पूर्ण रूप से घातक सिद्ध हुई तथा बीजों का अंकुरण पूरी तरह से रूक गया। इन प्रभावों के साथ–साथ, गामा किरणों की बढ़ती सघनता द्वारा फूलों में नरवधता भी बढ़ती गई जिसके कारण फसल उत्पाद पर भारी प्रतिकूल प्रभाव प्रतीत हुआ। उपरोक्त निष्कर्षों के विपरीत, गामा किरणों (2, 5, 10, 15 व 20 के.आर) द्वारा उत्पन्न एम$_{-2}$ संतति में ग्वार की उपज, ग्वार गोंद व प्रोटीन पर सकारात्मक प्रभाव भी वर्णित है, (चौधरी, *एट एल.* 1973)। इसका कारण मुख्य रूप से गामा किरणों की कम सघनता का सामूहिक सकारात्मक प्रभाव पाया जाना है। चौधरी, *एट. एल.* (1975) द्वारा ग्वार की दो किस्मों के बीजों को गामा किरणों की 10–25 के.आर द्वारा उत्सर्जित करके छः लक्षणों पर उत्पन्न प्रसर का वृतान्त प्रस्तुत किया है। गामा किरणों के प्रभाव से ग्वार में जल्दी फूल आने वाले तथा नियत्रिंत उत्परिवर्जन पौधे प्राप्त किये गये (सिंह, *एट एल.* 1981)। राव व राव (1982) ने ग्वार की किस्म **पूसा नवबहार** के बीजों पर गामा विकिरण की 0–60 के.आर., मात्राओं का प्रभाव जानने के प्रयत्न किये तथा पाया कि कम मात्रा का सकारात्मक तथा अधिक मात्रा का नकारात्मक प्रभाव देखने में आया तथा इस प्रभाव से बीजों के जमाव पर विपरीत प्रभाव पाया गया। उपरोक्त वैज्ञानिकों द्वारा गामा विकिरणों की 10 के.आर. मात्रा के प्रभाव से एक जल्दी फूल देने वाला उत्परिवर्जन प्राप्त किया, जो कि व्यवहार में स्थिर पाया गया।

रासायनिक उत्परिवर्तजन

गोयल *एट एल.* (1970) द्वारा ग्वार के बीजों को इ.एम.एस रासायनिक उत्परिवर्तजन द्वारा उपचरित करके हरा पदार्थ रहित व अच्छी वृद्धि वाले कुछ उत्परिवर्तन प्रजनित पौधो की एम$_1$ संतति प्राप्त की गई। इसी प्रकार स्वामी व हासिम (1980) द्वारा हाइड्रोक्सील अमीन उत्परिवर्तजन के उपचार से अशाखित तथा लगातार फलियों के लगने वाली क्षमता के कुछ उत्परिवर्तन प्रजनित पौधे प्राप्त किये। उप्रोक्त वैज्ञानिकों द्वारा ग्वार के बीजों के इ. एम.एस या हाइड्रोजीन हाइड्रेट द्वारा उपचारित करके कुछ ऐसे उत्परिवर्तन प्रजनित पौधे प्राप्त किये जिनमें अधिक शाखाएँ देने व देरी से पकने के गुण विद्यमान थे। इसी अध्ययन के अनुसार कुछ प्रजनित पौधों के बीजों में रंग परिवर्तन (बादामी से बैंगनी) भी पाया गया। पूसा नवबहार ग्वार की किस्म के दानों को कैटेजिन के 200, 400 व 600 पी.पी.एम व सैटरन के 1000, 2000 व 3000 पी.पी. एम के घोल में 12 व 14 घंटे क्रमशः भिगोकर फूल नियंत्रित व फैलने की क्षमता वाले प्रजनित पौधे प्राप्त किये (राव, *एट एल.*, 1982)।

भौतिक व रासायनिक उत्परिवर्तजन

ग्वार की किस्म पी.एल.जी–43 व सुविधा के दानों को गामा किरणों की 80 व 100 के.आर इकाईयों तथा इ.एम.एस के 0.1–0.3% घोल या एन.मिथाइल.एन.नाइट्रोसोयूरिया के 0.1–0.3% घोल द्वारा अकेले या विभिन्न संयोगों के घोलों द्वारा उपचारित करके उत्परिवर्तन प्रजनित गुणों व लक्षणों के बारे में अध्ययन किया गया है। इन प्रयोगों व प्रयासों के निष्कर्ष दर्शाते हैं कि एम$_2$ संतति में प्राप्त पौधों में लम्बी फलियां व फलियों की संख्याँ में वृद्धि के अतिरिक्त जल्दी पकने वाले पौधे भी उत्पन्न हुए पाये गये।

ग्वार की दो किस्मों आर.जी.सी–936 व एच.जी.एस.–365 के बीजों को गामा विकिरण (10,20,30 व 40 के.आर) तथा इ.एम.एस (0.1, 0.2, 0.3, व 0.4%) से उपचारित करने पर अध्ययन से ज्ञात हुआ है कि गामा किरणें अधिक प्रभावी पाई गई तथा एच.जी.एस.–365 किस्म उत्परिवर्तन की विभिन्न आयामों की दृष्टि से अपेक्षाकृत अधिक रेडियोधर्मी व रसायन सहिष्णु पाई गई (आरती, 2006)। गामा विकिरणों व ई.एम.एस उत्प्रेरकों द्वारा ग्वार में गुणात्मक लक्षणों (गोंद व प्रोटीन) के लिए महत्त्वपूर्ण अनुवंशिकी प्रसर उत्पन्न की गई। उदाहरण के तौर पर ग्वार गोंद व प्रोटीन की बीजों में मात्रा 24.8-35.5% व 30-34.2% प्रसर क्रमशः पाई गई, जबकि पैत्रक किस्मों में यह प्रसर 30.0-31.0 व 31.5-32.5% थी (आरती, 2006)। संक्षेप में कहा जा सकता है कि दो उत्प्रेरित पौधों में गोंद की अधिक मात्रा (35.7%) के साथ साथ पकने की अवधि 60-65 दिन पाई गई। (आर.जी.सी–936-1-5-1), इसी प्रकार दूसरे उत्प्रेरित पौधे (एच.जी.एस–365-1-30-2) में गोंद की मात्रा 33.60% तथा पकने की अवधि 65 दिन पाई गई। अतः उत्परिवर्तन प्रजनन द्वारा ग्वार में आर्थिक दृष्टि से महत्त्वपूर्ण प्रसर उत्पन्न संभव है, जो कि फसल सुधार कार्य में मील का पत्थर सिद्ध हो सकेगा। कुल मिलाकर यह संभव जान पड़ता है, कि पकने की अवधि, दानों की उपज व गोंद तथा प्रोटीन प्रतिशतता में सामूहिक एच्छिक सुधार संभव है। यह तभी संभव है जबकि उत्परिवर्तन की दिशा विशेष रूप से कायम की जा सके तथा ऐच्छिक गुणों की जीन एक साथ हिट हो जायें। यह मुश्किल है परन्तु संभव कार्य है (चित्र 1)।

संकर ओज व संयोजन क्षमता

संकर कार्यक्रम की सफलता मुख्य लक्षणों में संकर ओज की मात्रा तथा दिशा पर निर्भर करता है। अतः यह नितान्त आवश्यक है कि संकर ओज की उपलब्ध मात्रा का मुख्य व आर्थिक लक्षणों के संदर्भ में आकलन किया जाये, ताकि आवश्यकतानुसार उपयोग किया जा सके। सैनी व जोहरड़ (1979) के अनुसार 21 संकरो में से, 17 संकरों में, ग्वार की उपज के लिए निश्चित रूप से लगभग 140% से अधिक संकर ओज उन्नत प्रभव की तुलना में अधिक पाई गई। इसी प्रकार सैनी व जोहरड़ (1979) ने अध्ययन के उपरान्त ग्वार की उपज के लिए संकर ओज–26.22 से 36.61 तक उन्नत प्रभव की तुलना में अधिक पाया, जबकि चौधरी *एट एल.* (1981) द्वारा संकर ओज लगभग 9.43 से 95.90% तक पाया गया। अतः उपरोक्त व दूसरे अनुसंधान इस बात पर स्पष्टता से इंगित करते हैं, कि ग्वार में संकर ओज काफी प्रचुर है परन्तु फिर भी कुछ कारणों की वजह से व मुख्य रूप से नर वधता का अच्छा व स्थायित्व स्त्रोत उपलब्ध नहीं होने के कारण, संकरण कार्यक्रम काफी कम उपयोग में लाया जा रहा है तथा उपज के स्तर को तोड़ने के लिए इस प्रकार के कार्यक्रम की काफी आवश्यकता है।

संयोजन क्षमता पर ग्वार में काफी कार्य किया गया है तथा उदाहरण उपलब्ध भी है (जोहरण, *एट. एल* 1985, 1988, 1990; हुड्डा *एट एल* 1990, अरोरा, *एट. एल.*, 1996 व अरोरा और लोधी 1998)। इन सभी अध्ययनों से यह बात स्पष्ट प्रतीत होती है कि अधिकतर मुख्य आर्थिक व उपज व उपज के लक्षणों का प्रदर्शन मुख्य रूप से योगात्मक व अयोगात्मक आनुवाशिंक प्रसरविता से होता है, परन्तु प्रयोगात्मक प्रसरविता दानों की उपज तथा दानों के वजन के लिए मुख्य रूप से संबधित पायी गई है।

अन्तर प्रजाति संकरण

साधारणतः यह पाया गया है कि ग्वार की दो प्रजातियों (*सी.सैरेटा व सी.टैट्रगोनोलोबा*) के बीच प्रचलित सामान्य विधियों द्वारा संकरण करना एक कठिन कार्य है (*संधु, 1988*)। इस प्रकार की असफलता का कारण यह रहा है कि परागकण मादा पौधे के अनिशेचित वर्तीकाम (*स्टीग्मा*) पर चिपकने में असमर्थ पाये गये हैं। अतः दूसरे नये तरीके जैसे कली स्वपरागण, फूल के नर (*स्टाइल*) व मादा वर्तीकाम (*स्टीग्मा*) भागों का विच्छेदन करना, कुछ कार्बनिक पदार्थों का प्रयोग व दूसरे कारणों जैसे कि परागकणों की वर्तीकाम पर असफलता का पता लगाना आदि हो सकते हैं। कुछ विभिन्न प्रकार के पोषक तत्वों का प्रयोग जो कि अनिशेचित वर्तीकाम पर अकुंरित हो सके जैसी विधियों द्वारा संकरण करना इस दिशा में सहायक हो सकता है, परन्तु इस प्रकार संकरित वर्तीका की लम्बाई व मोटाई तो बढ सकती है, परन्तु बीज बनने में सहायता नहीं मिल सकी। इसी प्रकार विच्छेदित वर्तीका की सतह पर पोषक तत्वों की उचित माध्यम का परागण के समय प्रयोग करने से परागणों का अंकुरण तो हुआ परन्तु परागकण नली का विकास सामान्य नहीं रहने के कारण सफलता दूर ही रही। दूरस्थ तरीकों से परागण करने से *पिस्टिल* की वृद्धि तो सामान्य पाई गई, परन्तु, बीजों के बनने में असफलता ही हाथ लगी। *सी. टैट्रगोनोलोबा* व *सी.सैरेटा* के संकरण करने पर परागनली की वृद्धि का अध्ययन करने से ज्ञात हुआ है कि संकरित वर्तीका की पराग नलियों में कैलस पदार्थ का जमाव व बलबस परागकणों का

होना पाया गया, जो कि असामान्य कारण थे। पूर्व में *सी. टैट्रगोनोलोबा* x *सी. सैरेटा* तथा *सी.टैट्रगोनोलोबा* x *सी.सैनेगैलेनसिस में संकरण* की असफलता के कारणों का संधु (*1988*) *ने* उल्लेख किया है। जीव प्रौद्योगिकी की कुछ तरीके जैसे उत्तक कल्चर विधियां मुख्य रूप से इन प्रजातियों के *प्रेटोप्लाजम* में फ्यूज़न कर एक संभावित तरीका है ताकि अन्तर–प्रजाति संकरण कराया जा सके इसके अतिरिकत डी.एन.ए की पुनः स्थापना करना भी इस दिशा में सहायक हो सकता है।

बहुगुणीतिय

ग्वार एक द्विगुणित मरूदलहन है, तथा गुणसूत्रों की संख्या 14 (2 एन = 14) होती है। ग्वार की दो जंगली (अपरम्परागत) प्रजातियों (*सी.सैरेटा व सी.सैनेगलेनसिस*) के गुणसूत्रों की संख्या भी यही (2एन = 14) है तथा ये दोनों प्रजातियां भी आनुवशिंकी रूप से द्विगुणित ही हैं। *सी. टैट्रगोनोलोबा* प्रचानित प्रजाति में स्वंचतुरगुणितों को पैदा किया गया है तथा उनका विस्तार से अध्ययन भी किया गया है। इस प्रकार की स्वंचतुरगुणित प्रजातियों की शुरू में वृद्धि धीरे होती है, पत्तियां चौड़ी तथा मोटी होती हैं, पर्ण छिद्रों की संख्या कम होती है, पराग बड़े आकार के होते हैं तथा ये प्रजातियाँ पकने में अधिक समय लेती हैं। स्वंचतुरगुणित प्रजातियों में अर्द्धसूत्रण विभाजन अनियंत्रित होता है, जिसके फलस्वरूप पराग व बीज दोनों की उर्वकता काफी घट जाती है। इस प्रकार से प्राप्त स्वंचतुरगुणित प्रजातियों में अर्द्धसूत्रीय विभाजन के समय एक युग्म; त्रियुग्म तथा बहुयुग्म प्रकार के गुणसूत्रों की संख्या में अनियंत्रता पाई जाती है (विग, 1963बी; बिस्वास व भट्टाचार्य 1971; लबाना व वर्मा 1972; साहू व गिल, 1976)। कोलचीसीन उत्परिवर्तजन के घोल द्वारा बीजों को उपचारित करने से उत्पन्न बहुगुणित पौधे में पराग मात्र कोशिका में गुणसूत्रों की संख्या अधिक (2एन = 26 व 2एन = 28) पाई गई है। सैन व विद्याभूषण (1960) द्वारा भी प्राप्त एक असुगणित पौधे में गुणसूत्रों की संख्या असामान्य (2एन = 29) पाई गई तथा इसमें नरवधता काफी अधिक पाई गई। अतः ग्वार सुधार कार्यक्रम में बहुगुणितिय प्रजातियों का महत्व कम ही जान पड़ता है। परन्तु इस प्रकार के कार्यक्रमों का अन्तर जातिय व अन्तरप्रजातियों के उत्पन्न करने में महत्वपूर्ण योगदान हो सकता है।

बीमारी प्रतिरोधकता प्रजनन

किसी भी फसल में, मुख्य बीमारियों के लिए प्रतिरोधक क्षमता अच्छे उत्पादन तथा किस्म की लम्बी आयु दोनों के लिए आवश्यक है। रोग रोधक क्षमता वाली किस्मों का होना ग्वार के अच्छे फसल उत्पादन के लिए अत्यन्त आवश्यक है क्योंकि यह फसल एक प्रकार से कार्बनिक तरीकों से कार्बनिक पदार्थ के रूप में उगाई जाती हैं। ग्वार की मुख्य बीमारियाँ : जीवाणुज पर्ण अंगमारी, आल्टरनेरिया पर्ण झुलसा, चूर्ण आसिता, जड़ व तना विगलन हैं। हाल ही में तथा पूर्व काल में काफी संख्या में जनन द्रव्य व दूसरी किस्मों का सघन अध्ययन किया गया है, तथा विभिन्न बीमारियों के प्रति उचित संख्या व मात्रा में बीमारियों की रोधकता के लिए आनुवंशिक स्त्रोत उपलब्ध पाये गये हैं (मित्तल *एट एल* 1977, गांधी, *एट एल* 1978, गुप्ता *एट एल.,* 1998)। इसके विपरीत जीवाणुज पर्ण अंगमारी तथा आल्टररेरिया पर्ण झुलसा की रोधकता की आनुवंशिक अध्ययन पर सूचनाएँ

कम हैं। सिंह *एट एल.* (1975) के अनुसार जीवाणुज पर्ण अंगमारी तथा आल्टरनेरिया पर्ण झुलसा बीमारियों की ग्वार में रोधकता प्रभावी व अप्रभावी जीनस द्वारा क्रमशः प्रभावित होती है। कुछ अध्ययन संकेत करते हैं कि ग्वार की ये बीमारियाँ योगात्मक (ऐडेंटिव), प्रभाविता (डौमिनेन्स) व ऐपेसेटिस जीन प्रभाव से प्रदर्शित होती है। कुछ जीवरसायन कारक ग्वार की इन बीमारियों के फैलाव तथा प्रतिरोधक क्षमता को प्रभावित करते हैं, (सिंह *एट एल.,* 1981, 1989, 1990; सिंधु एवं पाराशर, 1981)। फीनोल व परऑक्सीडेंज की आनुवंशिक अध्ययन बताते हैं कि *योगात्मक* जीनस इनके प्रभाव को प्रभावित करती हैं (सिंह *एट एल.,* 1991, 1994)। अखिल भारतीय मरू दलहन अनुसंधान परियोजना के अन्तर्गत पर्ण जीवाणुज अंगमारी तथा पर्ण आल्टरनेरिया झुलसा व्याधियों की प्रतिरोधक किस्मों का वरण हेतु जननद्रव्यों व पुरानी तथा नई किस्मों का आंकलन किया गया है तथा कुछ अच्छे निष्कर्ष मिलें हैं। अध्ययन बताते हैं कि कुछ ग्लोरस व रोयेंदार किस्में अंगमारी व्याधि के प्रति अच्छी रोधक क्षमता रखती हैं। कुछ रोधक किस्में इस प्रकार हैं : एच.जी.–75, एच.जी. –258, एच.जी एस.–504, एच.जी.एस.–990 (गुप्ता एट एल., 1983)। इसी क्रम से सिंघन एट एल. (1996) के अनुसार एच.जी –75, पी.एल.जी.–85, एच.जी.–765, एच.डी.–312, डी.–39–1, एच.जी.–182, आई.सी.–9065 किस्में का भी इस व्याधि के प्रतिरोधक क्षमता के अच्छे स्त्रोत के लिए वरण किया गया है। पर्ण आल्टरनेरिया झुलसा व्याधी के प्रति एच. एफ.जी.–14, आर.जी.सी.–995, सी.एच.–138–1, सी.एच.–138–1, सी.एच.ए.–4–2, आर. जी.सी.1004 किस्मों में संतोषजनक रोधकता दर्ज की गई है।

गुणात्मक लक्षणों के लिए प्रजनन

ग्वार एक अन्तर्राष्ट्रीय, औद्योगिक व कैश फसल के रूप में जानी जाती है। इसका कारण इसके दानों में ग्वार गोंद व प्रोटीन का होना है। अनुसंधान से ज्ञात हुआ है कि इन गुणात्मक लक्षणों के लिए जनन द्रव्य में प्रचुर मात्रा में अनुवंशिक प्रसर उपलब्ध हैं (मेनन *एट एल.,* 1970; दास *एट एल.,* 1973)। इस प्रकार की प्रसर का ग्वार प्रजनन में आवश्यकतानुसार प्रयोग भी हो रहा है, तथा इन लक्षणों की % मात्रा में पूर्व की तुलना में बढ़ोतरी भी प्राप्त की गई है, परन्तु गुणात्मक व उपज तथा उपज कारकों को एक ही आधारीय किस्म में स्थानांतरण करने में अपेंक्षाकृत सफलता अभी तक कम ही अर्जित की जा सकी है। यद्यपि ग्वार के दानों की उपज तथा प्रतिशत ग्वार गोंद में सीधा लक्षण प्ररूपी संबध पाया गया है (मैनन *एट एल.,* 1970; मित्तल *एट एल.,* 1971; लाल व गुप्ता, 1977), परन्तु इसके विपरीत दानों के वजन (मोटाई) तथा प्रतिशत गोंद के मध्य ऋणात्मक लक्षण प्ररूपी संबध पाया गया है। अतः दानों के वजन व मोटाई द्वारा गोंद (%) में एक साथ बढ़ोतरी प्राप्त करना आसान नहीं जान पड़ता है। इसी प्रकार दानों के रंग का ग्वार गोंद की प्रतिशत मात्रा से सीधा संबध नहीं मिला है। अतः इन लक्षणों का एक साथ वरण करना आसान नहीं है। आनुवांशिक अध्ययनों से ज्ञात हुआ है कि ग्वार गोंद का प्रदर्शन योगात्मक (ऐडिटिव) जीन्स द्वारा होता है (जोहारण *एट एल.,* 1985, 1989; सिंह *एट एल.,* 1990)। अतः इन गुणात्मक लक्षणों का उपज के साथ संयुक्त सुधार करने हेतु विभिन्न स्तरों पर काफी कुछ करना बाकी है।

जैव प्रोद्योगिक तकनीकियाँ

अणु स्तर पर चिन्हित विधियों द्वारा मूख्य लक्षणों के वरण की क्षमता को जैव प्रोद्योगिक तकनीकों द्वारा अधिक कारगर करने में कार्य किये गये हैं। डी.एन.ए को पुनः स्थापित करने की विधि की क्षमता का उन्नत किस्मों के विकास में हिस्सेदारी का अध्ययन बताता है कि वर्तमान संकरण व वरण तकनीकियाँ अभी भी कारगर हैं। परन्तु कुछ विशेष प्रकार के महत्त्वपूर्ण व आर्थिक लक्षणों को प्रभावित करने वाली जीन जैसे बीमारियों के प्रतिरोधक क्षमता, कीटों की प्रतिरोधकता तथा कुछ गुणात्मक लक्षणों को उन्नत किस्मों में स्थानांतरण करने के लिए आनुवंशिकी प्रोद्योगिकी महत्वपूर्ण योगदान दे सकती हैं। ग्वार में इस विधी के प्रयोग का मुख्य कारण डी.एन.ए के क्लोन करने की है ताकि महत्त्वपूर्ण लक्षणों का प्रतिनिधित्व क्लोनित डी.एन.ए. द्वारा किया जा सके। फिर भी जीनों की स्थितियों व उनके बीच की दूरी का मापदंड आर.एफ.एल.पी. द्वारा कराकर इस कार्यक्रम में काफी सफलता अर्जित की जा सकती है, तथा यह तकनीक ग्वार प्रजनकों को काफी सहायता प्रदान कर सकती है। एग्रोबैक्ट्रीयम माध्यम द्वारा जीन स्थानांतरण व सीधे व प्रचलित तरीके से जीन का स्थानांतरण उचित *प्रोटोपोलसप* में करके जैवपरिवर्तित पौधे तैयार किये जा सकते हैं। हरियाणा कृषि विश्वविद्यालय में व दूसरे संस्थानों में किये गये अध्ययनों से जानकारी मिली है कि ग्वार की गर्भ कोशिकाऐं, तथा तने के अगले भाग में अधिकतम कैलस देने की क्षमता है। इस प्रकार उत्पन्न व स्थानांतरित कैलस की वृद्धि के लिए कैननमाइसिन की 200 मि. ग्राम/लीटर सांद्रता को उचित पाया गया है।

जैव प्रौद्योगिकी द्वारा अनुवंशिकी विविधता

ग्वार सहित किसी भी फसल में सुधार कार्य मुख्य रूप से आधारित जननद्रव्य व संकरण में उपयोग में लाये जाने वाले नर व मादा पौधों में विविधता की सघनता पर निर्भर करता है, अतः आर्थिक लक्षणों में विविधता का अध्ययन आवश्यक है (हैनरी व कृष्णा, 1990; हैनरी व माथुर 2008)। अनुवंशिक विविधता का सफलतम निर्धारण आज के समय में मुख्य रूप से आर.ए.पी.डी द्वारा चिन्हित विधियों द्वारा किया जा रहा है (रेड्डी *एट एल.,* 2008)। इसी शृंखला में नौ उन्नत ग्वार की किस्मों में आर.ए.पी.डी द्वारा चिन्हित विधियों द्वारा अनुवंशिक विविधता का अध्ययन काजरी जोधपुर में किया तथा पाया कि एच.जी. एस–884 व आर.जी.सी.–1002 किस्में अनुवंशिक के भिन्न स्त्रोत से पाई गई हैं (पाठक *एट एल.* 2009), अतः संतोषजनक रूप से अनुवंशिक विविधता दर्शाने के कारण, ग्वार की ये किस्में सुधार कार्यक्रम में संकरण हेतु महत्वपूर्ण पाई गई हैं। अतः आर.ए.पी.डी तकनीक द्वारा जो कि काफी फसलों में प्रयोग की जा रही है, ग्वार में इसका प्रयोग अनुवंशिक विविधता के रूप में काफी कम है, परन्तु इसकी संभावना से इंकार नहीं किया जा सकता है। रघुप्रकाश *एट एल.* (2008) के अनुसार ग्वार के लक्षणों, जैसे दानों की उपज, भ्रुड की प्रतिशतता, गोंद का लसलसापन व कटाई सूचकांक द्वारा आनुवंशिक विविधता में अधिकतम योगदान पाया है।

ग्वार की 40 किस्मों को वर्षा पर निर्धारित अवस्था में दुर्गापुर में अध्ययन से ज्ञात हुआ है कि आर.जी.सी–1033, आर.जी.सी–1031, आर.जी.सी.–1002, आर.जी.एम–112, आर.

जी.एम–114, एच.जी.एस–891, एच.जी.एस.–844, एच.जी.एस.–365, किस्मों द्वारा अधिकतम ओसत उपज, अधिकतम ओसत प्रभाव तथा रिग्रेसन से कम से कम अतिक्रम के कारण, इन्हे उपज के संदर्भ में स्थिर पाया गया है।

प्रयोगात्मक तथा व्यवहारिक प्रजनन अध्ययन

ग्वार प्रजनन शुरू करने के लिए यह आवश्यक है कि इस फसल में मुख्य रूप से क्या समस्याऐं हैं ताकि प्रजनन की दिशा तथा गति तय की जा सके। ऐसा करने से पूर्व सम्पूर्ण प्रक्षेप (अनुकूलता, पकने की अवधि, उपज का स्तर, मात्रात्मक व गुणात्मक विकास की आवश्यकता, वर्षा का वितरण, क्षेत्र विशेष, विविधता की आवश्यकता, उपलब्ध व आवश्यक फसल पद्धति इत्यादि) में सूचनाएँ जुटाने की आवश्यकता है। अतः इन बिन्दुओं पर विस्तार से विचार करनेकी आवश्यकता है जो कि निम्न प्रकार किया गया है।

ग्वार प्रजनन के मुख्य निर्गम बिन्दु

- ग्वार के पकने की अवधि को आवश्कतानुसार 85 दिन से कम किया जाये ताकि वर्षा पर आधारित स्थितियों में, वृद्धि की किसी भी अवस्था में इस दलहन को जल तनाव से जूझना न पड़े।
- बीज अंकुरण से फूल आने तक की अवधि को लगभग 50–60 दिन से घटाकर 40–50 दिन किया जाये ताकि फली आने व दाने बनने तथा पकने में उचित समय मिलने के कारण उपज पर सकारात्मक प्रभाव पड़ सके।
- ग्वार की किस्मों का प्रारूप झाड़ीनुमा, फैलावदार तथा उनका तना कमजोर नजर आता है, अतः स्तम्भाकार या अर्द्ध– स्तम्भाकार, दृढ़, सीधा व बिना फेलावदार प्रारूप की आवश्यकता है।
- मध्य जून में प्राप्त वर्षा के लिए किस्मों का चयन किया जाये, ऐसा करने के लिए तापक्रम तथा दिन की लम्बाई के प्रति असंवेदनशील किस्मों का होना आवश्यक है।
- नहरी क्षेत्रों में सिंचाई जल की उपलब्धता की स्थितियों के लिए 40-60 किलोग्राम नत्रजन व 60-80 किलोग्राम फॉसफोरस प्रति हैक्टर तथा अतिरिक्त देखरेख वाली प्रभावशाली किस्मों का विकास किया जाये, ताकि बढ़ते उत्पादन की मांग को पूरा किया जा सके।
- अकस्मात् वर्षा की स्थितियों (मई से दिसम्बर तक) में बिना अतिरिक्त लागत के चारा देने वाली किस्मों का विकास किया जाये, ये किस्में तेजी से बढ़ने वाली, गहरे रंग की, चौड़ी व मुलायम पत्तियों वाली होनी चाहिए।
- ग्वार गोंद व गोंद के लसलसाहट के वर्तमान स्तर 30-31% व 1500-300 सी.पी. से बढ़ाकर 34-35% व 5000-7000 सी.पी क्रमशः करने की आवश्यकता है ताकि ग्वार गोंद के निर्यात के वर्तमान 1.80-2.0 मि.टन के स्तर को संतोषजनक स्तर

बढ़ाया जा सके (2.5 मि.टन)। इस दिशा में सघन प्रजनन, जैवप्रोद्योगिकी सहित प्रयास करने की आवश्यकता है।

- ग्वार गोंद की प्रतिशतता तथा इसकी लसलसाहट को सुधारने के लिए अतिआवश्यक है कि बीज के स्तर पर सहसम्बन्ध स्थापित किया जाये, ताकि ग्वार प्रजनकों को वरण करने में आसानी हो सके।

उपलब्ध व्यवहारिक अनुसंधान

ग्वार की फसल में व्यवहारिक अनुसंधान ही मुख्य रूप से किये गये हैं, जिनमें से मुख्य रूप से उन्नतशील किस्मों का राष्ट्रीय या क्षेत्रीय स्तर पर विकास करना, विशेष लक्षणों वाले जननद्रव्य का पंजीकरण या विशेष लक्षणों, परिस्थितियों या स्थितियों के लिए किस्मों या जननद्रव्यों का मूल्यांकन करके वर्ण करना तथा इनका किस्म के विकास में उपयोग करना आदि हैं। इस प्रकार के अध्ययनों कें मूल्यवार होने के कारण, उनके वृतान्त काफी हैं (सैनी *एट एल.* 1977, 1979; महरोत्रा, *एट एल.* 1980, परोदा व राव, 1981; राव *एट एल.*, 1992; हैनरी व डोले, 1983; परोदा, *एट एल.* 1990; सिंह, *एट एल.*, 1990; लोधी *एट एल.* 1996)। उपरोक्त व दूसरे अध्ययनों के नियमित अध्ययनों व आंकलनों द्वारा कुछ उन्नत तथा स्थिर जीन प्रारूपों का चयन किया गया है जो कि इस प्रकार हैं : दुर्गापुरा सफेद, एच.एफ.जी.–43, जी.जी.–1, जी.जी –2, एच.जी –365, एच एफ.जी –314, आर. जी.सी –197, एफ.एस.–277, एच.जी.–75, एच.जी.एस –43, एच.जी.– 182, आर.जी.सी –165 नं–2, पी.एल.जी.–85, एच.एफ.जी–119, एच.एफ.जी–244, आर.जी.सी –936, आर. जी.सी–986, एच.जी.–563, आई.सी. 9229/पी–3 इत्यादि। उपरोक्त आनुवंशिक संसाधनों में से कुछ को उन्नतशील किस्मों के रूप में निस्तारित किया जा चुका है, जैसे एच.जी. –365, एच.जी.–563, आर.जी.सी.–936, आर.जी.सी.–986, एच.जी.–75, एफ.एस.–277, दुर्गापुरा सफेद, जी.जी.–1, जी.जी.–2, एच.जी.–182, एच.एफ.जी–119, नं–2, पी.एल.जी. –85, ये किस्में अभी भी किसी न किसी रूप में तथा फसल के विशेष क्षेत्रों में उगाई जा रही हैं तथा बीज शृंखला की कड़ी बनी हुई हैं।

ग्वार की वर्तमान उन्नत किस्में

ग्वार में लगभग 30 से अधिक किस्मों का राष्ट्रीय व राज्यस्तर पर विकास किया गया है। कुछ किस्में (एच.जी–365, आर.जी.सी–936, जी.जी–2) 12–15 वर्ष पुरानी होने के बावजूद, अभी भी बीज की शृंखला में सम्मिलित है, तथा फार्म पर किसानों द्वारा पंसद की जा रही हैं। कुछ किस्में (आर.जी.एम–112, एच.जी.एस–563), दूर दराज के अप्रचलित कृषि क्षेत्रों में पंहुच गई हैं, तथा वर्षा पर आधारित परिस्थितियों में 1000 से 1200 किग्रा./हैक्टर उपज देने की क्षमता रखती हैं तथा मुख्य फसलों (मूंगफली, कपास) को सहारा दे रही हैं। कुछ किस्में जैसे (आर.जी.सी.–1066) पूर्ण रूप से मशीनों द्वारा उगाई तथा काटी जा रही है। नीचे दी गई तालिका–2 में मुख्य किस्मों का विस्तृत विवरण दिया गया है (प्लेट – 2)।

तालिका 2 : ग्वार की उन्नत व प्रचलित किस्मों का विवरण

क्र. सं.	किस्म का नाम	निस्तारण का वर्ष	पकने की अवधि (दिन)	दानों की औसत उपज (किग्रा/हैक्टर)	अनुकूल क्षेत्र	अनुकूल जनपद	विशेषताऐं
1.	एच, जी, –2–20	2008	105–115	1100–1250	हरियाणा	हिसार, रेवाडी बावल सरसा।	जीवाणु पर्ण अंगमारी, जड़ व तना गलन व एकांतर अंगमारी बीमारियों के प्रति मध्य–प्रतिरोधी क्षमता, अच्छी स्थितियों के प्रति अनुकूलन, आर. जी.सी –986 पर सुधार, ग्वार गोंद 31.14%
2.	आर, जी, सी –1066	2008	100–105	1200–1400	राजस्थान	भटिंडा, गंगानगर, भादरा, हनुमानगढ़, जोधपुर और जयपुर	अशाखित, एक तने वाली किस्म, एकल फसल व अन्तर फसल पद्धति के लिए अनुकूलित, मशीन द्वारा काटने के लिए उत्तम, फलियों का पकाव नियत्रित फलियां काफी मात्रा में लगती है। 22–25 से.मी. अन्तर पंक्ति की दूरी पर उगाई जा सकती है।
3.	एच, जी, –884	2007	90-95	1400-1500	हरियाणा गुजरात राजस्थान	हिसार, गंगानगर, भादरा, रेवाडी, झुझंनू, भिवानी, जोधपुर, सीकर व चुरू	मध्यम अगेती किस्म प्रचलित किस्म आर.जी.सी–936 की तुलना में 25% दानों की अधिक उपज, ग्वार गोंद की मात्रा लगभग 30.32%, लसलसापन 2000–3500 सी.पी.
4.	आर, जी, सी –1038	2006	85-90	1200-1300	राजस्थान	जयपुर, अजमेर, नागौर, जोधपुर, अलवर, टोंक सवाई माधोपुर।	शाखित, कुछ सीमा तक प्रकाश के प्रति असंवेदनशील, ग्रीष्म व वर्षा ऋतुओं क लिए अनुकूल, भारी फलियां लगने के क्षमता तथा अच्छे उत्पादन वाली किस्म।
5.	आर, जी, सी –1055	2007	95-110	800-1150	राजस्थान व दूसरे वर्षा पर निर्धारित क्षेत्र।	जयपुर, ग्वालियर, तिरूपति, बावल, दांतीवाड़ा, भटिंडा, आगरा, अजमेर।	प्रदेश स्तर पर निस्तारित, काफी क्षेत्र में अनुकूल। मध्यम पकने वाली किस्म।
6.	आर, जी, एम–112	2005	85-90	1200-1300	राजस्थान गुजरात आंध्रप्रदेश	जोधपुर, जैसलमेर, बाड़मेर, सीकर, झुझंनु, गंगानगर, हनुमानगढ़, भादरा, दांतीवाड़ा, अन्नतपुर, चितौड़।	जल्दी पकने वाली किस्म, जीवाणुज पर्ण अंगमारी बीमारी के प्रति कुछ प्रतिरोधक क्षमता, पत्तियों का रंग हल्के हरा, अच्छे उत्पादन की क्षमता।
7.	आर, जी, सी –1031	2005	110-114	800-1400	राजस्थान	जयपुर, अलवर, नवगांव, अजमेर, टोंक,	सींचित क्षेत्रों के लिए अधिक अनुकूल शाखित किस्म दानों का रंग सफेद–मटियाला, पंत्तियां गहरे रंग

					सवाईमाधोपुर।	व चौड़ी आकृति वाली, जीवाणुज पर्ण झुलसा रोग क प्रति कुछ सहनशील।
8. आर, जी, सी –1017	2002	92-95	1200-1400	राजस्थान पंजाब मध्यप्रदेश यू.पी	जोधपुर, भटिंडा, ग्वालियर, भिंड, मुरैना, बनासकांटा, पालनपुर, जालौर, गंगानगर, आगरा, मथुरा।	विस्तृत अनुकूलन क्षेत्र, शाखित किस्म, पत्तियों के किनारों पर मामूली कटान, मुख्य बीमारियों के प्रति मध्य प्ररिरोधक क्षमता।
9. आर, जी, सी –1002	1999	90-95	900-1300	राजस्थान गुजरात	जोधपुर, नागौर, सिरोही, सीकर हनुमानगढ़, झुझंनु बनासकांटा, पालनपुर, जालौर, गंगानगर, कोठार।	अधिक ग्वार गोंद व दानों की उपज देने की क्षमता, विस्तृत अनुकूलता, भरी फलियां लगने की क्षमता, मुख्य बीमारियों का प्रकोप कम होता है।
10. आर, जी, सी –1003	1999	90-95	1100-1200	राजस्थान	जयपुर, अलवर, टोंक, अजमेर, सवाईमाधोपुर, नागौर, जोधपुर।	मध्य अवधि में पकने वाली किस्म, मध्यम कद दाने मोटे आकार के, पत्तियां गहरे रंग की।
11. आर, जी, सी –986	1999	110-120	1100-1300	राजस्थान	जयपुर, अलवर, नागौर, गंगानगर, हनुमानगढ़, भादरा, जालौर, सिरोही।	सींचित व अच्छी भूमियों व अच्छी लागत व देखरेख के लिए अनुकूल, लम्बे कद वाली किस्म, फूल देरी से आते हैं, देरी से पकने वाली किस्म।
12. एच, जी, एस–365	1998	85-88	1200-1400	राजस्थान पंजाब हरियाणा मध्यप्रदेश यू.पी	सीकर, जैसलमेर, जोधपुर, गंगानगर, झुझंनु, हिसार, रिवाड़ी, भटिंडा, ग्वालियर, आगरा।	सबसे जल्दी पकने वाली मध्य कद वाली किस्म, अधिक फलियां व उत्पादन देने की क्षमता, हरियाणा में काफी प्रचलित, कम वर्षा (350–450 मिमि) स्थिती के लिए अनुकूल।
13. एच, जी, एस–563	1998	85-90	1200-1300	राजस्थान हरियाणा आंध्रप्रदेश	हिसार, सीकर, जोधपुर, गंगानगर, झुझंनु, रेवाड़ी, हनुमानगढ़ अन्नतपुर, कोड्डपा।	गम प्रतिशत अधिक है (30–32%) लसलसापन भी अधिक है (3500–4500सी.पी.), काफी अधिक फलियां देने की क्षमता।
14. आर, जी, सी –936	1991	85-90	900-1150	गुजरात राजस्थान हरियाणा	राजस्थान के ग्वार उगाने वाले समस्त जनपद : बनासकांठा, भुज, रेवाडी।	राजस्थान में सबसे अधिक प्रचलित व सबसे जल्दी पकने वाली किस्म, छोटा कद, सूखा के प्रति भारी प्रतिरोधक क्षमता, अधिक उपज देने की क्षमता, दाने मध्य आकार के तथा रंग में हल्के पिंक।
15. आर, जी, सी – 197	1990	100-110	900-1100	राजस्थान	सीकर, झुझंनु, चूरी, अलवर,	अन्तर फसल पद्धति के लिए अनुकूल अशाखित, एक तने वाली,

		गंगानगर, जालौर, सिरोही।	फलियों के गुच्छों के बीच में फासला, नजदीक बोने के लिए उपयुक्त, दाने हल्के स्लेटी रंग के, ग्वार गोंद 32-33%-

भविष्य का दृष्टिकोण

- ग्वार की प्रारूप में आवश्कतानुसार परिवर्तन हेतु प्रजनन करना ताकि भविष्य की अस्थिर व भारी विषम वातावरण संबधित परिस्थितियों में भी इस दलहन को स्वीकारा जा सके तथा इसे मृदा, जल व उगााने की विपरीत परिस्थितियों में भी कम से कम लागत तथा सीमित देखरेख में उगाया जा सके।
- ग्वार के पकने की अवधि को इस प्रकार घटाया जाये ताकि मृदा–जल के कम होने से पूर्व ही इसका जीवन चक्र पूरा हो सके तथा उपज पर नकारात्मक प्रभाव न पड़ सके। ग्वार के पकने की अवधि को वर्षा–वितरण, क्षेत्र विशेष, मृदा प्रकार तथा क्षेत्र विशेष की आवश्यकताओं के अनुसार कम करने की आवश्यकता है।
- ग्वार की ऐसी किस्मों का विकास करना ताकि कृषक फार्म पर दानों तथा चारे की उपज में लगभग 25-30% तक वृद्धि प्राप्त की जा सके।
- ग्वार की ऐसी प्रारूप का प्रजनन करना ताकि असामान्य परिस्थितियों में जैसे मध्य जून व जुलाई के अन्तिम सप्ताह की वर्षा में भी अपेक्षाकृत अच्छा उत्पादन लिया जा सके।
- ग्वार की किस्मों का विशेष फसल पद्धति के अनुसार : एकल खेती, अन्तर–फसल, मिश्रित खेती, कृषि वानिकी इत्यादि का विक़ास करना, ताकि कीमत : लाभ के अनुपात को बढ़ाया जा सके।
- ग्वार की प्रजाति *सी.टैट्रागोनोलोबा x सी.सैरेटा* तथा *सी.टैट्रागोनोलोबा x सी. सैनेगैलेनसिस* में सफॅल संकरण हेतुं विधियों को तलाशना, ताकि जल्दी पकने (50-60 दिन), शुष्कता प्रतिरोधक व जीवाणजु पर्ण झुलसा रोग प्रतिरोधक सुनहरी जीनों को प्रचलित किस्मों को पुनरस्थापित किया जा सके।
- ग्वार की अधिक पैदावार देने वाली किस्मों में औद्योगिक गोंद की मात्रा को वर्तमान स्तर (30-31%) से आवश्यक स्तर (34-35%) तक, तथा लसलसापन के ट मान स्तर (3000-3500 सी.पी.) से आवश्यक स्तर (6000-8000 सी.पी.) तक प्रजनन द्वारा वृद्धि कराना, ताकि गोंद के निर्यात को रू. 1200 करोड़/ वर्ष (वर्तमान) से आने वाले पांच वर्षों में रू 1500 करोड़/वर्ष तक पहुंचाया जा सके।
- जल–क्षमता व पोषक तत्व निपुण किस्मों का विकास करना ताकि जल, भूमि, पोषक तत्व व समय की प्रति इकाई की दर से अधिकतम उत्पादन प्राप्त किया जा सके।
- पूर्ण रू५ से बीमारियों के प्रतिरोधक अनुवंशिक क्षमता वाली किस्मों का प्रजनन करना ताकि ग्वार के उत्पाद को पूर्ण रूप से कार्बनिक बनाया जा सके।

- ऐसी किस्मों का प्रजनन करना तथा प्रबंध तकनीकों का इस प्रकार विकास करना ताकि फसल बुवाई से कटाई तक सभी कृषि कार्य मशीनों द्वारा ही किया जा सके।
- ग्वार के जीनोम में आवश्यक लचीलापन लाना ताकि इस मरू दलहन को दूसरे अर्द्ध शुष्क क्षेत्रों (अनन्तपुर, कोड्डपा, त्रिचूर, वर्धा, लातुर, किल्लिकुलम, पश्चिमी उत्तरप्रदेश बुंदेलखण्ड इत्यादि) में पुर्नस्थापित किया जा सके।

उपरोक्त मुख्य बिन्दुओं के हल की खोज में तथा इन्हे संतुष्ट करने के लिए पिछले लगभग दो दशकों से अधिक समय से अखिल भारतीय मरू दलहन अनुसंधान परियोजना के अन्तर्गत विभिन्न केन्द्रों (दुर्गापुरा, मंडोर, जोधपुर, हिसार व दांतीवाडा) में ग्वार प्रजनन पर सघन कार्य किया जा रहा है, तथा निष्कर्ष भी काफी उत्साहवर्धक प्राप्त हुए हैं। (तालिका – 2)।

संदर्भ

आरती (2000) इण्डक्शन ऑफ अर्ली मैच्यूरिंग एण्ड प्रोसेसिंग म्यूटेंट लाईन्स इन क्लस्टरबीन [*साईमोप्सिस टैट्रगोनोलोबा* (एल) टॉब] सूटेड टू रेफेड़ सिच्यूएशन। अनपब्लिशड पी.एच.डी. थीसीस, जे.एन.वी.यू., जोधपुर, राजस्थान, इण्डिया।

अरोरा, आर.एन., सरीन, पी.के., सैनी, एम.एल., परोदा, आर.एस. और सिंह, जे.वी.. (1985). क़ेरोटाइप एनालिरिास इन थ्री स्पेसिज़ आफ जिनस *साईमोप्सिस। इन्डियन जे. जिनेट* 45(2) : 302–309।

अरोरा, आर.एन., लोधी, जी.पी और सिंह, जे.वी., किशोर, सी. और जोहरर, बी. एस. (1996) जेनेटिक एनालिसिस फार ग्रेनईल्ड एण्ड ईट्स कॉम्पोनेन्ट्स करेक्टरर्स इन एफ2 *पापूलेशन आफ ग्वार एन. बाइलो.* 15(1): 45–49।

अरोरा, आर.एन., लोधी, जी.पी और सिंह, जे.वी. (1996) ए कम्पेरिज़न आफ फोरडाइएनालिसिस इन कल्स्टरबीन [*साईमोप्सिस टैट्रगोनोलोबा (एल) टॉब*] *फोरेज रिसर्च* 22(1): 45–50।

अरोरा, आर.एन. और लोधी, जी.पी. (1998). कम्बाइनिंग इन एबिलिटी स्टडीज़ फार ईल्ड एण्ड ईट्स कॉम्पोनेन्ट्स इन कल्स्टरबीन [*साईमोप्सिस टैट्रगोनोलोबा (एल) टॉब*] *इन्डियन जे. जिनेट.* 58 (4) : 525–528.

किनमैन, एम.एल., रिवरस, जी. डबलयू., रेडमन, ई.जे., बदे, जे.टी. और फालयट. ई. एल. (1952). सीसेम, सनॅफलावर, ग्वार और कल्सटरबीन इनवेस्टीगेशनस, अनपब्लिसड एनुअल रिपोर्ट। यू.एस.डी.ए–ए.आर. एस कालेज स्टेशन, टी.एक्स।

किनमैन, एम.एल., यसहाव, ई.सी. और ब्रुक्स, एल.ई. (1969) रेसिप्रोकल ट्रान्सलोकेसन इन ग्वार [*साईगोप्सिस टैट्रगोनोलोबा (एल) टॉब*] *क्रॉप साइंस,* 9 : 570–571.

गांधी, एस.के., सैनी, एम.एल. और जोहरर, बी.एस. (1978), स्क्रीनिंग आफ कल्स्टरबीन जिनोटाईप फार रेसिसटेंश टू लीफ स्पोट काज्ड़ बाय *अल्टरनेरिया साईमोप्सिस*। *फॉरेज रिसर्च* : 4(2) : 169–172.

गिलेट, जे.बी. (1958), इंडिगोफेरा. (माइक्रोचेरिस) इन ट्रोपिकल अफ्रिका विद् रिलेटड जेनरा साइमोस्पिसस एण्ड राईनो ट्रोपिक। *क्यू. बुलेटिन एडिशनल सीरिज* 1 : 1–166.

गुप्ता, पी.पी., अरोरा, आर.एस. और गांधी, एस.के. (1998), डिज़िज ऑफ खरीफ फोडर क्रॉप्स एण्ड देअर मेनेजमेंट पृ. 373–404/ इन. डिज़िज ऑफ फील्ड क्रॉप्स एण्ड देअर मेनेजमेंट. (एड.टी.एस.थीड), नेशनल एग्री. टेक्निकल इन फोर सेन्टर लुधियाना।

गोपाल कृष्णा, एस. और द्विवेदी, एन.के. (2007). जेनेटिक्स स्टोक्स ऑफ क्लस्टर बीन [*साईमोप्सिस टैट्रगोनोलोबा (एल) टॉब*] एसेसमेंट और यूटिलाइजेशन। *जनरल ऑफ एरिड लेग्यूम्स* 4(2) : 121–126.

गोपाल, एम.एस., कालिया, एच.आर., ढिल्लन, एम.एस. और नेगी, के.एस. (1970) एफेक्ट ऑफ इथाईल मिथेन सल्फोनेट ऑन द म्यूटेशन स्पेक्ट्रम इन ग्वार। *इण्डियन जे. हेड.* 3:51-54.

डबास, बी.एस. और थामस, टी.ए. (1986) शैटरिंग ग्वार और इट्स सिग्निफिकेन्स।. *इन्टर नेशनल जनरल ऑफ ट्रापिकल एग्रीकल्चर* 2 : 185–187.

डबास, बी.एस., मंडल, एस., फोगट, बी.एस., बिस्ट, आई.एस. और अग्रवाल, आर.सी. (2001). ग्वार [*साईमोप्सिस टैट्रगोनोलोबा (एल) टॉब*], ए रिज्युम आफ रिसर्च एट एन.बी.पी.जी.आर। साईस मोनाग्राफ नं. 14। *नेशनल ब्यूरो आफ प्लांट जैनेटिक्स रिसोरसेज,* न्यू दिल्ली पृ. 58.

डबास, बी.एस., मित्तल, एस.पी., सिंह, एच. और स्वरूप, वी. (1980) इनहैरिटेन्स ऑफ एण्डोस्पर्म प्रंटेज ऑफ गम कन्टेट इन ग्वार। *इण्डियन जे. जिनेट.* 40 (1): 8-12.

डबास, बी.एरा. (1975), स्टडीज़ ऑन द इनहैरिटेन्स ऑफ क्वान्टिटेटिव करेक्टर्स एण्ड गम कन्टेट इन ग्वार [*साईमोप्सिस टैट्रगोनोलोबा (एल) टॉब*] पी.एच.डी.थीसस अनपब्लिशड, आई.ए.आर.आई, न्यू दिल्ली।

चौधरी, बी.एस. और लोधी, जी.पी. (1981). द इनहैरिटेन्स ऑफ फाईव करेक्टरर्स इन क्लस्टरबीन [*साईमोप्सिस टैट्रगोनोलोबा (एल) टॉब*] *यूफॅटिका* 31:161-166.

चौधरी, बी.एस. और सिंह, वी.पी. (1980). एक्सटेन्ट ऑफ आउट क्रासिंग इन ग्वार [*साईमोप्सिस टैट्रगोनोलोबा (एल) टॉब*] *जैनेटिका ऐग्री.* 34 : 26–62.

चौहान, आर.एम., परमार, एल.डी., सोलंकी, एस.डी., हेबटापुर, एस.एच और चौधरी, एफ.पी. (2005). मेल स्टरलिटी इन कल्स्टरबीन, [*साईमोप्सिस टैट्रगोनोलोबा (एल) टॉब*] *जनरल ऑफ एरिड लेग्यूमस* 2 : 330–332.

चौधरी, आर.के., चौधरी, जे.बी. और सिंह. आर.के. (1975) इण्डयूज्ड पॉलिजीनिक वैरिऐविलिटी इन क्लस्टरबीन क्रॉप इम्प्रूवमेन्ट। 2: 17-24.

चौधरी, बी.एस.और सिंह. वी.पी. (1986) एक्सटेन्ट आफ आउटक्रांसिग इन ग्वार [*साईमोप्सिस.टैट्रगोनोलोबा (एल) टॉब*] *जिनेट ऐग्ररर.* 34 : 59–62.

चौधरी, एम.एस., राम, एच., हुडडा, आर.एस. और ढ़िंढसा, के.एस. (1973). अफेक्ट आफ गामा इरेडियेशन आन ईल्ड एण्ड क्वालिटी आफ ग्वार [*साईमोप्सिस टैट्रगोनोलोबा (एल) टॉब*] *एनल्स आफ एरिड जोन* 12: 19–22.

चौधरी,.एस.पी.एस., सिंह, एन.पी., सिंह, आर वी.और खेदर, ओ पी. (2004). नेचर आर्फ वेरिएबिलिटी एण्ड करेक्टर एसोसिऐसन आफ ईल्ड कॉम्पोनेन्ट इन कल्स्टरबीन जिनोटाईप। *जे. आफ ऐरिड लेग्यूमस* 1(1): 48-52.

चौहान, आर.एम., परमार, एल.डी., सोलंकी, एस.डी., हेबतपुर, एस.एच. और चौधरी, एफ़.पी (2005). मेल स्टरलिटि इन कलस्टरबीन [*साईमोप्सिस टैट्रगोनोलोबा (एल) टॉब*] *जे. ऐरिड लेग्यूमस* 2(2) : 330-332.

चौधरी, बी.एस., लोधी, जी.पी. और अरोरा, एन.डी. (1981). हिट्रोसिस फार ग्रेन ईल्ड एण्ड क्वालिटी करेक्टर्स इन कलस्टरबीन। *इण्डियन जे. ऐग्रीक. साईस* 51(9) : 345–347.

चौधरी, ए.के. और श्रीमाली, एम. (2006). क्वान्टिटेटिव जैनेटिक एनालिसिस इन कल्स्टर बीन [*साईमोप्सिस टैट्रगोनोलोबा (एल) टॉब*] जिनोटाइप्स टू एसिस देयर सूटेबिलिटी फार कल्टिवेशन इन समर सीज़न। *जे. ऐरिड लेग्यूमस* 3 (1) : 79–82.

त्यागी, आई.बी. (1974). आर्ट्रीफिशियल मिडियम फार द जर्मीनेशन आफ ग्वार [*साईमोप्सिस टैट्रगोनोलोबा (एल) टॉब*] पोलन। *प्ला. साई.* 6 : 21–23.

जाफरी, एस.एम.एच. (1966) द फ्लोरा आफ कराची। *कराची बुक कॉर्पोरेशन*।

जोहरर, बी.एस. और सोलंकी, के.आर. (1983) जेनेटिक्स एनालिसिस फार प्लांट हाईट एण्ड नं. आफ ब्रांचेज फार कलस्टरबीन। *फॉरेज रिसर्च* : 9(2): 147-150.

जोहरर, बी.एस., सोलंकी, के.एस. और जटासरा, डी.एस. (1985) कम्बाइनिंग एबिलिटी एनालिसिस आफ सीड ईल्ड इन कलस्टरबीन अण्डर डिफरेंट एन्वायरमेंट। *क्यूबेन. जै. ऐग्रीक. साईंस* 19(1): 113–119.

जोहरर, बी.एस., सोलंकी, के.एस. और जटासरा, डी.एस. (1988) कम्बाइनिंग एबिलिटी एनालिसिस आफ कर्नेलवेट अण्डर डिफरेंट एन्वायरमेंट। *इण्डियन. जै.ऐग्रीक. रिसर्च* 22(4) : 188–192.

जोहरर, बी.एस. और सोलंकी, के.आर. और शर्मा, एस.सी. (1990) जेनेटिक्स आर्कीटेक्चर आफॅ प्रोटीन कंटेट इन कल्स्टरबीन एनवायरनमेंट। *कनेड रिसर्च एन.* 6 : 19–21.

द्विवेदी, एन.के., भण्डारी, डी.सी., भटनागर, एन, और डबास, बी.एस. (1999).करेक्टराजिंग कल्स्टरबीन [*साईमोप्सिस टैट्रगोनोलोबा (एल) टॉब*] जर्मप्लाज्म फार ईल्ड और क्वालिटी ट्रेट्स। *एन्लस ऑफ ऐरिड जोन* 38(2): 151–156.

दास, एस., अरोरा, एन.डी. और सिंह, वी.पी. (1973), हैरिटेबिलिटी एसेंसमेंट एण्ड जैनेटिक एडवांस फॉर गम एण्ड प्रोटीन कंटेन्ट अलोंग विद् सीड ईल्ड एण्ड ईट्स कम्पोनेंट इन ग्वार [*साईमोप्सिस टैट्रगोनोलोबा (एल) टॉब*] *हरियाणा एग्रीक.यूनि.जै.रिसर्च* 3:14-19.

नाथ, आर. (1979). इन्हैरिटेंस स्टडीज़ इन कलस्टरबीन [*साईमोप्सिस टैट्रगोनोलोबा (एल) टॉब*] विद् पर्टीकुलर रेफरेन्स टू सीड ईल्ड एण्ड ईट्स क्वालिटी। *थीसिज़ एब्सट्रेक्टस* 5(4) : 277, *हरियाणा एग्रीक. यूनि, हिसार.*

नाथ, आर. और सैनी, एम.एल. (1980). कोरिलेशन एण्ड पाथ कोएफिशिएन्ट एनालिसिस इन कलस्टरबीन [*साईमोप्सिस टैट्रगोनोलोबा (एल) टॉब*] *फॉरेज रिसर्च* : 6 (1) : 1-6.

पाठक, आर., सिंह, एम., हेनरी, ए. और सिंह, एस.के. (2009). जैनेटिक डाईवर्सिटी इन कल्स्टरबीन [*साईमोप्सिस टैट्रगोनोलोबा (एल) टॉब*] जिनोटाईप यूजिंग आर.ए.पी.डी. मारकर्स। *लेग्यूम इन ड्राईलैण्ड ऐरिाज़*। पृ. 164-168.

परौदा, आर.एस. और सैनी, एम.एल (1978). ग्वार ब्रीडिंग इन्हैरिटेन्स *फोरेज रिसर्च* 4: 9-39.

प्रसाद, आर.के.ई. और पटेल, जी.जे. (1974) द इनहैरिटेन्स ऑफ फोलियर कलर इन क्लस्टरबीन। *आन्ध्रा एग्रीकल्चर जनरल* 20 : 43-44.

परौदा, आर.एस और राय, जे.वी.एस. (1981). जिनोटाईप एनविरानेमेंट इंटरएक्सन फार सीड ईल्ड इन कलस्टरबीन। *फॉरेज रिसर्च* 7(2): 169–172.

परौदा, आर.एस., सिंह, जे.वी., सैनी, एम.एल., अरोरा, आर.एन. और शर्मा, एस.सी. (1990). स्ओबिलिटी स्टडीज़ फार सीड ईल्ड इन अनब्रांच्ड जिनोटाईप्स आफ कलस्टरबीन। *फॉरेज रिसर्च* : 16 (2) : 150-152.

फ्लेचर, आर. और मर्फी, एच. 1998. द न्यू रूरल इन्डस्ट्रियसः हैण्डबुक फॉर फारमर्स और इनवेस्टर्स केनबरा, आस्ट्रेलिया, पृ. 343-346

बिस्वास, ए.के. और भट्टाचार्य, एन.के. (1971) इन्ड यूज पॉलिप्लाईड इन लेग्यूमस साईमोप्सिस पीसीरालिओईडस। *डी.सी साईटल* 36 : 469–479.

भारद्वाज, आर.पी., माथुर, एम.एल. और माथुर, आर. (1981) इन्टररिलेशसिप अंमग ईल्ड एण्ड ईल्ड कम्पानेन्ट्स इन ग्रेन वेराइटीज़ आफ *साईमोप्सिस.टैट्रगोनोलोबा (एल) टॉब। मद्रास एग्री.जे.* 68 (9) : 594-598.

मित्तल, एस.पी. डबास, बी.एस., थोमस, टी.ए और चौपड़ा, डी.पी. (1977). एसेसमेंट ऑफ जेनेटिक्स स्टोक्स ऑफ ग्वार [*साईमोप्सिस टैट्रगोनोलोबा (एल) टॉब*] प्रोसिडिंग्स ऑफ द फर्स्ट आई.सी. ए. आर. ग्वार रिसर्च वर्कशाप, काजरी, जोधपुर पृ. 58–68।

मैहरोत्रा, एन., मलिक, डी.एस. और चौधरी, बी.डी. (1980) स्टडीज इन स्एबिलिटी इन कलस्टरबीन [*साईमोप्सिस टैट्रगोनोलोबा* (एल) टॉब] हरियाणा एग्रीक यूनि.जै. रिसर्च 10(1) : 77–80.

मैनन, यू., दूबे, एम.एम. और भार्गव, पी.डी. (1970). गम कटेंन्ट वेरिएशन इन ग्वार [*साईमोप्सिस टैट्रगोनोलोबा* (एल) टॉब] इण्डियन.जै. हैरेड 2 : 55–58.

मैनन, यू., राधारे, एन.एस. और भार्गव, पी.डी. (1968). पोलन स्टडीज़ इन ग्वार [*साईमोप्सिस टैट्रगोनोलोबा* (एल) टॉब] इण्डियन.जै. पैलिनोल, 4 : 51–53.

मित्तल, एस.पी., थोमस, टी.ए., डबास, बी.एस ओर लाल, एस.एम. (1971). गम कटेंन्ट एस रिलेटड टू सीड ईल्ड एण्ड अदर करेक्टर्स इन ग्वार। इण्डियन.जे जिनेट. 31: 228-232.

महला, एच.आर. और कुमार, डी. (2006). जैनेटिक वेरिएबिलिटी कोरिलेशन एण्ड पाथ एनालिसेस इन कलस्टरबीन [*साईमोप्सिस टैट्रगोनोलोबा* (एल) टॉब] जे. ऐरिड लेग्यूमस 3(1) : 75-78.

मैनन, उमा (1980). ग्वार इम्प्रुवमेंट प्रोजेक्ट। एनुअल रिपोर्ट, यूनि. ऑफ उदयपुर, एग्रीकल्चरल रिसर्च स्टे. दुर्गापुरा, जयपुर (इण्डिया)

मैनन, यू. (1973). ए कम्पेरिज़न रिवियू आफ क्रॉप इम्प्रूवमेंट एण्ड यूटीलाईज़ेशन आफ कलस्टर बीन [*साईमोप्सिस टैट्रगोनोलोबा* (एल) टॉब] मोनोग्राफ सीरीज़ 2, डिपार्टमेंट आफ ऐग्री. राजस्थान पृ. 51.

राव., आर.एम., मूर्ति, पी.के. और राव, डी. (1982) नोट ऑन डिटरमिनेन्ट और स्प्रेडिंग वैरिएन्अस इन क्लस्टरबीन। *करंट साईंस* 51(19) : 945-946.

रेड्डी, जे. एन. और गुप्ता, एस.सी. (1984). वेरीबिलिटी पेरामीटर्स इन ग्वार। *ऐग्री.जे.* 71(6): 361-364.

रघु प्रकाश, के.आर., प्रशान्ति, एल. और रेड्डी शेखर, एम. (2008). जैनेटिक डाइवरजेंस स्टडीज इन ग्वार [*साईमोप्सिस टैट्रगोनोलोबा* (एल) टॉब] *जे.ऐरिड लेग्यूमस* 5(1): 75–78.

राव, आर.एम., मूर्ति, पी.के. और राव डी. (1982). नोट आन डिटरमिनेंट एण्ड स्प्रेडिंग वेरिएन्अस इन कल्स्टरबीन। *करंट साईन्स* 51(19) : 945-946.

ल्यू, डब्ल्यू., हाऊ, ए., पफ्ले, ई.बी., ऑल्ड, डी.एल और पॉवेल, आर.जे. (2006). द इनहैरिटेन्स ऑफ ए बेसल ब्रान्चिग टाईप इन ग्वार यूफाईटिका 151: 303– 309.

लाल, बी.एम. और गुप्ता, ओ.पी. (1977). स्टडीज़ ऑन ग्लेक्टोमेनाज़स इन ग्वार और सम कोरिलेशन फार स्लेक्टिंग, जीनोटाईपस रिच इन गम कंटेट। फोसी. फस्ट ग्वार रिसर्च वर्कशाप काजरी, जोधपुर पृ. 124-130.

लाथर, वी.पी.एस. और चौधरी, जे.बी. (1972) स्टड़ीज ऑन इरेटियेटड ग्वार। न्यूक्लियर 15 : 16-22.

लोबाना, के. एस. और वर्मा, के.के. (1972) इन्डयूज टेट्रप्लाईडी इन कल्स्टरबीन। *इण्डियन. जे जिनेट* 32: 153-155.

लोधी, जी.पी., सिंह, जे.वी., सिंह, वी.पी., राम, एच. और कुमार, एन. (1996). जिनोटाईप एनविरोनमेंट इन्टरएक्शन इन कल्स्टरबीन। *फॉरेज रिसर्च* 21(4): 217-219.

लोकेश, आर. और शिव, शंकर, जी. (1990) एनालि.सिस आफ जेनेटिक वेरिएबिलिटी और करेक्टर ऐसोशिएसन इन कलस्टरबीन। *मैसूर जे. ऐग्रीक. साईंस* 24(3): 316-320.

विसलर, आर.एल. और हिमोविज, टी. (1979) ब्रीड़िग जैनेटिक्स और फीजियोलॉजी इन ग्वार : एग्रोनोमी प्रोटेक्शन, इन्डस्ट्रियलयूज और न्यूट्रीशियन। पुरड्य यूनिवर्सिटी प्रेस, डबलू. लाफाइटी. इन यू.एस.ए. पृ. 35 -36.

विग, वी.के. (1969) स्टडीज़ विद 60 Co–रेडियेटड ग्वार [*साईमोप्सिस टैट्रगोनोलोबा* (एल) टॉब] *द ओही जनरल ऑफ साइंस* 69(1): 18-31.

विग, वी.के. (1963 ए) ए नोट ऑन द क्रोमोसोम स्ट्रक्चर आफ ग्वार साईमोप्सिस पिसोरालिओसोइद्स। *डी. सी.साई एण्ड कल्चर* 29 : 95-96.

विग, वी.के. (1963 बी) फ्रीक्वेन्सी आफ ट्राईवेलेंटस इन ओटोट्रेटाप्लोइड ग्वार। *साईंस एण्ड कल्चर*। 29 : 373-375.

विजय, ओ.पी. (1988). जेनेटिक वेरिएबिलिटी कोरिलेशन एण्ड पाथ एनालिसिस इन कलस्टर बीन [*साईमोप्सिस टैट्रगोनोलोबा* (एल) टॉब] *इण्डियन जे. हॉर्टीकल्चर*। 45 (1–2): 127–131

विग, बी.के. (1965) इफेक्ट आफ रेसिप्रोकल ट्रान्सलोकेसन आन साइटोमोलोजी आफ ग्वार साइंस एण्ड कल्चर 31 : 532-533

सरभोय, आर.के. (1977). साईटोलोजिकल स्टडीज इन (*साईमोप्सिस टैट्रगोनोलोबा* (एल.) टॉब) *साईटोल* 42: 147-156.

साहू, एम.एस. और गिल, के.एस. 1976. इन्हैरिटेन्स ऑफ सेवन क्वान्टिटेटिव करेक्टर इन क्लस्टरबीन [*साईमोप्सिस टैट्रगोनोलोबा* (एल) टॉब] जेनेटिक्स अगरारिआ 30 : 185–190.

सहारण, एम.एस., सहारण, जी.एस. और सिंह, जे.वी. (1999). द इनहैरिटेन्स ऑफ लीफ मार्जिन और ब्रान्चिंग बीहेवियर इन क्लस्टरबीन [*साईमोप्सिस टैट्रगोनोलोबा* (एल) टॉब] पेपर प्रदर्शित हुआ–राष्ट्रीय सिम्पोजियम रोल ऑफ रेसिसटेन्स एक्सटेंन्सिव एग्रीकल्चर, आई.ए.आर.आई, नई दिल्ली।

स्टेफड, आर.ई. (1987) डेस्क्रिप्सन और ब्रीडिंग बिहेवियर ऑफ टू पार्शियल मेल स्ट्राईल ग्वार प्लांटस। *प्लाट्ंस ब्रीड़िंग* 98: 292-296.

सिंह, जे.वी., लोधी, जी.पी. और सैनी, एम.एल. (1990) द इनहैरिटेन्स ऑफ लीफ हैरिनेस और लीफ मार्जिन इन क्लस्टरबीन [*साईमोप्सिस.टैट्रगोनोलोबा* (एल) टॉब] *एन्लस ऑफ ऐरिड जोन* 19(1): 55–57.

स्टेफॉड, आर.ई. (1989). द इनहैरिटेन्स ऑफ पार्शिल मेल स्टर्लिटी इन ग्वार. *प्लान्ट ब्रीडिंग*। 103 : 43–46.

स्वामी, एल.एन. और हासिम, एम. (1980). एक्सपेरिमेन्टल म्यूटाजिनेसिस इन ग्वार गम : सम इण्डयूज्ड वाईवल म्यूटेशन ऑफ सिस्टेमेटिक इंटरेस्ट, *जे. साईटोल. जिनेट.* 15: 61-63.

सेन, एन.के. और विद्याभूषण, आर.वी. (1960) स्टडीज आन ट्रेटराप्लाईड प्रोजेनिसिज। *साईटोल* 25: 426-436.

सैनी, एम.एल., जोहरर, बी.एस और सोलंकी, के.आर. (1977). जिनोटाईप एनविरानेमेंट इंटरएक्सन फार सीड ईल्ड इन कलस्टरबीन। *इण्डियन जे. ऐग्रीक. साईंस*। 47 : 345-347.

सैनी, एम.एल., जोहरर, बी.एस. और सोलंकी, के.आर. (1979). जिनोटाईप x एनविरानेमेंट इंटरएक्सन फार ग्रीन फोडर ईल्ड इन कलस्टरबीन। *फॉरेज रिसर्च* : 5(2) : 185-188.

सैनी, एम.एल., अरोरा, आर.एन. और परौदा, आर.एस. (1981) मोर्फोलोजी आफ थ्री स्पेसीज़ आफ जीनस साईमोप्सिस। *ग्वार न्यूज़ल* 2 : 7–11.

संधु, एच.एस. (1988). इंटर पेसिफिक हाईब्रिडाईजेशन स्टडीज इन जीनस साईमोप्सिस। अनपब्लिस्ड पी.एच.डी थीसेज़, सी.सी.एस.एच.ए.यू. हिसार।

सिंधु. जी.एस. और पाराशर, आर. डी. (1981). कोरिलेशन स्टडीज़ ऑन बैक्टिरियल बीलिट इंसीडेन्स इन ग्वार जर्मप्लाज्म विद् फिनोलिक कंटेन्ट ऑफ लीफ्स। प्रोव. थर्ड अंतर्राष्ट्रीय सिम्पोज़ियम ऑन प्लांट पैथोलोजी। आई.ए.आर.आई, न्यू दिल्ली। दिसम्बर, पृ. 14–18, 192.

सिंधु. ए.एस., पंडित, एम.एल., अरोरा, एस.के. और वशिष्ठा, आर.एन. (1982). स्टडीज़ ऑन जैनेटिक वेरिएबिलिटी एण्ड कोरिलेशन इन कलस्टरबीन [*साईमोप्सिस टैट्रगोनोलोबा* (एल) टॉब] *हरियाणा एग्रीक यूनि. जै. रिसर्च* 12 (2) : 225-230.

सिंह, ए. (1972). ट्राईसोमिक इन साईमोन्सिस पसोरालिओईडिस। *केन्ड. जे. साईटो.* 14 : 200–204.

सिंह. जे.वी., अरोरा, एस.के., सैनी, एम.एल., सिंह, वी.पी. और गांधी, एस.के. (1989). बायोकेमिकल डिफरेंस इन बेक्टिरियल बिलिट रेसिसटेंट एण्ड ससेप्टिबल कल्टीवेरस ऑफ ग्वार। *ग्वार. रिस. एन.* 5:1-3.

सिंह. जे.वी., लोधी, जी.पी., सैनी, एम.एल. और सिंह, वी.पी. (1990). इन्हैरिटेन्स आफ ब्रान्चिग एण्ड पोड्स क्लस्टरिंग पैटर्न इन कलस्टरबीन [*साईमोप्सिस.टैट्रगोनोलोबा* (एल) टॉब] *क्रॉप. रिसर्च* 3(1) : 93-95.

सिंह. जे.वी., सैनी, एम.एल., सिंह, वी.पी., अरोरा, एस.के. और लोधी, जी.पी. (1991). जीन अफेक्ट्स फार प्रोटीन कंटेन्ट इन कलस्टरबीन [*साईमोप्सिस.टैट्रगोनोलोबा* (एल) टॉब] *क्रॉप. रिसर्च* 4(2) : 284-287.

सिंह, आर.सी. (2001). *स्टेबिलिटी ऑफ लोकल जिनोटाइप्स आर्फ कलस्टरबीन इन सेमी एरिड रीज़न।* एडवान्सेज इन एरिड लेग्यूम्स सोसाइटी, काजरी। साइंटिफिक पब्लिशर्स (इण्डिया) पृ. 364-366.

सिंह, वी.पी., यादव, आर.के. और चौधरी, आर.के. (1981) नॉट ऑन ए डिटर्मिनेंट म्यूटेंट ऑफ क्लस्टरबीन। (साईमोप्सिस टैट्रगोनोलोबा (एल.) टॉब) *इण्डियन जे. एग्रीक.* 51(9): 682-683.

सुधाकर, पी., रेड्डी. डी.एम., श्रीनिवास, वाई., प्रशान्ति, एल. और लता, पी. (2008). एनालिसिस ऑफ मस्क्यूलर डाईवर्सिटी एण्ड डिटेक्सन ऑफ जिनोटाईप स्पेसिफिक फिंगर प्रिंट्स इन सलैक्टड लाईन्स आफ कल्स्टरबीन [*साईमोप्सिस टैट्रगोनोलोबा* (एल) टॉब],। *जे. आफ ऐरिड लेग्यूमस*। 5(1): 38-41।

सैनी, एम.एल. और जोहरर, बी.एस. (1979). हिट्रोसिस इन कलस्टरबीन। फॉरेज रिसर्च : 5(1): 5-11.

हैनरी. ए. और डोले, एच आर. (1983) जिनोटाईप x एनविरोनमेंट इंटरेक्श्सन फार सीड. ईल्ड इन कलस्टर बीन। इडिंयन जे. आर. साईंस 53(6): 467-468.

हिमोविज, टी. (1972) द ट्रांसडोमेस्टिकेशन कंसेप्ट एज एप्लाईड टू ग्वार। *इकोनोमिक बोटनी,* 26: 49-60.

हुड्डा, जे.एस., सैनी, एम.एल. और सिंह, जे.वी. (1990) कम्बाइनिंग इनएबिलिटी स्टडीज़ फार ईल्ड एण्ड ईट्स कॉम्पोनेन्ट्स इन कल्स्टरबीन। [*साईमोप्सिस.टैट्रगोनोलोबा* (एल) टॉब। हरियाणा एग्रीक यूनि.जै. रिसर्च. 20(1) : 28-34.

हुड्डा, जे.एस., सैनी, एम.एल. और सिंह, जे.वी. (1991) जैनेटिक्स आफ क्वान्टिटेटिव करेक्टर्स इन ग्वार {*साईमोप्सिस टैट्रगोनोलोबा* (एल टॉब), *इण्डियन. जै. ट्रोप. ऐग्री* 9(2) : 101-109।

श्रीवास्तव, एल.एम. और नयथानी, एस.पी. (1964). साईटोजैनेटिकल स्टडीज़ इन स्टैंन माईनर पल्सिज़ एण्ड बीन्स। साईटोल. 29: 453-464.

त्रिपाठी, आर.एम. और लाल, एस. (1975). एस्टिमेट आफ वेरिएबिलिटी एण्ड हैरिटेबिलिटी आफ सम क्वांटिटेटिव ट्रैट्स इन ग्वार। [*साईमोप्सिस टैट्रगोनोलोबा* (एल) टॉब] इण्डियन जे. फार्म साईंस। 3: 28-31.

टिक्का, एस.बी.एस. (1975) इन्टररिलेशनशिप बिट्विन ईल्ड कॉम्पोनेंट इन कलस्टरबीन [*साईमोप्सिस टैट्रगोनोलोबा* (एल) टॉब] इण्डियन जे. जिनेट। 35 : 340-343.

मित्तल, एस.पी., स्वरूप, वी.के., कोहली, एम.एम ओर सिंह एच.बी. (1969) वेरिएबिलिटी इन ग्वार। इण्डियन. जे ऑफ जैनेटिक्स एण्ड प्लांट ब्रिडिंग 29: 98-103.

ग्वार आनुवंशिक संसाधन

सारांश

कृषि के विकास व वृद्धि में निरन्तरता, संबधित फसल में विद्यमान आनुवंशिक संसाधन के विभिन्न मात्रात्मक तथा गुणात्मक लक्षणों संबधी सघनता पर ही निर्भर करती है। ग्वार इन संदर्भों में काफी अग्रिम मरू दलहन समझी जाती है। ग्वार की विभिन्न स्थितियों, परिस्थितियों, फसल पद्धतियों व स्थानीय आवश्यकताओं के अनुसार, कुल मिलाकर एकीकृत स्तरों द्वारा ग्वार जननद्रव्यों के एकत्रित नमूनों की संख्या लगभग 5121 है। इन जननद्रव्यों का समय–समय पर मात्रात्मक तथा गुणात्मक संदर्भ में आंकलन भी किया जाता रहा है। यह आंकलन दर्शाता है कि ग्वार के नमूने आई.सी.–39987 में 50% फूल आने की अवधी सबसे कम 30 दिन थी। सबसे लम्बी फली (11.97 से.मी.) आई.सी. –116960 में पाई गई। सबसे अधिक ग्वार गोंद की मात्रा (34.83%) बीकानेर से एकत्रित आई.सी.–116801 में पाई गई, दानों में प्रोटीन की अधिकतम मात्रा (29.24%) बाडमेर से एकत्रित नमूने आई.सी.–116558 में पाई गई। दानों की उपज तथा ग्वार गोंद की अधिकतम मात्रा एक ही नमूने आई.सी.–116568 (बाड़मेर से एकत्रित) में क्रमशः 41.78 ग्राम प्रति पौधा तथा 31.62% पाई गई; एस.के. नगर में आकलन के बाद कुछ नमूनों को महत्त्वपुर्ण व्याधियों के प्रतिरोधी पाया गया है, जैसे, जीवाणुज पर्ण अंगमारी रोग (जी.जी.–1, जी.ए.यू. जी.–9406), आल्टरनेरिया झुलसा रोग (जी.जी.–1, जी.ए.यू.जी.–9406), जी.ए. यू.जी.–9005, जड़ विगलन रोग (जी.जी.–1, जी.ए.यू.जी.–9406, जी.ए.यू.जी. –9003)। इन जननद्रव्यों को आवश्यकतानुसार विभिन्न संस्थानों में प्रजनन कार्यक्रम में उपयोग के लिए वितरित किया जाता रहा है। कुछ विशेष मात्रात्मक व गुणात्मक लक्षणों वाले जननद्रव्यों को अपने विशेष स्थिरता, समानता तथा पहचानता रखने के कारण पंजीकरण के योग्य माना गया है। उदाहरण के तौर पर ग्वार में सिर्फ दो नमूनों (आई.जी.एन.आर.नं–04037 व 08027) को पंजीकृत किया गया है। ग्वार जननद्रव्यों को फसल सुधार व नई किस्मों के विकास में सीधे तौर पर उपयोग में लाया गया है। उदाहरण के तौर पर सोना सुविधा, आई.सी.–092292/पी–3, नवीन, पी.एल. जी.–85 तथा आर.जी.सी.–471 दानों की महत्व वाली; तथा पूसा नवबहार, पूसा मौसमी, पूसा सदाबहार, आई.सी.–11388, पी–28–01–1, पी.एल.जी.–850 व शरदबहार सब्जियों के महत्व की किस्मों का विकास सीधे जननद्रव्यों द्वारा हुआ है। अतः उपरोक्त विवरण यह सिद्ध करते हैं कि ग्वार आनुवांशिक संसाधन से जुड़ी हुई सभी प्रक्रियाएँ भारत में एकीकृत तरीके से उचित दिशा में तथा उचित गति से आगे बढ़ रही हैं।

प्रस्तावना

पौध आनुवंशिक संसाधन एक विशेष तथा अत्यन्त उपयोगी प्राकृतिक स्त्रोत है, जिसका फसल सुधार तथा कृषि विविधता में भारी योगदान रहा है। कृषि उत्पादित फसलों की विविधता का प्रतिनिधित्व मुख्य रूप से किस्मों, सन्तति, आनुवंशिक स्टॉक व प्राचीन जननद्रव्य, अप्रचलित व घासीय प्रारूपों द्वारा होता है। ये सभी आनुवंशिक संसाधन फसल के मुख्य लक्षणों को सुधारने तथा किस्मों के आनुवंशिक आधार को विस्तार करने तथा नई विविधता के स्त्रोत के रूप में प्रचुरता से जाने जाते हैं। ग्वार की प्राकृतिक प्रसर मुख्य रूप से शुष्क व अर्द्धशुष्क क्षेत्रों में प्रचुरता से पाई जाती है। ग्वार व दूसरी फसलों के आनुवांशिक संसाधन, सुधार कार्यक्रम का प्रथम तथा महत्त्वपूर्ण कदम है तथा ये संसाधन एक प्रकार से प्रकृति की देन है जिन्हें वर्तमान व भविष्य के उपयोग के लिए सुरक्षित करना अत्यन्त आवश्यक है। पुस्तक के इस भाग में, ग्वार के जननद्रव्य को एकत्रित करना, पुनःस्थापन, लक्षण निर्धारण, प्रमाणीकरण, प्रतिपादन व बीजों का आदान–प्रदान करना तथा विविधता को सुरक्षित रखने जैसे कुछ महत्त्वपूर्ण बिन्दुओं पर प्रकाश डाला गया है।

जननद्रव्यों का एकत्रीकरण तथा पुनःस्थापन

भारतवर्ष में, मुख्य रूप से वर्ष 1970 से द्रुत गति से ह्रास होते हुए व अस्थिर आनुवंशिक स्टाक को पहचानने, एकत्रित करने तथा संरक्षित करने के बारे में विशेष जाग्रती उदय हुई है। जननद्रव्य के यथाक्रम उपयोग की संभावना व एकत्रीकरण कार्यक्रम को सुचारू रूप से राष्ट्रीय ब्यूरो पौध आनुवंशिक संसाधन, नई दिल्ली व अखिल भारतीय मरू दलहन परियोजना जोधपुर द्वारा शुरू किये जाने के कारण ग्वार की फसल में जननद्रव्य का विशाल भंडार उपलब्ध हो गया है। एकत्रीकरण व संरक्षण के अलावा जननद्रव्य के नवीनीकरण तथा उत्थान के लिए भी आवश्यक कदम उठाये जा रहे हैं, इनमें मुख्य रूप से जननद्रव्य, उन्नत किस्मों व आनुवंशिक स्टाकों का विदेशों से आयात करना भी सम्मिलित है। इसके साथ–साथ आवश्यकतानुसार जननद्रव्य का पौध प्रजनकों को उचित समय पर बीज उपलब्ध कराना एक महत्वपूर्ण कार्य बन गया है।

ग्वार की विभिन्न स्थितियों व परिस्थितियों, फसल पद्धतियों व स्थानीय व विशेष अवस्थाओं के अनुसार विभिन्न स्तरों पर जननद्रव्य के कुल मिलाकर 5000 से अधिक नमूने एकत्रित किए गये हैं, ये नमूने अप्रचलित किस्मों व दूसरी प्रचलित किस्मों के खेत से लिए गये हैं। जननद्रव्य का यह कार्यक्रम मुख्य रूप से काजरी में स्थित राष्ट्रीय ब्यूरो पौध आनुवंशिक संसाधन, के केन्द्र द्वारा वृहद रूप में तथा दूसरे अनुसंधान संस्थानों के सहयोग से किया जा रहा है। इस केन्द्र द्वारा लगभग 4869 जननद्रव्यों में से 737, 348, 181 व 1778 को गुजरात, हरियाणा, पंजाब व राजस्थान के विभिन्न भागों से क्रमशः 1980–1994 वर्षों में, एकत्रित किया गया था। लगभग 1816 बीजों के नमूने प्रधान अनुसंधान संस्थान नई दिल्ली से प्राप्त किये गये। इसके साथ साथ 9 नमूने अमेरिका से भारत में लाये गये हैं। दो अप्रचलित प्रजातियाँ *सी.सैनेगैलेनसिस* व *सी.सैरेटा* को भी अमेरिका गणराज्य से भारत में आयात किया गया (प्लेट 1)। इस केन्द्र व प्रधान संस्थान में कुल मिलाकर ग्वार जननद्रव्य के संकलनों की संख्या बढ़कर लगभग 5125 हो गई है। अखिल भारतीय

मरूदलहन अनुसंधान परियोजना, जोधपुर के सतत प्रयासों से हिसार में 731 स्वदेशी व 20 विदेशी, गुजरात में 375 तथा काजरी, जोधपुर में 250 से अधिक जननद्रव्य एकत्रित किये गये हैं। इस दिशा में अभी भी जननद्रव्यों के नमूने एकत्रित किये जा रहे हैं तथा इन्हें प्रक्रिया में डाला जा रहा है।

जननद्रव्यों का आंकलन

जननद्रव्य में विभिन्न मात्रात्मक तथा गुणात्मक लक्षणों के प्रति उचित सुधार की क्षमता के संग्रह होने की संभावाना बनी रहती है। काफी लम्बे समय से कम देखरेख व शस्य संसाधनों की कमी तथा शुष्क व अधिक तापक्रम की स्थिति से गुजरने, फलने–फूलने तथा किसी भी प्रकार के वरण दबाव की अनुपस्थित के कारण, इनमें महत्त्वपूर्ण जीनों की उपस्थिति की प्रबल संभावना बनी रहती है। अतः उचित प्रकार से उगाने वाली स्थितियों के अनुरूप इनका आकलन नितांत आवश्यक है। ऐसा करने के पश्चात् जननद्रव्यों को विभिन्न भौगोलिक अवस्थाओं, महत्त्वपूर्ण लक्षणों, आर्थिक लक्षणों व उत्पादकता की क्षमता के अनुसार वर्गीकरण करना तथा पादप प्रजनन व सुधार कार्यक्रमों में इनकी भागीदारी को निश्चित करना अत्यन्त महत्वपूर्ण अन्तिम लक्ष्य है।

मात्रात्मक लक्षण

विभिन्न संस्थानों द्वारा प्रति वर्ष जननद्रव्यों का उपज व उपज के लक्षणों के प्रति आकलन मुख्य रूप से वर्षा पर निर्धारित अवस्थाओं में किया जाता है। सभी क्षेत्रों द्वारा किये गये सामूहिक आकलन, आनुवंशिक प्रसर के वृहद रूप में उपस्थिति को दर्शाते हैं। उदाहरण के तौर पर 520 से अधिक जनन द्रव्यों को दो वर्ष (1988-89 व 1989-90) व हाल ही में आकलन से स्पष्ट हो जाता है कि जल्दी पकने व जल्दी उगने वाले जननद्रव्य मुख्य रूप से राजस्थान से एकत्रित किये गये थे। लगभग 57% जननद्रव्यों द्वारा अंकुरण ओज अच्छा पाया गया, जबकि 35% द्वारा मध्यम व 7-8% द्वारा अंकुरण ओज कम दर्शाया गया। अतः विपरीत परिस्थितियों के कारण अधिकतर जननद्रव्यों ने अपने को सही दिशा में ढाल लिया जान पड़ता है। एन.बी.पी.जी.आर, अनुसंधान केन्द्र, काजरी के अध्ययनों द्वारा बताया गया है कि कुल 3825 ग्वार के जननद्रव्यों के आकलन पश्चात् 645 एक तने व 521 चिकनी पत्तियों वाले जननद्रव्य पाये गये थे (द्विवेदी *एट एल.* 1996)। आश्चर्यजनक रूप से राजस्थान के सोयला क्षेत्र से एकत्रित **आई.सी 39987** की फूल आने की अवधि सिर्फ 30 दिन थी, जबकि **आई.सी 116804** (गंगानगर से एकत्रित) सबसे जल्दी पकने व **आई.सी 10355** सबसे देरी से पकने वाले जननद्रव्य थे। फलियों के गुच्छों की सबसे अधिक लम्बाई (22.0 से.मी.) मेहसाणा से एकत्रित (**आई.सी 116914**) में, जबकि सबसे कम लम्बाई (2.27 से.मी.) जोधपुर से एकत्रित जननद्रव्य **आई.सी 116592** में पाई गई। आकलन से ज्ञात हुआ है कि शाखित पौधों की फलियाँ छोटी व खुरदरी होती हैं, जबकि एक तने वाले पौधों की फलियां लम्बी चिकनी तथा मोटी थी। फली की अधिकतम ओसतन लम्बाई (11.97 से.मी.) व कम से कम लम्बाई (3.36 से.मी.) **आई.सी 116960** व **आई.सी 116798** में क्रमशः पाई गई (तालिका 1)। सभी एकत्रित नमूनों में फलियां अझड़नशील पाई गईं। यह बात बहुत महत्वपूर्ण है, कि बाड़मेर से एकत्रित ग्वार के नमूना **आई.सी**

प्लेट 1. ग्वार की अप्रचलित (वाईल्ड) प्रजातियाँ

116565 में शाखाओं की संख्या (10.17), गुच्छों की संख्या (85.50), फलियों की सख्या (198.33) व दानों की प्रति पौधा उपज (41.76 ग्राम.) अधिकतम पाई गई। कुछ एकत्रित किये गये ग्वार के नमूनों में उपज के लक्षणों : फलियों की लम्बाई, फलियों की संख्या, दानों का वजन का दानों की उपज से सीधा सम्बन्ध पाया गया, ऐसा ही पूर्व में किये गये अध्ययनों में भी पाया गया था (मित्तल *एट एल.,* 1969; अरोरा व गुप्ता, 1981)।

तालिका 1. ग्वार जननद्रव्य में आनुवंशिकी प्रारूपी का विभिन्न लक्षणों के लिए वितरण तथा ओसत।

पौध लक्षण	वितरण		ओसत
	न्यूनतम	अधिकतम	
50% फूल आने की अवधि (दिन)	25.00	76.00	41.32
50% पकाव की अवधि (दिन)	68.00	128.00	94.57
पौधों की ऊंचाई (से.मी.)	15.00	238.00	67.23
शाखाऐं /पौधा (नं.)	0.00	29.00	4.77
फलियों के गुच्छे/पौधा (नं.)	2.00	85.50	12.05
फलियों के गुच्छे की लम्बाई (से.मी.)	2.27	22.00	6.52
फलियों की लम्बाई (से.मी.)	1.60	11.97	5.42
फलियों की संख्या /पौधा (नं.)	3.70	412.00	41.77
बीजों की संख्या/पौधा (नं.)	2.00	14.77	8.16
फलियों का वजन/पौधा (ग्राम.)	1.00	125.00	15.87
100 – दानों का वजन (ग्राम.)	1.50	05.30	3.27
ग्वार गोद (%)	21.77	34.38	28.78
प्रोटीन (%)	22.43	29.24	26.37

स्त्रोतः द्विवेदी व नीलम भटनागर, 2002

ग्वार के कुल एकत्रित 3835 नमूनों में से, लगभग 348 नमूनों द्वारा 100–दानों का वजन 3.75 ग्राग से अधिक पाया गया। दानों के वजन के अतिरिक्त उनके आकार, आकृति, रंग के लिए भी आनुवंशिकी प्रसर उपलब्ध पाई गई। गुजरात से एकत्रित सभी नमूनों में पत्तियाँ चिकनी तथा गुलाबी रंग की पाई गई। ग्वार गोंद उद्योगों द्वारा साधारणतः अण्डाकार तथा मोटे (100–दानों का वजन 3.0 ग्राम) दाने पसंद किये जाते हैं (डवास, 1993), अतः इस प्रकार की प्रसर का जननद्रव्य में होना आवश्यक है।

गुणात्मक लक्षण

एन.बी.पी.जी.आर, अनुसंधान केन्द्र काजरी, जोधपुर, मराठवाड़ा कृषि विश्वविद्यालय परभनी व चौधरी चरणसिंह हरियाणा कृषि विश्वविद्यालय हिसार, केन्द्रों द्वारा 500 से भी अधिक ग्वार के बीजों के नमूनों का ग्वार गोंद व प्रोटीन के लिए अध्ययन किया गया तथा विभिन्न वैज्ञानिकों द्वारा काफी प्रारूपी पाई गई, जो कि 11.23 से 31.8% गोंद के लिए

पाई गई है (दास *एट एल.,* 1973; त्रिपाठी व श्रीवास्तव 1975; सिंह *एट एल.,* 1977; डवास, 1993)। इसी प्रकार ग्वार के बीजों के नमूनों की प्रोटीन की प्रतिशतता के लिए अध्ययन किया गया तथा प्रसर लगभग 26.85 से 31.00% तक वितरित पाई गई (मिश्रा *एट एल.,* 1968), इसी प्रकार लगभग 500 ग्वार के जननद्रव्यों के नमूनों को ग्वार गोंद के लिए विश्लेशण किया गया तथा सबसे अधिक गोंद (34.38%) की मात्रा बीकानेर से एकत्रित **आई.सी.116601** नमूने से प्राप्त हुई, जबकि घटते क्रम में यह मात्रा नागौर से एकत्रित नमूना **आई.सी. 116752** (34.07%) में, चुरू से एकत्रित नमूना **आई.सी. 116682** (33.91%) से प्राप्त की गई। **आई.सी. 116682** तथा **आई.सी. 11601** दोनों ही एक तने वाले जननद्रव्य थे। सामान्यतः बीकानेर, चूरू व नागौर से एकत्रित नमूनों में ग्वार गोंद की प्रतिशतता अधिक पाई गई तथा जैसलमेर तथा बाड़मेर के नमूनों में इसकी मात्रा अपेक्षाकृत कम पाई गई। सबसे अधिक ग्वार गोंद की मात्रा (32.48%) **आई.सी. 116906** में पाई गई तथा सबसे कम (27.19%) **आई.सी. 116926** में पाई गई। गुजरात से एकत्रित किये गये 71 नमूने तथा हरियाणा से लिए गये 28 नमूनों में से 22 व 6 नमूनों में लगभग 31% गोंद की मात्रा पाई गई। उत्तरप्रदेश तथा मध्यप्रदेश से एकत्रित नमूनों में ग्वार गोंद की मात्रा लगभग 28-30.6% पाई गई। सारांश में यह कहा जा सकता है कि कुल 520 नमूनों में से सिर्फ 44 में ही 32.0% गोंद की मात्रा पाई गई। अतः यह कहा जा सकता है कि ग्वार के विभिन्न क्षेत्रों से लिए गये नमूनों में 34.0% से अधिक गोंद की मात्रा नहीं मिल सकी। अतः इस दिशा में काफी कुछ करना बाकी है।

ग्वार के दानों में प्रोटीन की मात्रा सबसे अधिक (29.24%) बाड़मेर से एकत्रित नमूने **आई.सी.116558** में पाई गई तथा इससे कम क्रमवार चुरू से एकत्रित **आई.सी.116732** (29.19%) में, जैसलमेर से एकत्रित **आई.सी.116572** (29.14%), बीकानेर से एकत्रित **आई.सी.116550** (29.0%) में पाई गई। सबसे कम प्रोटीन की मात्रा (22.43%) चुरू से एकत्रित नमूनों में पाई गई। प्रोटीन का फेलाव 25.86 (मेहसाणा) से 28.95% (बनासकांठा) तक पाया गया। गुजरात से ही एकत्रित नमूनों में से कुछ में (**आई.सी. 116877–116884-116884**) में प्रोटीन की प्रतिशतता 28.50 से अधिक पाई गई। इसी प्रकार हरियाणा से एकत्रित नमूनों में प्रोटीन की मात्रा का फेलाव 26.06 (महेन्द्रगढ़) से 28.81% (हिसार) तक पाया गया, जबकि उत्तर प्रदेश तथा मध्यप्रदेश से एकत्रित नमूनों में प्रोटीन की मात्रा का फेलाव 26.99 से 28.53% तक पाया गया। कुल एकत्रित 71 नमूनों में से 31 में 28.5% से अधिक प्रोटीन की मात्रा पाई गई।

ग्वार गोंद व प्रोटीन की मात्रा का साथ–साथ आंकलन करने पर प्रतीत होता है कि राजस्थान से एकत्रित जननद्रव्य नमूनों में, गोंद (21.7-34.4%) व प्रोटीन (22.4-29.2%), की विविधता अधिक पाई गई, जबकि गुजरात में (27.2-32.4; 26.1-28.9 क्रमशः), हरियाणा में (27.5-32.1; 26.1-28.8 क्रमशः), व उत्तरप्रदेश (28.0–30.6; 26.9-28.1 क्रमशः), में विविधता कम पाई गई। ग्वार के जननद्रव्य के नमूनों **आई.सी.116568** (बाड़मेर से); **आई.सी.116906** (बनासकांठा से); व **आई.सी.116522** (जोधपुर से) में दानों की उपज/पौधा (41.78, 31.6 व 30.9 ग्राम क्रमशः), तथा ग्वार गोंद (30.40, 32.48 व 31.62% क्रमशः) की मात्रा, अधिक पाई गई। पूर्व में कुछ वैज्ञानिकों ने भी ग्वार की उपज तथा ग्वार गोंद में सीधा संबन्ध पाया गया था (मैनन *एट एल.,* 1970; मित्तल *एट एल.,* 1971)।

जननद्रव्यों का अभिलेख

ग्वार में उपलब्ध आनुवंशिक प्रसर के आधार पर पूरी सूचना को अभिलेखों के रूप में तैयार किया गया है तथा ग्वार की पांच सूचियाँ प्रकाशित की जा चुकी हैं। (चौपड़ा *एट एल.,* 1983, 1985; डवास *एट एल.,* 1989, द्विवेदी *एट एल.,* 1995) तथा इन सूचनाओं को ग्वार प्रजनकों द्वारा प्रयोग में लाया जा रहा है तथा जननद्रव्यों का आवश्यकतानुसार आदान प्रदान भी किया जा रहा है। पिछले पांच–छः वर्षों में ग्वार जननद्रव्य के 951 नमूनों को आवश्यकतानुसार अनुसंधान संस्थानों तथा ग्वार प्रजनकों को हस्तान्तरण किया गया है। इसके अतिरिक्त वर्ष 2006, 2007 व 2008 में ग्वार जननद्रव्यों के लगभग 100 नमूनों को मरू दलहन परियोजना के तहत हर वर्ष, विभिन्न केन्द्रों में आंकलन के लिए वितरित किया गया है।

जननद्रव्यों का संरक्षण

संरक्षण का महत्त्व प्राकृतिक पौध संसाधन का उचित प्रबन्धन करना है, ताकि आज की आवश्यकताओं के अनुसार तथा भविष्य की बढ़ती आवश्कताओं को संतुष्ट करने के लिए इस पौध सम्पदा को उपयोग में लाया जा सके। यह संभव है कि आनुवंशिक प्रसर जो वर्तमान में प्रयोग में नहीं लाई जा सकती है, परन्तु भविष्य में तथा किसी दूसरे क्षेत्र में इसे उपयोग में लिया जा सकता है अतः जननद्रव्य का संरक्षण एक महत्त्वपूर्ण प्रक्रिया है। कुल मिलाकर एन.बी.पी.जी.आर., नईदिल्ली तथा इस संस्थान के स्थानीय केन्द्र, काजरी, जोधपुर में 609 व 472 जननद्रव्यों को लम्बी अवधि व मध्य अवधि के लिए क्रमशः संरक्षित किया गया है।

जननद्रव्यों का पंजीकरण

आनुवंशिक स्टॉक, अप्रचलित जननद्रव्य व उन्नत किस्मों का पंजीकरण, फसल सुधार कार्यक्रम का आवश्यक कदम है। कुछ विशेष मात्रात्मक या गुणात्मक लक्षणों वाले जननद्रव्य अपने विशेष स्थिरता, समानता व पहचान वाले लक्षण रखने के कारण पंजीकरण के योग्य माने जाते हैं। अपने विशेष महत्वता के कारण पंजीकृत जननद्रव्यों की संख्या ग्वार में नगण्य ही है (तालिका 2)। उदाहरण के तौर पर ग्वार में निम्नलिखित 2 पंजीकरण ही हैं (मिश्रा *एट एल.,* 2008).

तालिका 2. ग्वार के पंजीकृत जनन द्रव्यों का ब्योरा।

क्र.सं.	आई जी एन आर नं	स्त्रोत	विशेष लक्षण
1	04037	जी. डी. एम -1	निर्धारित पौध प्रारूप
2	08027	सी.एच /55–2	पुष्पक्रम में फोलासियस बैक्रट

आनुवांशिक संसाधनों का वितरण तथा उपयोग

फसल सुधार कार्यक्रमों में निरन्तर कठिनाइयों तथा दबाव के बढ़ने के कारण, पादप प्रजनकों को निरन्तर ही नये, उन्नत व विविधता युक्त जननद्रव्यों की आवश्यकता पड़ती है, ताकि विशेष महत्व के लक्षणों के उपयोग द्वारा उपज में निरन्तर वृद्धि प्राप्त की जाती रहे (*डप्वीक,* 1986)। विभिन्न प्रकार के आनुवंशिक संसाधनों में से, विकसित किस्में तथा प्रचलित लाइनस, फसल प्रजनन में अधिक सहयोग देती हैं। आनुवंशिक स्टाक तथा अप्रचलित जननद्रव्य द्वारा भविष्य में फसल प्रजनन में अधिक सहयोग देने की संभावना है (ली *एट एल.,* 1998)।

जननद्रव्यों के समूहों को विभिन्न संस्थानों तथा विभिन्न वर्षों में आकलन द्वारा महत्वपूर्ण जननद्रव्यों का चयन किया गया है :

जल्दी पकने वाली : आई.सी. 116804; आई.सी.116868; आई.सी.116869; आई.सी. 116930; एच जी 23–3 / पी–1, एच जी 23–3/पी–8–80–1–1 (डवास *एट एल* 2001).

एस. के नगर में आकलन के उपरान्त कुछ बिमारियों के प्रतिरोधक किस्मों/जननद्रव्य का चयन किया गया।

जीवाणुज पर्ण अंगमारी रोग : (जी.ए.यू.जी.–9406, जी.जी –1, आर.जी.सी –1027)।

आल्टरनेरिया झुलसा रोग : जी.ए.यू.जी.–9406, जी.ए.यू.जी.– 9005, जी.ए.यू.जी.–9003, तथा जी.जी –1,

जड़ गलन रोग: जी.ए.यू.जी.-9406 तथा जी.जी–1, एच.जी.एस–884.

किस्मों का विकास

ग्वार की कुछ सामरिक महत्व की किस्में जैसे **पूसा मौसमी**, **पूसा सदाबहार**, **पूसा नवबहार**, **आई.सी. 11388**, **पी.एल.जी –850**, **पी 28–1–1**, व **शरदबहार** जो कि सब्जी के महत्व की है, का विकास जननद्रव्यों द्वारा किया गया; जबकि दानों की महत्व वाली ग्वार की किस्मों : **सोना** (1978), **सुविधा** (1978), **आई.सी. 092292/पी–3** (1980), **नवीन** (1986), **पी.एल.जी. 85** (1988) तथा **आर.जी.सी 471** का भी विकास जननद्रव्य द्वारा किया गया है (कुमार, 2005)।

भविष्य का दृष्टिकोण

ग्वार के आनुवांशिक संसाधनों पर भारत में राष्ट्रीय ब्यूरो पादप आनुवांशिक संस्थान, नई दिल्ली; अखिल भारतीय समन्वित मरू दलहन अनुसंधान परियोजना, जोधपुर व राजकीय कृषि विश्वविद्यालयों (एस.के.नगर, हिसार, बीकानेर तथा दुर्गापुरा) के एकीकृत तथा समयबद्ध प्रयासों द्वारा काफी सराहनीय कार्य किया गया है, तथा कार्यक्रम सही दिशा में तथा ऐच्छिक प्रयासों द्वारा उचित मापदंडों को छूता नजर आ रहा है। फिर भी कुछ विशिष्ट प्रयासों की आवश्यकता समझी जा रही है, जो इस प्रकार हैं :

- ग्वार के जननद्रव्यों को एकत्रित करते तथा उनका वरण करते समय वर्षा पर आधारित, कम से कम साधन व लागत वाली कृषि भूमियों से जहां नई किस्में नहीं उगाई गई हैं, से ही सेंपल एकत्रित किये जाने चाहिए।
- वरण करते समय, कम अवधि तथा दानों की अधिक उपज से संबधित कारकों पर विशेष घ्यान रखने की आवश्यकता है।
- एकत्रित सैम्पल्स की मात्रा कम होने पर भी उनमें कुछ न कुछ आनुवंशिक, वृद्धि, कार्यिकी व व्याधी के संदर्भ में सुधारों का प्रतिनिधित्व होना आवश्यक है।
- सैम्पल्स् एकत्रित करते समय दूसरे लक्षणों के साथ–साथ पौधों की विशिष्ट व विशेष बाह्य प्रारूप पर घ्यान देन की आवश्यकता है।
- एकत्रित सैम्पल्स् का तुलनात्मक आंकलन विशेष स्थितियों में ही किया जाये तथा निष्कर्ष बहुवर्षीय व बहुकेन्द्रों पर आंकलन के बाद किया जाना चाहिए।
- लवणीय भूमियों, अपेक्षाकृत अधिक वर्षा (400–600 मि.मि.) व जल भराव की स्थितियों से भी जननद्रव्यों के सैम्पल्स का वरण किया जाना चाहिये।

संदर्भ

अरोरा, एस. एस, और गुप्ता, बी एस. (1981). जैनेटिक वैरिऐबिलिटी, कोरिलेशन एण्ड पाथ कोएफिशिएंट एनालिसिस इन ग्वार [*साईमोप्सिस टैट्रगोनोलोबा (एल) टॉब*] / *कर एग्रीक* 5(3-4): 116-122.

कुमार, डी. (2005). स्टेट्स एण्ड डायरेक्सन ऑफ ऐरिड लेग्यूमस रिसर्च इन इण्डिया। *इण्डियन. जे आफ एग्रील. साईंस* 75(7): 375-391.

डबास, बी.एस. और थामस, टी.ए, रजनी, एन. और चौपड़ा, डी.पी. (1989) केटॉलाग ऑन ग्वार [*साईमोप्सिस टैट्रगोनोलोबा (एल) टॉब*] / जर्मप्लाज़म, एन.बी.पी.जी.आर, न्यू दिल्ली, पृ –131.

डबास, बी.एस. (1993), कंजर्वेसन ऑन जैनेटिक रिर्सोसेज ऑफ ऐरिड लेग्यूमस। इन कंजर्वेसन एण्ड मैनेजमेंट ऑफ प्लांट जैनेटिक रिर्सोसेज़। पृ. 164–170 (ईड्स राणा, आर.एस. सक्सेना, आर.के. सक्सेना, एस. एण्ड मित्तल, वी.), *नेशनल ब्यूरो ऑफ प्लांट जैनेटिक रिर्सोसेज.*। न्यू दिल्ली।

डप्विक, डी.एन (1986). प्लांट ब्रीडिंग पास्ट अचीवमेंट एण्ड एक्सपेक्टेसन फॉर द फयूचर। *इकोन. बोट.* 40(3) : 289–297.

डवास, बी.एस., मंडल, एस., फोगाट, बी.एस., बिष्ट, आई.एस. और अग्रवाल, आर.सी. (2001) ग्वार (*साईमोप्सिस टैट्रगोनोलोबा* (*एल*) *टॉब*) *ए रिज्युम ऑफ रिसर्च एट एन बी.पी.जी.आर. / नेशनल ब्यूरो ऑफ प्लांट जैनेटिक्स रिर्सोसेज, नई दिल्ली पृ.* 69 /

चौपड़ा, डी.पी, थोमस, टी.ए.; मेहरा, के.एल और सिंह, आर. (1983). केटॉलाग ऑन ग्वार जर्मप्लाज़म, एन. बी.पी.जी.आर रीजनल स्टे. जोधपुर, पृ –55.

चौपड़ा, डी.पी., थोमस, टी.ए.; और सिंह, आर. (1985). केटॉलाग ऑन ग्वार जर्मप्लाज़म, एन.बी.पी.जी.आर रीजनल स्टे. जोधपुर, पृ 200।

दास, एस.एन., अरोरा, एन.डी. और गुप्ता, वी.पी. (1973) हैरिटेबिलिटी एसेंसमेंट एण्ड जैनेटिक एडवांस फॉर गम एण्ड प्रोटीन कंटेन्ट अलोंग विद् सीड ईल्ड एण्ड ईट्स कम्पोनेंट इन ग्वार [*साईमोप्सिस. टैट्रगोनोलोबा (एल) टॉब*] / *हरियाणा एग्रीक. यूनि.जै.रिसर्च* 3 : 14–19.

द्विवेदी, एन.के., भण्डारी, डी.सी., डबास, बी.एस. मंडल, एस. और राणा, आर.एस. (1996) वैरिएबिलिटी इन कलस्टरबीन जर्मप्लाज़्म विद् फोलिएसिस ब्रेक्टस। *एनल्स आफ एरिड जोन* 35 : 151–153.

द्विवेदी, एन.के., भण्डारी, डी.सी., डबास, बी.एस., अग्रवाल, आर.सी., मंडल, एस.और राणा, आर एस (1995) केटॉलाग ऑन कल्स्टरबीन [*साईमोप्सिस.टैट्रगोनोलोबा (एल) टॉब*] / एन.बी.पी.जी.आर न्यू दिल्ली, पृ 50.

द्विवेदी, एन.के. और नीलम भटनागर (2000) जैनेटिक्स रिर्सोसेज, पे. 95-104 (एडिटर्स कुमार, डी. और सिंह, एन.बी.) इन ग्वार इन इण्डिया, साईन्टिफिक पब्लिशर्स (इंडिया), जोधपुर, पृ. 225।

मैनन, यू., दूबे, एम.एम. और भार्गव, पी. डी. (1970). गम कटेंन्ट वेरिएशन इन ग्वार [*साईमोप्सिस. टैट्रगोनोलोबा (एल)टॉब*]। *इण्डियन.जै. हैरेड* 2 : 55–58.

मिश्रा, एस.के., द्विवेदी, एन.के, गोपालकृष्णा, एस., गौतम, एन.के. और शर्मा, एस.के (2008) जैनेटिक रिर्सोसेज. ऑफ ऐरिड लेग्यूमस इन इण्डिया। एन.बी.पी.जी.आर रीजनल स्टे. जोधपुर, पृ 45-52.

मित्तल, एस.पी., स्वरूप, वी.के., कोहली, एम.एम. और सिंह एच.बी. (1969).वेरिएबिलिटी इन ग्वार। *इण्डियन. जे आफ जैनेटिक्स एण्ड प्लांट ब्रिडिंग* 29: 98-103.

मित्तल, एस.पी., थोमस, टी.ए., डबास, बी.एस. और लाल, एस.एम. (1971) गम कंटेन्ट एज रिलेटड़ टू सीड़ ईल्ड एण्ड अदर करेक्टर्स इन ग्वार। इण्डियन जे. जिनेट. 31: 228-232.

मित्रा, डी.के., भान, एस. और प्रसाद, आर. (1968). ग्वार ए मल्टीपरपज़ समर लेग्यूम। इलाहाबाद फार्म. 42 : 239–244.

ली, वाई., यंग, जे., के.ओ. वाई, गेओं, डब्ल्यू, फेंग, जे.आर. और लूस, एक्स. (1998). द यूज आफॅ जैनेटिक्स रिर्सोसेज़ इन क्रॉप इम्प्रूवमेंट : लेसन्स फ्रॉम चाईना। *जैनेटिक्स रिर्सोसेज़ एण्ड क्रॉप इवोल्यूएसन साईस* 45(2): 181–186.

ग्वार रसायनविज्ञान, पुष्टीकर मूल्य व औद्योगिक आकृति

सारांश

क्षेत्रीय, राष्ट्रीय व अन्तर्राष्ट्रीय स्तरों पर ग्वार के महत्व की चर्चा का मुख्य कारण इसका बहुउपयोगी होना है। सामान्य उपयोगों के अतिरिक्त, ग्वार के भ्रुण से प्राप्त बहुशर्करा गैलेक्टोमैनन गोंद है, जिसके बहुव्यावसायिक उपयोगों के कारण, इस सीमान्त दलहन को प्रमुख औद्योगिक फसलों की कतार में खड़ा कर दिया है। इन्हीं कारणवश इस मरू दलहन को एक नकदी, निर्यातवर्धक, अन्तर्राष्ट्रीय स्तर का दर्जा प्राप्त है। अतः ग्वार के इस स्तर को बनाये रखने के लिए इसकी उत्पादकता, गोंद की मात्रा (%) व गोंद के लसलसापन (एम.पी.ए.एस.) में अनवरत बढ़ोतरी तथा स्थायित्व अति आवश्यक है। ग्वार गोंद की प्रकृति अविद्युतीय होती है, यह स्टार्च की तुलना में 6-8 गुना भारी होता है। गोंद की सरंचना पौलीमैरिक होती है, तथा उसमें बहुत से हाईड्रोक्सी समूह पाये जाते हैं। ग्वार पाउडर ठंडे पानी में आसानी से घुलकर मोटी परत युक्त चिपचिपाहट वाले पदार्थ में परिवर्तित हो जाता है। ग्वार गोंद का उपयोग हर उस स्थिति में हो सकता है, जहाँ जल का उपयोग प्रधान है। इन स्थितियों में ग्वार गोंद, पदार्थों को बांधने, स्थायित्व प्रदान करने, शक्ति प्रदान करने, मोटाई देने, जल को सोखने, चिपचिपाहट जैसे विलक्षणों के कारण, भोज्य उद्योगों में (30%), खनिज तेल उद्योगों में (20%), वस्त्र उद्योगों में (18%), कागज उद्योगों में (12%), आयुर्वेदिक उद्योगों में (10%) व अन्य उद्योगों में (10%) उपयोग किया जाता है। भारत में ग्वार के उत्पादन का लगभग 90% उपयोग गोंद के रूप में होता है, तथा ग्वार गोंद के कुल उत्पादन (1.5-2.2 लाख टन), का 75-80% विदेशों में निर्यात हो जाता है। उदाहरण के तौर पर, वर्ष 2006-07 व 2007-08 में लगभग 1.87 तथा 2.04 लाख टन (1100-1200 करोड़ रूपये) ग्वार गोंद का निर्यात किया गया। संयुक्त राज्य अमेरिका से ही प्रतिवर्ष लगभग 40-42 हजार टन ग्वार गोंद की मांग मुख्य रूप से खनिज तेल उद्योगों द्वारा की जाती है। निर्यातित देशों में दूसरा नम्बर चीन का आता है। ग्वार गोंद के अतिरिक्त, बीज के बाहरी आवरण तथा गर्भ भागों से निर्मित उद्योगों का अप्रधान पदार्थ ग्वार–पोषाहार प्राप्त होता है। यह पोषाहार प्रोटीन का अच्छा स्त्रोत है (45-50%)। इसके प्रोटीन की तुलना तिलहन की खली से की जा सकती है, तथा ग्वार–पोषाहार मूंगफली की खली की पूर्ति पूरी तरह से कर सकता है। ग्वार–बीज के तेल में लिनोलिनिक अम्ल की मात्रा (55.1%) सूरजमूखी (51.8%) के तेल से अधिक पाई जाती है। अनुसंधान बताते हैं कि आयोडीन, रिफेक्टिव संकेत व कुछ आवश्यक अमीनो अम्लों के संदर्भ में, ग्वार के तेल (5-6%) की तुलना सूरजमुखी के तेल से की जा सकती है। ग्वार के पोषाहार में कुछ विषाक्त

पदार्थ जैसे अवशेष गोंद, ट्रिप्सिन निषेध पदार्थ, पोलीफीनोलस व सैपोनियनस तथा विषाक्त जीवाणु पाये जाते हैं। इनमें से कुछ को गर्म करने तथा दबाव (ऑटोक्लेविंग) द्वारा दूर किया जा सकता है। इस प्रकार विषाक्त पदार्थों से प्राप्त स्वतंत्र ग्वार पोषाहार प्रोटीन मनुष्यों व पशुओं के वास्ते उपयोग में लाई जा सकती है। संसार भर में ग्वार गोंद के 1500 से अधिक पैटेन्ट्स उपलब्ध है, जो इसकी औद्योगिक महत्व को दर्शाते हैं।

प्रस्तावना

पिछले लगभग सौ से अधिक दशकों से ग्वार भारतीय उपमहाद्वीप में, विशेष रूप से पशु–आहार तथा सीमित सीमा में सब्जियों के उद्धेश्य के लिए, कम लागत तथा सीमित देखरेख द्वारा साधारण भूमियों में उगाया जाता रहा है। ग्वार गोंद को ठंडे पानी में घुलनशील प्राकृतिक पोलीमर के रूप में जाना जाने लगा, तथा इन विशेष विलक्षणों द्वारा प्राप्त पदार्थों को विभिन्न उद्योगों में प्रयोग में लाया जाने लगा। अतः यह दलहन एक पशु आहार से शुरू होकर एक अन्तर्राष्ट्रीय औद्योगिक व नगदी वाली फसल के रूप में जानी जाने लगी है। यह एक विदेशी मुद्रा अर्जित करने वाली भारत की प्रमुख फसल बन गई है। इसका मुख्य कारण ग्वार गोंद तथा इसके यौगिक पदार्थ का अधिक प्रोटीन युक्त ग्वार चूरी का होना तथा इनका पश्चिमी देशों में निर्यात की बढ़ती क्षमता से है। इन विलक्षणों के अलावा, ग्वार की फलियाँ से दाना रहित, प्राप्त चारा पत्तियों से प्राप्त चारे की तुलना में अधिक गुणकारी समझा जाता है (अरोरा *एट एल.,* 1980) तथा ऊँटों द्वारा पसंदीदा भोजन है। पुस्तक के इस भाग में ग्वार के विभिन्न पहलुओं जैसे, बीज की रसायनिक संरचना, गोंद की रसायन संरचना, विभिन्न यौगिक पदार्थ, औद्योगिक उपयोग, निर्यात इत्यादि आर्थिक विषयों पर विस्तृत जानकारी दी गई है।

ग्वार का बीज

ग्वार के बीज की भौतिक संरचना को जानना अत्यन्त आवश्यक है तथा ग्वार गोंद की कुल मात्रा से इस संरचना का सीधा संबध पाया गया है। ग्वार के बीज को, बीज कवच (14.17%), भ्रूर्ण (35.42%) व गर्भ (43.47%) में विभिक्त किया जा सकता है। भ्रूर्ण की अधिक प्रतिशतता या आकार का गोंद से संबध पाया गया है, जबकि बीज कवच गर्भ ग्वार चूरी बनाते हैं। ग्वार के बीज की रसायनिक संरचना के अनुसार इसमें आर्द्रता (9.51%), राख (5.62%), अपक प्रोटीन (34.22%), अपक तेल (7.23%), कुल कार्बोहाईड्रेट्स (13. 42%), तथा गोंद (35.50%), पाये गये हैं (गाढ़े *एट एल.,* 2007)। ग्वार के बीजों की रसायनिक संरचना में काफी विविधता पाई जाती है (महरोत्रा *एट एल.,* 1975)।

ग्वार गोंद

ग्वार गोंद की रसायन विज्ञान तथा इसके औद्योगिक प्रयोग के बारे में जोशी व अरोरा (1993) द्वारा विवेचना की गई है। उनके अनुसार, ग्वार के गोंद में जल (12.0%), प्रोटीन (5.0%), वायु (3.0%), राख (0.6%), लसलसापन (3000-5000 एम.पी.ए.एस.) तथा पी.एच. 1% घोल पर (6.5%) पाये जाते हैं। इनके अतिरिक्त, ग्वार के गोंद में कुछ घातुओं के भाग भी अधिकता में पाये जाते हैं जैसे सीसा (0.03 पी.पी.एम), तांबा (2.50 पी.पी.एम.), जस्ता (5.60 पी.पी.एम), कैडमियग (0.05 पी.पी.एम.) व आरसैनिक (0.20 पी.पी.एम.)।

गोंद का निस्सारण तथा शुद्धिकरण

ग्वार गोंद के निस्सारण तथा इसकी शुद्धिकरण के लिए कई तकनिकीयाँ प्रयोग में लाई गई हैं। सबसे यथार्थ व भरोसमंद तकनीक यह है कि ग्लैक्टोमैनन का निस्सारण व शुद्धिकरण करके क्षारीय घोल में तरल पदार्थ के रूप में छान लेना, सुखाना तथा वजन लेना है (सिक्का एंव जोहरी, 1969)। पटेल (1958) द्वारा ग्वार गोंद के एकत्रिकरण के बारे में पेटेन्ट प्राप्त किया गया है, तथा बीज के आवरण को ढीला करके रसायनों द्वारा इसे हटा दिया इसके अतिरिक्त उन्होने पानी में गर्म करके भी बीज के आवरण को अलग करने में सफलता प्राप्त की है। भारत में इस उद्धेश्य के लिए एक पेटेन्ट के अनुसार शुद्ध गम को पिसाई मिल द्वारा बिना रसायनों के अलग व शुद्ध करने में सफलता पाई है। ऐसा करने के लिए ग्वार के दानों को पिसाई करने वाली मशीन में भर दिया जाता है तथा प्रत्येक बीज दो भागों में विभक्त हो जाता है : भ्रूण तथा बाहरी कवच तथा गर्भ भाग, जो कि जल्दी ही पाउडर के रूप में परिवर्तित हो जाता है। भ्रुण व बाहरी कवच को कच्ची टूट के रूप में जाना जाता है। इस कच्ची टूट को गर्म किया जाता है ताकि बाहरी कवच मुलायम हो जाये, तथा हथौड़े वाले मिल द्वारा बाहरी कवच तथा भ्रूण को अलग कर दिया जाता है। बाकि बचे कुछ गर्भ के हिस्से भी अलग हो जाते हैं, इस प्रक्रिया द्वारा शुद्ध भ्रुण प्राप्त हो जाता है (जोशी व अरोरा, 1993)।

ग्वार गोंद के निमार्ण की प्रक्रिया

बीजों के बाहरी आवरण को हटाने के लिए साफ व पूरी तरह से पके ग्वार के दानों को 2.0% क्षारीय घोल में 5–10 मिनट तक उबाला जाता है। इसके बाद बीजों को बहते पानी में धोया जाता है तथा अम्लीय घोल में डालकर तटस्थ किया जाता है। इसके बाद फिर से पानी में साफ किया जाता है। इसके बाद बाहरी कवच को भौतिक क्रिया द्वारा हटाया जाता है तथा पूरी रात सूखा लिया जाता है। बीजों को झटकने से ग्वार गम के टुकड़े अलग हो जाते हैं। इसके बाद गोंद के आधे टूटे टुकडों को पीस कर पाउडरनुमा बना दिया जाता है। इस प्रकार से प्राप्त पाउडर को कच्चा गोंद कहा जाता है। कच्चे गोंद को आइसोप्रोपेनॉल के घोल में डालकर तेज गति से मशीन में घुमाकर शुद्ध कर लिया जाता है। शुद्धिकृत गोंद को शून्य प्रक्रिया द्वारा सुखा लिया जाता है तथा 200 मैश की जाली द्वारा छान लिया जाता है। यह पूरी प्रक्रिया आगे चार्ट द्वारा समझाई गई है (रोडगे, *एट एल.*, 2006)।

ग्वार गोंद का मापना

प्रयोगशाला में ग्वार गोंद की मात्रा को मापने के, पूर्व में कई तरीके सुझाऐ गये हैं (सिक्का एवं जोहरी, 1969; मित्तल, एट एल 1971)। दूसरे अध्ययनों द्वारा ग्वार के आटे को मरक्यूरिक अम्ल के साथ एक घंटे तक तेजी से घुमाने (ऑटोक्लेविंग) पर गोंद का पृथक्कीकरण करना सुझाया, तथा घुलनशील चीनी को स्पट्रोफोटोमीटर द्वारा माप लिया गया। ग्वार गोंद की मात्रा को मापने के लिए इन्फरारेड रिफ्लैक्टैन्स स्पेक्ट्रोस्कॉपी तकनीक का भी प्रयोग किया गया था।

ग्लैक्टोमैनन गोंद का पृथक्कीकरण तथा शुद्धिकरण

ग्वार के दाने

↓ जलीय प्रक्रिया से चेताना (क्षारीय घोल)

100° सैं. पर 5 मिनट तक तीव्रता से उबालना

↓ (मोटी छलनी द्वारा छानना तथा पानी द्वारा 7.0 पी.एच. आने तक धोना)

बाहरी आवरण रहित भीगे दाने | लीचेट

↓ अम्लीय घोल द्वारा तटस्थ करना तथा पानी में धोना

बाहरी आवरण रहित भीगे दाने

↓ ट्रे में रखकर सुखाना तथा कम रफ्तार पर पीसना

मोटी छलनी द्वारा छानना

भ्रूण/गोंद के विभक्त टुकड़े | गर्भ भोज

↓

झटकना/हिलाना

↓ 200 मैश जाली द्वारा छानना

कच्चा ग्लैक्टोमैनन गोंद

↓ गोंद को पानी की सतह पर तैराना तथा इसमें आइसोप्रोपेनोल/इथेनोल मिलाना तैरते गोंद को 5000 x ग्राम पर 15 मिनट तक घुमाकर अलग करना

95% शुद्ध गोंद | घुमा हुआ (बेकार बचा पदार्थ)

↓ मुख्य भाग सुखाना तथा 200 मैश जाली से छानना

काफी कुछ शुद्ध ग्लैक्टोमैनन गोंद की प्राप्ति

स्त्रोत : (रोडगे *एट एल.,* 2006)

संरचना व बनावट

कच्चा गोंद, जिसे ग्वारन कहा जाता है, स्लेटी–सफेद पाउडर के रूप में होता है तथा इसमें कुछ प्रोटीन पदार्थ भी पाये जाते हैं। ग्वारन को रासायनिक रूप में ग्लैक्टोमैनन (78-82%), प्रोटीन (4-5%),कच्चा रेशा (1.5-2.0%), राख (0.5-0.9%), वसा (0.5-0.75%) तथा नमी (10-13%), भागों में विभक्त किया जा सकता है (अरोरा, 1989)। ग्लैक्टोमैनन गोंद में डी–ग्लैक्टोपाइरेनोसिल इकाई (34.6%) व डी–मैनोपाइरेनोसिल इकाई (63.4%) तथा मैनोस इकाई बीटा (1-4) ग्लाईकोसिडिक के साथ जुड़ी रहती है तथा कतारें शृंखला में पाई जाती है। सामान्यतः डी–मैनोस के साथ ग्लैक्टॉस इकाईयाँ वैकल्पिक रूप से जुड़ी रहती हैं। मैनोस व ग्लैक्टॉस सिस स्थिति में हाईड्रोक्सिल वर्ग में होती हैं, जो कि ग्वार गोंद के छोर जोड़ने के लिए आवश्यक है। ग्वारन में ग्लैक्टॉज : मैनोज 2:1 से 1.8:1 अनुपात में पाये जाते हैं। ग्वार गोंद का अणु भार 1-2 x 10^{-6} पाया गया है (रोडगे, 2008)। अध्ययन बताते हैं कि ग्वार गोंद कठोर छड़ी जैसा पोलिमर है तथा इसका कारण बीटा व मोनोमर इकाइयों के बीच में जुड़ाव है।

ग्वार गोंद आर्थिक दृष्टि से स्थिरता तथा गाढ़ापन देने वाला एक सस्ता कार्बनिक पदार्थ है। ग्वार गोंद ठंड़े पानी में शीघ्र ही घुल जाता है, तथा चिपचिपा प्लास्टिक जैसा घोल बना लेता है जिसके चिपचिपाहट की कटान दर दूसरे जलीय कौलौइड्स से काफी कम होती है। ग्वार गोंद लोकस्ट बीन की तुलना में अधिक घुलनशील होने तथा ग्लैक्टोज की शाखाओं के किनारे अधिक होने के कारण, एक अच्छा चिकना श्वेत पदार्थ बन जाता है। इसकी प्रवृत्ति अविद्युतीय होती है, अतः विद्युतीय बहाव या पी.एच. द्वारा इसकी स्थिरता पर प्रभाव नहीं पड़ता है, परन्तु 3 पी.एच व 50° सैं. पर स्थिरता क्षीण होने लगती है, यह स्टार्च की तुलना में 7-8 गुना भारी होता है। ग्वार गोंद की संरचना पॉलीमैरिक होती है, तथा उसमें बहुत से हाइड्रोक्सी समूह पाये जाते हैं। इन हाइड्रोक्सिल समूहों की रसायनिक पदार्थों की प्रतिक्रिया स्वरूप, ग्वार गोंद के बहुत से यौगिक या औधोगिक वर्ग (ग्रेड्स) बनाये जाते हैं जो कि समूहीकरण, जैल बनाने तथा सुरक्षित रखने में सहायक सिद्ध होते हैं।

ग्वार गोंद के गुण

ग्वार गोंद की भौतिक व रासायनिक गुणों के बारे में अरोरा (1989), जोशी व अरोरा (1993) तथा रोडगे (2008) द्वारा विस्तृत वृतान्त दिया गये हैं, जो कि निम्न प्रकार है।

चिपचिपाहट (विस्कोसिटी) : ग्वार गोंद ठंडे पानी में शीघ्र ही घुल जाता है तथा पूरी तरह से चिपचिपाहट या लसलसाहट वाला घोल बन जाता है। इसका कारण यह है कि, रासायनिक संरचना में एक समूहों की मुख्य मैनन शृंखलाऐं काफी दूरी पर जुड़ी रहती हैं, तथा उनमें आपसी समीपता की प्रतिक्रिया गें व्यवधान आ जाता है। ग्वार गोंद के घोल में चिपचिपाहट गाढ़ेपन (*सियर*) दर पर निर्भर करती है, जो कि एक विशेष प्रकार से अन्युटोनिक तरल पदार्थ है। यह पाया गया है कि 0.3% वाले घोल की चिपचिपाहट कम परिवर्तित होती है, जबकि 1.0 या उससे अधिक % सांद्रता वाले घोल की चिपचिपाहट सियर दर के साथ अधिकतर परिवर्तित होती रहती है। गोंद के घोल की चिपचिपाहट मुख्य

रूप से समय, तापक्रम, सांद्रता, पी.एच. आयनिक शक्ति तथा घोल के हिलाने पर निर्भर करती है। ग्वार गोंद की चिपचिपाहट 25° सैं. पर 1% सांद्रता वाले घोल में लगभग 3000 से 5500 तक पाई जाती है। तापक्रम बढ़ने व सीयर दर के बढ़ने के साथ–साथ घोल के चिपचिपाहट में कमी आ जाती है। ग्वार गोंद के छितराव की अधिकतर चिपचिपाहट 25-40° सैं. तापक्रम पर पाई जाती है। घोल की 0.5% सान्द्रता तक इसकी चिपचिपाहट में निरन्तर (न्यूटोनियन) बढ़ोतरी पाई गई है। इस सान्द्रता के बाद ग्वार गोंद का घोल प्रकृति में अन्यूटोन जैसा व्यवहार करता है। इसका कारण सतह पर आकर्षण का होना है। एक विशेष घोल की सांद्रता दुगना कर देने पर उसकी चिपचिपाहट दस गुना बढ़ जाती है। ग्वार गोंद के अणु की प्रकृति आयन रहित होने के कारण, इसके घोल का लसलसापन 1.0 से लेकर 10.5 पी.एच. तक स्थिर रहता है।

ग्वार गोंद के आइयोनिक नहीं होने के कारण इसे नमकीन माध्यम के प्रतिरोधक पाया जाता है। नमयुक्त एक, द्वि व त्रिवेलेन्ट *कैटायन्स* वाले घोलों के प्रति गोंद में काफी स्थिरता पाई जाती है, तथा इस प्रकार के नमकीन घोलों की सांद्रता बढ़ने के साथ–साथ चिपचिपाहट भी बढ़ती जाती है। बिना आयन वाले घोलों (सल्फेट, नाइट्रेट, क्लोराइड) का गोंद के चिपचिपाहट पर समान प्रभाव पड़ता है, तथा इनकी सांद्रता बढ़ने के साथ गोंद की चिपचिपाहट भी बढ़ती जाती है।

बोरेक्स के साथ क्रॉस जुड़ाव

क्षारीय माध्यम में बोरेक्स के साथ ग्वार गोंद एक चिपकने वाला प्रदार्थ बना लेता है, परन्तु यह गुण विपरीत दिशा में भी हो जाता है। यह गोंद अम्लीय पी.एच. में चिपचिपाहट उत्पन्न करता है तथा क्षारीय पी.एच. की उपस्थिती में चिपकने जैसा हो जाता है। चिपकने के गुण के लिए पी.एच. का विस्तार 7.5 से 10.5 तक होना आवश्यक है। यह समझा जाता है कि ग्लैक्टोमेनन बहुत से दूरस्थ हाइड्रोक्सिल समूहों की स्थिति में तीन प्रकार से बोरेटिड सरेस (चिपकना) बनाने में समर्थ हो जाता है। यह क्षारीय माध्यम में बोरेट आयन, मैनोस इकाई की सी$_2$ व सी$_3$ के साथ गैलक्टोज की तरफ की शाखा के सी$_2$ व सी$_3$ के साथ प्रतिक्रिया कर सकता है।

घुलनशीलता की दर

ग्वार गोंद के घुलने की दर एक अस्थिर लक्षण है घोल की अधिकतम चिपचिपाहट प्राप्त करने के लिए 2 घंटे तक घोलने का समय आवश्यक है, परन्तु शीघ्र व तुरन्त ही चिपचिपाहट प्राप्त करने की स्थिती में बहुत ही बारीक गोंद की आवश्यकता पड़ती है ताकि अधिकतम घुलनशीलता तथा चिपचिपाहट प्राप्त की जा सकें।

दूसरे गुड़

ग्वार गोंद का घोल एक विशिष्ट मोटी परत के रूप में जाना जाता है। जो कि स्टार्च की तुलना में 6 से 10 गुना अधिक पाई जाती है। यह तरल पदार्थ की बहने तथा पंपिंग की गति को बढाने में सक्षम पाया जाता है। यह एक बिना घर्षण वाला रिड्यूसिंग पदार्थ जाना जाता है (एपीडा, 1999)।

ग्वार गोंद की स्थिरता

ग्वार गोंद की स्थिरता, इसे तैयार करने की अच्छी विधी पर निर्भर करती है। बिना रक्षक पदार्थ के घोल की स्थिरता लगभग 48 घंटे तक आंकी जा सकती है। गोंद के सूक्ष्म पदार्थों द्वारा प्रभावित होने की स्थिती में, इसकी स्थिरता में शीध्रता से गिरावट होने की संभावना बनी रहती है। ग्वार गोंद के घोल की स्थिरता काफी हद तक पी.एच.पर भी निर्भर करती है। अम्लीय माध्यम की तुलना में, क्षारीय माध्यम में यह अधिक स्थिर पाया गया है। घोल रक्षक मिलाने पर इसकी स्थिरता में गति आ जाती है, परन्तु रक्षक की मात्रा व प्रकार भी काफी अहम है। औद्योगिक उपयोग के लिए घोल रक्षक का काफी महत्व है परन्तु भोज्य पदार्थों के लिए रक्षक पदार्थों की संभावना अपेक्षाकृत कम ही होती है। साधारणतः ग्वार गोंद की सतह पर रक्षक घोल (0.5-1.0%) का प्रयोग इसे 7 दिन से अधिक तक स्थिर रख सकता है। शुष्क ग्वार गोंद की स्थिति में इसकी स्थिरता इस बात पर निर्भर करती है कि अन्तिम प्राप्त पदार्थ में कितनी नमी थी। पाउडर में 14% से अधिक नमी इसकी स्थिरता को काफी कम कर देती है। साधारणतः ग्वार गोंद के घोल की चिपचिपाहट धीरे–धीरे कम होती जाती है। भंडारण के समय कुछ कारक जैसे : अधिक नमी, अधिक तापक्रम, तीव्र वायु, स्थिरता को कम करने की गति को बढ़ावा देते हैं।

ग्वार गोंद का गुणात्मक प्रभाव

ग्वार गोंद को दूसरे स्त्रोत से प्राप्त गोंदों के साथ मिलाने पर (जैसे ज़ैथन गोंद, लोक्सट बीन गोंद या केरेगेनन गोंद) इसके गुणों में वृद्धि पाई गई है। उदाहरणार्थ, ग्वार गोंद को जैथन गोंद के साथ विशेष अनुपात में मिलाने पर प्राप्त चिपचिपाहट दोनों की अलग अलग चिपचिपाहट से काफी अधिक पाई गई। औद्योगिक क्षेत्र में इस प्रवृति का पूरा फायदा उठाया जाता है तथा काफी सीमा तक प्राप्त पदार्थ के लिए चिपचिपाहट उपलब्ध हो जाती है।

ग्वार पोषाहार

ग्वार गोंद उद्योगों का अप्रधान पदार्थ जो कि बीज का बाहरी आवरण तथा गर्भ भाग से मिलकर बनता है, ग्वार–पोषाहार कहा जाता है। ग्वार गोंद के निस्सारण के बाद बाकि बचा ग्वार–पोषाहार प्रोटीन का एक बहुत ही अच्छा स्त्रोत है, तथा लगभग 46-50% कच्ची प्रोटीन पायी जाती है जो कि ग्वार के बीज की कच्ची प्रोटीन की तुलना में 1.5 गुना अधिक पाई जाती है। ग्वार–पोषाहार की प्रोटीन की तुलना तिलहन फसलों की खली से की जा सकती है। इसे चौपाया जानवरों तथा मुर्गियों के पोषण के लिए प्रयोग किया जाता है। यह पोषाहार हल्के–बादामी–भूरे रंग का पदार्थ है तथा जिसकी महक भीनी होती है।

रासायनिक संरचना

ग्वार बीज तथा इसके अप्रधान पदार्थों की आन्तरिक रचना के बारे में कुछ वृतान्त उपलब्ध है। समय–समय पर इसकी पोषक मूल्यों को सुधारने के भी प्रयत्न किये गये हैं। कौर *एट एल.* (1981) द्वारा वसा पृथकीकृत ग्वार पोषाहार, पृथकीकृत प्रोटीन व प्रोटीन–

सान्द्र की आन्तरिक रचना का वृतान्त दिया गया है। उनके अनुसार प्रोटीन–सान्द्र मोनोगैस्ट्रीक पशुओं के लिए उत्तम पाया गया। नागर, *एट एल.* (1981) के अनुसार ग्वार–पोषाहार के टास्टों का दबाव उपचार करने से इसकी प्रोटीन पर कोई दुष्प्रभाव नहीं पाया गया, परन्तु अम्लिय उपचार से प्रोटीन की प्रतिशतता में थोड़ा सुधार पाया गया। राजपूत *एट एल.* (1998) के अनुसार वसा रहित ग्वार–पोषाहार की प्रोटीन के चार सूक्ष्म भाग होते हैं। जिनमें से दो का अणू मूल्य कम तथा दो का अधिक पाया जाता है। विषैले ग्वार पोषाहार से विषैले पदार्थों को अलग करने पर प्रोटीन की मात्रा व गुणवत्ता पर कोई विशेष प्रभाव नहीं पाया गया, परन्तु दबाव की प्रक्रिया से प्रोटीन की मात्रा में गिरावट दर्ज पाई गई। ग्वार की तीन प्रजातियों की रासायनिक रचना का तुल्नात्मक अध्ययन किया गया है (तालिका 1), तथा पाया गया है कि गोंद व प्रोटीन के अतिरिक्त तेल प्रतिशतता (6.1-7.5) भी ग्वार. (*स. टैट्राग्नोलोबा*) में ही अधिक पाये जाते हैं, दाने भी ग्वार की प्रचलित प्रजाति में ही मोटे पाये गये हैं। (जोशी *एट एल.,* 1990).

तालिका 1. ग्वार की तीन प्रजातियों के बीज की रासायनिक रचना।

प्रजातियाँ	गोंद (%)	प्रोटीन (%)	तेल (%)	100–दानों का वजन (ग्राम)
स.टैट्रागोनोलोबा	31.30	32.58	6.1-7.5	2.99
स.सैरेटा	30.25	27.12	4.40	0.90
स.सैनेगैनसिस	30.60	26.25	3.06	0.54

स्त्रोत – जोशी *एट एल.,* 1990.

अमीनो अम्लों की रचना

हाल ही के वृतान्तों के अनुसार ग्वार के दाने तथा ग्वार पोषाहार दोनों ही अमीनो अम्लों के अच्छे स्त्रोत जाने जाते हैं। ग्वार पोषाहार में उचित मात्रा में लाईसिन, हिस्टीडीन, ट्रिप्टोफेन अमीनो अम्ल पाये जाते हैं, परन्तु मिथयोनिन की मात्रा अपेक्षाकृत कम पाई जाती है (नागपाल, 1968)। इसी श्रृंखला में अम्बेगेओकर *एट एल.* (1969) के विचार में ट्रिप्टोफेन तथा उसके बाद मिथयोनिन तथा थिरोनिन अमीनों अम्लों की मात्रा अपेक्षाकृत कम पाई जाती है। कुल मिलाकर यह कहा जा सकता है कि मिथयोनिन की मात्रा ग्वार के दानों व ग्वार–पोषाहार में कम ही पाई जाती है।

तेल व वसीय अम्लों की रचना

भारतवर्ष में ग्वार से लगभग 60 हजार टन तेल का उत्पादन प्रति वर्ष होता है (नागपाल, *एट एल.* 1971; नारंग, 1971, अरोरा *एट एल.* 1991)। ग्वार के पोषाहार में लगभग 3.4 से 5.7% ईथर एक्सट्रेक्ट पाया जाता है। (जोशी *एट एल.,* 1981) द्वारा वसीय अम्लों की रचना का उल्लेख किया है; जबकि अरोरा *एट एल.* (1985) द्वारा पाया गया कि पोलर व अपोलर *लिपिड़स* के अनुपात में किस्म के साथ अन्तर पाया जाता है। उदाहरण के तौर पर एच.जी.-75 व एच.जी.-182 किस्मों में ये अनुपात लगभग 1:3 व 1:2 क्रमशः पाये गये हैं (तालिका 2)।

तालिका 2. ग्वार की दो किस्मों में तेल व इसके भागों (पोलर व अपोलर) लिपिड्स की वसीय अम्लों की रचना (%)

वसीय अम्ल	एच.जी.–75 लिपिड			एच.जी.–182 लिपिड		
	कुल	पोलर	अपोलिय	कुल	पोलर	अपोलिय
पॉमिटिक	**24.97**	**28.03**	**24.97**	**28.02**	**28.13**	**27.12**
स्टैरिक	**5.55**	**6.81**	**6.66**	**7.01**	**6.25**	**5.71**
औलिक	**23.59**	**27.27**	**21.64**	**19.85**	**23.44**	**18.55**
लिनौलिक	**38.85**	**34.08**	**41.62**	**39.22**	**35.93**	**41.39**
लिनोलिनिक	**6.84**	**3.79**	**4.99**	**5.84**	**6.25**	**7.14**
कुल परिपूरक वसीय अम्ल	**30.52**	**34.84**	**31.63**	**35.03**	**34.38**	**32.83**
कुल अपरिपूरक वसीय अम्ल	**69.38**	**65.14**	**68.25**	**64.91**	**65.62**	**67.08**

स्त्रोत : (अरोरा *एट एल.,* 1985)।

जोशी *एट एल.* 1981 के अनुसार ग्वार के तेल में लिनोलिनिक अम्ल की मात्रा 55.1% पाई जाती है जबकि सूरजमुखी के तेल में यह मात्रा कम (लगभग 51.8%) पाई जाती है। कुल परिपूरक व अपरिपूरक वसीय अम्लों की प्रतिशतता क्रमशः लगभग 78.7 व 92.8 पाई गई है। ग्वार के तेल में 3.36% लिनोलिनिक अम्ल पाये जाते हैं। ग्वार के तेल में आयोडिन व रिफ्रैक्टीव संकेत तुलनात्मक दृष्टि से सूर्यमुखी के तुल्य पाये जाते हैं। दूसरे कुछ और वृतान्त भी यही दर्शाते हैं कि ग्वार के वसीय–अम्लों की संरचना खाने युक्त दूसरे तिलहनों के तेल के समान ही हैं (सिंह व मिश्रा, 1981)। ग्वार की तीन प्रजातियों स. *टैट्रागोनोलोबा,* स.*सैनेगैलेनसिस* व स.*सैरेटा* में तेल की प्रतिशतता क्रमशः लगभग 6.1, 4.4 व 3 6 पायी जाती है, जबकि कुल अपरिपूरक वसीय अम्ल की मात्रा स.*सैरेटा* में अधिक पाई गई है, तथा इस प्रजाति के वसीय अम्ल की संरचना सूर्यमूखी के बीज के तेल के तुल्य पाई गई है (अरोरा *एट एल.,* 1985)।

विषाक्त पदार्थ

साधारणतः दलहन समूह के पौधों के दानों में विषाक्त पदार्थ पाये जाते हैं। ग्वार भी इसके लिए अपवाद नहीं हैं। ग्वार व ग्वार–पोषाहार में पाये जाने वाले विषाक्त पदार्थों की प्रकृति व उनके प्रभाव तथा भौतिक सुधार के तरीकों पर काफी अनुसंधान किये गये हैं, जिनका ब्यौरा निम्न प्रकार है।

(i) ग्वार गोंद : अनुसंधान बताते हैं कि अवशेष गोंद का कुक्टों पर प्रतिकूल प्रभाव पड़ता है। ग्वार पोषाहार के संतोषजनक उपयोग में कमी का मुख्य कारण अवशेष गोंद ही है। कुक्टों के आहार में 1.0% ग्वार–पोषाहार भी, वृद्धि की बढ़ोतरी को पूरी तरह से रोकने में सक्षम है। ग्वार–पोषाहार की मात्रा में 0.5 से 0.25% कमी किये जाने पर उसी अनुपात में वृद्धि रूकावट की दर में भी कमी दर्ज की गई। बक्शी *एट एल.* (1964) के अनुसार ग्वार–पोषाहार में विषाक्तता का मुख्य कारण अवशेष गोंद की उपस्थिति ही है, जो कि लगभग 18.0% तक पाई जा सकती है। इस प्रकार का गोंद प्रकृति में पौलोसैकेराइड है

तथा प्रथम दृष्टि में इसका पाचन तथा शोषण नहीं हो पाता है, तथा आंतों में चिपक जाता है, कुक्टों को 1.8 या 2.7% ग्वार गोंद दिये जाने पर उनकी वृद्धि में रूकावट पाई गई है।

(ii) ट्रिप्सिन निषेध व दूसरे विषाक्त पदार्थ : ग्वार–पोषाहार का मुर्गे व मुर्गियों पर प्रतिकूल प्रभाव गर्मी से प्रभावित ट्रिप्सिन निषेधों के कारण होता है जो कि बड़े आकार की अणु प्रोटीन है। आहूजा व चौपड़ा (1975) के अनुसार चूहों में ग्वार दाल जो कि वृद्धि रोक देती है, इसे खारे पानी से उपचारित करने पर भी वृद्धि में रूकावट को टाला नहीं जा सका। अतः ग्वार पोषाहार में ट्रिप्सिन निषेधों के अलावा दूसरे विषाक्त पदार्थ भी हो सकते हैं। पूर्व में किये गये अनुसंधानों से यह बात साफ हो जाती है कि ग्वार पोषाहार में विषाक्त पदार्थ अवश्य ही पाये जाते हैं परन्तु उनकी उचित प्रकृति के बारे में सूचनाएँ उपलब्ध नहीं हैं। नागर, *एट एल.* (1994) के अनुसार ग्वार पोषाहार के टोस्ट को दबाव (ऑटोक्लेव) के उपचार द्वारा ट्रिप्सिन निषेधों की गतिविधि में 278 ईकाई की तुलना में 94 ईकाई/ग्राम कमी पाई गई, तथा अविषाक्त जीवाणु (*एसपरजिलस नाइज़र* व *फ्यूसेरियम*) द्वारा किणवीकरण कराने पर ये गतिविधियां 23-24 ईकाई/ग्राम तक कम हो गई। गुप्ता *एट एल.* (1978) के विचार में ग्वार पोषाहार में दो प्रकार के विषाक्त पदार्थ पा ये जाते हैं (अवशेष गोंद तथा ट्रिप्सिन निषेधों), परन्तु ग्वार–पोषाहार के टोस्ट बनाने से इसकी पोषकता में सुधार पाया गया। उपरोक्त दो विषाक्त पदार्थों के अतिरिक्त तापक्रम स्थिर पदार्थ सैपोनियन भी पाया जाता है (अरोरा व जोशी, 1980)। अवशेष ग्वार पोषाहार से प्राप्त कच्चे निचोड़ द्वारा चूहों पर विषाक्त प्रकृति सिद्ध हो चुकी है। सैपोनियन के अतिरिक्त दूसरे वृद्धि विकारक भी, उपस्थिति की तरफ इशारा करते हैं। शुद्धिकृत सैपोनियन निचोड़ (एक्सट्रेक्ट), कच्चे निचोड़ द्वारा तुलना में कम हानिकारक पाया गया है। राजपूत *एट एल.* (1998) के अनुसार कच्चे ग्वार–पोषाहार को दबाव की प्रक्रिया (ऑटोक्लेविग) करने पर, विषाक्त पदार्थों हैमागल्यूटिनिन (84%) व ट्रिप्सिन निषेध (84%) की गतिविधियों में कमी पाई गई, जबकि सैपोनियन (6.1%) व फाइटेट (7.5%) की मात्रा में परिवर्तन नहीं पाया गया। ग्वार–पोषाहार के ऑटोक्लेव क्रिया द्वारा प्राप्त अम्लीय तरल पदार्थ को निकाल देने से सैपोनियन, फाईटेट तथा पोलीफीनोल की सांद्रता में लगभग 2.1, 3.9 व 0.76% क्रमशः गिरावट पाई गई। पोषाहार का एल्कोहल घोल द्वारा निस्तारण करने पर सैपोनियन व हैमागुल्यटेनिन की सांद्रता में शतप्रतिशत गिरावट दर्ज की गई। कुशल व भाटिया (1982) द्वारा ग्वार के बीजों में दूसरे कार्बनिक पदार्थों की उपस्थिती दर्ज की गई (मैलिक अम्ल, गैलोटेनिनस, गल्यकोसाईड–3–ग्लाइकोसाईड, कैफिक अम्ल, इलोजिक अम्ल, क्लोरोजिनिक अम्ल इत्यादि। फिनोलिक पदार्थ भी ग्वार पोषाहार की विषाक्तता के लिए जिम्मेदार पाये जाते हैं (नागपाल *एट एल.,* 1971)।

बीज के बाहरी कवच में पाये जाने वाले पोलीफीनोलिक्स द्वारा ट्रिप्सिन निषेध की गतिविधी को प्रभावित करने के वारे में भी अनुसंधान किये गये हैं। ट्रिप्सिन निषेध की गतिविधी पर गर्म वातारवरण का प्रभाव कम पड़ता है, तथा अधिक तापक्रम के प्रति ये स्थिर पाये जाते हैं, तथा बीज आवरण के टेनिक अम्ल से सीधा संबंध पाया गया है, हालांकि घुलनशील प्रोटीन रहित बीज के आवरण में ट्रिप्सिन निषेधों की गतिविधीयाँ अधिकतम पाई जाती हैं। सारांश में यह कहा जा सकता है कि टेनिनस गर्मी से प्रभावित प्रोटीन युक्त ट्रिप्सिन निषेधों के रूप में मुख्य प्रभाव रखते हैं (जैन *एट एल.,* 1983)।

ग्वार पोषाहार का उपयोग

ग्वार के पोषाहार में प्रोटीन की अधिकता के कारण तथा तेल की गुणवत्ता तिलहन की खली के अनुरूप होने के कारण यह पशुओं के आहार में मिलावट के तौर पर अच्छा सांद्र पोषाहार समझा जाता है। इसके विपरीत इसमें पाये जाने वाली तीखी महक आम व्यक्तियों के प्रयोग में रूकावट जानी जाती है। कौर *एट एल.* (1981) के अनुसार ग्वार–पोषाहार से तैयार प्रोटीन सान्द्र विषाक्त पदार्थों तथा तीखी महक से स्वतंत्र पाया गया है। अतः आम व्यक्तियों के लिए सहा यक उत्पाद के रूप में रास्त साफ नजर भी आता है। इसी क्रम में ग्वार के पोषाहार से तैयार प्रोटीन सान्द्र बिस्कुट बनाने की पहल की गई जो कि काफी रूची कर तथा कुरकुरे पाये गये, तथा ये बिस्कुट सी.एफ.टी.आर.आई (मैसूर) द्वारा तैयार विटामिनों बिस्कूटों से अच्छे पाये गये। अतः ग्वार के पोषाहार से तैयार प्रोटीन सान्द्र का भोजन उद्योगों में प्रयोग की नई संभावना जाग्रत हुई हैं, तथा इस प्रकार के अतिरिक्त उपयोग से ग्वार उद्योग आर्थिक व पोषक दृष्टि से और मजबूत होगा।

ग्वार गोंद का उत्पादों में प्रयोग

ग्वार गोंद विभिन्न प्रकार के कार्यों के गुणों के लिएः मोटी पर्त (थिकनेस), चिपचिपाहट (जैलिंग), स्थिरीकरण (स्टेबिलाईज़ेशन), बांधना (बाईन्डिग), शुद्धिकरण, शत्ती (स्ट्रेगथ), इत्यादि के लिए जाना जाता है। अतः यह फसल संसार भर में गोंद के व्यापार के लिए जानी जाती है। ग्वार के विभिन्न प्रकार के गोंदों का चुनाव व उनका प्रयोग इसके कार्य – गुणों के आधार पर निर्भर करता है जो कि निम्न प्रकार है :–

1 जल धारण करने की क्षमता

2 वाष्पीकरण के गिरने की दर

3 हिमांक की परिवर्तित दर (ऑल्टरेशन ऑफ फ्रीजिंग रेट)

4 बर्फ कणों के बनने की परिवर्तित दर (मोडिफिकेशन ऑफ आईस–क्रिस्टल फोर्मेशन)

5 नमकों के साथ में समीपता

6 रहीलोजिकल गुणों की निरन्तरता

7 दूसरे गोंदों के साथ घनात्मक प्रभात (सिनर्जी विद् अदर पोलीसेकेराईड्स)

8 एन्जाईम्स के प्रभाव की प्रतिरोधक क्षमता

9 अघुलनशील कणों को अलग रखने की क्षमता

10 तेल युक्त व झागदार पदार्थों की स्थिरता

उपरोक्त गुण–दोषों के अतिरिक्त, ग्वार की किस्मों का उचित चयन तथा कुछ दूसरी बातों द्वारा भी काफी प्रभावित होता है जैसेः अधिकतर गोंद भिन्न–भिन्न स्तरों से प्राप्त होते हैं, विभिन्न दस्तकारों से प्राप्त पदार्थ भी विभिन्न होते हैं, वातावरण, शस्य क्रियाओं, भूमि की रचना, संरचना व पोषक तत्वों की असमानता के कारण ग्वार गोंद के स्तर में भारी अन्तर

व अस्थिरता पाई जाती है, ग्वार गोंद की प्रक्रिया में असमानता पाई जाती है, अतः गोंद की प्रतिशतता, उपज तथा चिपचिपाहट तथा दूसरे स्तरों में काफी अस्थिरता पाई जाती है (आकृति 1)।

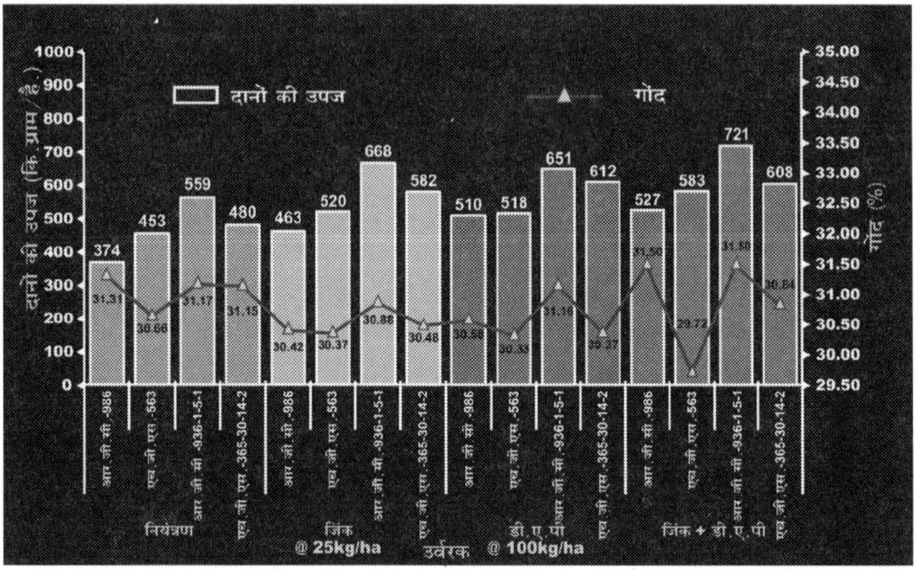

आकृति 1. रासायनिक उर्वरकों का ग्वार की किस्मों की उपज तथा गोंद पर प्रभाव

उद्योगों की आवश्यकतानुसार ग्वार गोंद से विभिन्न स्तर के पाउडर तैयार किये जाते हैं। ये पाउडर आवश्यकताओं व उपयोगों के अनुसार, स्थिरीकरण, मोटाई, बनावट व घुलनशीलता बढ़ाना से संबधित पाई जाते हैं। उद्योगों में उपयोगों के लिए कुछ अतिरिक्त गुणों की भी आवश्यकता होती है (पाउडर पदार्थों के लिए रेत के कणों को अलग करना, सशक्त गोली जैसी आकृति बनाना, चिकनापन बढ़ाना तथा अन्तिम उत्पाद बनाना)।

ग्वार गोंद पाउडर की किस्में

(i) भोज्य स्तर का ग्वार गोंद पाउडरः इस स्तर के पाउडरों को मुख्य रूप से भोजन सामग्री, कान्तिवर्धक, औषधी इत्यादि उद्योगों में उपयोग में लाया जाता है तथा मुख्य रूप से आकृति व मोटी पर्त के रूप में भोज्य सामग्री में घुलनशील पदार्थ के रूप में मुख्यता से जाने जाते हैं। इन उद्योगों की प्राथमिकता दो स्तर के गोंद की होती है।

कणों का आकार	चिपचिपाहट (सी.पी.एस.)
200 मैश	**2000–7500**
300 मैश	**3500–5000**

(ii) औद्योगिक स्तर का ग्वार गोंद पाउडर : कागज, कपड़ा, खनन, विस्फोट पैट्रोलियम खदान इत्यादि उद्योग मुख्य हैं इस प्रकार के विशेष उद्धेश्यों के लिए, कणों का

आकार 100 मैश तथा चिप चिपाहट 3000–6000 सी.पी.एस. होनी चाहिये। अच्छे गूणकारी ग्वार गोंद के लिए संयुक्तराज्य अमेरिका एफ.सी.सी. व यूरोपियन यूनियन द्वारा कम से कम आवश्यक मानक सुझाये गये हैं जो कि निम्न प्रकार से हैं :

लक्षण	माप
अघुलनशील अम्लीय अवशेष	4.0% अधिकतम
नमी	14% अधिकतम; राख 1.5% अधिकतम
गैलेक्टोमैनन	75.0% कम से कम
प्रोटीन	7.0% अधिकतम
सीसा	10% पी.पी.एम. अधिकतम
जस्ता	25% पी.पी.एम. अधिकतम
विषाक्त पदार्थ	3% पी.पी.एम. अधिकतम
तांबा व जस्ता	50% पी.पी.एम. अधिकतम

स्त्रोत : रोडगे, 2008

ग्वार गोंद का उपयोग

भारत व पाकिस्तान ग्वार गोंद के मुख्य स्त्रोत हैं। भारत में उत्पन्न ग्वार का 90% तक उपयोग ग्वार गोंद के रूप में किया जाता है, बाकि 10% का उपयोग भोजन तथा पशु आहार के रूप में किया जाता है। भारत में ग्वार प्रयोजन की 110 से अधिक औद्योगिक इकाइयाँ हैं, जिनकी कुल क्षमता 6 लाख टन प्रतिवर्ष से अधिक है, इन इकाइयों द्वारा तैयार ग्वार गोंद विभिन्न यौगिकों के रूप में उपयोग किया जाता है तथा ये यौगिक 90-97% शुद्ध होते हैं (एनोनिमस, 2009)। मोटे तौर पर ग्वार गोंद का उपयोग निम्न चार प्रकार से होता है। तकनीकी उपयोग (52.50%), मनुष्य व पशुओं द्वारा (37.50%), दवाइयों के उद्योगों में (5 0%) व कान्तिवर्धक (5.0%)।

तकनीकी उपयोगों में ग्वार गोंद मुख्य रूप से वस्त्र उद्योगों में जैसे : धागों, रेशों व दरियों को रंगने व छापने के लिए रंग को बर्तन में गाढ़ा करने के लिए किया जाता है। गोंद, रंग उत्पादों पर इसके बहाव को नियंत्रण करता है, ताकि चमकदार व तेज रंग किया जा सके। विभिन्न प्रकार के कपड़ों तथा कपड़ों के बंडलों के लिए विभिन्न प्रकार के गाढ़ा करने के पदार्थ उपयोग किये जाते हैं। विस्फोट उद्योगों में ग्वार गोंद व इसके यौगिक नाइट्रेट अम्लों को गाढा करने के लिए उपयोग में लाऐ जाते हैं। ये अम्ल हल्के विस्फोटक पदार्थ तैयार करने के मुख्य भाग हैं। यह मुख्य बात है कि गैस व खनिज के क्षेत्रों व स्त्रोंतो को खोलने व तोड़ने के लिए जलीय भार के दबाव द्वारा खनिज तेल व गैस के उत्पादन की क्षमता बढ़ जाती है (एनोनिमस, 2009)। अतः हाइड्रोक्सिप्रोपाइल गोंद का घोल व दूसरे यौगिक इस विधि के लिए प्रयोग किये जाते हैं, जिसे तकनीकी रूप से हाइड्रांलिक फ़ेक्चर (जलीय भार द्वारा तोड़ना कहा जाता है। लम्बे समय व अवधि से ग्वार गोंद के उपयोगों को निम्न भागां में विभक्त किया जा सकता है।

भोज्य उद्योगो में	: 30%
खनिज़ व तेल उद्योगो में	: 20%
वस्त्र उद्योगो में	: 18%
कागज उद्योगो में	: 12%
आयुर्वेदिक उद्योगो में	: 10%
दूसरे उपयोग में	: 10%

स्त्रोत : (कुमार व सिंह, 2002)

ग्वार गोंद के उत्पादों का विस्तृत उपयोग

ग्वार गोंद का उपयोग हर उस कल्पना या स्थिति में हो सकता है जहां जल उपयोग प्रधान है। अतः विभिन्न प्रकार के भोज व भोज्य पदार्थों को ऐसे जल अणुओं की आवश्यकता पड़ती है ताकि जल का व्यवहार दूसरे पदार्थों के सम्बन्ध में परिवर्तित हो सके जैसे कि विदित है ग्वार गोंद, पदार्थों को बांधने, स्थायित्व प्रदान करने, मोटी पर्त देने, जल को शोखने इत्यादि अभिन्न लक्षणों के कारण निम्नलिखित उद्योंगों तथा पदार्थों में उपयोग में लाया जाता है।

ग्वार गोंद का विभिन्न उद्योगों में उपयोग

क्र.सं.	उत्पाद	प्रकार	कार्य
1	विस्फोटक पदार्थ		
	i. विरफोट	ग्वार गोंद का आर–पार जुड़ाव	जल पृथ्थकीकरण
	ii. हल्का बारूदी धमाकेदार विस्फोट	ग्वार गोंद	लचकता में सुधार
	iii. जल रोधक विस्फोट	ग्वार गोंद द्वारा जल शोषण	सरेस पदार्थ
	iv. स्वतंत्र बहाव के साथ दानेदार विस्फोट	ग्वार गोंद	गाढ़ा करना
	v. नाइट्रोएलकन विस्फोट	ग्वार गोंद का नाइट्रेट इस्टर	सतह गाढ़ा करना
	vi. बारूद द्वारा उड़ाने वाला पदार्थ	ग्वार गोंद के आपसी जुड़ाव का पदार्थ	गाढ़ा करना
	vii. हल्का विस्फोट	ग्वार गोंद या इसका हाइड्रो–प्रोपाईल यौगिक	गाढ़ा करना
	viii. सरेस विस्फोट	ग्वार गोंद	चिपकने वाला पदार्थ
	ix. विस्फोटक पदार्थ	ग्वार गोंद, परिवर्तित धातु ऑयन के साथ	चिपचिपाहट बढ़ाना
	x. विस्फोटक मिश्रण	ग्वार गोंद का सायेनोइथाइल इथर	गाढ़ा करना
2.	खनिज़ तेल उद्योग		
	i. जटिल पॉलिमर	सल्फोनेटिड ग्वार गोंद क्षारीय सुधारित ग्वार गोंद बोरेक्स से	गाढ़ा करने वाला पदार्थ

	ii.जलीय तोड़ने वाला पदार्थ	आर–पार जुड़ाव	सरेस पदार्थ
	iii. खनिज़ तेल के कुंए	पोटेशियम के साथ गला हुआ ग्वार गोंद	गाढ़ा करने वाला पदार्थ
	iv. खनिज़ कुओं को उड़ा देना	हाइड्रोक्सी–प्रोपाईल ग्वार गोंद	गाढ़ा करने वाला पदार्थ
	v. खनिज़ कुओं का तोड़ना	ग्वार गोंद या को –पोलिमर	सरेस पदार्थ
	vi. तोड़ने वाला तरल	ग्वार गोंद व हाइड्रोक्सी इथाइल सैल्यलोज़	चिपचिपाहट में स्थिरता
	vii. तोड़ने वाला तरल	बोरिक अम्ल व मैग्निशियम आक्साईड के साथ ग्वार गोंद	पानी का ह्रास बढ़ाना
	viii. खुदाई करने वाला तरल	खनिज़ नमक व पी.ई.जी. के साथ ग्वार गोंद	तरल ह्रास के अच्छे लक्षण
	ix. खुदाई करने वाला तरल	हाइड्रोक्सी क्षारीय ग्वार गोंद	गाढ़ा करने वाला पदार्थ
	x. कीचण की खुदाई	ग्वार गोंद ईथर	तरल का ह्रास कम करना
	xi. घुमावदार खुदाई	मिथाईल वैल्यू के साथ ग्वार गोंद	तरल पदार्थ का ह्रास कम करना
	xii. सुराख (बोरिंग) करना	लैमिना सिलीकेट, स्टार्च व चिकनी मिट्टी के साथ ग्वार गोंद	
3.	<u>वस्त्र उद्योग</u>		
	i. छपाई को चिपकाना	ग्वार गोंद	गाढ़ा करना
	ii. छपाई तरल	ग्वार गोंद व जेन्थोमोनाग गोंद	छपाई, चिपकना, गाढ़ा करना
	iii . धागों की छपाई	ग्वार गोंद पी.ई.जी. लुरिल ईथर	फेनयुक्त रचना
	iv. वस्त्र रंगाई, छपाई	ग्वार गोंद यौगिक I	गाढ़ा करना
	महीन, रेशम वस्त्र, सूती वस्त्र व धागों की छपाई	परिवर्तित ग्वार गोंद	गाढ़ा करना
		ग्वार गोंद के यौगिक	गाढ़ा करना
	पेलिएस्टर छपाई	खट्टे पदार्थ के साथ ग्वार गोंद	स्थायी करण
	वस्त्र छपाई	ग्वार गोंद	गाढ़ा करना
	गाढ़ा करने वाला पदार्थ	क्लोरो–इसो–साइन्यूरिक अम्ल	
	आग व सिकुड़न रोधी वस्त्र		
4.	<u>कागज उद्योग</u>		
	कागज का पटरा, तख्ता, बोर्ड	ग्वार गोंद	बरीकी में वृद्धि
	कागज का पटरा, तख्ता, बोर्ड	परिवर्तित ग्वार गोंद	आकृति देने से पूर्व रोके रखना
	कागज का पटरा, तख्ता, बोर्ड	क्वार्टरीनैरी अमोनियम ग्वार गोंद	
	कागज बनाना	ग्वार गोंद के यौगिक(मेय प्रोइड,एस.एफ ए.)	शुष्क शक्ति प्रदान करना
	कागज बनाना	ग्वार गोंद	आकृति व तल की वृद्धि
	कागज व वस्त्र	खाने का नमक कॉर्बोक्सी मिथाइल युक्त ग्वार गोंद	शक्ति में सुधार शुष्क शक्ति
	कागज व वस्त्र	ग्वार गोंद यौगिक	आकृति पदार्थ
5.	<u>कोयला खदान</u>		
	कोयला की खदान	बोरेक्स के साथ ग्वार गोंद	अविस्थापन

	कोयले को काला करना	ग्वार गोंद	
6.	तम्बाकू उद्योग		
	तम्बाकू पदार्थ	ग्वार गोंद	चिपकना
	तम्बाकू की पर्त, सीट	ग्वार गोंद	झंझाहट को कम करना तथा शक्तिवर्धक ऐजेंट
7.	बिजली व दूरभाष		
	सरेस तरल	ग्वार गोंद	स्थापित करने के लिए तरल
	केबल का हिस्सा	कार्बोक्सी मिथाइल सैल्यूलोस के साथ ग्वार गोंद	बिजली अवरोधक
8.	जूट उद्योग		
	i. आकृति पदार्थ करना	ग्वार गोंद	आकृति ऐजेंट
9.	पौलिश, वार्निश		
	i. वार्निश या कटिंग के लिए आधार	ग्वार गोंद यौगिक	बचाव पदार्थ
10.	मिट्‌टी के पात्र	मिट्‌टी के पाउडर के साथ ग्वार गोंद	
11.	अग्निशमन उद्योग		
	अग्नि बुझाने की शक्ति	ग्वार गोंद व मिथाइल युक्त कार्बोक्सी	संग्रहण स्थिरता
	वानिकी अग्नि बुझाना	इथाइलिन ग्लाइकोल व गिलसरोल के साथ ग्वार गोंद	तेज फेलाव
	वानिकी अग्निशमन के वायूयान का प्रयोग	अमोनियम फॉस्फेट घोल व डिसाइल सल्फेट के साथ ग्वार गोंद	चिपचिपाहट व स्थरीकरण
12.	निमार्ण कार्य पदार्थ		
	भूतल में जलरोधक क्षमता	ग्वार गोंद	चपकने का ऐजेंट
	झागदार पलतसर पदार्थ	ग्वार गोंद	झागों का स्थिरीकरण
	पलसतर	ग्वार गोंद	गाढापन का एंजेन्ट
	कंक्रीट	ग्वार गोंद	जल रोधक क्षमता
13.	प्रदूषण रोकथाम/जल शुद्धिकरण		
	i. गंदे पानी का शुद्धिकरण	ग्वार गोंद के कैटायनस के यौगिक	जटादार, आदान–प्रदान एजेन्ट
14.	फोटोग्राफी		
	i. प्रक्रिया का घोल	जलयुक्त ग्वार गोंद	बांधना
15.	जूता उद्योग		
	i. ग्वार गोंद	ग्वार गोंद	चमक
16.	भोजन उद्योग		
	गोंद व नमक के साथ परिवर्तित स्टार्च	ग्वार गोंद	बांधे रखना

	गेहूं के आटे का परिवर्तन	ग्वार गोंद	गैंहू के आटे की लचकता के व्यवहार को परिवर्तन करना
	सॉस	ग्वार गोंद	स्थिरीकरण
	आईसक्रीम	ग्वार गोंद	गाढ़ापन
	आईसक्रीम	ओ– कार्बोक्सी मिथाइल सैल्यूलोस के	तलछट में सुधार
	चीनी का शुद्धिकरण	साथ ग्वार गोंद डीनेटयूरेटिड गोंद के साथ ग्लाइसिडाइल ट्राइमिथाईल अमोनियम	तैलीययुक्त पदार्थ का स्थरीकरण स्थरीकरण
	पनीर	ग्वार गोंद, ज़ैथन, कॉर्बो गोंद	तलछट में सुधार
	बर्फ स्थरीकरण	ग्वार गोंद	स्थरीकरण
	कैण्ड उत्पाद	ज़ैथन गोंद. ग्वार गोंद.कॉर्बो गोंद	गाढापन
	कम प्रोटीन की ब्रैड	ग्वार गोंद	बांधना
	द्रवीय अण्डा	ग्वार गोंद अकेला या ज़ैथन गोंद के साथ	लगातार गति में सुधार
17.	<u>डेयरी उद्योग</u>		
	i. दूध तैयार करना	ग्वार गोंद	कैल्शियमका बांधना
	ii. प्रोटीन सान्द्र छाछ	ग्वार गोंद	गाढापन
18.	<u>आयुर्वेदिक/दवाई उद्योग</u>		डॉलिटज़ेम
	गोलियां	परिवर्तित ग्वार गोंद	हाइड्रोक्लोराईड को धीरे से मुक्त होना
	गोलियां बनाना	ग्वार गोंद. स्टार्च	बांधना
	गोलियों का ढ़ांचे में ढालना	ग्वार गोंद ग्वार गोंद	वसा कम करने वाला एजेंन्ट
	रक्त में अवसीय पदार्थ	ग्वार गोंद	रत्त दबाबा, रत्त लिपिडस व रेशे की मात्रा बढ़ाना
	ग्वार गोंद	ग्वार गोंद	
	ग्वार पस्ता	ग्वार गोंद	ग्लाइसेमिक की मात्रा में कमी लाना
	पुलन व ग्वार गोंद का मिश्रण	ग्वार गोंद. ज़ैथन. कॉर्बो गोंद	ड्रग का धीरे–धीरे मुक्त होना
	विटामिन बी–12 को तैयार करना	ग्वार गोंद	स्थरीकरण
	उत्तेजना कम करने की ड्रग	ग्वार गोंद कॉर्बो गोंद	पदार्थों को डुबोये रखना
	आंतों की बीमारी	ग्वार गोंद	अपर्याप्त भोजन की खुराक

	पोषक तत्व सुधार	ग्वार गोंद अकेला या ज़ैथन गोंद के साथ	रखना
19.	कृषि		
	मृदा की स्थिर अवस्था	ग्वार गोंद, ग्वार गोंद. बोरेक्स, ग्वार गोंद. पॉलीविनाइल एल्कोहल	मृदा का ग्रहण क्षमता में वृद्धि
	पपड़ी का न बनना	एल्केलोइड	अपपड़ी एजेन्ट
	मुर्ग चूरी	ग्वार गोंद	वसीय पदार्थ कम करना, नत्रजन कम करना, वसा ग्रहण कम करना
	रसायन पर पर्त चढ़ाना	ग्वार गोंद. कैओलीन. वसीय अम्लों के यौगिक	कणों के बनने को रोकना
	कीट विरोधी	ग्वार गोंद	

स्त्रोत : जोशी, 2002

उपरोक्त उपयोगों के अतिरिक्त ग्वार गोंद व दूसरे यौगिकों के रूप में साबुन उद्योग, कीर्तिवर्धक व दूसरे उद्योगों में भी प्रचुरता से प्रयोग में लाया जाता है।

ग्वार गोंद का निर्यात

भारतवर्ष में उत्पन्न ग्वार गोंद का 75-80% तक निर्यात हो जाता है (एनोनिमस, 2009), तथा भारत इस दिशा में एक अग्रणीय निर्यातक राष्ट्र है। वर्ष 2006-2007 में लगभग 1.87 लाख टन ग्वार गोंद व उसके विभिन्न यौगिकों का निर्यात किया गया, जबकि वर्ष 2007-2008 में भारत से लगभग 2.04 लाख टन ग्वार गोंद का निर्यात किया गया था। ग्वार गोंद के निर्यात में वर्ष 2008-2009 में कमी आने की सम्भावना है तथा यह कमी 26% के लगभग (1.50 लाख टन) आंकी जा सकती है। इसका कारण दुनियाभर में आई मंदी है तथा ग्वार गोंद व उसके यौगिकों की मांग में कमी प्रकट की जा रही है। इसके अतिरिक्त पोषाहार की अव्यावसायिक स्तरों से मांग बढ़ती जा रही है। चूंकि व्यावसायिक स्त्रोत जैसे तिलहन इत्यादि से सप्लाई घट रही है अतः ग्वार बीज के उद्योगों को इस बढ़ती मांग का सहारा मिल सकेगा चूरी व कोरमा की घरेलू व विदेशी बाजारों में काफी मजबूत मांग के कारण, ग्वार निर्यात की संभावना बढ़ने की पूरी संभावना है।

ग्वार गोंद व ग्वार दाल (स्पिलिट्स) की अन्तर्राष्ट्रीय बाजार में कमी होने के बावजूद ग्वार के भाव में वर्तमान स्तर से कमी आने की संभावना नही है, चूंकि बिकवाली कम है, तथा दुकानदार बिक्री कम कर रहे हैं। दूसरे ग्वार की शैल्फ जिंदगी तीन वर्ष की है, तथा इस अवधि में संग्रहण के कारण इसमें गुणात्मक त्रुटि आने की संभावना नहीं है।

ग्वार गोंद के उपयोग की प्रतिमा संयुक्त राज्य अमेरिका से खनिज तेल तथा मध्य–पूर्वी देशों में तेल क्षेत्र व कुओं द्वारा प्राप्त मांग द्वारा प्रभावित होती है, कारण ग्वार गोंद के यौगिक, तेल निकालने के उद्योगों में काफी उपयोग में आते हैं। अमेरिका से ही ग्वार गोंद व इसके यौगिकों की लगभग 40 हजार टन प्रति वर्ष मांग अपेक्षित है। ग्वार गोंद व इसके यौगिकों को निर्यात करने वाले मुख्य राष्ट्रः भारत, पाकिस्तान, मोरक्को, फ्रांस व ग्रीस हैं। जबकि आयात करने वाले मुख्य राष्ट्र : यू.एस.ए., जर्मनी, चीन, कनाडा, दक्षिण अफ्रीका,

ऑस्ट्रेलिया, ब्राजील, मैक्सिको, जापान व ब्रिटेन इत्यादि हैं। यह कहा जा सकता है कि भारत से ग्वार गोंद का निर्यात वजन तथा रूपयों की इकाइयो में बढ़ता जा रहा है, वर्ष 2002-2003 इसका अपवाद रहा है, कारण उत्पादन का कम होना रहा था। उदाहरण के तौर पर 1996-97 में ग्वार गोंद का निर्यात लगभग 94.63 हजार टन था जो कि वर्ष 2007-2008 में बढ़कर 200.4 हजार टन हो गया।

वर्ष 2000-2001 से 2008-2009 तक यू.एस.ए. ग्वार गोंद का प्रमुख बाजार रहा है। तथा 1200 टन (2006-2007) से लेकर 2250 टन (2007-2008) तक भारत से ग्वार गोंद या इसके यौगिक निर्यात किये गये हैं। चीन भारत से ग्वार गोंद का निर्यात करने वाला दूसरा प्रमुख देश रहा है तथा वर्ष 2007-2008 में सबसे अधिक लगभग 2100 हजार टन का निर्यात किया गया। (आकृति 2)।

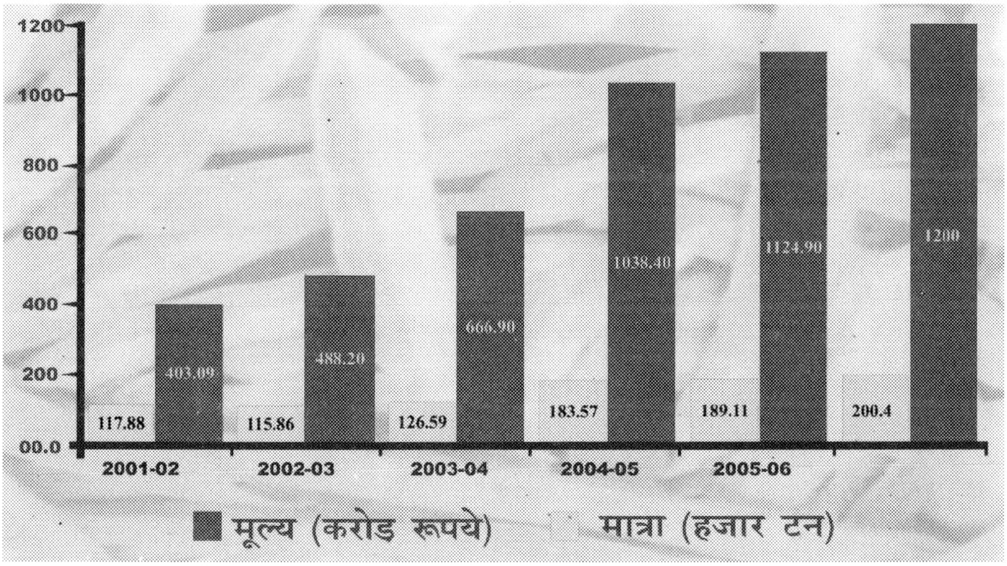

आकृति 2. भार्त में ग्वार गोंद का विभिन्न वर्षों में निर्यात

बाजार का मूल्य निर्धारण

बाजार भाव, व्यापार के आकार तथा कीमत के आधार पर वर्ष 2003-2004 में ग्वार से उत्पन्न चूरी, कोरमा व गोंद से मिलने वाले अप्रधान पदार्थों की कुल मात्रा व कीमत को आंका गया है, तथा कुल कीमत लगभग रूपये 1002.83 आंकी गई है (नाबार्ड, 2007)।

पदार्थ	लगभग प्राप्ति (%)	कीमत/क्विंटल (रू)	उत्पादित लगभग मात्रा (लाख क्विंटल)	प्राप्ति राशि (रू करोड़ों में)
चूरी	30	520	25.71	133.69
कोरमा	37	625	31.71	198.19
गोंद	29	2700	24.85	610.95
कुल योग	-	-	-	1002.83

स्त्रोत : नाबार्ड, .2007

आवश्यकता का विवरण

दुनिया भर में ग्वार गोंद के बाजार को लगभग 1.50-2.3 लाख टन/वर्ष आंका जा सकता है, जिसका 75-80% भारत व पाकिस्तान में उत्पादन होता है। बाकी आवश्यकता का विवरण निम्न प्रकार है :

- सबसे अधिक खपत अमेरिका तथा चीन में होती है। अमेरिका में खपत लगभग 40 हजार टन/वर्ष है।
- भारत से ग्वार गोंद का निर्यात लगभग 1.15 लाख टन होता है तथा इसकी घरेलू खपत लगभग 25 हजार टन है।
- ग्वार गोंद की अमेरिका से मुख्य आयात आवश्यकता, पेट्रोल उद्योगों, तेल के कुओं व तेल क्षेत्र से है।

ग्वार गोंद के पेटेन्ट्स

दुनिया भर में ग्वार गोंद के 1500 से अधिक पैटेन्ट पंजीकृत हैं, ये अधिकतर, अमेरिका, ब्रिटेन, यूरोपियन देशों, कनाड़ा तथा भारत से हैं कुछ पंजीकृत पैटेन्ट निम्न प्रकार हैं, (यादव और रे, 2002)।

1 ग्वार निमार्ण कार्य में – अमेरिका व जर्मन पैटेन्ट्स

2 खनन में ग्वार – अमेरिका, जर्मन, जापान पैटेन्ट्स

3 वस्त्र में ग्वार गोंद – अमेरिका, ब्रिटिश पैटेन्ट्स

4 कृषि में ग्वार गोंद– अमेरिका, भारत व जर्मन पैटेन्ट्स

5 कॉर्बोक्सीमिथाईल ग्वार गोंद – अमेरिका व जर्मन पैटेन्ट्स

6 आयुर्वेदिक व कान्तिवर्धक में ग्वार गोंद – अमेरिका व जर्मन पैटेन्ट्स

7 हाईड्रोक्सी, एल्कलाईल ग्वार गोंद – अमेरिका, जर्मन व कनाड़ा पैटेन्ट्स

8 कैटाईनिक ग्वार गोंद – अमेरिका पैटेन्ट्स

9 विस्फोटों में ग्वार गोंद – अमेरिका, ब्रिटेन व कैनेडियन पैटेन्ट्स

10 कागज उद्योग में ग्वार गोंद – अमेरिका, ब्रिटिश व फ्रैन्च पैटेन्ट्स

11 तेल के कुओं की खुदाई मे ग्वार गोंद – अमेरिका व जर्मन पैटेन्ट्स

भविष्य का दृष्टिकोण

ग्वार अनुसंधान व विकास के क्षेत्र में रसायन विज्ञान, पुष्टिकर मूल्य व औद्योगिक आकृति सबसे महत्त्वपूर्ण विषय है जिस पर ग्वार का अस्तित्व व वृद्धि पूरी तरह से निर्भर करते हैं। इस विषय में काफी कुछ ज्वलंत समस्याऐं हैं, तथा आगे बढ़ने की संभावना है। इन सभी का निम्न प्रकार से उल्लेख किया गया है।

- ग्वार गोंद व ग्वार पोषाहार प्रोटीन सान्द्र को परम्परागत व अपरम्परागत उत्पादों में अधिकतम मूल्य सवंर्धनों के लिए प्रयोग में लाने की क्षमता में वृद्धि करना।
- ग्वार–पोषाहार से जुड़ी हुई पोषण विरोधी व विषाक्त कारकों को स्वतंत्र करने के लिए प्रभावी व सुलभ तकनीकियों को खोजना।
- ग्वार पोषाहार में विद्यमान प्रोटीन सांद्र का मान व पशुओं के लिए नये पदार्थों का निर्माण या विद्यमान पदार्थों में उचित उपयोग को उचित व प्रभावी तकनीकों को खोजना।
- ग्वार के दानों से ग्वार गोंद प्राप्त करने के लिए वर्तमान संस्करण विधियों को और कारगर बनाया जाये ताकि अवशेष के रूप में ग्वार गोंद की मात्रा को पोषाहार में **3–4%** से कम किया जा सके।
- ग्वार गोंद व गोंद के लसलसाहट (विस्कोसिटी) के निस्तारण विधियों को काफी कारगर तथा प्रभावी बनाया जाये तथा एक सामान्य व सर्वसम्मत तकनीक खोजी जाएँ ताकि विभिन्न सैम्प्लों के विभिन्न प्रयोगशालाओं में इनके आंकलन निष्कर्ष में समानता हो सके।
- ग्वार गोंद तथा गोंद के लसलसाहट पर वातावरण व दूसरी गतिविधियों तथा क्रियाओं का काफी सीमा तक प्रभाव पड़ता हैं तथा ग्वार की विशेष किस्म का इन गुणों के संदर्भ में आनुवांशिक अंतर स्पष्ट नहीं हो पाता है। अतः वातावरण, शस्य क्रियाओं, उर्वरकों, विभिन्न प्रकार की मृदाओं, पौधों की संख्याओं, सीचिंत व असिंचित अवस्थाओं, फलीओं के लगने की स्थितियों, सैम्पल का समय इत्यादि के प्रभाव को जांचने तथा सबसे अधिक प्रभावशाली कारकों तथा स्थायित्व देने वाले कारकों को घटते क्रम में प्राथमिकता को स्पष्ट करना।
- ग्वार गोंद व गोंद के लसलसाहट की मात्रा व गुणवत्ता के आधार पर सामान्य रूप से प्रयोग में आने वाले छोटे बड़े पदार्थों का उत्पादन करना ताकि विदेशों में ग्वार गोंद या स्पिल्ट्स के स्थान पर इन पदार्थों का ही निर्यात किया जा सके।
- ग्वार गोंद व ग्वार स्पिलिट्स के निर्यात द्वारा प्राप्त वर्तमान भारतीय मुद्रा रू **1200** करोड़ प्रतिवर्ष से बढ़ा कर पांच–छः वर्षों में रू. **1500-1600** करोड़ तक करना।

संदर्भ

अम्बेडकर, एस. डी., कैमथ, जे.के. और सिंधे, डब्ल्यू. पी. (1969). न्यूट्रीशनल स्टड़ीज इन प्रोटीन ग्वार [*साईमोप्सिस टैट्रगोनोलोबा (एल) टॉब*] *इण्डियन. जे. न्यू डाईट* 6 : 323

आहूजा, बी. एस. और चौपड़ा, ए. के. (1975). स्टड़ीज ऑन द बॉयोलॉजिकल एवेल्यूशन ऑफ ग्वार [*साईमोप्सिस टैट्रगोनोलोबा (एल) टॉब*] इफेक्ट ऑफ ट्रिप्सिन सप्लिमेंटेशन ऑन द न्यूट्रेटिव वेल्यू ऑफ ग्वार। *इण्डियन. जे. न्यू डाईट* 2 : 211-215.

अरोरा, एस.के. (1989). ग्वार एण्डोस्पर्म–इट्स केमिस्ट्री एण्ड यूटिलाईजेशन इनः इण्डियन ऐग्रो एक्सपर्ट, एस.एस. जसोल *(ईड़) पृ.* 277-302.

अरोरा, एस.के. और जोशी, यू. एन. (1980). ए थर्मोस्टेबल हिम्योलाईटिक फेक्टरा इन ग्वार *साईमोप्सिस. टैट्रगोनोलोबा (एल) टॉब]* *ग्वार न्यूज़ ले.* 1: 13-14.

अरोरा, एस.के, जोशी, यू.एन. और अरोरा, आर.एन. (1991). फेटी एसिड स्पेक्ट्रम ऑफ ग्वार स्पीसिज़। *ग्वार रिसर्च एनेलेसिस.* 7: 57-59.

अरोरा, एस.के., जोशी, यू.एन. और जैन, वी. (1985). लिपिड़ क्लॉसेज़ एण्ड फेटी एसिड कम्पोजिशन ऑफ टू प्रोमाईजिंग वैराइटिज़ ऑफ स्पेक्ट्रम ऑफ [*साईमोप्सिस टैट्रगोनोलोबा (एल) टॉब]* *ग्वार रिसर्च एनेलेसिस.* 4: 9-10.

एनोनिमस (2009) वे वैल्थ रिसर्च डैस्क, स्पेस रिपोर्ट, 15/ए, चन्द्रमुखी, नरीमन पॉइन्ट, मुम्बई, पृ. 9, स्त्रोत डी.जी.एफ.टी.डब्ल्यू 2 डब्ल्यू रिसर्च।

एपीड़ा, (1999). ए स्टडीज़ ऑन ग्वार गम। मैनेजमेंट कंसल्टेन्सी डिविजन दलाल कंस्लटेंट एण्ड इंजिनियर्स लि. 501, सकार–II एलिसब्रीज, अहमदाबाद, पृ. 22-35.

कौर, ए. अरोरा, एस.के. और जोशी, यू. एन. (1981). अमीनो एसिड़ कम्पोजिशन ऑफ प्रोटीन आईसोलेट एण्ड कंसल्टेंट ऑफ ग्वार मील। *ग्वार न्यूज़ लेटर.* 2 : 44-47.

कुमार, डी. और सिंह, एन.बी. (2002) *ग्वार इन इण्डिया,* साईन्टिफिक पब्लिशर्स (इंडिया), जोधपुर। पृ. 225।

कुशल, जी.पी. और भाटिया, आई.एस. (1982). स्टडीज़ ऑन पॉलिफिनोलस इन द सीड्स एण्ड लीव्ज़ ऑफ ग्वार साईमोप्सिस [*साईमोप्सिस टैट्रगोनोलोबा (एल) टॉब]* *जे.साई.फूड़ एग्रीक.* 33(5): 461-470.

गुप्ता, पी.सी., विद्या सागर, और प्रधान, के. (1978). ग्वार एस फीड एण्ड फोडर क्रॉप इन : ग्वार इट्स इम्प्रूवमेंट एण्ड मैनेजमेंट (एडीटर्सः परोदा, आर.एस. और अरोरा, एस.के.) *फॉरेज रिसर्च*। 4A: 109-122.

गढ़े, के.एस., घाटगे, पी.यू. और रोड़गे, ए.बी. (2007). कम्परेटिव स्टडीज़ ऑन विस्कोसिटी प्रोफाईल एण्ड फंक्शनल एट्रीब्यूट्स आफ कार्बोक्सी मिथाईलेटिड गम एण्ड सिसबेनिया। जे. ऑफ एरिड़ लेग्यूमस्। 4(2): 145-148.

जैन, वी., जोशी, यू.एन. और अरोरा, एस.के. (1983). पॉसिबल रोल आफ सीड़ कोट पॉलिफिनोलिकस आन द ट्रिप्सिन इन्हिबिटर एक्टिवीटी ऑफ ग्वार। तीसरी भारतीय खाद्य विज्ञान एवं तकनीकी कवेक्शन में प्रदर्शित किया गया। जो मैसूर में. 2-4 जून को हुई।

जोशी, यू.एन. (2002) कैमिस्ट्री एण्ड न्यूट्रीटिव वैल्यू ऑफ ग्वार : *ग्वार इन इण्डिया* पृ. 171-199, कुमार, डी. व सिंह, एन.बी. (एडिटर्स), साईन्टिफिक पब्लिशर्स (इंडिया), जोधपुर। पृ. 225।

जोशी, यू.एन. और अरोरा, एस.के. (1993). रिसेंट एडवांसमेंट इन ग्वार गम केमिस्ट्री एण्ड यूटिलाइजेशन– *ए. रिव्यू. फोरेज़ रिसर्च* 19 (3 व 4) 310-328.

जोशी, यू.एन. और अरोरा, आर.एन. (1990). डिफरेंशियल कैमिकल कंपोजिशन ऑफ ग्वार स्पीसिज़। *ग्वार रिसर्च एनेल.* 6 : 38-40.

जोशी, यू.एन., कौर, ए. और अरोरा, एस के. (1981). फेटी एसिड़ कम्पोजिशन ऑफ ग्वार ऑयल। *ग्वार न्यूज़ लेटर*। 2 : 43-44.

नागर, एस.एस., सिंधवी, बी.के. और इच्फेनैनी, जे.एस (1981). कैमिकल कंपोजिशन ऑफ फ्रेक्शन प्रोसिड़ फ्रोम ग्वार मील। *इण्डियन. जे. पोलट. साई* 16: 259-262.

नागपाल, एम.एल. (1968). स्टडीज़ ऑन द कैमिकल एण्ड बॉयोलॉजिकल इवेल्यूएशन ऑफ सम पोलट्री फीड़ स्टफस विद् स्पेशल रेफरेन्सीस टू ग्वार मील [*साईमोप्सिस. टैट्रगोनोलोबा (एल) टॉब]* पी.एच. डी. डेजरटेशन, पंजाब एग्रिल यूनि. लुधियाना।

नागपाल, एम.एल. (1971). कैमिकल एण्ड बॉयोलॉजिकल एग्जामिनेशन आफ ग्वार मील [*साईमोप्सिस. टैट्रगोनोलोबा (एल) टॉब]* *इण्डियन. जे. एनि. साई* 41: 283-293.

नागर, एस.एस., सेठी, आर.जी., चावला, जे.एस. और चौपड़ा, ऐ.के. (1994). इम्प्रूवमेंट ऑफ न्यूट्रीशनल वेल्यू आफ ग्वार मील बाई फंगल फर्मेटेंशन। *इण्डियन जे. एनिमल न्यू.* 11(1) : 7-11.

नारंग, एम.पी. (1971). इफेक्ट आफ डिफ्रेंट सोर्सेज़ ऑफ डाईट्री नाईट्रोजन ऑन रयूमेन लिकर एण्ड ब्लड़ ऑफ बफेलोज। पी.एच.डी. डेज़रटेशन, एच.ए.यू., हिसार।

नाबार्ड, (2007). डब्ल्यू. डब्ल्यू. डब्ल्यू. फिनेसई इण्डियन मार्ट कॉम.।

पटेल, आर.आर. (1958). गम इण्डियन पेटेंट 61:005. (सी.एफ.ऐबस्टे. 52: 21190 सी, 1958).

बक्शी, वाई.के., ग्रिगर, सी.आर. और कोच, जे.आर. (1964) स्टडीज़ ऑन ग्वार मील। *पोल्ट साई.* 43: 1302.

महरोत्रा, डी.एन., त्रिपाठी, आर.डी., श्रीवास्तव, जी.पी. और मिश्रा, एम.सी. (1975). फूड़ वेल्यू आफ सम ग्वार (*साईमोप्सिस पिसोरालिओईड्स*) वैराईटीज। इण्डियन जे. ऐग्रिक. रिसर्च. 9 : 37-42.

मित्तल, एस.पी., थोमस, टी.ए., डबास, बी.एस. और लाल, बी.एम. (1971). गम कंटेन्ट एज़ रिलेटड टू सीड़ ईल्ड एण्ड अदर करेक्टर्स इन ग्वार। *इण्डियन जे.जैन. प्ला. ब्री.* 31: 228-232.

यादव, एन.एस. और रे, आर.एल (2002). इण्डस्ट्रियल एस्पेक्ट। *ग्वार इन इण्डिया*।

रोड़गे, ए.बी. (2008). क्वालिटी एण्ड एक्सपोर्ट पोटेंशियल आफ एरिड़ लेग्यूम। तीसरा राष्ट्रीय सिम्पोज़ियम ऑन एन्हॉसिंग प्रोडक्टिवीटी, न्यूट्रीशनल सिक्योरिटी एण्ड एक्सपोर्ट पोटेंशियल थुरू ऐरिड़ लेग्यूम्स। पृ. 109-126।

रोड़गे, ए.बी. (2009) स्टेट्स एण्ड डायरेक्शन ऑफ क्वालिटी ऑरिएण्टड रिसर्च (इन) पर्सपेक्टिव रिसर्च एक्टिवीटी ऑफ ऐरिड़ लेग्यूम्स इन इण्डिया। पृ. 71-95, कुमार, डी. व हैनरी, ए. (एडिटर्स), इण्डियन मेप सर्विस, जोधपुर।

रोड़गे, ए.बी. (2006) कयून्क्वेनियल रिसर्च रिपोर्ट 2001-2005, सब्मिट्ड टू रिव्यू टीम, आई.सी.ए.आर., नई दिल्ली।

राजपूत, एल.पी., रामास्वामी, एस., सलीम, एम.ए. और सुब्रमण्यम, एन. (1998). केमिकल एण्ड बॉयोलोजिकल स्टडीज ऑन प्रोसीड़ ग्वार (*साईमोप्सिस टैट्रगोनोलोबा*) मील। *इण्डियन जे. पोल्ट साई.* 33(1): 15–25.

सिंह, एस.पी. और मिश्रा, बी.के. (1981). लिपिड्स ऑफ ग्वार रीड़ मील. (*साईमोप्सिस टैट्रगोनोलोबा*)। *जे. एग्रीक. फूड केम.* 20(5) : 907-909.

सिक्का, के.सी. और जोहरी, आर.पी. (1969). मैनोज़ कन्टेनिंग पॉलिसेकेराईड्स। ए मैथड़ फार द एक्सट्रेक्शन एण्ड एस्टिमेशन आफ ग्वार (*साईमोप्सिस टैट्रगोनोलोबा*)। *रिसर्च. इण्डि.* 14: 138-139.

ग्वार फसल प्रबंध

सारांश

ग्वार उत्पादन को बढाने हेतु कुछ महत्वपूर्ण बिन्दू निकलकर सामने आये हैं जो कि इस प्रकार से हैः 15 किलोग्राम/है. बीज दर, ग्वार के उत्पादन, गोंद व प्रोटीन की मात्रा तथा उपज के दूसरे कारकों के संबध में उपयुक्त पाया गया है। बोने का समय जो की महत्वपूर्ण शस्य क्रिया है, लुधियाणा में जुलाई का प्रथम सप्ताह, हरियाणा में जून का अन्तिम सप्ताह से जुलाई का प्रथम सप्ताह, बुंदेलखण्ड़ क्षेत्र में 15 से 20 जुलाई, राजस्थान में जुलाई का दूसरा सप्ताह व आन्ध्रप्रदेश के रॉयलसीमा क्षेत्र में जुलाई का प्रथम पखवाड़ा उपयुक्त पाये गये हैं, यद्यपि बुवाई का समय किस्म की अवधि पर काफी निर्भर कर सकता है। अन्तर कतार व अन्तरा कतार दूरी पौधों के प्रारूप पर निर्भर करती है। शाखित किस्मों के लिए 45 व अशाखित किस्मों के लिए 15 से.मी. की दूरी उपयुक्त पाई गई है। देरी से बुवाई की स्थिति में कतारों की दूरी कम व जल्दी बोने की स्थिति में कतारों के बीच की दूरी अधिक उपयुक्त पाई गई है। ग्वार की फसल को अन्तर फसल पद्धति व फसल चक्र में शामिल करने से, भूमि–उपयोग, जल–उपयोग व फसल उत्पादकता में वृद्धि पाई गई है। ग्वार–गेहूँ फसल क्रमांशः से लगभग 26 कि. ग्राम पी$_2$ओ$_5$ व 30 से 40 कि. ग्राम नत्रजन प्रति है. की बचत पाई गई है। कम वर्षा वाले क्षेत्रों में ग्वार की एकल फसल, ज्वार व बाजरा की एकल फसलों की तुलना में काफी अधिक अच्छी पाई गई है, जबकि ग्वार –बाजरा (3:1) अनुपात में ग्वार तुल्यांकन उपज व जल उपयोग क्षमता अधिक पाई गई है। बीकानेर में (150 मि.मी. वर्षा) मोठ + बाजरा (5:1) पद्वति उपज व आर्थिक दृष्टि से सबसे अच्छी पाई गई है। जोधपुर में बाजरा + ग्वार (1:1) अनुपात में जल उपयोग क्षमता तथा आर्थिक दृष्टि से सबसे अच्छी पद्वति सिद्ध हुई है। ग्वार के अधिकतम उपज के लिए 20 कि.ग्रा नत्रजन + 40 कि.ग्रा पी$_2$ओ$_5$ प्रति है. की मात्रा उचित पाई गई है। गंधक का उपज पर 20–40 कि.ग्रा प्रति है. तक प्रभाव पाया गया है, परन्तु अधिकतम प्रयोग 20 से 20 किलोग्राम गंधक/है. की मात्रा को उत्तम मानते हैं। जिप्सम गंधक का एक अच्छा स्त्रोत है। सूक्ष्म तत्वों में जस्ता 20 कि.ग्रा/है. की दर से बुवाई से पूर्व या इसका 0.5% बुवाई के 25 व 40 दिन बाद छिड़काव लाभदायक सिद्व हुआ है। हाथ से खरपतवार निकालना आर्थिक दृष्टि से सराहनीय पाया गया है। ग्वार की फसल की 20 से 30 दिन की अवधि सोचनीय पाई गई है। खरपतवार नियंत्रण में बेसालिन 1से 1.5 कि.ग्रा/है. की दर से भूमि की संरचना के आधार पर ग्वार की फराल में उत्पन्न खरपतवारों को नष्ट करने में सहायक पाया गया है।

परिचय

ग्वार, मरू दलहल समूह की सबसे महत्त्वपूर्ण फसल के रूप में जानी जाती है। वर्षा पर आधारित ग्वार की फसल, मरू प्रदेश व दूसरे शुष्क क्षेत्रों में पानी की काफी कम उपलब्धता की स्थिती में तथा कम उर्वरकता वाली मृदा में सफलतम उत्पादन देने के कारण, अपना विशेष स्थान रखती है। अपेक्षाकृत कम लागत व थोड़ी बहुत देख–रेख ही इस फसल के लिए उपयुक्त पाई गई हैं। वर्षा पर आधारित क्षेत्रों में, भू–संरक्षण तथा जल संरक्षण की विशेषताएँ, रखने के कारण, तेजी से बहने वाली वायु तथा भूमि कटाव की स्थितियों में खेती करने योग्य वार्षिक फसल ग्वार से अच्छी नहीं हो सकती है। शस्य क्रियाओं को यदि समयबद्ध भी न किया जाये तथा श्रमिकों की कमी की स्थिति में भी, ग्वार एक महत्त्वपूर्ण फसल के रूप में उभर रही हैं। अपेक्षाकृत बीमारियों तथा कीटों का कम प्रकोप, फसल पकने पर फलियों का न झड़ना तथा अंकुरण के समय पर भी चिड़ियों द्वारा हानि न पहुंचाना व दूसरे अतिरिक्त गुण जैसे भंडारण के समय भी ब्रुचिडस द्वारा हानि न पहुंचाना, महत्त्वपूर्ण है, जो कि किसानों को ग्वार उगाने के लिए आकर्षित करते हैं। अन्तर –फसल पद्धति में उगाये जाने वाली व बड़ी फसलों–बाजरा, ज्वार, कपास, मुंगफली इत्यादि को सहारा देने वाली यह महत्त्वपूर्ण दलहन है। ग्वार अन्तर–फसल, मिश्रित–फसल, कृषि–वानिकी, लेह–खेती पद्धति में अपना विशेष स्थान रखती है। साथ में उगाये जाने वाली व रबी के मौसम में उगाये जाने वाली सरसों व गैहूं के साथ, फसल चक्र वाली यह बहुत महत्त्वपूर्ण फसल है। ग्वार–सरसों या ग्वार–गेहूँ एक महत्वपूर्ण फसल चक्र है जो कि उत्तरी व उत्तरी–पश्चिमी भारत में किसानों द्वारा रबी के मौसम में पानी की सुविधा होने की स्थितियों में अपनाया जाता है। यह फसल पद्धति भूमि उपयोग, जल के उचित उपयोग, कृषि को सस्ती करने तथा भूमि की उर्वरकता को बढ़ाने में सहयोग प्रदान करती है। ग्वार के उत्पादन को बेचने में कृषकों को कोई परेशानी नहीं होती है, चूंकि 150 से अधिक ग्वार गोंद की छोटी–बड़ी ईकाइयाँ उपलब्ध है जो कि कितनी भी ग्वार की फसल उत्पाद को खरीदने तथा ग्वार गोंद व स्पिलिट को निर्यात करने में समर्थ हैं। वैसे भी ग्वार के भाव में काफी उतार–चढ़ाव नहीं देखा गया है।

किसानों के प्रति इस फसल को और अधिक लाभप्रद बनाने के लिए यह आवश्यक है कि ग्वार की उन्नत शष्य क्रियाओं का अध्ययन किया जाये तथा अच्छे निष्कर्षों व फसल उत्पादन के मुख्य कारकों व बिंदुओं को एक स्थान पर सरल भाषा में संकलित किया जाये। ऐसा करने से भविष्य के अनुसंधान को, आवश्यकता व त्रुटियों के अनुसार दिशा दी जा सकेगी।

इस अध्याय में, ग्वार पर किये गये पिछले 15-20 वर्षों के उत्पादन संबधित आंकड़ों व सूचनाओं को प्रेषित किया गया है, ताकि ग्वार उत्पादन व उत्पादकता को नई उंचाईयों तक ले जाया जा सके तथा ग्वार को दूसरी अपरम्परागत परिस्थितियों में भी उगाया जा सके, ताकि कृषि उत्पादन में स्थिरीकरण लाया जा सके।

बीज दर

बीज दर, एक आसान व प्रथम शस्य क्रिया है जो कि फसल उत्पादन पर सीधा प्रभाव डालती है। इस क्षेत्र में अपेक्षाकृत अनुसंधान प्रतिवेदन कम ही उपलब्ध हैं। सिंह *एट एल.*

(1978) के द्वारा प्रतिवेदन से ज्ञात हुआ है कि 20 व 30 किलो बीज दर से फसल उत्पादन व % गम तथा प्रोटीन पर समान प्रभाव रहा है, परन्तु 10 किलो बीज दर का इन बीज दरों के मुकाबले में अपेक्षाकृत कम प्रभाव पाया गया है। सिंह व सिंह (1989) द्वारा बिचपुरी में किये गये अनुसंधान के अनुसार अधिकतम उपज 30 किलोग्राम बीज दर (19.9 कि. प्रति है.) से प्राप्त की गई, जबकि 20 किलोग्राम (16.8 कि. प्रति है.) तथा 10 किलोग्राम (14.1 कि. प्रति हे.) बीज दर से न्यूनतम उपज प्राप्त की गई। इसके साथ–साथ उन्होंने यह पाया कि बीज दर बढ़ने के समान्तर ऊपज, उपज कारक गम व प्रोटीन % में गिरावट दर्ज की गई। तिवाना व तिवाना (1992) के अनुसार 30 कि.ग्रा. बीज दर से 20 व 40 कि.ग्रा. दर के मुकाबले, क्रमशः 17.9 व 8.9% ऊपज में गिरावट दर्ज की गई। हिसार में (वर्ष 2001 व 2002) में किए गये प्रयोगों द्वारा यह स्पष्टता से पाया गया कि 10 व 20 कि.ग्रा/है. बीज दरों का 15 कि.ग्राम की तुलना में फसल के सभी कारकों, गुणों व उत्पादन पर सकारात्मक प्रभाव देखने में मिला। उदाहरण के तौर पर, 15 कि.ग्रा/है. बीज दर से अधिकतम उत्पादन (17.72 कि.ग्रा/है.), तथा % गोंद व प्रोटीन (30.8, 30.9 क्रमशः) पाया गया (यादव, 2008)।

बीज दर पर अपेक्षाकृत कम प्रतिवेदन उपल्बध है तथा उनसे यह निष्कर्ष निकाला जा सकता है कि 15 कि.ग्रा/है. बीज दर फसल उत्पादन, गोंद व प्रोटीन की मात्रा तथा उपज के दूसरे कारकों के संदर्भ में उपयुक्त पाया गया है।

बुवाई का समय

बुवाई का समय फसल उत्पादन के लिए एक महत्त्वपूर्ण शस्य क्रिया है। समय परिवर्तन से फसल अवधि के वातावरण में भारी परिवर्तन हो जाता है, जो कि फसल उत्पादन में एक महत्त्वपूर्ण कारक सिद्ध होता है। बुवाई के समय पर, काफी अनुसंधान किये गये हैं जो कि यह बताते हैं कि जैसे–जैसे ग्वार फसल की बुवाई देरी से की जाती है, फसल वृद्वि पर प्रतिकूल प्रभाव पड़ता है। जुलाई के अन्तिम व अगस्त के प्रथम सप्ताह में बुवाई, ग्वार की उपज पर भारी प्रतिकूल प्रभाव डालती है। इसी प्रकार, ग्वार की फसल की अगेती बुवाई (जून का अन्तिम सप्ताह) भी उपज को निरन्तर कम करने मे प्रतीत होती है। जल्दी बुवाई करने से पौधों की वृद्धि अधिक होती है, फलियां कम लगती हैं तथा अपेक्षाकृत बिमारियों व कीटों का प्रकोप भी बढ़ जाता है, तथा पकने का समय बढ़ जाने के कारण शुष्कता का फसल पकते समय भारी विपरीत प्रभाव देखने में आया है। लुधियाना में बुवाई पर किये गये अनुसंधानों से ज्ञात हुआ है कि जुलाई के प्रथम सप्ताह में बोई गई फसल से, अन्तिम सप्ताह की तुलना में अधिक प्राप्त की गई। हिसार में किये गये अनुसंधानों के अनुसार 5 जुलाई को बोयी गई फसल की उपज, 20 जुलाई, 5 जून व 5 अगस्त को बोई गई फसल की तुलना में अधिक उपज प्राप्त की गई। हिसार ही में अधिक जल्दी (1 जून, 15 जून व 30 जून) तथा अधिक देरी (30 जुलाई) से की गई बुवाईयों द्वारा फसल में कम उपज दर्ज की गई, उदाहरणतः इन बुवाईयों से उपज में लगभग 14.7, 19.7, 6.8 व 38.4% क्रमशः गिरावट दर्ज की गई (सिंह *एट एल.,* 1979)। लगभग इसी प्रकार की उपज में गिरावट, दास *एट एल.* (1977), सिंह *एट एल.* (1980) व तौमर और सिंह (1976), द्वारा दर्ज की गई। झांसी में भी दो वर्ष के अनुसंधान से ज्ञात हुआ है कि 15 व

25 जुलाई की फसल बुवाई द्वारा 25 जुलाई व 5 जून के मुकाबले प्रतीकात्मक अधिक उपज प्राप्त की गई। अतः बुंदेलखंड क्षेत्र में वर्षा दर आधारित ग्वार की अधिकतम उपज प्राप्त करने के लिए फसल बुवाई 15–25 जुलाई में ही की जानी चाहिये (अली *एट एल.,* 1978)। जोधपुर में भी एक जुलाई के बाद फसल बुवाई से उपज में धीरे धीरे कमी पाई गई। सांख्यिकी रूप से 30 जुलाई व 16 अगस्त, फसल बुवाई से लगभग 32.5 व 63.7% क्रमशः उत्पाद में गिरावट दर्ज की गई।

तालिका 1. हिसार में विभिन्न उपचारों/ट्रीटमेंट का ग्वार की वृद्धि व उपज के कारको, उपज एवं बीज की गुणवत्ता पर प्रभाव।

ट्रीटमेंट/ उपचार	शाखाऐं/ पौधा (संख्या)	बीज /फली (संख्या)	फली की लम्बाई (सें.मी)	फली/ पौधा (संख्या)	1000 – दानों का वजन (ग्रा)	दाने की उपज (क्रिग्रा/ है.)	गोंद (%)	कच्चा प्रोटीन (%)	गोंद की उपज (क्रिग्रा/ है.)	कच्चे प्रोटीन की उपज (%)
बुवाई की तिथी	ओसत	ओसत	ओसत	ओसत	ओसत	ओसत	ओसत	ओसत	ओसत	ओसत
जून का चौथा सप्ताह	8.87	8.47	6.26	59.25	31.67	19.04	30.29	30.49	5.76	5.81
जुलाई का दूसरा सप्ताह	6.85	7.75	6.18	48.48	30.60	14.89	29.05	29.71	4.32	4.43
सी.डी. 5%	0.67	0.46	0.47	8.08	0.50	1.32	0.18	0.18	0.51	0.54
पंक्तिवार दूरी (से.मी.)										
30	7.19	8.14	6.11	48.16	31.02	17.74	29.00	29.82	5.13	5.30
45	8.53	8.08	6.32	59.57	31.26	16.19	30.34	30.37	5.02	4.92
सी.डी. 5%	0.67	-	-	8.08	-	1.32	0.19	0.18	-	-
बीज दर (क्रिग्रा/है.)										
10	8.97	8.21	6.42	60.62	31.46	15.51	30.88	30.90	4.78	4.79
15	7.89	8.10	6.15	52.60	31.33	17.72	29.80	30.49	4.27	5.40
20	6.72	8.02	6.05	48.38	30.63	17.67	28.32	28.90	5.00	5.11
सी.डी. 5%	0.81	-	-	9.88	0.61	0.83	0.22	0.22	-	-

(2001 व 2002 वर्षों का ओसत); स्त्रोत : यादव, एट एल. (2008)

हिसार में अधिकतम दानों की उपज (1675 कि.ग्राम प्रति हे.) व अधिकतम गम उपज (485 कि.ग्राम प्रति है.), 10 जुलाई की बुवाई द्वारा प्राप्त की गई (जैन *एट एल.,* 1987)। तनेजा *एट एल.,* (1995), द्वारा भी 10 जुलाई की बुवाई से अधिकतम उपज (2107 कि. ग्राम प्रति है.), प्राप्त की गई, जबकि 30 जुलाई की बुवाई द्वारा न्यूनतम उपज (1206 कि. ग्राम प्रति है.) प्राप्त हुई। दुखिया व सिंह (1988) द्वारा भी 10 जुलाई की बुवाई से अधिकतम दानों की उपज, प्रोटीन व गम % की प्राप्ती हुई। साधारणतः गम % में, देरी से

बुवाई की स्थिति में बढ़ोतरी पाई गई है। भदोरिया व चौहान (1994) द्वारा भी लगभग ऐसे ही नतीजे प्राप्त किये गये। हिसार में वर्ष 2001 व 2002 में किये गये प्रयोगों के द्वारा जून का अन्तिम सप्ताह बुवाई के लिए उत्तम पाया गया, तथा दानों की उपज, गोंद की प्रतिशतता तथा गोंद की उपज, कच्चे प्रोटीन की प्रतिशतता तथा उनकी उपज व वृद्धि तथा उपज के कारकों पर सराहनीय प्रभाव देखने को मिला, इसके विपरीत, जुलाई के दूसरे सप्ताह में इन सभी गुणों तथा कारकों में कमी दर्ज की गई (तालिका 1) अतः ग्वार की जून के अन्तिम सप्ताह में की गई बुवाई हर प्रकार से उत्तम पाई गई है (यादव एट एल., 2008)। अखिल भारतीय मरू दलहन परियोजना के द्वारा आंध्रप्रदेश के रॉयल सीमा क्षेत्रों में वर्षा पर आधारित स्थितियों में ग्वार को दाने के लिए प्रस्तावित किया गया है, तथा ग्वार की चार किस्मों को चार विभिन्न तिथियों में बोकर उपज, गोंद व प्रोटीन पर प्रभाव को आंका गया। जुलाई के प्रथम पखवाड़े से लेकर अगस्त के द्वितीय पखवाड़े तक देरी से बुवाई किये जाने पर, उपरोक्त सभी कारकों पर विपरीत प्रभाव दर्ज किया गया। निष्कर्ष बताते हैं कि, आर.जी.एम–112 किस्म से जुलाई के प्रथम सप्ताह में अधिकतम उपज (1019 कि.ग्राम प्रति हे.), व गोंद का उत्पादन (331 कि.ग्राम प्रति हे.), प्राप्त किया जा सकता है, जबकि अधिकतम प्रोटीन इसी बुवाई के समय पर आर.जी.सी. 1003 (300 कि. ग्राम प्रति हे.) द्वारा प्राप्त की जा सकती है (लक्ष्मी कल्याणी *एट एल.,* 2007)। अगस्त के अन्तिम सप्ताह में इन कारकों में भारी गिरावट दर्ज की गई तथा उपज में 50% से अधिक कमी प्राप्त की गई (तालिका 2)।

तालिका 2. बुवाई के समय का ग्वार के दानों की उपज, गोंद एवं कच्चे प्रोटीन की मात्रा पर तिरूपति की स्थितियों में प्रभाव।

किस्म/ उपचार	बीज की उपज (क्रिग्रा/है.)					गोंद का उत्पादन (क्रिग्रा/है.)					कच्चे प्रोटीन का उत्पादन (क्रिग्रा/है.)				
	जुलाई का प्रथम पखवाड़ा	जुलाई का द्वितीय पखवाड़ा	अगस्त का प्रथम पखवाड़ा	अगस्त का द्वितीय पखवाड़ा	औसत	जुलाई का प्रथम पखवाड़ा	जुलाई का द्वितीय पखवाड़ा	अगस्त का प्रथम पखवाड़ा	अगस्त का द्वितीय पखवाड़ा	औसत	जुलाई का प्रथम पखवाड़ा	जुलाई का द्वितीय पखवाड़ा	अगस्त का प्रथम पखवाड़ा	अगस्त का द्वितीय पखवाड़ा	औसत
आर, जी, सी–1003	940	505	252	154	**463**	282	147	70	42	**135**	300	157	73	44	**144**
एच.जी.–563	992	647	243	218	**525**	318	201	70	61	**162**	292	186	68	59	**151**
आर,जी,एम –112	1019	643	259	189	**527**	331	202	77	54	**166**	292	175	69	52	**147**
ग्वार–9703	851	419	226	122	**407**	266	129	64	34	**123**	241	112	62	31	**112**
ओसत	951	553	247	171	-	299	170	70	48	-	281	157	68	47	-
			रीडी 5%					सीडी 5%					सीडी 5%		
समय				29				9					9.0		
किस्म				29				9					9.0		
समय x किस्म				59				19					17		

स्त्रोत : लक्ष्मी कल्याणी, (2007)

फसल बुवाई की विभिन्न तिथियों का विभिन्न प्रदेशों में अनुसंधान स्पष्टता से दर्शाते हैं कि अधिकतम उपज, गोंद व प्रोटीन के लिए लुधियाना में जुलाई का प्रथम सप्ताह; हिसार में जून के अन्तिम सप्ताह से जुलाई के प्रथम सप्ताह; बुंदेलखड में 15-20 जुलाई; राजस्थान में जुलाई का दूसरा सप्ताह; व रॉयलसीमा (आन्ध्रप्रदेश) में जुलाई का प्रथम पखवाड़ा उपयुक्त पाये गये हैं।

बोने की दूरी

कतारों से कतारों तथा कतारों में पौधे के बीच की दूरी एक महत्वपूर्ण बुवाई कारक है। उचित दूरी पौधों की पर्याप्त संख्या का निर्धारण करती है, जिसके कारण अधिकतम फसल उत्पादन ले पाना सरल हो जाता है। पौधों की अधिक व कम संख्या दोनों ही, फसल उत्पादन पर भारी प्रतिकूल असर डालते हैं। ये कारक वर्षा पर आधारित ग्वार की खेती के लिए बहुत महत्त्वपूर्ण पाया गया है, जैसे–जैसे वर्षा कम होती है तथा मृदा में जल संरक्षण की कमी आती है, पौधों की संख्या प्रति इकाई कम रखने की सिफारिश की जाती है। इसके विपरीत अच्छी भूमियों में, पौधों की संख्या अपेक्षाकृत अधिक रखी जाती है। अतः पौधों की उचित संख्या के लिए, पंक्तियों के बीच की व पंक्तियों के अंदर की दूरी बहुत महत्त्वपूर्ण हैं। इसके साथ–साथ पौधों की उचित संख्या, जल, उर्वरक तथा प्रकाश का उचित उपयोग करने में सहायक होते है। ग्वार की विभिन्न किस्में, पौधों के विभिन्न प्रारूप तथा उनके पकने की अवधि के अनुसार, कतारों के बीच व मध्य की दूरी प्रभावित होती हैं। ग्वार की लगभग सभी किस्में तथा अगाई व देरी से बुवाई भी पौधों की अलग–अलग संख्या चाहते हैं। जोधपुर में दो वर्ष के अनुसंधान के उपरान्त यह ज्ञात हुआ है कि कतारों के बीच की दूरी (30, 45, 60 और 90 से.मी.) बढ़ाने से ऊपज प्रति हैक्टेयर में गिरावट दर्ज की गई, परन्तु प्रति पौधा ऊपज में बढ़ोतरी दर्ज की गई है, (सिंह *एट एल.,* 1977)।

ग्वार की किस्म एफ.एस.–277 की उपयुक्त समय (मध्यम जुलाई) में बुवाई की स्थिती में अन्तर पंक्ति की दूरी 45 से.मी. व अन्तरा पंक्ति की दूरी 15–20 से.मी. उपयुक्त पाई गई है। देरी से बुवाई (14 अगस्त) की स्थिती में, अन्तर पंक्ति की दूरी 35 से.मी. उपयुक्त पाई गई है (एनोनिमस, 1976)। शर्मा *एट एल.* (1984) व तनेजा *एट एल* (1984) के अनुसार ग्वार की किस्म एफ.एस.–277 की अधिकतम ऊपज, 30 से.मी. दूरी पर कतारों में बुवाई करने से प्राप्त की गई। दास *एट एल.* (1977) द्वारा हिसार में किये गये अनुसंधानों द्वारा यह ज्ञात हुआ है कि अधिकतम उपज (18.03 कि. प्रति हे.) तथा अधिकतम गोंद प्राप्त करने के लिए 15 से.मी कतारों की दूरी 7.5 व 22.5 से.मी. के मुकाबले में उपयुक्त पाई गई है। अखिल भारतीय समन्वित मरू दलहन अनुसंधान परियोजना के अर्न्तगत किये गये पाँच स्थानों (जोधपुर, बीकानेर, दुर्गापुरा, एस.के.नगर व आगरा) पर प्रयोगों से ज्ञात हुआ है कि ग्वार की अधिकतम उपज कुछ किस्मों (एफ.एस.एस–277, 2470–2, दुर्गापुरा सफेद) से क्रमशः 60, 45 और 30 से.मी. की दूरी पर बुवाई करने से पाई गई (सिंह, 1978)। हिसार में एच.जी.–75 व दुर्गापुरा सफेद के लिए (तनेजा *एट एल.,* 1982 व यादव *एट एल.,* 1989) एच.जी.–182 (जैन *एट एल.,* 1987) के लिए जबकि 45 से.मी. एफ.एस.एस–277 (तनेजा *एट एल.,* 1982 व यादव *एट एल.,* 1989) के लिए की दूरी उचित पाई गई।

लुधियाना की स्थिति में 30 x 12.5 और 45 x 15 से.मी. की दूरियां उचित पाई गई (बेंस और ढिल्लन, 1977), परन्तु 45 x 15 से.मी. की दूरी और अधिक उपयुक्त पाई गई। झांसी की स्थितियों में, दुर्गापुरा सफेद किस्म के लिए 60 से.मी. की दूरी (1.1 लाख पौधे प्रति हैक्टेयर); बी 19–1–55 किस्म के लिए 45 से.मी. की दूरी (1.5 लाख पौधे प्रति हैक्टेयर), तथा एफ.एस.एस–277 के लिए 30 से.मी. की दूरी (2.2 लाख पौधे प्रति हैक्टेयर), उपयुक्त पाई गई (अली, 1982); इसके विपरीत वर्षा पर आधारित बावल की स्थितियों में ग्वार की किस्म एच.जी.–75 के लिए 1.25-1.50 लाख पौधे प्रति हैक्टेयर, अधिकतम उपज के लिए उपयुक्त पाये गये। सिंह (1982) व राणा *एट एल.* (1991) के द्वारा फसल की बुवाई देरी से करने की अवस्था में, ग्वार की किस्में एच.जी.–75, नवीन व पी. एल.जी.–85 की अधिकतम उपज 30 से.मी. पंक्ति की दूरी, 45 से.मी. के मुकाबले में अधिक उपयुक्त पाई गई। शाखित किस्मों के लिए 45 से.मी. व अशाखित किस्मों के लिए 15 से.मी. अन्तर पंक्ति की दूरी उपयुक्त पाई गई हैं, परन्तु 30 से.मी. की दूरी पौध कार्यिकी के कुछ कारकों (पत्ती के आकार संकेत, पत्ती आकार घनत्व व सी.जी.आर.) के लिए उपयुक्त पाई गई है। हिसार में किये गये दूसरे अनुसन्धानों द्वारा यह बात प्रकाश में आई है, कि अन्तर व अन्तरा पंक्तियों का पौधों के कुल शुष्क पदार्थ, नत्रजन व फॉस्फोरस की मात्रा पर कोई विशेष प्रभाव प्रतीत नहीं हुआ, परन्तु नत्रजन व फॉस्फोरस का अपटेक 45 से.मी. से 30 से.मी. की अपेक्षा अधिक पाया गया है। हिसार में दो वर्ष के प्रयोग दर्शाते हैं कि कतारों के बीच की दूरी 45 से.मी. प्रयोग में लाने से, फसल उत्पादन, कच्चे प्रोटीन व गोंद के उत्पादन में 30 से.मी. की तुलना में अधिक बढ़ोतरी पाई गई (यादव एट एल., 2008)। अन्तर कतार व अन्तरा–कतार दूरियाँ पौधों के प्रारूप पर निर्भर करती है।

जोधपुर में वर्षा पर आधारित ग्वार की दो किस्मों (आर.जी.सी.-986 व एच.जी.563) तथा दो उत्परिवर्ती (आर.जी.सी.-936-1-5-1 व एच.जी.-365-30-14-2) पर सघन (50 पौधे/मीटर²) व कम (31 पौधे/मीटर²) पौधों का ग्वार की उपज, ग्वार गोंद व गोंद के लसलसाहट पर प्रभाव संबंधी प्रयोगों द्वारा महत्त्वपूर्ण निष्कर्ष सामने आये हैं (कपिल 2009)। निष्कर्ष बताते हैं कि कुल मिलाकर चारों किस्मों की उपज, ग्वार गोंद व लसलसाहट पर पौधों की कम संख्या का घनात्मक प्रभाव देखने को मिला, परन्तु प्रभाव लसलसाहट पर अधिक साफ दिखाई दिये तथा किस्म x लसलसाहट संबंधी प्रभाव भी प्रतीत हुआ है। उदाहरण के तौर पर, चारों किस्मों में ग्वार गोंद के लसलसाहट में पौधों की कम संख्या द्वारा बढ़ोतरी प्राप्त की गई। विशेष तौर से उत्परिवर्ती आर.जी.सी.–936-1-5-1 में सघन पौधों की तुलना में (4606 एम.पी.ए.एस.), जबकि कम पौधों वाले उपचार में यह मात्रा बढ़कर 5242 एम.पी.ए.एस. पायी गयी। अतः पौधों की संख्या कम होने पर जल, उर्वरकों व दूसरे साधनों के लिए प्रतिस्पर्द्धा में कमी इसका कारण हो सकता है (आकृति 1)।

शाखित किस्मों के लिए 45 व अशाखित किस्मों के लिए 15 से.मी. की दूरी उपयुक्त पाई गई है। देरी से की गई बुवाई की स्थितियों में कतारों के बीच की दूरी कम (30 सेमी) व जल्दी बोने की स्थिति में कतारों के बीच की दूरी 60 से.मी. तक रखी जा सकती है। अधिक शुष्कता की स्थिति में कतारों के बीच की दूरी 60 से.मी. तक बढाई जा सकती है।

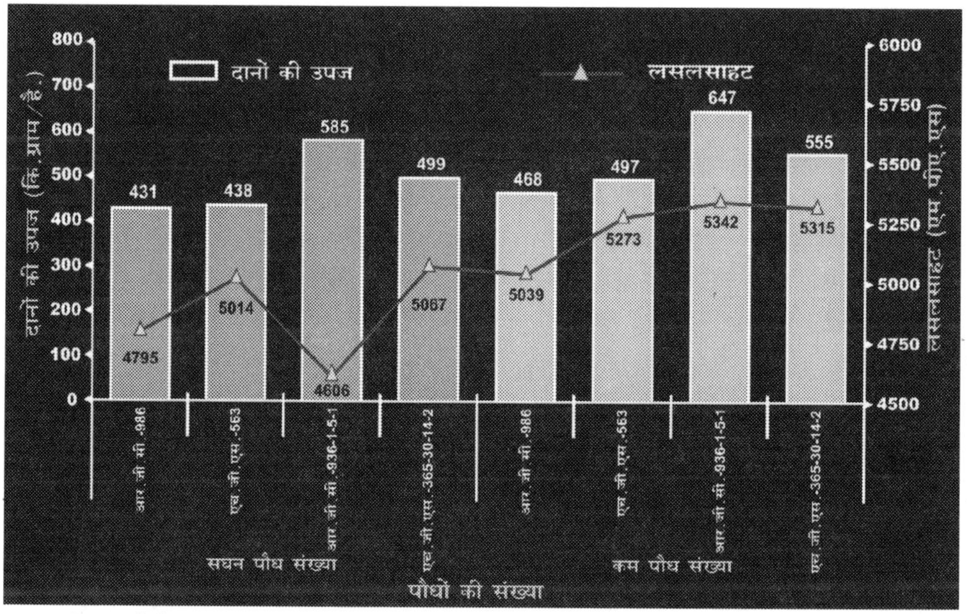

आकृति 1. पौधों की सघनता का ग्वार की किस्मों की उपज तथा गोंद की लसलसाहट पर प्रभाव

ग्वार क्रंमाश पद्धति में

प्रचुर अनुभवों से ज्ञात हुआ है कि, खरीफ में कपास से पहले उगाई जाने वाली फसलों में, ग्वार की फसल अधिकतम उपज व उत्पाद के गुणों में श्रेष्ठ पाई गई है। जोधपुर में वर्षा पर आधारित स्थितियों में किये गए अनेक अनुसंधानों ने यह सिद्ध कर दिया है कि यदि फसल चक्र में दलहन को शागिल कर लिया जाये तो प्रति ईकाई कुल उत्पादकता में बढ़ोत्तरी दर्ज की जा सकती है, उदाहरण के तौर पर, ग्वार व मूंग को बाजरा के फसल चक्र में शामिल करने से बाजरा–बाजरा, बाजरा–ज्वार या बाजरा–खाली खेत के मुकाबले में उत्पादकता में 20-30% वृद्धि पाई गई है। गेहूँ पर आधारित फसल पद्धति में ग्वार की फसल सबसे अधिक लाभदायक पाई गई है (रैडडी *एट एल.,* 1981)। सक्सैना *एट एल.* (1997), ने भी बाजरा की उपज में बाजरा से पहले ग्वार की फसल लेने पर 23.6% बढ़ोत्तरी पाई; जब सनई व जौ को ग्वार के बाद उगाया गया तो इन दोनों फसलों की उपज में भी बढ़ोत्तरी पाई गई, जबकि इन दोनों फसलों को खाली खेत के बाद उगााने पर दाना व भूसा दोनों की उपज अपेक्षाकृत कम प्राप्त हुई। मृदा में नमी की कमी होने की स्थिति में, हरी खाद के लिए इन फसलों का उगाना चारे की तुलना में अधिक लाभदायक सिद्ध नहीं हुआ (सिंह व गौतम, 1973)। गंगानगर में किये गये अनुसंधानों से यह मुख्य सूचना प्राप्त हुई है कि खरीफ की विभिन्न फसलों (कपास, मूंग, अरहर व ग्वार) जो कि गेहूँ से पहले उगाई जाती है, ग्वार–गेहूँ फसल चक्र द्वारा सबसे अधिक जल उपयोग की क्षमता प्राप्त की गई (सिंह *एट एल.,* 1998)। इसी क्रम में पांचवे वर्ष में ग्वार–गेहूँ की सफल खेती के द्वारा 26 किलो फास्फोरस व 30 किलो नत्रजन प्रति हैक्टेयर की बचत प्राप्त हुई, जबकि दोनों फसलों की उपज में कोई गिरावट दर्ज नहीं की गई।

इसी प्रकार के दूसरे अनुसंधानों से जो की दिल्ली व ग्वालियर में किये गये, ग्वार की फसल द्वारा लगभग 30 कि.ग्रा. नत्रजन प्रति हैक्टेयर का लाभ हुआ *(एनोनिमस, 1996)*। बावल में किये गये अनुसंधानों से यह स्पष्ट रूप से ज्ञात हुआ है कि यदि सरसों को ग्वार के बाद उगाया जाता है तो सरसों की फसल के उत्पादन में वृद्धि पाई गई, जबकि बाजरा–सरसों या कपास–सरसों पद्धति में सरसों की उपज कम प्राप्त हुई, जबकि इन पद्धतियों के मुकाबले खाली खेत–सरसों में अधिक उपज प्राप्त की गई *(एनोनिमस, 2000)*। रबनी *एट एल.* (1984), द्वारा किये प्रयोगों द्वारा यह बात सामने आई है कि ग्वार के अवशेष का गेहूँ के दाने व भूसा की उपज में वृद्धि नहीं हुई, परन्तु ग्वार के द्वारा भूमि में 60 से 80 कि.ग्रा. नत्रजन प्रति है. स्थापित की गई।

हिसार में 5 वर्षों (2000–01 से 2004–05) तथा ग्वालियर में तीन वर्षों (2000–01 से 2003–04) तक अध्ययन के उपरान्त ग्वार–सरसों फसल क्रमांशः से हिसार में रू 21908 तथा ग्वार–गेहूँ से ग्वालियर में रू 27089/ है. की बचत दर्ज की गई है (तालिका–3), तथा यह बचत रबी की फसलों में लगभग 2 तिहाई कम उर्वरक की देने के कारण प्राप्त की जा सकी हैं। अतः ग्वार–गेहूँ व ग्वार–सरसों उत्तरी भारत में महत्त्वपूर्ण फसल चक्र समझे जाते हैं *(एनोनिमस, 2006)*। हिसार व एस.के.नगर में, विभिन्न फसल चक्रों पर किये गए प्रयोंगों के आधार पर, ग्वार–ग्वार (रू 12241/है.), चंवला–चंवला (रू 11761/है.), बाजरा–चंवला (रू 11272/है.), आमदनी के अनुसार उत्तम पाये गये हैं, जबकि बाजरा–बाजरा (रू 7064/है.), से सबसे कम आमदनी प्राप्त हुई (तालिका–4)। मोठ–मोठ (रू 7998/है.) तथा सभी के मिश्रण (रू 9593/ है.), से भी कम आमदनी प्राप्त की गई, *(एनोनिमस, 2003)*। अतः ग्वार एक मुख्य क्रमांशः फसल जानी जाती है।

तालिका 3. विभिन्न फसलों की उत्पादन पद्धति का तुलनात्मक मूल्यांकन

उपचार/ट्रीटमेंट	आय (रू./है.)						
	हिसार						ग्वालियर
	2000–01	2001–02	2002–03	2003–04	2004–05	ओसत	ओसत*
उत्पादन पद्धति							
ग्वार – गेहूँ	16903	20451	19041	18253	21832	**19296**	**27089**
ग्वार – सरसों	16608	16288	23183	25138	28327	**21908**	**17445**
सी. डी. 5%	1039	1709	1518	1841	1972	.	.
अनुक्रमित फसलों पर उर्वरक की मात्रा							
प्रस्तावित मात्रा	17400	22706	26181	25782	28324	**24078**	**21483**
प्रस्तावित मात्रा की दो–तिहाई	15952	20452	23089	23676	26891	**22012**	**21617**
प्रस्तावित मात्रा की एक–तिहाई	13079	17365	19013	20119	23719	**18659**	**15867**
नियंत्रण मानक	8591	12954	16166	17203	21384	**15260**	**11963**
सी. डी. 5%	1470	2417	2147	2605	2789	.	.

ओसत* तीन वर्षों का (2000–01 से 2003–04) स्त्रोत : एनोनिमस (2003 व 2006)

तालिका 4. फसल पद्धति का मूल प्राप्ति रूपये/हे. पर प्रभाव।

ट्रीटमेंट/उपचार	ग्वालियर	हिसार	एस.के.नगर	ओसत
बाजरा – बाजरा	8422	3591	9180	7064
बाजरा – मोठ/मूंग/उड़द	11376	6003	8397	8592
बाजरा – ग्वार	13517	4237	7781	8512
बाजरा – चंवला	6562	5668	**21586**	11272
ग्वार – ग्वार	**20634**	**8566**	7524	**12241**
चंवला – चंवला	7639	6920	20723	11761
मोठ – मोठ	7553	7626	8816	7998
सभी का मिश्रण	13460	2832	12486	9593
सी. डी. 5%	-	990.5	3301.3	-

स्त्रोत : एनोनिमस, (2003)

ग्वार की फसल को फसल चक्र में (ग्वार–ग्वार, ग्वार–गेहूँ या ग्वार–सरसों) शामिल करने पर जल उपयोग क्षमता में बढ़ोतरी पाई गई है। ग्वार–गेहूँ फसल क्रमांश से 26 किलोग्राम फॉस्फोरस तथा 30–40 किलो नत्रजन/है. की बचत होती है। ग्वार–सरसों कम जल की सुविधा में बहुत लाभदायक सिद्ध हुआ है। आमदनी की इकाई में ग्वार–सरसों फसल चक्र से रू 21,908 व ग्वार–गेहूँ द्वारा लगभग रू 27,089/ है. की बचत पाई गई है।

ग्वार अंतर फसल पद्धति में

इस फसल पद्धति का मुख्य उद्धेश्य यह है कि विपरीत परिस्थिती में फसल के नष्ट होने व नुकसान कम होने की संभावना बढ़ जाती है तथा ग्वार के साथ उगाये जाने वाली दूसरी अनाज वाली फसलों के लिए भूमि की उर्वरकता में वृद्धि हो जाती है तथा उपज में बढ़ोतरी तो एक सामान्य बात है। ग्वार को अनाज, तिलहन, दलहन, घास, गन्ना व वृक्ष इत्यादि के साथ विभिन्न प्रकार से उगाये जाने के अनुसंधान किये जा चुके है।

अनाजों के साथ मिश्रित/अन्तर फसल व पट्टीदार फसल पद्धति

पूर्व में किये गये प्रयोगों से यह बात स्पष्ट हुई है कि बाजरा व ग्वार की मिश्रित खेती, अन्तर–फसल पद्धति के मुकाबले अधिक लाभदायक सिद्ध हुई है, इसके विपरीत बाजरे को एकल खेती के रूप में उगाने से उपज व उत्पादकता में कमी दर्ज की गई, उदाहरण के तौर पर, मिश्रित खेती में ग्वार की उपज 6.8 कि. प्रति है., जबकि अन्तर फसल पद्धति में 3.3 कि. प्रति है. पाई गई, तथा बाजरे की मुख्य फसल में कोई भी गिरावट नहीं पाई गई। केशवा व सिंह (1991) के अनुसार, अधिकतम जैविक पदार्थ का उत्पादन तथा हरे चारे की उपज, बाजरा के साथ मिश्रित खेती करने पर ही प्राप्त की गई, जबकि तुलनात्मक रूप से बाजरा, ग्वार और ज्वार के मिश्रण से चारा के उत्पादन में तथा गुणात्मक वृद्धि दर्ज की गई। साधारणतः ग्वार व बाजरा की अन्तर फसल पद्धति, कम वर्षा वाली स्थितियों में

आर्थिक दृष्टि से अच्छी पाई गई है, जबकि शुष्क वर्षों में यह पद्धति लाभदायक सिद्ध नहीं हुई (डोले *एट एल.*, 1998)। इसके विपरीत हिसार (यादव व जून, 1993) तथा ग्वालियर (भदोरिया *एट एल.*, 1992) में बाजरा व ग्वार की अन्तर फसल खेती पर किये गये अनुसंधानों से प्रकट होता है कि ग्वार की एकल फसल से बाजरा के साथ किसी भी अन्तर फसल अनुपात की तुलना में अधिक उत्पादन पाया गया, जबकि ग्वार व बाजरा की अन्तर फसल पद्धतियों में 3:1 अनुपात से अधिक लाभदायक सिद्ध हुई तथा ग्वार तुल्याकंन उपज भी अधिक पाई गई, तथा आर्थिक लाभ भी अधिक पाया गया; जबकि 2:1 अनुपात इसके बाद उत्तम पाया गया। **अतः यह कहा जा सकता है कि वर्षा की अनिश्चितता में जब फसल के नष्ट होने के भय अधिक रहता है तब ग्वार : बाजरा (3:1) एक अच्छी पद्धति सिद्ध हो सकती है।** जोधपुर में ग्वार की विभिन्न किस्मों को बाजरा के साथ मिश्रित/अन्तर फसल पद्धतियों द्वारा उगाये जाने पर, अच्छी वर्षा की स्थिति में मिश्रित खेती से अच्छे परिणाम मिले जबकि कम वर्षा की स्थिति में अन्तर फसल पद्धति से अच्छे परिणाम सामने आये हैं। अच्छी वर्षा की स्थिति में ग्वार की किस्म एफ.एस.एस–277 अन्तर फसल पद्धति के लिए उत्तम पाई गई है। यह किस्म कम वर्षा/अधिक वर्षा व सभी स्थितियों में अच्छी पाई गई है (डोले *एट एल.*, 1998)। दलहन की तीन फसलों (ग्वार, मूँग, लोबियां) में से ग्वार की फसल को बाजरा के साथ 2:1 अनुपात में 30 किलो नत्रजन देने पर 2.95 कि. प्रति है अधिक उपज प्राप्त हुई (भाटी व मनोहर., 1989)। बावल की स्थिति में ग्वार की दो पंक्तियों को बाजरा के बीच में जिन्हें 100 से.मी. की दूरी पर बोया गया, अधिकतम उत्पादन प्राप्त हुआ तथा आर्थिक फायदा भी हुआ, जबकि एकल ग्वार व एकल बाजरा की फसल से उत्पादकता में कमी पाई गई (सिंह, 1981)। ग्वार व बाजरा पद्धति से बाजरा एकल की तुलना में जल उपयोग क्षमता, भूमि तुल्यांक उत्पादकता, जल प्रयोग अधिक पाया गया, यह स्थिति मुख्य रूप से वर्षा पर आधारित व फसल बचाव सिंचाई दोनों स्थितियों में पाई गई (सिंह, 1985)। मरू भूमि में दो वर्ष के अनुसंधान जिसमें ग्वार की दो पंक्तियों को बाजरा के 30/70 से.मी खाली जगह में बोने से, ग्वार की लगभग 3.80 कि./हे. अधिक उपज प्राप्त की गई, जबकि बाजरा की उपज में कोई गिरावट दर्ज नहीं की गई तथा भूमि तुल्यांक अनुपात में 21% का फायदा रहा (मुथुवैल *एट एल.*, 1984)। जोबनेर में ग्वार की 1 या 2 पक्तिंयों को बाजरा के साथ उगाने पर, आर्थिक फायदा दर्ज किया गया तथा आधार फसल की उपज पर भी नकारात्मक प्रभाव नहीं पड़ा (शर्मा *एट एल.*, 1988)। बीकानेर में बाजरा : ग्वार को 4:4 पंक्तियों की पट्टी को उगाने पर 4:6 या 4:8 अनुपात की तुलना में अधिक उपज मिली (यादव, 1992)। जोधपुर में सिंह व जोशी (1994, 1997) के अनुसार बाजरा : ग्वार की एकांतर पंक्तियों (1:1) की बुवाई करने पर, उत्पादन व जल उपयोग क्षमता में वृद्धि पाई गई, जबकि दूसरी पद्धतियों में उपज कम प्राप्त हुई। शुष्क मौसम में, बाजरा पर आधारित फसल पद्धतियों का मूल्याकंन करने पर, ग्वार व बाजरा की फसल पट्टी का तरीका उपज व फसल कम नुकसान के लिहाज से बहुत सराहनीय सिद्ध हुए (सिंह व जोशी, 1994ए)। ज्वार की खेती ग्वार के अन्तर फसल तरीके से करने पर ज्वार की क्रुड़ प्रोटीन में बढ़ोतरी प्राप्त की गई (शर्मा, *एट एल.*, 1993)। ग्वार की अन्तर–फसल पद्धति में ज्वार (सिंह व आहूजा, 1990) व मक्का (सिंह व कौशिक, 1997) के साथ खेती करने पर लाभदायक निष्कर्ष पाये गये हैं। बीकानेर में दलहनों को बाजरा के साथ विभिन्न अनुपातों में उगाने पर, दलहनों व बाजरा की एकल

फसलों से अच्छे निष्कर्ष सामने आये हैं। मोठ + बाजरा को (5:1) के अनुपात में उगाने से दलहन का सबसे अधिक उत्पादन (5.18 कि./है.) प्राप्त किया गया है, जबकि बाजरा की अधिक उपज (6.50 कि./है.) ग्वार + बाजरा (5:1) के अनुपात से प्राप्त हुई (तालिका–5)। बाजरा की समतुल्य उपज भी मोठ + बाजरा 5:1 के अनुपात से अधिक प्राप्त हुई (17.79 कि./है.)। एकल फसलों के अनुसार भी बाजरा की अधिकतम समतुल्य उपज मोठ (23.93 किग्रा/है.) से प्राप्त हुई है। **अतः कम वर्षा के कारण बीकानेर क्षेत्र के लिए, अन्तर फसल पद्धति में मोठ ग्वार से अच्छी सिद्ध हुई है** (*एनोनिमस,* 2007)।

तालिका 5. मरू दलहन आधारित अन्तर–फसल पद्धति का तुलनात्मक अध्ययन।

ट्रीटमेंट/उपचार	बीज की उपज (क्विं./है.)*		
	दलहन	बाजरा	बाजरे के समतुल्य दाने की उपज
मोठ + बाजरा (4:1)	3.49	3.06	11.73
मोठ + बाजरा (5:1)	**5.18**	**4.33**	17.79
मोठ + बाजरा (6:1)	2.93	1.68	9.24
ग्वार + बाजरा (4:1)	1.16	5.44	8.00
ग्वार + बाजरा (5:1)	2.18	6.50	11.29
ग्वार + बाजरा (6:1)	2.65	2.86	8.69
एकल बाजरा	-	**22.17**	22.17
एकल मोठ	9.20	-	**23.93**
एकल ग्वार	6.52	-	14.43
सी. डी. 5%	1.67	2.12	3.28

* 2003-2007 का औसत; स्त्रोत : एनोनिमस, (2003 से 2007)

तिलहनों के साथ अन्तर फसल

बावल की स्थितियों में ग्वार की दो पंक्तियों को अंरडी के दो पंक्तियों के बीच (30/120 से.मी.) के स्थान में उगाकर, अंरडी की एकल फसल से जब तुलना की गई तो अंरडी तुल्यान उपज, भूमि तुल्यान अनुपात व आर्थिक दृष्टि में बढ़ोतरी दर्ज की गई (सिंह व सिंह, 1988)। अरंडी व ग्वार की अन्तर फसल पद्धति से दोनों फसलों में गिरावट दर्ज की गई। ग्वार में यह गिरावट 50% तक आंकी गई (वेक्टेश्वरलू व सुब्रमण्यम, 1990)। हैदराबाद के अनुसंधानों के अनुसार ग्वार व अंरडी की साथ–साथ बुवाई से दोनों एकल फसलों की तुलना में अरंडी व ग्वार में 70% उपज में गिरावट दर्ज की गई (रैडी व वेंक्टश्वरलू, 1989)। ये अनुसंधान ग्वार की फसल की मिश्रित खेती में सहिष्णुता दर्शाते हैं। जोधपुर की स्थितियों में, ग्वार दूसरी दलहनों की तुलना में सूरजमूखी की अन्तर फसल पद्धति में सबसे अच्छी पाई गई है, परन्तु सूरजमूखी की फसल में गिरावट चिन्ताजनक थी (सिंह व सिंह, 1977)। सूरजमुखी को अन्तर फसल के रूप में उगाये जाने पर दूसरी साथी सभी फसलों, ग्वार सहित के तनों की लम्बाई, पत्ती के क्षेत्रफल व उपज में गिरावट पाई

गई (नरवाल व मलिक, 1986)। ग्वार को मूंगफली के साथ 150 सें.मी. पर अन्तर फसल के रूप में उगाने पर, ग्वार की 2.0 कि./हे. अधिक उपज मिली (ढिल्लन *एट एल.*, 1980)। तिल के साथ ग्वार को एकान्तर पक्तिंयों में उगाने पर उपज में गिरावट दर्ज की गई। **अतः तिलहनों के साथ ग्वार को फसल पद्धति में शामिल करना सराहनीय नहीं पाया गया है।**

दालों के साथ अन्तर फसल

हरियाणा की सिंचित स्थितियों में ग्वार के साथ दालों को अन्तर फसल के रूप में उगाने पर, दालों की फलियों की संख्या, शाखाओं की संख्या तथा शुष्क पदार्थ की मात्रा में कमी दर्ज की गई, जबकि आधार फसल अरहर के पौधों की ऊँचाई में वृद्धि पाई गई। इसके साथ–साथ ग्वार की फसल का उत्पादन 70 कि.ग्राम/हे. पाया गया। परन्तु अरहर के दानों की उपज में गिरावट (9.7 कि. प्रति हे.) मिली, अतः यह पद्धति अनुपयोगी सिद्ध हुई (कुमार व अग्रवाल, 1982)। मुरैना में राजपूत *एट एल.* (1989) के द्वारा किए गये अनुसंधानों द्वारा यह बात सिद्ध हुई है कि ग्वार व अरहर को अन्तर–फसल में उगाये जाने पर अरहर की तुल्यांक उपज (25.9 कि. प्रति हे.) एकल अरहर (20.8 कि. प्रति हे.) की तुलना में अधिक प्राप्त हुई। इसके विपरीत, यादव *एट एल* (1997बी) के अनुसार अन्तर फसलों की तुलना में, ग्वार की उपज सबसे कम प्राप्त की गई, तथा आधार फसल अरहर की उपज में भी अधिकतम गिरावट पाई गई, अतः यह प्रयोग काफी अनुपयोगी सिद्ध हुआ। राय व सिन्हा (1993) के अनुसार भी ग्वार को अरहर के साथ अन्तर फसल के रूप में उगाने से अरहर की तुल्यांक उपज पर ऐसा ही प्रभाव पाया गया। बावल में भी उरद की ग्वार के साथ अन्तर फसल (30 से.मी.) का उचित प्रभाव देखने में नहीं आया तथा आधार फसल ग्वार की अधिक उपज पाई गई (सिंह., 1981ए)। **अतः ग्वार को दालों के साथ अन्तर–फसल पद्धति में उगाना लाभदायक नहीं पाया गया।**

घासों के साथ अन्तर फसल

घासों के साथ अन्तर फसल पद्धति अनुसंधान पर जोधपुर से अच्छे निष्कर्ष सामने आये हैं। अच्छी वर्षा (500 मी.मी.) की स्थिति में घास व ग्वार एक अच्छी पद्धति सिद्ध हुई है; जिसके फलस्वरूप कुल उत्पादकता, भूमि उपयोग (1.73) तथा जल उपयोग क्षमता में वृद्धि पाई गई (डौले, 1977)। घास की शुरूआत की बुवाई की स्थिति में, बावल में अन्तर फसल ग्वार (1:2) की अधिकतम उपज (7.5 कि. प्रति हे.) प्राप्त हुई, परन्तु यह वृद्धि हरी घास की कीमत पर प्राप्त की जा सकी। कुछ ही वर्षों में ग्वार के पौधों की मृत्यु तथा घास की जड़ों के पनपने के कारण, इस दलहन की उपज नही के बराबर प्राप्त हो सकी (कुमार व अग्रवाल, 2000)। धामण घास + ग्वार के मिश्रण की खेती चारे के लिए किये जाने की स्थिती में धामण घास की पाचकता तथा क्रूड प्रोटीन व *इन विट्रो* परिस्थितियों में, एकल धामण घास ग्वार के मुकाबले में बढ़ोतरी पाई गई है।

गन्ने के साथ अन्तर फसल

गन्ने के साथ ग्वार की अन्तर फसल लाभदायक सिद्ध हुई है, तथा गन्ने की उपज (100.8 टन प्रति हे.) एकल फसल के बराबर (101.2 टन प्रति हे.) पाई गई है (देशपाण्डे व

नेरकर, 1977)। गन्ना + ग्वार अन्तर फसलों से पद्धति अधिकतम लाभदायक सिद्ध हुई, जबकि एकल फसलों द्वारा लाभ कम मिला (दीक्षित व मिश्रा, 1991)।

फलदार या वानिकी वृक्षों के साथ अन्तर फसल

इस दिशा में अनुसंधान कम ही किया गया है। पुरानी सूचनाओं के अनुसार ग्वार को जब 5 वर्ष पूर्व स्थापित बेरों के साथ वर्षा पर आधारित बावल की स्थितियों में उगाया गया तो ग्वार की उपज 3.0 क्विं./हे. प्राप्त की गई, जबकि ग्वार को सूबबूल [*ल्यूसीना ल्यकोसिफेला* (लैम्क) डी विट.] के साथ उगाया तो, वृक्ष की ऊंचाई व शाखाऐं बढ़ने से ग्वार की फसल पर भारी प्रभाव देखने में आया।

कम वर्षा वाले क्षेत्रों में ग्वार की एकल फसल ज्वार व बाजरा की एकल फसलों की तुलना में काफी आधिक अच्छी पाई गई है जबकि ग्वार : बाजरा अनुपात (3:1) में ग्वार तुल्यांकन उपज व जल उपयोग क्षमता अधिक पाई गई है। बीकानेर में (150 मि.मी.) मोठ+बाजरा (5:1) पद्धति उपज व आर्थिक दृष्टि से सबसे अच्छा पाया गयी है। जोधपुर में बाजरा+ग्वार (1:1) अनुपात में जल उपयोग क्षमता तथा आर्थिक दृष्टि से सबसे अच्छी पद्धति सिद्ध हुई है। शुष्क अवस्था में ग्वार बाजरा को 4 : 4 पंक्तियों की पट्टी में उगाना लाभदायक पाया गया है।

उर्वरक प्रबंध

दलहनी फसलों में साधारणतः रासायनिक उर्वरकों का प्रयोग कम ही किया जाता है। इसका कारण यह है कि, दलहनें मुख्य रूप से ग्वार, नत्रजन व दूसरे रासायनिक उर्वरकों के प्रति अप्रभावी पाये गये हैं। धीमी वृद्धि तथा पकाव की लंबी अवधि के अतिरिक्त, इनका विकास पूर्ण रूप से जीवित रहने के लिए ही हुआ है। फिर भी रसायनों की कुछ मात्रा को शुरूआत के रूप में दिये जाने की सिफारिश की जाती है। समय के साथ जल्दी पकने वाली किस्मों का विकास व इनका उर्वरकों के प्रति उत्साहवर्धक प्रभाव देखा गया है। अच्छे व सफल उत्पादन के लिए उर्वरक प्रबन्ध आज के समय में बहुत आवश्यक माना जाता है। मुख्य व सूक्ष्म रासायनिक तत्वों का अध्ययन बहुत आवश्यक है, इसके साथ–साथ कार्बोनिक खाद का भी अपना विशेष महत्व है। लगातार खेती के कारण तथा ग्वार की फसल में किसी प्रकार के रसायनिक तत्वों के न दिये जाने के कारण, भूमि में कुछ सूक्ष्म तत्वों की कमी देखने में आई है। अतः इस प्रकार से भी उर्वरक प्रबन्ध बहुत आवश्यक हो जाता है। अध्याय के इस भाग में विभिन्न मुख्य व सूक्ष्म तत्वों के बारे में विस्तृत रूप से जानकारी दी गई है।

नत्रजन

अटवाल व सिंह (1964) के अनुसार नत्रजन की थोड़ी मात्रा ग्वार की जड़ों में बनने वाली गाँठें, नत्रजन स्थापन और ग्वार के पौधों की वृद्धि में सहायक होती है। आगरा में किये गये अनुसंधानों के अनुसार 20 किलोग्राम नत्रजन प्रति हैक्टेयर देने से ग्वार की जड़ों में अधिक गाँठें, जड़ों का शुष्क भार, गोंद प्रतिशतता, जल उपयोग–क्षमता व आर्थिक लाभ में बढ़ोतरी पाई गई (सिंह व सिंह, 1989); परन्तु नत्रजन का प्रोटीन पर कोई विशेष प्रभाव

देखने को नहीं मिला। दूसरे स्थानों पर भी लगभग इसी प्रकार के प्रभाव देखने में मिले हैं। हिसार की रेतीली–बालू मृदाओं में किये गये अनुसंधानों से काफी अच्छे परिणाम प्राप्त हुए हैं। उदाहरण के तौर पर, 20 किलोग्राम नत्रजन प्रति हैक्टेयर मृदा में देने से कुछ मापदण्डों पर जैसे कि फसल वृद्धि दर, पत्ती क्षेत्र संकेत व पत्ती अवधि (यादव *एट एल.,* 1990); उपज के कारक; बीज उत्पादन (यादव *एट एल.,* 1989); शुष्क पदार्थ व नत्रजन तथा फॉस्फोरस का बीज में ग्रहण (यादव *एट एल.,* 1991), और फसल उत्पादन व गोंद व प्रोटीन (यादव *एट एल.,* 1989 ए), में भारी वृद्धि पाई गई। इसके विपरीत 20 किलोग्राम नत्रजन प्रति हेक्टेयर का ग्वार की वृद्धि, दानों की उपज व तने की उपज पर कोई विशेष प्रभाव देखने में नहीं मिला (गिल व सिंह, 1981)। सिंह व सिंह (1989) के अनुसार नत्रजन की उचित मात्रा को भूमि में मिलाने पर ग्वार के पौधों में नत्रजन, फॉस्फोरस व पोटाष की प्रतिशतता तथा उनके ग्रहण में बढोतरी पाई गई। हिसार में किए गये प्रयोगों के अनुसार 20 किलोग्राम नत्रजन प्रति हेक्टेयर से दानों की उपज, नत्रजन ग्रहण व नत्रजन की प्रतिशतता, बीज व भूसा में बढोतरी पाई गई (सिंह *एट एल.,* 1993)।

युरिया नत्रजन का मुख्य स्त्रोत है, इसके 1% यूरिया का छिड़काव फूल आने व फली आने पर किये गये दुर्गापुरा, हिसार व ग्वालियर में अनुसंधानों से फसल उत्पादन तथा आर्थिक दृष्टि से महत्वपूर्ण निष्कर्ष मिले हैं। उदाहरण के तौर पर, दूर्गापुरा में तीन वर्ष (2005-2007) व ग्वालियर तथा हिसार में दो वर्ष (2006-2007) के प्रयोग दर्शाते हैं कि 1% युरिया का फसल के फूल आने व फूल आने के बाद दो छिड़कावों से दुर्गापुरा में 12.0 क्विं/है. ग्वार की उपज तथा रू 12050/है. की आय प्राप्त की गई, जबकि पाने के छिड़काव से क्रमशः 9.63 कि. उपज व रू. 8071/है. की आय मिली (तालिका–6)। ग्वालियर में दो छिड़कावों से 18.5 कि./है. उपज तथा रू 23,309/है. की आय तथा पानी के छिड़काव से 14.5 कि./है. व रू 16642/है. की आय प्राप्त है; ऐसे ही निष्कर्ष हिसार से उपज, आय, गोंद व प्रोटीन % पर प्राप्त हुए हैं (*एनोनिमस,* 2007)।

तालिका 6. यूरिया के छिड़काव का ग्वार की फसल में दानों की उपज (कि./हे.) व मूल प्राप्ति (रू/हे.) पर प्रभाव।

यूरिया उपचार	दुर्गापुरा					ग्वालियर			
	2005	2006	2007	ओसत उपज	मूल प्राप्ति (रू/हे.)	2006	2007	ओसत उपज	मूल प्राप्ति* ओसत
1% यूरिया का पत्तियों पर फूल आने से पहले छिड़काव	9.50	12.5	10.6	10.9	10304	18.4	17.4	17.9	22424
1% यूरिया का पत्तियों पर फूल आने व फूल आने के बाद छिड़काव	10.8	13.4	11.8	12.0	12050	18.7	18.3	18.5	23309
पानी का छिड़काव	8.58	11.4	8.84	9.63	8071	14.9	14.3	14.5	16642
सी. डी. (5%)	1.08	0.82	0.77	-	-	-	-	-	-

स्त्रोत : एनोनिमस, (2007)

हिसार में तीन वर्ष (2004-2006) किये गये प्रयोग दर्शाते हैं कि 20 कि. नत्रजन + 40 कि. पी$_2$ओ$_5$/है. से 0 + 0 व 10 + 20 कि./ है. की अपेक्षा, उपज (15.75 कि./हे.), मूल प्राप्तियाँ (रू 16642/है.), गोंद (32.5%) व प्रोटीन (29.17%) में बढ़ोतरी प्राप्त हुई; जबकि 0 + 0 ट्रीटमेंट में ये गणना 12.53 कि., रू 113616, 30.94% व 78.03% क्रमशः थी (एनोनिमस, 2006)। ऐसे ही उत्साहजनक निष्कर्ष (2004-2006) दुर्गापुरा व बावल (2006–2007) के प्रयोगों द्वारा प्राप्त हुए हैं (तालिका–7)। अतः नत्रजन व फॉस्फोरस दोनों को सम्मिलित रसायन (20 + 40 कि.ग्रा/है.) देने से ग्वार में हर प्रकार की वृद्धि दर्ज की गई है।

तालिका 7. सम्पूर्ण पोषण प्रबन्धन का ग्वार की गुणवत्ता, उपज, पी.एस.बी. गणना एवं मूल प्राप्तियों पर प्रभाव।

ट्रीटमेंट/उपचार	हिसार				
	गोंद की मात्रा (%)	प्रोटीन की मात्रा (%)	पी, एस, बी, गणना (1 x 10^5/ग्राम मृदा)	दाने की उपज (क्विं./है.)	मूल प्राप्तियां (रूपये/है.)
उर्वरक तुल्यता (क्रिग्रा/हे.)	ओसत*	ओसत*	ओसत**	ओसत*	ओसत*
एन+पी$_2$ओ$_5$					
0+0	30.94	28.03	36.25	12.53	13616
10+20	32.17	28.70	43.99	14.43	16415
20+40	32.50	29.17	43.95	15.75	18256
जैविक टीके					
नियन्त्रण मानक	31.45	28.21	23.38	13.74	15225
राइजोबियम	31.80	28.52	24.99	13.84	15448
पी.एस.बी.	31.95	28.83	59.44	14.61	16733
राइजोबियम+पी.एस.बी.	32.28	28.80	58 .10	14.76	16978

* वर्ष 2004, 2005, 2006 का ओसत। ** वर्ष 2005 व 2006 का ओसत।

पी, एस, बी, गणना बुवाई से पहले : 2005 – 16x10^4 / ग्राम मृदा।

2006 – 25x10^4 / ग्राम मृदा।

स्त्रोत : एनोनिमस (2006-07)

फॉस्फोरस

पूर्व प्रयोगों से यह बात स्पष्ट हो जाती है कि फॉस्फोरस ग्वार की जड़ों में गाँठों को बढ़ाने में सहायक होता है। इसके साथ–साथ फॉस्फोरस के प्रभाव से फसल वृद्धि दर, पत्ती क्षेत्र संकेत व पत्ती अवधि तथा जड़ के शुष्क भार में बढोतरी पाई गई है (सिंह व सिंह, 1989)। फॉस्फोरस द्वारा ग्वार की उपज बढाने तथा वृद्धि व दूसरे कारकों पर आवश्यक प्रभाव के सम्बन्ध गें काफी लेख प्रकाशित हुए हैं जिन्हे की सिलसिलेवार वर्णन करने की आवश्यकता है।

हरियाणा में किसानों के खेत पर किये गये प्रंयोगों से यह ज्ञात हुआ है कि अकेले फॉस्फोरस या फॉस्फोरस + नत्रजन दोनों के प्रयोग से उपज पर काफी प्रतिकात्मक प्रभाव

देखने को मिला है। भूमि में इनकी 20 व 40 किलोग्राम प्रति है. मात्रा देने से दानों की उपज लगभग 9.0 व 8.0 (कि./हे.) क्रमशः पाई गई। फॉस्फोरस की 40 किलोग्राम/हे. मात्रा तक उपज, बढाने में सहायक पाई गई है, परन्तु 60 किलोग्राम फॉस्फोरस/है. के प्रभाव से उपज में काफी विपरीत प्रभाव देखने को मिला है। हिसार में किये गये अनुसन्धानों के अनुसार लगभग 40 किलोग्राम फॉस्फोरस/है. के प्रभाव से दानों की उपज, शुष्क पदार्थ एकत्रीकरण, फसल वृद्धि दर, पत्ती क्षेत्र संकेत व पत्ती क्षैत्र अवधि, उपज के विभिन्न कारकों, इत्यादि पर सराहनीय प्रभाव देखने में मिला। इसके विपरीत फॉस्फोरस की 20 किलोग्राम/हे. (तनेजा *एट एल.,* 1981) या 30 किलोग्राम/हे (गिल व सिंह, 1981) मात्रा का वर्षा पर निर्धारित स्थितियों में कोई विशेष प्रभाव देखने में नहीं आया। दोमट व रेतीली बावल की भूमि में, जहाँ फॉस्फोरस की उपलब्धता मध्यम है, ग्वार की फसल में 30 किलोग्राम/हे. मात्रा उचित मात्रा पाई गई है (दईया *एट एल.,* 1986)। दुर्गापुरा की स्थितियों में 20 किलोग्राम **पी$_2$ओ$_5$** प्रति है. तक ही प्रभाव पाया गया है। जोधपुर की स्थितियों में ग्वार की उपज पर 40 किलोग्राम **पी$_2$ओ$_5$** प्रति है. तक फॉस्फोरस प्रभावशील रहा तथा इससे अधिक मात्रा द्वारा उपज में कम वृद्धि दर्ज की गई (सिंह, 1977)। जोबनेर के लोमी–रेतीली भूमि में 40 किलोग्राम **पी$_2$ओ$_5$** प्रति है., 20 किलोग्राम की तुलना में पौधों की वृद्धि, उपज के कारकों व भूसा की उपज पर प्रतिकात्मक असर देखने में मिला है (शिवराम *एट एल.,* 1996)। जबकि उपरोक्त स्थान पर ही 30 किलोग्राम **पी$_2$ओ$_5$** प्रति है. की मात्रा उपयुक्त पाई गई थी। (मीणा *एट एल.,* 1991)। सिंह व तिराना (1995), ने भी भटिंडा की स्थिति में ऐसा ही प्रभाव पाया। बीकानेर में किये गए प्रयोगों के अनुसार 20 किलोग्राम की तुलना में 40 किलोग्राम प्रति है की मात्रा का ग्वार व भूसा की उपज पर प्रतिकात्मक प्रभाव मिला (सोलंकी *एट एल.,* 1998)। आगरा की स्थितियों में 30 किलाग्राम फॉस्फोरस की तुलना में 60 किलोग्राम **पी$_2$ओ$_5$** प्रति है. ग्वार की उपज व आर्थिक दृष्टि से अच्छी सिद्ध हूई तथा **पी$_2$ओ$_5$** के देने से उपज में निरन्तर वृद्धि दर्ज की गई (सिह व सिंह, 1989)। ग्वालियर में किये गए प्रयोगों के अनुसार 20 किलोग्राम **पी$_2$ओ$_5$** प्रति है. के देने से उपज में निरंतर वृद्धी पाई गई तथा यह वृद्धि 0 किलोग्राम की तुलना में 60 किलोग्राम **पी$_2$ओ$_5$** प्रति है. पर लगभग 44.9% पाई गई (भदोरिया *एट एल.* 1997)। इन्हीं स्थितियों में खान व गुरियार (1997), द्वारा भी 60 किलोग्राम **पी$_2$ओ$_5$** प्रति है. ग्वार के संदर्भ में एक उचित मात्रा पाई गई (सिह व सिंह, 1989) के प्रयोगों से 0 तथा 30 किलोग्राम फॉस्फोरस की तुलना में 60 किलोग्राम **पी$_2$ओ$_5$** प्रति है. की मात्रा से ग्वार की उपज, प्रतिशत प्रोटीन व प्रतिशत गोंद पर प्रतिकात्मक प्रभाव पाया गया। लगभग इसी प्रकार का प्रभाव भदोरिया *एट एल.* (1997) ने 40 किलोग्राम प्रति है **पी$_2$ओ$_5$** के प्रभाव से प्रोटीन व गम की उपज पर प्राप्त किया, परन्तु इसके प्रतिशत मात्रा में प्रभाव नगण्य था। यादव *एट एल.* (1989ए) के निष्कर्ष भी **पी$_2$ओ$_5$** के बारे में लगभग इसी प्रकार के थे। जैन *एट एल.* 1988 के अनुसार 0 किलोंग्राम **पी$_2$ओ$_5$** (27.95%) की तुलना में 20 किलोग्राम **पी$_2$ओ$_5$** प्रति है. के दिये जाने पर 29.41% गोंद की प्रतिशतता, में वृद्धि पाई गई।

ग्वार की फसल में फॉस्फोरस की मात्रा देने से शनैः शनैः जडों में गाँठों की संख्या में वृद्धि होती है, तथा नत्रजन का स्थापिकरण भी बढ़ जाता है (रेवाड़ी *एट एल.,* 1965)। गिल (1979) के अनुसार फॉस्फोरस के प्रयोग से, फॉस्फोरस की पत्तियों में मात्रा व इसके

ग्रहण की मात्रा में वृद्धि पाई गई। सिह व सिंह, 1990 के अनुसार भी 0, 30, 60 किलोग्राम/हे **पी$_2$ओ$_5$** के प्रभाव से नत्रजन, फॉस्फोरस व पोटाश के ग्रहण की मात्रा में वृद्धि पाई गई।

गंधक

ऊत्तरी पश्चिमी भारत की मृदाओं में गंधक की मात्रा की कमी होने के कारण दलहन की वृद्धि तथा उपज गंधक से प्रभावित होती है। जोबनेर की गंधक की कमी वाली भूमियों में, वर्षा पर आधारित परिस्थितियों में लगभग 60 किलोग्राम/प्रति है. गंधक तक ग्वार के पौधों में वृद्धि, उपज उत्पादन कारक, दानों व भूसा की उपज पर वृद्धि दर्ज की गई (शिवराम *एट एल.*, 1996)। इसके विपरीत गंधक की कमी वाली ग्वालियर की भूमियों में, गंधक की 40 किलोग्राम/प्रति है की दर तक ग्वार के पौधों के दानों की उपज, भूसा की उपज, उपज के कारक, वृद्धि तथा दानों के गुणांक (गम, प्रोटीन, फॉस्फोरस व सल्फर) पर लाभदायक प्रभाव प्रतीत हुआ (भदोरिया *एट एल.*, 1997)। ग्वालियर में भी ग्वार के पौधों पर ऐसे ही प्रभाव खान व गुरियार (1997), द्वारा प्राप्त किये। बावल में तीन वर्ष (1992–1994) तक किये गये प्रयोगों के आधार पर गंधक की 20 किलोग्राम/प्रति है की मात्रा का बिना गंधक (10.82 कि./प्रति है; 29.1%) की तुलना में उपज (12.12 किलोग्राम/प्रति है) व गम प्रतिशत (29.8%) पर प्रतिकात्मक बढ़ोतरी प्राप्त की गई (कुमार *एट एल.*, 1999)। दुर्गापुरा में 20 कि./प्रति है गंधक की मात्रा तक ही गंधक का प्रभाव पाया गया, परन्तु एस. के. नगर में इसका कोई प्रभाव प्रतीत नहीं हुआ। रेतीली–दोमट भूमियों पर जिप्सम से प्राप्त गंधक का प्रभाव पइराईट गंधक की तुलना में अच्छा जान पड़ता है तथा, बीजों की संख्या तथा साखाओं पर यह प्रभाव स्पष्ट दिखाई दिया (शेखावत एट एल., 1996)।

विभिन्न प्रकार की भूमियों में तथा वर्षा की अनियंत्रित स्थितियों में किए गए अधिकतर प्रयोग दर्शाते हैं कि 20 किलोग्राम नत्रजन + 40 कि.ग्राम पी$_2$ओ$_5$ प्रति है. रसायनिक उर्वरकों की मात्रा उचित पाई गई है, या 1.0% यूरिया के घोल द्वारा फूल आने से पूर्व तथा फूल आने के बाद दो छिड़काव अधिक उपज तथा अधिक आय देने में सहायक पाये गये हैं। नत्रजन व फॉस्फोरस की उचित दर से ग्वार की अधिक उपज, आय, गोंद व प्रोटीन की प्रतिशतता में बढ़ोतरी पाई गई है। गंधक का उपज पर प्रभाव 20 से 40 कि. ग्राम/हे. तक पाया गया है, परन्तु अधिकतर प्रयोग 20–25 किलोग्राम की मात्रा को ही उत्तम मानते हैं। जिप्सम गंधक का अच्छा स्त्रोत पाया गया है।

सूक्ष्म तत्व

सिचांई की उपलब्धता बढ़ने के साथ, अधिकतर भूमियों में खेती की जाने लगी है तथा कार्बनिक पदार्थों का कम उपयोग व रासायनिक उर्वरकों का उपयोग बढ़ने के कारण भारत की 50% से अधिक कृषि योग्य भूमियों में सूक्ष्म तत्वों की कमी प्रतीत होने लगी है (कत्याल व शर्मा, 1979)। लुधियाना की स्थितियों गें जहाँ पर जिंक की कमी प्रकट हो रही है, 50 किलोग्राम/प्रति है की दर से जिंक सल्फेट के भूमि में उपयोग से ग्वार की उपज में

संतोषजनक वृद्धि दर्ज की गई। जिंक का ग्वार की फसल पर छिड़काव की अपेक्षा भू–उपयोग द्वारा पौधों की वृद्धि व उपज में काफी अच्छा प्रभाव देखने को मिला है (टक्कर *एट एल.,* 1973)। जोबनेर की भूमियों में जहाँ जिंक की कमी सामान्य है 50 किलोग्राम/प्रति है. की दर से धातुई जिंक द्वारा पौधों की प्राथमिक शाखाएँ, फलियों की संख्या तथा उपज पर प्रतिकात्मक प्रभाव देखने को मिला (मालीवाल *एट एल.,* 1987)। हिसार में भी जिंक सल्फेट द्वारा दानों की उपज तथा गम प्रतिशतता पर प्रतिकात्मक बढ़ोतरी दर्ज की गई। दुर्गापुर की स्थितियों में 5 या 10 किलोग्राम जिंक सल्फेट/है. की दर से बुवाई से पूर्व भूमि में देने की तुलना में इसका 0.2% का बुवाई के 45 दिन बाद छिड़काव उपज के संदर्भ में अच्छा प्रतीत हुआ है। नन्दवाल *एट एल.* (1990) द्वारा गमलों में किये गये प्रयोगों के अनुसार, जिंक के स्त्रोतों (जिंक सल्फेट, जिंक ऑक्साइड), मात्रा (5 या 10 किलोग्राम/हे) देने का तरीका (भूमि में देना, बीज आवरण या पत्तियों पर छिड़काव) की जब तुलना की गई तो जिंकसल्फेट (0.5%) के 15 दिन के अन्तराल पर तीन स्प्रे पत्तियों व गांठों की प्रोटीन व कार्बोहाइड्र, फलियों की संख्या, फलियों के वजन, पत्तियों के क्षैत्रफल, नत्रजन पदार्थ तथा नत्रजनेश गतिविधियों में सांख्यिकी रूप से सुधार पाया गया। हिसार में, ग्रीन हाऊस में किये गये अनुसंधान के आधार पर एकल व सूक्ष्म त्तत्वों को साथ मिला कर दिये जाने से, शुष्क पदार्थ सांद्रता व इसकी उपज तथा तत्वों के संग्रहण पर अच्छा प्रभाव पाया गया। हिसार में खरीफ फसलों पर जिंक सल्फेट के प्रभाव को गुप्ता (1983) ने अध्ययन किया तथा पाया कि दलहन फसलें (सोयाबीन, मूग, ग्वार व उरद) जिंक के 5 पी. पी एम के घोल द्वारा लाभदायक रूप से प्रभावित हुई है। जिंक के विभिन्न स्त्रोतों की तुलना करने पर पाया गया कि जिंक सल्फेट से अच्छे परिणाम सामने आये हैं (सिंह एट एल., 1989बी)। दुर्गापुरा, ग्वालियर तथा बावल में सूक्ष्म तत्वों के फसल उत्पादन तथा आय पर महत्त्वपूर्ण प्रयोग किये गये हैं तथा विचारणीय निष्कर्ष सामने आये हैं। लोहा व जस्ता के छिड़काव व भूमि में देने के विभिन्न नौ उपचारों को जब नियंत्रण मानक के साथ उपज व आमदनी का मूल्याकंन वर्ष 2002 व 2003 में करने से ज्ञात हुआ है कि जस्ते (0.5%) का बुवाई के 25, 30 व 45 दिन बाद छिड़काव द्वारा अधिक उपज तथा आमदनी (रू 8560 से 11188/है.) भी प्राप्त हुई। जबकि नियत्रंण मानक में उपज व आमदनी काफी कम प्राप्त हुए (तालिका 8)।

हिसार से अनुसंधान दर्शाते हैं कि जस्ता उपज बढ़ाने, गोंद की मात्रा बढाने, बीमारी का प्रकोप कम करने तथा आमदनी अधिक देने में सार्थक सिद्ध होता है। गुलाटी (2003) के द्वारा अम्लीय भूमियों में जस्ता, तांबा व गोबर खाद की विभिन्न मात्राओं तथा उनके मिश्रणों का उपज व सूक्ष्म तत्वों के पौधों में संग्रहित होने पर महत्वपूर्ण प्रयोग किए गए हैं तथा निष्कर्ष अच्छे रहे हैं (तालिका 9)। प्रयोग बताते हैं कि 10 कि. ग्राम जस्ता + 2.5 कि. ग्राम तांबा + 5 टन गोबर की खाद द्वारा अधिकतम उपज (28.39 कि./हे.) तथा चारा (39.46 कि./हे.) प्राप्त हुए, जबकि जस्ता (5 कि. ग्राम) + तांबा (5 कि. ग्राम) + गोबर की खाद 5 टन/है., ट्रीटमेंट दूसरे नंबर पर पाया गया तथा दाना व चारा उपज क्रमशः 2707 व 38.26 कि./हे. प्राप्त की गई।

तालिका 8. जस्ता एवं लोह तत्व के छिड़काव का ग्वार की उपज एंव आर्थिक मूल्यांकन पर प्रभाव।

ट्रीटमेंट/उपचारित	बीज की उपज (कि./हे.)		कुल आय (रू/हे.)	
	ओसत*		ओसत**	
	2002	2003	2002	2003
नियंत्रक मानक	6.92	11.16	7074	5862
0.5% लोहा का छिड़काव बुवाई के 25 दिन बाद	7.53	12.82	8110	6749
0.5% लोहा का छिड़काव बुवाई के 45 दिन बाद	7.46	12.83	8035	6660
0.5% लोहा का छिड़काव बुवाई के 25 व 45 दिन बाद	7.71	13.26	8323	7007
0.5% जस्ता का छिड़काव बुवाई के 25 दिन बाद	8.98	13.84	10495	7901
0.5% जस्ता का छिड़काव बुवाई के 45 दिन बाद	8.70	13.95	10500	8034
0.5% जस्ता का छिड़काव बुवाई के 25, 30 व 45 दिन बाद	9.17	14.51	11188	8560
0.5% लोहा + जस्ता का छिड़काव 25, बाद	8.81	14.72	9986	8872
25 किलोग्राम जस्ता/है. का भूमि में प्रयोग	8.45	14.00	9049	7702
25 किलोग्राम लोहा/है. का भूमि में प्रयोग	6.09	-	-	-

* दुर्गापुरा, ग्वालियर व बावल का ओसत; ** दुर्गापुरा व ग्वालियर का ओसत

लोह, आयरन सल्फेट; जस्ता, जिंक सल्फेट स्त्रोत : एनोनिमस, (2002 और 2003)

तालिका 9. चूने वाली मृदा में जस्ता, तांबा एवं जैविक खाद का ग्वार के दाने एवं चारे के उत्पादन पर सम्पूर्ण प्रभाव।

ट्रीटमेंट/उपचार	दाने की उपज (क्रि.ग्रा/है.)	चारे की उपज (क्रि.ग्रा/है.)	जस्ता (पी.पी.एम)	तांबा (पी.पी.एम)
नियंत्रण मानक	13.81	20.20	0.266	0.194
नियंत्रण मानक + 5 टन गोबर की खाद/है	15.46	22.54	0.376	0.264
5 किग्रा जस्ता/है.	16.46	23.48	0.416	0.194
5 किग्रा जस्ता/है + 5 टन गोबर की खाद/है,	17.79	25.26	0.526	0.254
10 किग्रा जस्ता/है.	18.91	25.98	0.552	0.210
10 किग्रा जस्ता/है + 5 टन गोबर की खाद/है,	21.96	31.42	0.620	0.258
2.5 किग्रा तांबा/है	19.17	26.54	0.288	0.266
2.5 किग्रा तांबा/है + 5 टन गोबर की खाद/है	22.77	32.19	0.336	0.318
5 किग्रा तांबा/है.	20.52	28.84	0.330	0.456
5 किग्रा तांबा/है + 5 टन गोबर की खाद/है	24.54	33.81	0.356	0.520
5 किग्रा जस्ता/है + 2.5 किग्रा तांबा/है	22.50	31.91	0.418	0.364
5 किग्रा जस्ता +2.5 किग्रा तांबा/है + 5 टन गोबर की खाद/है	25.68	35.81	0.495	0.368
10 किग्रा जस्ता+2.5 किग्रा तांबा/है	24.67	34.67	0.418	0.283

10 किग्रा जस्ता+2.5 किग्रा तांबा/है + 5 टन गोबर की खाद/है	**28.39**	**39.46**	0.524	0.288
5 किग्रा जस्ता + 5 किग्रा तांबा/है	22.23	31.27	0.416	0.340
5 किग्रा जस्ता+5 किग्रा तांबा + 5 टन गोबर की खाद/है	27.07	38.26	0.502	0.368
10 किग्रा जस्ता+2.5 किग्रा तांबा/है	21.21	30.07	0.382	0.376
10 किग्रा जस्ता+5 किग्रा तांबा + 5 टन गोबर की खाद/है	26.75	36.98	0.414	0.562
सी. डी. (पी=0.05)	1.60	2.18	0.020	0.022

स्त्रोत : गुलाटी (2003)

जस्ता तथा लोहा धातुओं का ग्वार की फसल पर महत्वपूर्ण प्रभाव पाया गया है। प्रयोग दर्शाते हैं कि 25 कि.ग्रा./हे. जस्ता फसल बुवाई से पहले भूमि में मिलाने या बुवाई के 25 व 45 दिन बाद 0.5% सांद्रता से दो छिड़काव बहुत लाभदायक सिद्ध हुए हैं। उदाहरण के तौर पर अधिक उपज, अधिक आमदनी (8000–11000 रू/हैं), ग्वार गोंद व प्रोटीन की मात्रा में बढ़ोतरी; जीवाणु पर्ण अंगमारी, व पत्ती धब्बा बीमारियों के प्रकोप में कमी पाई गई है। अम्लीय भूमियों में 10 कि. ग्राम जस्ता + 2.5 कि. ग्राम तांबा + 5 टन गोबर की खाद/है. देने से दानों (28.4 कि./है) व चारे (39.0 कि./है) की उपज बीकानेर की स्थितियों में प्राप्त की जा सकती है।

सिंचाई व्यवस्था

ग्वार की सम्पूर्ण खेती पूर्ण रूप से वर्षा पर निर्भर परिस्थितियों में ही की जाती है। परन्तु वर्षा की भारी कमी होने पर एक या दो जीवन–उपयोगी सिंचाई दी जा सकती है तथा इस दिशा में कुछ अनुसंधान किये भी किये गये हैं। मीना *एट एल.,* 1991 द्वारा जोबनेर की दोमट–रेतीली भूमियों पर किये गये प्रयोग दर्शाते हैं कि फसल बुवाई के 60 दिन बाद इस उद्धेश्य के लिए दी गई एक सिंचाई, से उपज में 32.1% की बढ़ोतरी प्राप्त की गई। गर्मी के मौसम में ग्वार के प्रयोग दर्शाते हैं कि यदि सिंचाइयों की संख्या तीन से एक कम कर देने पर उपज में प्रतिकात्मक विपरीत प्रभाव देखने में आया है (गिल *एट एल.* 1974)। गंगानगर में बिना सिंचाई की तुलना में एक या दो सिंचाइयाँ देने पर उपज में लगभग 16.7 व 27.3% क्रमशः बढ़ोतरी पाई गई (सिंह *एट एल.,* 1998)। फसल बुवाई के बाद 275 मी.मी. सी.पी.ई. के आधार पर एक सिंचाई 80 दिन बाद देने से दानों की उपज, शुष्क पदार्थ एकत्रीकरण तथा पत्तियों के क्षेत्रफल संकेत पर प्रतिकात्मक प्रभाव पाया गया है (दुखिया *एट एल.,* 1990)।

खरपतवार नियंत्रण

ग्वार की खेती मुख्य रूप से वर्षा ऋतु में की जाती है, जिसके कारण विभिन्न प्रकार के खरपतवार, जल, उर्वरक तत्वों, प्रकाश व स्थान की उपलब्धता को प्रभावित करते हैं, फलस्वरूप उपज में भारी गिरावट संभव है। पौधों के पकने तक की अवधि तक खरपतवारों

का ग्वार की फसल पर 29 से 48% तक उत्पादन में विपरीत प्रभाव देखने में आया है (भदोरिया *एट एल.,* 1996) जबकि उपज पर विपरीत प्रभाव की भयानकता 70.98% तक आंकी गई है (सोमानी *एट एल.,* 1985)। यह बात सामने आई है कि खरपतवारों का उपज गिरावट में प्रभाव बावल में 68% (यादव *एट एल.,* 1993) तथा हिसार में 61% (यादव *एट एल.,* 1991ए) दर्ज किया गया है। ग्वार की फसल में मुख्य रूप से खरपतवारों की जातियाँ व प्रजातियाँ बहुत सी है। जैसे – *सिपरस रोटेण्डस, डाइगेरा आरवेरसिस, ट्राइबुलस टैरसट्रिस, एसेरेन्थस विरीडिस, साइनोडोन डेक्टीलोन, फाइलेंथस निरूरी, एकीनाक्लोवा कालानम, प्यूलीकेरिया विटियाना, डिगनिटेरा सेनगुइनेलिस* (भदोरिया *एट एल.,* 1996 व कुमार *एट एल.,* 1996)।

ग्वार की फसल से खरपतवारों को निश्चित अवधि तक निकालने का उत्पादन पर सकारात्मक प्रभाव पड़ता है। अध्ययन से मालूम हुआ है कि दोमट–रेतीली व रेतीली–दोमट भूमियों में सबसे अधिक सोचनीय अवधि बुवाई के 15–30 दिन बाद पाई गई हैं (कुमार *एट एल.,* 1996)। जबकि सोमानी *एट एल.* (1985) के अनुसार बुवाई के बाद 20–50 दिन की अवधि पर खरपतवार निकाल देने से फसल उत्पादन तथा जल उपयोग क्षमता में वृद्धि पाई गई है। खरपतवारों को 20 दिन बाद निकालने से फसल के जल–उपयोग क्षमता में ह्रास पाया गया है (यादव, 1998)। ग्वार की फसल 45–50 सेमी. दूरी पर पक्तियों में बोई जाती है, अतः खरपतवारों को मशीनों द्वारा निकालना काफी सुविधाजनक रहता है। ऐसा करने पर मृदा जल–संरक्षण में भी मदद मिलती है। विभिन्न जलवायु तथा भूमियों में किए गए परीक्षणों से ज्ञात हुआ है कि रासायनिक खरपतवार नियंत्रण क्रियाओं की तुलना में मशीनों या हाथ द्वारा खरपतवार नियंत्रण अपेक्षाकृत उत्तम पाया गया है (यादव *एट एल.,* 1990ए, भदोरिया *एट एल.,* 1996; कुमार *एट एल.,* 1996)। ये तरीके वातावरण सहयोगी होने के साथ–साथ, आर्थिक दृष्टि से भी अच्छे पाये गये हैं। फिर भी यह आवश्यक है कि श्रमिकों की उपलब्धता न होने पर यह नितांत आवश्यक है कि दूसरे एकांतर तरीके सुझाये जाये।

झांसी में कुछ एक हरबीसाइडस पर अध्ययन करने से ज्ञात हुआ है कि बैन्टाजोन (1–3 किलोग्राग/हे., अंकुरण से पूर्व) तथा बैनिफिन (0.5–1.5 किलोग्राम/हे, अंकुरण से पूर्व) काफी लाभदायक सिद्ध हुए है (दत्ता *एट एल.,* 1974)। अंकुरण के बाद डी.एस.एम.ए. (2 किलोग्राम/हैं) भी काफी सुरक्षित पाया गया (दत्ता *एट एल.,* 1975)। पूर्व में ट्रिफलिन को अंकुरण से पूर्व भूमि में 5 सेमी. गहराई पर बोने से, चौड़ी पत्ती खरपतवार व दूसरी घासों को आसानी से नष्ट किया जा सका। बरनोलेट व इ.पी.टी.सी.टी. *पोर्टयूलेकास्टर्म* तथा चौड़ी पत्ती वाले खरपतवारों को क्रमशः नष्ट करने में सहायक सिद्ध हुए हैं। जोधपुर में किये गये प्रयोगों के अनुसार *एल्चलोरण ट्रिइफल्यूलेरिन* व *नाइट्रोफैन* खरपतवारों को नष्ट करने में काफी हद तक सहायक सिद्ध हुए हैं। तथा इस प्रकार प्राप्त ग्वार की फसल की उपज लगभग बराबर प्राप्त हुई।

कुछ प्रयोगों से यह ज्ञात हुआ है कि बेसालिन हरबिसाइड की 1.0 कि./हे. (एक्टिव इन्टेग्रेटेड) को दोमट–रेतीली भूमियों में उपचार करने (कुमार *एट एल.,* 1996) तथा 1.5 कि./हे. (एक्टिव इन्टेग्रेटेड) को दोमट–रेतीली भूमि में उपचार करने से (यादव *एट एल.* 1990ए, यादव *एट एल.,* 1997, भदोरिया *एट एल.,* 1996) खरपतवारों को अच्छी तरह से

नियंत्रण किया जा सकता है। दोमट–रेतीली भूमियों में *पैन्डीमीथेलीन* के प्रभाव से ग्वार की फसल में फाइटोटोक्स प्रभाव दर्ज किये गये हैं (कुमार *एट एल.,* 1994), परन्तु उपरोक्त तीनों हरबीसाइड्स के उपयोग से ग्वार पर ऐसे प्रभाव नहीं पाये गये (बुद्धिराजा एट एल., 1998)।

हाथ से खरपतावार निकालना आर्थिक दृष्टि से सराहनीय विधि पाई गई है। ग्वार की फसल की बुवाई के 20–30 दिन की अवधि सोचनीय पाई गई है। अतः इस अवधि तक फसल को खरपतवार रहित रखना उत्पादन के संदर्भ में नितांत आवश्यक है। खरपतवार नियत्रंक रसायनों में बेसालिन 1 कि.ग्राम/हे. खरपतवारों को नष्ट करने में सहायक पाया गया है।

भविष्य का दृष्टिकोण

अखिल भारतीय मरू दलहन अनुसंधान परियोजना के अन्तर्गत पिछले दो दशकों में ग्वार की शस्य क्रियाओं पर काफी सराहनीय कार्य किया गया है। इन अच्छे निष्कर्षों के कारण ही ग्वार की उपज में वृद्वि, इसके क्षेत्र में वृद्धि तथा इस फसल का विस्तार दूसरे नये क्षेत्रों में संभव हो सका है। इसके बावजूद अनुसंधान के कुछ आयाम अछूते रह गये हैं, जिन पर विचारने, अनुसंधान करने व नई दिशा देने की आवश्यकता है जो कि निम्न प्रकार से है –

1 ग्वार की नई विकसित किस्मों की शस्य क्रियाओं पर विशेष अनुसंधान की आवश्यकता है ताकि उन्हें विभिन्न स्थितियों, परिस्थितियों तथा नये क्षेत्रों में उत्पादन व उत्पादकता सुधारने के लिए उपयोग में लाया जा सके।

2 आने वाली आवश्यकताओं के अनुसार ग्वार की शस्य क्रियाओं पर अनुसंधान की आवश्यकता है।

3 अशाखित या एक तने वाली किस्मों के विकास पर अधिक जोर देने की आवश्यकता है ताकि ग्वार के उन क्षेत्रों में जहां पर मजदूरों का मिलना एक समस्या है। इन किस्मों की कटाई व मंड़ाई कम्बाईन द्वारा की जा सके।

4 बुवाई से लेकर मंडाई तक ग्वार की खेती सभी क्रियाओं का मशीनीकरण किये जाने की संभावना को तलाशना।

5 ग्रीष्म ऋतु, अगाई खेती व देरी से बुवाई के लिए उपयुक्त शस्य क्रियाओं का विकास करना।

6 सिंचित या अधिक वर्षा वाले क्षेत्रों के लिए ग्वार की अधिकतम उपज प्राप्त करने के लिए शस्य क्रियाओं का विकास किया जाना है।

7 ग्वार के बाद लिए जाने वाली रबी की फसल (गेहूँ, सरसों व जौ) क्रंमाश में नत्रजन व फॉस्फोरस की बचत पर विशेष अध्ययन।

8 जस्ते के साथ–साथ दूसरे सूक्ष्म तत्वों (आयरन, कॉपर इत्यादि) के महत्व को फसल उत्पादन में शामिल करना।

9 विभिन्न शस्य क्रियाओं, उर्वरक प्रबन्ध, सूक्ष्म तत्व प्रबन्ध, सिंचाई प्रबंध, बुवाई के विभिन्न समय व दूसरे फसल वातारण का ग्वार के गोंद व उसकी गुणवत्ता पर प्रभाव का अध्ययन करना।

संदर्भ

अली, एम., धर, एस. एन. और हाजरा, सी. आर. (1978). परफॉरमेन्स ऑफ कल्स्टरबीन वेराइटिज़ ऑन डिफरेन्ट डेट्स ऑफ प्लांन्टिग अण्डर ड्राईलैण्ड कन्डीशन्स ऑफ बुन्देलखण्ड। एब्सट्रेक्ट इनः *"राष्ट्रीय सिम्पोज़ियम ऑन नॉन–मॉनिटरी इनपुट्स इन फील्ड क्रॉप प्रोडक्शन"*। फरवरी 11–13; 1978 हैल्ड एट एच.ए.यू. हिसार।

अली, एम. (1982). इफेक्ट ऑफ प्लाट टाइप्स एण्ड रो स्पेसिंग ऑन क्लस्टरबीन प्रोडक्शन अण्डर ड्राईलैण्ड कन्डीशन्स। *इन्डियन जे. एग्रॉन*, 27(2): 144–148.

अटवाल.ए.एस.और सिद्धू, जी.एस. (1964). लेग्यूम्स इन द नाइट्रोजन इकोनोमी आफ सॉइल I फिक्सेशन एण्ड एक्सक्रीशन ऑफ नाइट्रोजन बॉय इण्डियन लेग्यूम्स अण्डर कण्ट्रोल्ड कल्डीशन्स इन सेण्ड कल्चर। *इडिण्यन जरनल एग्रिक साइन्स.* 34 *(3)* :139–145.

एनोनिमस, (1976). सेलिएण्ट हाईलाईट्स आफ रिसर्च कण्डक्टड ड्यूरिंग 5 ईयर्स पीरियड़ (1971–76). कॉआरिडनेटड ड्राईलैण्ड एग्रीक्लचर रिसर्च प्रोजेक्ट, एच.ए.यू. हिसार, इण्डिया।

एनोनिमस, (1996). एन, प्रोग्रेस रिपोर्ट, ऑल इण्डिया कॉआरिडनेटड रिसर्च प्रोजेक्ट ऑन एरिड लेग्यूम्स, (कॉआरिडनेटड यूनिट रिपोर्ट)।

एनोनिमस, (2000). *एन, प्रोग्रेस रिपोर्ट,* क्षेत्रीय अनुसंधान स्थात्र, बावल, सी.सी. एस. एच.ए.यू. हिसार, इण्डिया।

एनोनिमस, (2003). एन, प्रोग्रेस रिपोर्ट, ऑल इण्डिया कॉआरिडनेटड रिसर्च प्रोजेक्ट ऑन एरिड लेग्यूम्स, (कॉआरिडनेटड यूनिट रिपोर्ट)।

एनोनिमस, (2006). एन, प्रोग्रेस रिपोर्ट, ऑल इण्डिया कॉआरिडनेटड रिसर्च प्रोजेक्ट ऑन एरिड लेग्यूम्स, (कॉआरिडनेटड यूनिट रिपोर्ट)।

एनोनिमस, (2007). एन, प्रोग्रेस रिपोर्ट, ऑल इण्डिया कॉआरिडनेटड रिसर्च प्रोजेक्ट ऑन एरिड लेग्यूम्स, (कॉआरिडनेटड यूनिट रिपोर्ट)।

कपिल सोलंकी (2009) सस्टीनेंस ऑफ गैलेक्टोमैनन गम प्रोडक्शन इन ग्वार [*साईमोप्सिस टैट्रगोनोलोबा* (एल) टॉब], पी.एच.डी. थीसीस, जे.एन.वी.यू. जोधपुर, पृ. 185।

कत्याल, जे.सी. और शर्मा, बी.डी. (1979). रोल आफ माइक्रोन्यूट्रीएन्ट्स इन क्रॉप प्रोडक्शन। *फर्टीलाईजर न्यूज़* 24 : 33–50.

कल्याणी, एल.डी., रेड्डी, एम.पी. और प्रशान्ति, एल. (2007). इफेक्ट आफ डेट्स ऑफ सोईंग आन ईल्ड एट क्वालिटी आफ रेनफेड ग्वार *(साइमोप्सिस टैट्रागोनोलोबा एल. टॉब) कल्टीवर्स। जे. एरिड लेग्यूम्स* 4 (1) : 40–4.

कुमार, वी., यादव, ए., मल्लिक, आर.के., यादव, बी.डी. और सचन, पी.एल. (1994). परफोरमेन्श एण्ड पर्सिराटेन्स ऑफ फ्लूक्लोरालिन और पेन्डिमिथाइलिन एप्लाईड इन क्लस्टरबीन। *इण्डियन जे. वीड साइन्स,* 26 *(3* और *4)*: 139–142.

कुमार, वी., यादव, बी. डी. और अग्रवाल, एस. के. (1996). परफोरमेन्स ऑफ फ्लूक्लोरालिन और पेन्डिमिथाइलिन टू कन्ट्रोल वीड्स इन क्लस्टरबीन अण्डर रेनफेड कन्डीशनस। *हरियाणा जे. एग्रॉन*। 12 *(1)*: 43–46.

कुमार, वी और अग्रवाल, एस. के. (1982). स्टडीज़ ऑन द कम्पेटेबिलिटी एण्ड प्रोफिटेबिलिटी ऑफ डिफरेन्ट इन्टर क्रॉप्स इन पीज़न पी। *हरियाणा एग्रिक. यूनि. जे. रेस.* 12 *(1)* : 116–118.

कुमार, वी और अग्रवाल, एस. के. (2000). फोरेज प्रोडक्शन टेक्नोलोजी इन सदर्न हरियाणा। गजट–सी.सी एस्. हरियाणा एग्रीकल्चरल यूनिवर्सिटी, हिसार, इण्डिया।

कुमार, वी, यादव, एच. डी. और धनकाहर, ओ पी. (1999). प्रोडक्शन टेक्नोलोजी फार ड्राईलैण्ड इन सदर्न हरियाणा। ए बुलेटिन –सी.सी.एस.एच.ए. यू. रिजनल रिसर्च स्टेशन बावल (हरियाणा) इण्डिया।

केशवा, जी.एल. और सिंह. एच. (1991). नाइट्रोजन मैनेजमेंट फार प्रोडक्शन ऑफ पर्लमिलिट *(पेनिसिटम ग्लाकम एण्ड साइमोप्सिस टैट्रागोनोलोबा) फॉरेज मिक्सचर। इण्डियन जरनल एग्रॉन.* 36*(3)*: 433–436.

खान, एच. और गुरियार. बी.एस. (1997). इफेक्ट आफ फास्फोरस एण्ड सल्फर ऑन ईल्ड आफ क्लस्टर बीन *(साइमोप्सिस टैट्रागोनोलोबा एल. टॉब)। भारतीय कृषि अनुसंधान पत्रिका.* 12*(2)*: 113–117.

गिल, पी.एस., सिंह, के और परोदा, आर, एस (1974). इफेक्ट आफ इरिगेशन एण्ड फास्फोरस लेवल्स् आन द ईल्ड आफ समर लेग्युम्स। *हरियाणा एग्रिक. यूनि. जे. रेस.* 4*(3)* : 186–189.

गिल, पी.एस. (1979). रिस्पान्स ऑफ कल्स्टरबीनस कल्टीवरर्स टू फास्फेट, नाइट्रोजेनस एण्ड बेक्ट्रीरियल फर्टीलाईजेशन इन टमर्स आफ ग्रोथ, ईल्ड एण्ड गम प्रोडक्शन। *थीसेस एब्सट्रेक्स.* 5*(3)*: 163–169.

गिल, पी.एस. और सिंह, के (1981). इफेक्ट आफ फर्टीलाईजेशन आन ईल्ड कन्ट्री ब्यूटिंग केरेक्टर्स एण्ड ग्रेन ईल्ड आफ क्लस्टरबीन *(साइमोप्सिस टैट्रागोनोलोबा एल. टॉब) वैराइटिज़। हरियाणा एग्रिक. यूनि. जे. रेस.* 11*(3)*: 333–338.

गुप्ता, वी.के. (1983). स्टडीज़ ऑन द कम्पेरेटिव रिस्पोन्स आफ सम खरीफ क्रॉपस् टू जिंक एप्लीकेशन। *एग्रिक साई. डिग.* 3*(2)* : 79–80.

गुलाटी, आई.जे., यादव, पी.एस., सिंघानिया, आर.ए. और यादव, एस.आर. (2003)। स्टडीज़ ऑन ग्वार ग्रॉन आन केल्केरियस सोईल ऑफ राजस्थान टू एप्लाईड जिंक एण्ड कॉपर अलोंग विद एफ.वाई.एम. *जे.एरिड लेग्यूम्स* 2(1):139–141.

डोले, एच.एस., हेनरी, ए. और भाटी, टी.के. (1998). कम्पेटिबीलिटी आफ प्रोमाइजिंग वेराइटिज़ ऑफ कल्स्टरबीन फोर इन्टर/मिक्सड क्रॉपिंग इन पर्लमिल्लेट इन ड्राईलैण्ड आफ वेस्टर्न राजस्थान। *फोरेज रिस.* 24*(1)* : 13–16.

डोले, एच.एस. (1977). रिलेटिव परफोरमन्स आफ एनुअल ग्रेन लेग्यूम्स एज कम्पेनियन क्रॉपस इन इन्टर क्रॉपिंग सिस्टम विद पेरेनियल ग्रासेज़। *प्रोसिडिंग्स आफ द फर्स्ट आई. सी. ए. आर. ग्वार रिसर्च वक्रशॉप,* हैल्ड डयूरिंग 11–12 जनवरी, 1977, एट काजरी, जोधपुर पृष्ठ 93–97.

जैन, वीना, जोशी, यू. एन और तनेजा, के.डी. (1988). इफेक्ट आफ फास्फोरस एण्ड राइजोबियम कल्चर ऑन प्रोटीन एण्ड गम क्लस्टरबीन *(साइमोप्सिस टैट्रागोनोलोबा एल. टॉब)। एग्रीक. साई. डाइजेस्ट 8 (1)* : 9–11.

जैन. वीना. यादव. बी. डी., शर्मा, बी.डी., और तनेजा, के.डी. (1987). इफेक्ट आफ सोईग डेट्स रॉ स्पेसिंग एण्ड वेराइटिज़ ऑन ईल्ड एण्ड क्वालिटी ऑफ क्लरटरबीन। *(साइमोप्सिस टैट्रागोनोलोबा एल. टॉब)। इण्डियन जरनल एग्रॉन.* 32*(4)* : 378–382.

टक्कर, पी.एन., मान, एन.एन. और रधांवा, एन.एस. (1973). मेजर रबी एण्ड खरीफ क्रॉप्स रिस्पोण्ड टूँ जिंक। *इण्डियन फेम.* 23 *(8)* : 5–8.

ढ़िल्लन, जी.एस., क्लेर, डी.एस. और वालिया, ए.एस. (1980). स्टडीज़ ऑन ग्राउण्डनट – कल्स्टरबीन एसोसिएशन। *जे. रेस. पंजाब कृषि विश्वविधालय,* 17 *(1)* : 34–37.

तनेजा, के.डी., विश्नोई, ओ.पी., राव, वी.यू.एम. और राम, निवास (1995). इफेक्ट ऑफ एनविरोनमेंट ऑन ग्रोथ एण्ड ईल्ड ऑफ कल्स्टरबीन। *क्रॉप रिसर्च 9 (1) : 159 – 162.*

तनेजा, के.डी., गिल, पी.एस. और शर्मा, बी.डी. (1982). इफेक्ट ऑफ रॉ स्पेसिंग एण्ड इण्टरा – रॉ स्पेसिंग ऑन सीड़ ईल्ड ऑफ ग्वार कल्टीवर्स। *फॉरेज रिसर्च* 8*(2) : 111 – 115.*

तनेजा, के.डी., सैनी, एम.एल. और शर्मा, बी.डी. (1984). इफेक्ट ऑफ डेट्स ऑफ सोईंग एण्ड रॉ स्पेसिंग ऑन द सीड ईल्ड ऑफ ग्वार। *फॉरेज रिसर्च* 10*(2): 115–117.*

तनेजा, के.डी., शर्मा, बी.डी. और गिल, पी.एस (1981). रिस्पान्स आफ कल्स्टरबीन टू वेराइन लेवल्स् ऑफ फास्फोरस एण्ड बेक्टिरियल कल्चर। *ग्वार न्युजल* 2 *: 20-23.*

तिवाना, यू.एस. और तिवाना, एम.एस. (1992). इफेक्ट ऑफ सोईंग टाईम, सीड रेट और रॉ स्पेसिंग ऑन द सीड़ ईल्ड ऑफ ग्वार *(साइमोप्सिस टैट्रागोनोलोबा* एल. टॉब) *अण्डर रेनफेड कण्डीशनस्। फॉरेज रिसर्च* 18*(2): 151–153.*

तोमर, रमेश और सिंह, आर. पी. (1976). एन्नुअल रिपोर्ट। ग्वार एग्रोनोमी, ड्राईफार्मिंग रिसर्च मेन सेन्टर, काजरी, जोधपुर।

दहिया, एस.के., राणा, वी.एस., फरोदा, ए.एस. और यादव, बी.एस. (1986). रिस्पोन्स ऑफ क्लस्टरबीन कल्टीवरर्स टू नाइट्रोजन एण्ड फॉस्फेट फर्टिलाइजेशन अण्डर ड्राईलेण्ड कण्डीशनस। *हरियाणा एग्रि. यूनि.जे.रेस.* 16*(2)*:156– 159.

दास, बी., थरेजा, एस. के. और सिंह, के. (1977). क्वालिटी आफ ग्वार सीड एज़ इन्फ्लुएन्स बॉय डिफरेन्ट एग्रोनोमिकल प्रेक्टिस। *प्रोसिडिंग्स आफ द फर्स्ट आई. सी. ए. आर. ग्वार रिसर्च वर्कशॉप,* हैल्ड डयूरिंग 11–12 जनवरी, 1977, एट काजरी, जोधपुर पृष्ठ 98–103.

देशपाण्डे, पी.एम. और नेरकर, जे.टी. (1977). इफेक्ट आफ इन्टर क्रॉपिंग ऑन ईल्ड ऑफ सीजनल शुगरकेन ऑन नेट रिटर्न्स इन मराठवाड़ा रिजन। *इण्डियन शुगर* 27 : 261 – 263.

दुखिया, आर.एस., सिंह, के.पी. और राम, एस. (1990). स्टडीज ऑन द इफेक्ट आफ सोईग डेट्स एण्ड इरिगेशन लेवल्स ऑन पीरिऑडिक एक्यूमिलेशन ऑफ ड्राईमेटर, लीफ ऐरिया इण्डेक्स एण्ड सीड ईल्ड ऑफ क्लस्टरबीन *(साइमोप्सिस टैट्रागोनोलोबा एल. टॉब) वैराइटिज़। ग्वार रिस. एन.* 6: 27–33.

दुखिया, आर.एस और सिंह, के.पी. (1988). इफेक्ट आफ सोईग डेट्स एण्ड इरिगेशन लेवल्स ऑन ग्रेन क्वालिटी ऑफ क्लस्टरबीन। *फोरेज रिस.* 14*(1)* : 23–27.

दीक्षित, एल. और मिश्रा. ए. (1991). इण्टर क्रॉपिंग इन शुगरकेन. *इडिण्यन जरनल एग्रॉन.* 36 : 261–262.

दत्ता, टी.आर., राय, सी. एन. और वर्मा, ओ. पी.एस, (1974). प्रीलिमिनरी एवेल्यूएशन आफ हर्बिसाईड्स फार फारेज़ क्रापिंग सिस्टम। ऐनेल रिपोर्ट, आई.जी.एफ.आर.आई., झांसी, 96–97 पृ.

दत्ता, टी.आर., गुप्ता, जे.एन. और गुप्ता, एस.आर. (1975). प्री एण्ड पोस्ट एमर्जेन्स कन्ट्रोल आफ पार्थेनियम हिस्टीरियोफोरस एल.। *साइन्स. एण्ड कल्चर.* 42 : 179–181.

नन्दवाल, ए.एस., दबास, एस., भारती, एस. और यादव, बी. डी. (1990). जिंक इफेक्ट ऑन नाइट्रोजन फिक्सेशन एण्ड कल्स्टरबीन ईल्ड। *एन. एरिड़ जोन.* 29*(2)* : 99 –103.

नरवाल, एस. एस. और मल्लिक, डी.एस. (1986). इफेक्ट आफ इन्टर क्रॉपिंग ऑन ग्रोथ एण्ड ईल्ड ऑफ रेनफेड़ सनफ्लावर एण्ड कम्पेनियन लेग्यूम्स। *इन्टर. जे. ट्रॉपिकल एग्रीक.* 4*(1)* : 55–62.

बेन्स, डी. एस. और ढ़िल्लन, ए.एस. (1977). द इन्फलुएन्स ऑफ सोईंग डेट्स एण्ड रो स्पेसिंग पैटर्न्स ऑन द परफोरमेन्स ऑफ टू वेराइटिज ऑफ क्लस्टरबीन *(साइमोप्सिस टैट्रागोनोलोबा एल.), जे. रेस. पंजाब कृर्षि विश्वविद्यालय,* 14*(2)* :157–161.

बुद्विराजा, एम., राठी, एस.एस., यादव, ए. और पवांर, आर.एस. (1998). सेन्सिटिवीटी ऑफ कल्स्टरबीन वेराइटिज़ टू डाईनाट्रोएनिलिन्स इन सेण्डी लोम सॉइल्स। *हरियाणा जे. एग्रॉन* 14*(2)* : 127–129.

भदोरिया. आर.बी.एस., चौहान, डी.वी.एस. और भदोरिया, एच.एस. (1996). ईफेक्ट ऑफ वीड कन्ट्रोल ऑन ईल्ड एट्रीब्यूट्स एण्ड ईल्ड ऑफ क्लस्टरबीन *(साइमोप्सिस टैट्रागोनोलोबा)। इडिण्यन जरनल एग्रॉन.* 41*(4)*: 662–664

भदोरिया. आर.बी.एस., चौहान, जी.एस., कुशवाहा, एच.एस. और सिंह, वी.एन. (1992). इन्टर क्रॉपिंग ऑफ क्लस्टरबीन *(साइमोप्सिस टैट्रागोनोलोबा) विद पर्लमिल्लैट (पेनिसिटम ग्लोकम)। इडिण्यन जरनल एग्रॉन.* 37.

भदोरिया. आर.बी.एस. और तौमर, आर.ए.एस (1997). ईफेक्ट ऑफ फॉस्फोरस एण्ड सल्फर ऑन ईल्ड एण्ड क्वालिटी ऑफ क्लस्टरबीन *(साइमोप्सिस टैट्रागोनोलोबा)। इडिण्यन जरनल एग्रॉन.* 42*(1)* : 131–134.

भदोरिया. आर.बी.एस और चौहान, डी.वी.एस. (1994). रिस्पोन्स ऑफ क्लस्टरबीन *(साइमोप्सिस टैट्रागोनोलोबा) टू डेट आफ सोईंग एण्ड स्पेसिंग। इडिण्यन जरनल एग्रॉन.* 39*(1)*: 156–157.

भाटी, डी.एस और मनोहर, एस.एस. (1989). स्टडीज ऑन द इन्टर क्रॉपिंग ऑफ पर्लमिल्लेट विद लेग्यूम्स एट टू नाईट्रोजन लेवल्स. *हरियाणा जे. एग्रॉन* 5*(1)*: 9–12.

मालीवाल, पी.एल., सिंह, जी.डी. और मनोहर, एस.एस. (1987). इफेक्ट आफ फास्फोरस एण्ड जिंक लेवल्स् आन ईल्ड एट्रीब्यूट्स एण्ड ईल्ड आफ कल्स्टरबीन। *राजस्थान एग्रीक. यूनि. जे.रेस.* 1*(1)* : 68–71.

मीणा, के.सी., सिंह, जी.डी. और मुन्दरा, एस.एल. (1991). इफेक्ट आफ फास्फोरस, माइक्रोन्युट्रेन्टस एण्ड इरिगेशन ऑन कल्स्टरबीन। *इडिण्यन जरनल एग्रॉन.* 36 *(2)*: 272–274.

मुथुवैल, पी., सुब्रमण्यम, वी., रॉबिन्सन, जे. जी. और रवि, वी. (1984). सोइल फर्टिलिटी एण्ड कॉप ईल्ड अण्डर बाजरा – पल्सेज़ इन्टर क्रॉपिंग सिस्टम। *मद्रास एग्री. जे.* 71*(9)*: 623 –624.

यादव, बी. डी., अग्रवाल, एस. के. और अरोड़ा, एस.के. (1989ए). ईल्ड एण्ड क्वालिटी ऑफ न्यू कल्टीवर्स आफ कल्सटरबीन एज़ अफॅक्टड बॉय रॉ स्पेसिंग एण्ड फर्टीलाईज़र एप्लीकेशन। *ग्वार रिसर्च एन.*5 *: 24 – 27.*

यादव, बी. डी., अग्रवाल, एस. के., परोदा, ए. एस. और जून, आर. के. (1990). फिज़ियोलोजिकल बेसेज़ ऑफ ईल्ड वेरिएशन इन कल्स्टर बीन एज अफॅटड बॉय रॉ स्पेसिंग एण्ड फर्टिलाईज़र एप्लिकेशन। *फॉरेज रिसर्च* 16*(1)38–41.*

यादव, बी. डी., अग्रवाल, एस. के. और अरोड़ा, एस. के. (1989ए). रिस्पॉन्स ऑफ कल्स्टर बीन टू रॉ स्पेसिंग एण्ड फर्टिलाईज़र एप्लिकेशन। *ग्वार रिसर्च* एन. 5*: 8–13.*

यादव, बी.डी., अग्रवाल, एस. के., फरोदा, ए. एस. 1991. ड्राई मेटर एक्यूमूलेशन एण्ड न्युट्रिएन्ट इन कल्स्टर बीन एज अफॅटड बॉय रॉ स्पेसिंग एण्ड फर्टिलाईजर एप्लिकेशन। *फॉरेज रिसर्च* 17 *(1) : 39 – 44.*

यादव, बी. डी., जून, आर. के., लोधी, जी. पी. और शिरोन, आर. एस. 1991ए. इफेक्ट ऑफ एग्रो – मैनेजमेन्ट प्रेक्टिसेज ऑन द सीड ईल्ड ऑफ कल्स्टरबीन। *ग्वार रिसर्च एन.7 : 30 – 33.*

यादव, बी. डी., जून, आर. के., लोधी, जी. पी. 1997. केमिकल वीड़ कन्ट्रोल इन कल्स्टरबीन *(साइमोप्सिस टैट्रागोनोलोबा* एल. टॉब)। *फॉरेज रिसर्च* 23 *(3 और 4) : 189 – 192.*

यादव, बी. डी., शर्मा, बी. डी. और तनेजा, के. डी. 1990ए. स्टडीज़ ऑन वीड़ कन्ट्रोल इन कल्स्टरबीन। पेपर एब्सट्रक्ट इन अन्तरराष्ट्रीय सिम्पोज़ियम ऑन *"नेशनल रिसोर्सेज मैनेजमेंट फार ए ससटेनेबल एग्रीकल्चर"*। 6–10 फरवरी, 1990 में हुआ। पृष्ठ – 270.

यादव, एन. डी. (1992). स्टडीज़ ऑन स्ट्रीप क्रॉपिंग आफ पर्ल मिल्लेट एण्ड एरिड लेग्युम्स इन रेनफेड एरिड वेस्टर्न राजस्थान। *करेन्ट एग्रीकल्चर* 16 : 89–92.

यादव, आर. पी., शर्मा, आर. के. और श्रीवास्तव, यू. के. (1997बी). फर्टीलिटी मैनेजमेंट इन पीज़न पी *(केजिनस केजन)* बेस्ड इण्टर क्रॉप सिस्टम *अण्डर रेनफेड कण्डीशनस्। इण्डियन जे. एग्रॉन.* 42 *(1)* : 46–49.

यादव, आर. एस. (1998). इफेक्ट ऑफ वीड रिमूवल इन कल्स्टरबीन अण्डर डिफरेन्ट रेनफॉल सिचुएशनस् इन एन एरिड रीज़न। जे. एग्रॉन. और क्रॉप साईन्स 181 *(4)* : 209–214.

यादव, वी. के., यादव, बी. डी. और जोशी, यू. एन. (1993). इफेक्ट ऑफ वीड कन्ट्रोल एण्ड फर्टीलाज़र एप्लीकेशन ऑन सीड एण्ड गम ईल्ड ऑफ कल्स्टरबीन अण्डर रेनफेड कन्डीशन। *फॉरेज रिसर्च* 19 *(3 और 4) : 341 – 342*

यादव, बी. डी., कुमार, वी.जोशी, यू. एन. (2008). इफेक्ट ऑफ सोईंग टाईम, रॉ स्पेसिंग एण्ड सीड रेट ऑन कल्स्टरबीन वेराइटी एच. जी. 563 ग्रॉन फोर सीड / *जे. एरिड लेग्यूम्स* 5*(1): 62–64.*

रॉय, आर. के. और सिन्हा, एम.एन. (1993). इन्टर क्रॉपिंग ग्रेन लेग्यूंम्स इनवाल्विंग पीजन पी, ग्राउण्डनट, उडद बीन, काऊपी एण्ड ग्वार। एन. एग्री. रेस. 14 : 73–76.

राजपूत, आर. एल., भदोरिया, एस. एस. और तोमर, एस. पी. एस. (1989). इन्टर क्रॉपिंग इन पीजन पी.। *इडिण्यन जरनल एग्रॉन.* 34 *(3)* : 373–375.

राणा, डी. एस., यादव, बी. डी., दुखिया, आर. एस. और मीर्धा, एल. के. (1991) इफेक्ट आफ रॉ स्पेसिंग एण्ड इन्ट्रा – रॉ स्पेसिंग ऑन सीड ईल्ड ऑफ कल्स्टरबीन अण्डर लेट सोन कन्डीशन्स। *ग्वार रेस. एन.* 7 : 54–56.

राव, सी. एन., शास्त्री, जे. ए. और वर्मा, ओ. पी. एस. (1979). ए नोट ऑन द इफेक्ट ऑफ कल्चरल प्रेक्टिसेज ऑन ईल्ड ऑफ फोरेज सिरियल – लेग्यूम मिक्सचर्स। *फॉरेज रिसर्च* 5 : 89 –92.

रेड्डी, जी. एस. और वेक्टेंश्वरलू, एस. (1989). इफेक्ट ऑफ फर्टिलाइजर एण्ड प्लान्टिंग पेटर्न इन केस्टर – कल्स्टरबीन इन्टर क्रॉपिंग सिस्टम। *जे. ऑइल सीड रेस.* 6 *(2)* : 300–307.

रेड्डी, टी. वी. रेड्डी, के. आर., राजन, एम. एस. और रेड्डी, जी. एस (1981). प्रोडक्शन पोटेन्शियल ऑफ सीड कल्स्टरबीन जेनोटाईपस एज ए सिक्वेन्स क्रॉप इन ड्राइलेण्ड। *इण्डियन जर्नल ऑफ एग्रोनोमी* 26 : 89–90.

रेवाड़ी, आर. वी., सेन.ए. एन और सेन. ए. (1965). नाइट्रोजन फिक्शेसन बाय कल्स्टरबीन (*साइमोप्सिस टैट्रागोनोलोबा* एल. टॉब) इन रिलेशन टू फॉस्फेट अपटेक फ्रोम सोइल। इण्डियन जे. एग्रीक. साई 35 (2) : 162–167.

सक्सेना, ए., सिंह, डी. वी. और जोशी, एन. एल. (1997). ईंफेक्ट ऑफ टिल्लेज एण्ड क्रॉपिंग सिस्टमस ऑन सॉयल मोइश्चर बैलेन्स एण्ड पर्ल मिल्लेट ईल्ड। *जे. एग्रॉन. और क्रॉप साइन्स,* 178 : 251 –257.

रगमी, के.आर. शर्मा, आर.एन.ओर पाल, एम. (1984). कलस्टरबीन एण्ड डाईरेक्ट फर्टिलाईजेशन आफ वीट इन.कलस्टरबीन सिस्टम इण्डियन *जे. एग्रॉन.* / 29 (2) : 263 –265.

वेक्टेश्वरलु, एस. और सुब्रम्ण्यम, वी. बी. (1990). प्रोडक्टीवीटी ऑफ रेनफेड क्रॉप्स इन सोल एण्ड इण्टर क्रॉप सिस्टम। *इण्डियन जे. एग्रीक. साईन्स.* 60 : 106–109.

शर्मा, बी. डी., तनेजा, के. डी., कैरन, एम.एस. और जैन, वीना, (1984). ईफेक्ट ऑफ डेट्स ऑफ सोईंग एण्ड रॉ स्पेसिंग ऑन ईल्ड एण्ड क्वालिटी ऑफ कल्स्टरबीन *(साइमोप्सिस टैट्रागोनोलोबा एल. टॉब)। इण्डियन जे. एग्रॉन* 29 *(4)* : 557–558.

शर्मा, के. बी., सिंह, जी. डी. और केशवा, जी. एल. (1988). ईल्ड एण्ड रिटर्नस ऑफ पर्ल मिल्लेट एण्ड क्ल्स्टरबीन इण्टर क्रॉपिंग एज अफेक्टड बॉय नाइट्रोजन इन सेमी–एरिड एरियाज। *हरियाणा जे. एग्रॉन.* 4*(2)*: 135–137.

शर्मा, पी. के., तिवाना, एम. एस. और गुप्ता. बी. के. (1993). एसोशिएसन ऑफ समर लेग्यूम एण्ड नॉन–लेग्यूम फोडर्स अण्डर रेनफेड कन्डिशन्स। *एग्रीक, साइ. डाइजेस्ट* 13:20–22.

शेखावत, पी. एस., राठौड़, ए. एस. और सिंह, एम. (1996). इॅफेक्ट ऑफ सोर्स एण्ड लेवल आफ सल्फर ऑन ईल्ड एट्रीब्यूट्स एण्ड सीड़ ईल्ड ऑफ क्लस्टरबीन *(साइमोप्सिस टैट्रागोनोलोबा)* अण्डर रेनफेड कन्डिशन्स। *इण्डियन जे. एग्रॉन* 41*(3)*:424–426.

शिवराम, ए.सी., खंगारोत, एस.एस., शिवराम, पी.एल. और गोरा, डी.आर. (1996). रिस्पोन्स ऑफ कल्टरबीन *(साइमोप्सिस टैट्रागोनोलोबा) वेराइटीज़ टू सल्फर एण्ड फॉस्फोरस। इण्डियन जे. एग्रॉन* 41*(2)*: 340–342.

सिंह, भरत, सिंह, एम. और डेंग, वाई. पी. (1989बी). कम्पेरेटिव परफॉरमेन्स ऑफ डिफरेन्ट जिंक सोर्सेज ऑन मेज एण्ड सब्सीक्वेन्ट क्रॉप आफ ग्वार *(साइमोप्सिस टैट्रागोनोलोबा) हरियाणा जे. एग्रॉन.* 5*(1)*: 24–48.

सिंह, बी. पी. (1981ए). सीड़ ईल्ड, प्रोडक्टीविटी, रिटर्नस एण्ड वाटर यूज एफिसिएन्सी एज अफेक्टड बायें प्लान्टिग सिस्टम ऑफ ग्वार एण्ड उडद बीन इन ड्राईलैण्ड। *ग्वार न्यूज़ल.* 2 : 34–37.

सिंह, बी. पी. (1981). इॅफेक्ट ऑफ इण्टर क्रॉपिंग ऑफ ग्वार इन पर्ल मिल्लेट। *ग्वार न्यूज़ल.* 2 : 24–27.

सिंह, बी. पी. (1982). सीड़ ईल्ड एण्ड वाटर यूज एफिसिएन्सी आफ ग्वार वेराइटी एच.जी. 75 एज अफेक्टड बॉय क्रॉप जियोमेट्री इन ड्राईलैण्ड। *ग्वार न्यूज़ल.* 3 : 9–11.

सिंह, बी. पी. (1985). इॅफेक्ट ऑफ इण्टर क्रॉपिंग विद पर्ल मिल्लेट ऑन प्रोडक्टीविटी, प्रोफिटेबिलिटी एण्ड वाटर यूज ऑन एरिडी साल्ज़। *इण्डियन जे. एग्रॉन* 30*(4)*: 408–413.

सिंह, डी. पी., राठौर, डी. एन., सिंह, एच. और कुमार, वी. (1978). ए नोट ऑन क्रूड प्रोटीन एण्ड गम प्रोडक्शन आफ टू वेराइटिज़ आफ ग्वार *(साइमोप्सिस टैट्रागोनोलोबा एल. टॉब) एज़ इन्फलुएन्स बॉय डिफरेन्ट सीड रेट्स एण्ड रॉ स्पेसिंगस। एन. एरिड जोन.* 17*(3)*: 329–331.

सिंह, जी., सिंधु, बी. एस. साहू, एम. एस. और तिवाना, एम. एस. 1980. फॉडर क्रॉपस, क्यूमिन. सेन्टर, पी. ए.यू. लुधियाना। पृष्ठ 24 –38.

सिंह, एच. और तिवाना, यू.एस. (1995). रिस्पोन्स आफ ग्वार *(साइमोप्सिस टैट्रागोनोलोबा* एल. टॉब) वेराइटिज़ टू वेराइंग लेव्लस आफ फास्फोरस *एण्ड रॉ स्पेसिंगस। इण्डियन. जे. एग्रिक. रिसर्च* 29*(1)*: 49–52.

सिंह, जे. पी. और सिंह, बी. पी. (1988). इण्टर क्रॉपिंग आफ ग्रीन ग्राम एण्ड ग्वार इन केस्टर अण्डर ड्राईलैण्ड कन्डीशनस्। इण्डियन जे. एग्रॉन 33:177–180.

सिंह, के., कुमार, एस. और तनेजा, के. डी. (1979). इफेक्ट ऑफ डिफरेन्ट सोइंग डेटस ऑन द सीड ईल्ड ऑफ डिफरेन्ट वेराइटिज़ आफ ग्वार *(साइमोप्सिस टैट्रागोनोलोबा एल. टॉब)। हरियाण एग्रीक. यूनि. जे.रिसर्च।* 9*(4)*: 312–316.

सिंह, के. सी. और सिंह, आर. पी. (1977). इण्टर क्रॉपिंग आफ एन्अुल ग्रेन लेग्युमस विद सनफ्लोवर। *इण्डियन. जे. एग्रिक. साइन्स* 47*(11)*: 563–567.

सिंह, एम. और जोशी, एन. एल. (1994). इफेक्ट आफ मिक्स एण्ड इन्टर क्रॉपिंग सिस्टम ऑन ड्राई मेटर एण्ड ग्रेन ईल्डस आफ कम्पोनेन्ट क्रॉप्स इन एरिड एनविरोनमेंट। एन. एरिड जोन. 33 : 125–128.

सिंह, एम. और जोशी, एन. एल. (1997). पर्ल मिल्लेट बेस्ड क्रॉपिंग सिस्टम इन रिलेशन टू प्लांट पोपूलेशन एण्ड मोइश्चर अवेलेबिलिटी। *एन. एरिड जोन.* 36 *(1)*: 37–42.

सिंह, एम. और जोशी, एन. एल. (1994). परफॉरमेन्स ऑफ पर्ल मिल्लेट बेस्ड इन्टर क्रॉपिंग सिस्टम अण्डरा ड्राट कण्डीशनस। *एरिड सोइल रिसर्च एण्ड रिहेबिलिटेशन* 8 : 313–319.

सिंह, पी. पी. और गौतम, डी. पी. (1973). इफेक्ट आफ डबल क्रॉपिंग ऑन सोइल मोइश्चर एण्ड ईल्ड ऑफ बारले अण्डर रेनफेड कन्डीशनस। *इण्डियन जे. एग्रीक. साइन्स* 43 : 988–992.

सिंह, आर.पी. (1978). ग्वार एग्रोनोमी–ए रिव्यू आर्टिकल। इन "*ग्वार–इट्स इम्प्रूवमेंट एण्ड मैनेजमेंट*" (आर.एस. परोदा और एस.के. अरोड़ा) *फोरेज रिसर्च* 4 ए : 41–48.

सिंह, आर. पी., और कौशिक, एम. के. (1997). नाइट्रोजन इकोनोमी इन मेज़ लेग्यूम इन्टर क्रॉपिंग सिस्टम। *एन् एग्रीक. रिसर्च* 8 : 105–109.

सिंह, आर. वी. और सिंह, आर. आर. (1989). इफेक्ट ऑफ नाइट्रोजन, फास्फोरस एण्ड सीडिंग रेट्स ऑन ग्रोथ, इल्ड एण्ड क्वालिटी ऑफ ग्वार अण्डर रेनफेड कण्डीशनस। *इण्डियन जे. एग्रान* 34 *(1)* : 53–56.

सिंह, आर.वी. और सिंह, आर.आर. (1990). अपटेक ऑफ नाइट्रोजन, फास्फोरस एण्ड पोटेशियम बॉय ग्वार *(साइमोप्सिस टैट्रागोनोलोबा एल. टॉब) एज़ इन्फलूएन्सड बॉय* नाइट्रोजन विद एण्ड विदाउट इनॉक्यूलेशन, फारफोरस एण्ड सीड़ रेट्स अण्डर रेनफेड कण्डीशनस। *एनुअल एग्रीक. रिसर्च* 11 *(3* और *4)* : 329–332.

सिंह, एस. पी. और आहूजा, के. एन. (1990). इण्टर क्रॉपिंग आफ ग्रेन सोरगम विद फाडर लेग्यूमस अण्डर अण्डर ड्राईलैण्ड कन्डीशनस् इन नार्थ वेस्टर्न इण्डिया। *इण्डियन जे. एग्रॉन* 35 *(3)* : 287–296.

सिंह, वेद, शर्मा, एस. के., दिओ राम, सियाग, आर. के. और वर्मा, बी. एल. (1998). परफोरमेन्स आफॅ दि फरेन्टक्रॉप सिक्वेन्सेज अण्डर वेरियस इरिगेशन लेवलस *इण्डियन जे. एग्रॉन* 43 *(1)* : 38–44.

सिंह, वाई. पी., दईया, डी. जे., कुमार, वी. और सिंह, एम. (1993). इफेक्ट आफ नाइट्रोजन एप्लीकेशन एण्ड अपटेक ऑफ नाइट्रोजन बॉय डिफरेन्ट लेग्यूम क्रॉप्स। *क्रॉप्स रिसर्च* 6*(3)*:394–400.

सोलंकी, एन. एस., शेखावत, आर. पी. एस. और शेखावत, बी. एस. (1998). एफिसिएन्सी आफ फास्फेट कल्चर विद फास्फोरस लेवलस् ऑन ग्रोथ एण्ड इल्ड ऑफ कल्स्टरबीन *(साइमोप्सिस टैट्रागोनोलोबा एल. टॉब)। एन. एरिड जोन.* 37 *(4)* : 417–418.

सोमानी, वी. वी., पाटिल, आर. आर. और पाटिल, जे.ए. (1985). क्रिटिकल पीरियड़ ऑफ क्रॉप वीड़ कम्पीटिशन इन ग्वार साइमोप्सिस टैट्रागोनोलोबा एल टॉब)। पेपर एब्सट्रेक्टस इन : भारतीय संस्था की वार्षिक कान्फॅरेन्स वीड़ साइन्स पृष्ठ –84.

ग्वार व्याधि प्रबंध

सारांश

भारत में ग्वार की खेती पूर्णरूपेण, वर्षा पर आधारित स्थितियों में किये जाने के कारण इसके उत्पादन में भारी अनिश्चितता तथा अस्थिरता बनी रहती है। कुछ व्याधियाँ द्वारा जिनका प्रभाव अवश्यम्भावी है, विशेष क्षेत्रों व अनुकूल परिस्थितियों में ग्वार के उत्पादन को अस्थिर करने का काफी भय बना रहता है। अतः व्याधियों के प्रभाव, लक्षण व उनका प्रबंध का अध्ययन ग्वार के संदर्भ में आवश्यक है। ग्वार में यों तो जीवाणु, फफूंद व वायरस जनित काफी बिमारियों का वर्णन मिलता है, परन्तु जीवाणुज पर्ण अंगमारी, आल्टरनेरिया पत्ती झुलसा, चूर्णित आसिता तथा मूल व तना विगलन व्याधियों का उल्लेख आवश्यक है। जीवाणु पर्ण अंगमारी ग्वार की सबसे भंयकर बीमारी है तथा इसके प्रकोप से ग्वार की उपज में 50-70% गिरावट दर्ज की गई है। रूक रूक कर वर्षा का होना, अधिक आर्द्रता (80-90%), तथा गर्म वातावरण (28-30° सै.), इस व्याधि के लिए अनुकूल पाये गये हैं। वातावरण की यह स्थिति ग्वार के क्षेत्र में जुलाई के मध्य से सितम्बर के प्रथम सप्ताह तक बनी रहती है। इस बीमारी के प्रति रोधक पौधों की पत्तियों में ऑक्सीकृत एन्जाईम ऑक्सी हाईड्रिक फिनोल, ऑक्सीडेज़ तथा पर ऑक्सीकृत एन्जाईम की सान्द्रता अधिक पाई जाती है। रोकथाम के तरीकों में रोधक किस्में, रासायनिक व जैविक तरीके शामिल है। विभिन्न स्तरों व केन्द्रों पर पिछले 10-15 वर्ष के अनुभव के आधार पर इस व्याधि को रोकपाना संभव है। आर्थिक व सुविधाजनक तरीकों में नीम की पत्ती का अरक तथा कॉपरऑक्सीक्लोराईड (150 पी.पी.एम. +0.2% क्रमश) द्वारा 2–3 छिड़कावों से बीजों का अंकुरण 93% तथा बीमारी की तीव्रता काफी कम (17.3%) हो जाने के कारण सर्वश्रेष्ठ पाया गया है। इसी शृंखला में स्ट्रैप्टोसाईक्लिन (250 पी.पी.एम.) घोल द्वारा बीज उपचार तथा 30–35 दिन बाद स्ट्रैप्टोसाईक्लिन (100 पी.पी.एम.) द्वारा 2–3 छिड़काव काफी लाभप्रद पाये गये हैं। आल्टरनेरिया पत्ती झुलसा रोग द्वारा भारी विपरीत परिस्थितियों, में 43-47% तक उपज में गिरावट संभव है। इस बीमारी का अधिकतम प्रकोप 25-31°सैं. तापक्रम तथा अधिक नमी द्वारा जुलाई–सितम्बर माह में पाया गया है। बीमारी प्रबंध के लिए आईप्रोडाइन (0.2%) का पत्तियों पर छिड़काव करना चाहिये। जीनब तथा स्ट्रैप्टोसाईक्लिन को मिलाकर छिड़काव करने से ग्वार की जीवाणुज अंगमारी व आल्टरनेरिया पत्ती झुलसा दोनों रोगों की रोकथाम की जा सकती है।

चूर्ण आसिता ग्वार की देरी से बुवाई, अधिक तापक्रम (30°सै.) सूर्य की तेज चमक व कम आर्द्रता (<75°सैं.) जैसे कारक इसके फैलाव में सहायक सिद्ध होते हैं। सल्वाडोरा पत्ती के अरक (2%) द्वारा बीज उपचार व फसल बोने के 35 व 49 दिन बाद दो छिड़काव करने से प्रकोप में 20–24% की कमी लाई

जा सकती है। मूल व तना विगलन भूमि जनित व्याधियां हैं तथा इनके फफूंद 10–15 वर्ष तक भूमि में जीवित रह सकते हैं। कम मृदा जल (15-16%), अधिक तापक्रम (28-39%) इस बीमारी की वृद्धि के लिए अनुकूल पाये गये हैं। कुछ फफूंद कम जल व मृदा की कम पी.एच. (5.6-6.0) में भी अधिक प्रभावशाली पाये गये हैं। उग्रता की स्थिति में अंकुर (70-90%) पूरी तरह से गल व सूखकर उखड़ जाते हैं। फसल–चक्र इन फफूंदों की रोकथाम में अधिक सहायक सिद्ध नहीं हो पायेगा। जल संरक्षण विधियां, गर्मी के दिनों में गहरी जुताई, मल्व व भूमि शोधन की विधियां मोटे तौर पर लाभप्रद पाई गई हैं। सुविधाजनक व आर्थिक प्रबंधों में वैविस्टीन (2 ग्राम/ किलोग्राम बीज) द्वारा बीज उपचारित करना तथा 15–20 दिन बाद खड़ी फसल में बैविस्टीन (1%) द्वारा छिड़काव करना बीज अंकुरण की प्रतिशतता में वृद्धि तथा अंकुरित पौधों की मृत्यु दर को कम करने में श्रेष्ठ पाया गया है। इस अध्याय में कुछ दूसरी बीमारियों पर भी एकीकृत प्रबंधों पर प्रकाश डाला गया है। बीमारियों संबन्धित प्रबंधों पर हाल ही में प्रकाशित निष्कर्षों को विशेष रूप से सम्मिलित किया गया है।

प्रस्तावना

किसी भी कृषि पद्धति, फसल या किस्म के संदर्भ में उत्पादन स्थिरता व वृद्धि के लिए अनुवंशिक उत्थान के साथ–साथ, जैविक व अजैविक कारकों के प्रतिकूल प्रभावों को शनैः–शनैः प्रबंध में शामिल करना, नितांत आवश्यक है, यद्यपि जैविक व अजैविक कारकों का महत्व व प्रबंध कृषि पद्धति, वर्षा वितरण, आर्द्रता, तापक्रम व दूसरी अनेक स्थितियों पर निर्भर करता है। अजैविक कारकों का प्रबन्ध कम सीमा तक फसल प्रकृति व फसल वातावरण पर निर्भर करता है, परन्तु जैविक कारकों का प्रबंध मुख्य रूप से फसलों के निरन्तर व नियमित अनुसंधानों पर निर्भर करता है। इस दिशा में अन्तर–विषय स्तरों पर काफी सघन अनुसंधान प्रकाशित हुऐ हैं तथा इनके निष्कर्ष भी संतोषजनक प्राप्त हुए हैं। जैविक कारकों में व्याधियों का उनके प्रकोप की सघनता के अनुरूप बहुत महत्व रहा है, तथा फसल उत्पादन में अनुकूल परिस्थितियों में तो इनका सीधा व भारी प्रतिकूल प्रभाव पाया गया है, तथा ऐसी परिस्थितियों में फसल उत्पादन में मात्रात्कृम तथा गुणात्मक सोचनीय गिरावट दर्ज की गई है। अतः कृषि जगत में व्याधि प्रबंध, विशेष रूप से संतोषजनक फसल उत्पादन प्राप्त करने के संदर्भ में आज की आवश्यकता है।

ग्वार की फसल का वर्षा पर आधारित परिस्थितियों में उगाये जाने, कम से कम साधनों तथा देखरेख के बिना उगाये जाने के कारण तथा लम्बी अवधि में पकने वाली किस्मों के उगाये जाने के कारण, इस मरू दलहन का उत्पादन संतोषजनक नहीं मिल पाता है। उपरोक्त कारणों के अतिरिक्त, ग्वार की फसल पर कुछ बीमारियों का बदलते व अनुकूल वातावरण के परिवेश में भारी प्रतिकूल प्रभाव देखने में आया है। ग्वार में जीवाणु, कवक, विषाणुओं इत्यादि रोग जनकों द्वारा बीमारियों को फैलाया जाता है। अतः इस पाठ में ग्वार की मुख्य बीमारियों के बारे में विस्तृत रूप से चर्चा की गई है।

जीवाणुज पर्ण अंगमारी

ग्वार की यह सबसे भयंकर बीमारी है, तथा भारत में सबसे पूर्व पटना में दर्ज की गई थी (पटेल *एट एल.*, 1953), तथा *ज़ेनथोमोनास कैम्पसट्रिस पी.वी. सायेमोपसिडिस* रोग

जनक द्वारा उत्पन्न की जाती है। यह व्याधि मुख्य रूप से रोग जनन की बीज जनक प्रकृति द्वारा उत्पन्न की जाती है। इस बीमारी के फैलाव व प्रसार के लिए वर्षा ऋतु का समय अनुकूल पाया गया है। इस बीमारी द्वारा सबसे अधिक प्रभावित क्षेत्रों मुख्य रूप से राजस्थान मे है। समय–समय पर किये गये फसल निरीक्षण बताते हैं कि इसके प्रकोप से ग्वार की उपज में 50–67% तक गिरावट दर्ज की गई है। (लोढ़ा *एट एल.*, 1986; गुप्ता, *एट एल.* 1998)। दूसरे वैज्ञानिकों जैसे गांधी (1984), गाँधी व चांद (1985 ए) द्वारा ग्वार की किस्म एच.जी. 75 (प्रतिरोधक) व पूसा नवबहार (कम प्रतिरोधक क्षमता) पर नियत्रंण स्थितियों में किये गये अनुसंधानों के अनुसार इस व्याधि का दानों की उपज में क्रमशः 32 व 68% तक गिरावट पाई गई हैं। उपरोक्त अनुसंधान सूचनाएँ बताती हैं कि इस बीमारी का मुख्य प्रभाव फलियों तथा फलियों के गुच्छों की संख्या पर पाया गया है। यह बीमारी पत्ती धब्बा तथा झुलसा दोनों रोगों को साथ–साथ दर्शाती है।

रोग के लक्षण

रोग जनक जीवाणु का प्रभाव पत्तियों के छिद्रों को प्रभावित करने से शुरू होता है। पत्तियों की निचली सतह पर, नसों के बीज में छोटे, गोल, पानी या तेल जैसे भीगे हुए धब्बे, देख जा सकते हैं। धब्बे आकार में फैलकर मिल जाते हैं तथा पत्तियां एक प्रकार से झुलसा स्थिति को दर्शाती हैं। भीगे हुए भाग एक प्रकार से वी–आकृतिनुमा उभार बनकर पत्तियों के किनारों से प्रारम्भ होकर बीच की तरफ बढ़ते जाते हैं। धीरे–धीरे तनों व फलियों पर काले रंग के घब्बे दिखाई देने लगते हैं, पत्तियां अन्त में झुलस कर गिर जाती हैं (प्लेट–1)।

व्याधि को प्रभावित करने वाले कारक

इस बीमारी की फैलाव के मुख्य कारणों में विशेष रूप से रूक–रूक कर वर्षा का होना, अधिक आर्द्रता (80–90%), गर्म वातावरण (28–30°सै.) का होना है, तथा यह स्थिति भारत में जुलाई–सितम्बर माह में विद्यमान हो सकती है (श्रीवास्तव *एट एल.* 1963)। जुलाई से अक्टूबर तक के माह में, बीमारी की उग्रता का वर्षा व आर्द्रता के बीच सीधा संबध पाया गया है (सिंह व स्वरूप, 1986; गांधी एवं चाँद, 1989ए)। ग्वार के पौधों में नत्रजन की अधिक मात्रा भी इस बीमारी के प्रति सहिष्णुता को प्रभावित करती है। गांधी व चाँद (1985बी) द्वारा नत्रजन की मात्रा 20 से 40 कि.ग्राम/हे. बढ़ा देने पर बीमारी के स्तर में वृद्धि पाई गई, परन्तु नत्रजन की मात्रा और बढ़ा देने पर बीमारी की उग्रता पर प्रभाव नहीं पाया गया। फॉस्फोरस की मात्रा (40-120 कि.ग्राम/हे) का भी इस बीमारी पर प्रभाव नहीं पाया गया। पौधों की वृद्धि की स्थिति का बीमारी के फैलाव पर संबन्ध पाया गया है। उदाहरण के तौर पर 15–30 दिन पुराने पौधों पर 60 दिन पुराने पौधों की तुलना में बीमारी का प्रकोप अधिक पाया गया। छोटे पौधों (15-30 दिन) में तनों का सड़न पाया गया तथा पौधों की अकस्मात् मृत्यु भी पाई गई, परन्तु 60 दिन के पौधों में ये कुप्रभाव पत्तियों तक ही सीमित पाये गये (गाँधी व चाँद, 1988)। इस बीमारी का प्रतिकूल प्रभाव यों तो 20–25°सै. तक पाया जा सकता है, परन्तु अधिकतम कुप्रभाव 30°सै. तक ही पाया गया तथा नमी बढ़ने से कुप्रभाव अधिक दिन तक खिंच सकता है।

इनोकुलम व व्यापकता का स्त्रोत

जीवाणुज रोग जनक मुख्य रूप से बीज जनित माना जाता है। प्रभावित बीज ही इस बीमारी के प्रभाव का प्राथमिक स्त्रोत बन जाता है। प्रभावित किस्म के बीजों को मिलाकर उगाने पर सबसे अच्छा परीक्षण पाया गया है (गुप्ता *एट एल.* 2003)। इस बीमारी के रोग जनकों व पौधों के मलबों को प्रयोगशाला (8–40° सै) में रखने पर 12 माह तक जीवित रखा जा सकता है, परन्तु मलबे से प्राप्त रोग जनकों को भूमि की सतह से नीचे दबाने पर, 3–4 माह से अधिक जीवित नहीं रखा जा सकता है (गांधी एंव चांद, 1989ए)। प्रभावित बीजों को यदि 2 वर्ष तक भंडारण किया जाये तब भी रोग जनकों को खोजा नहीं जा सका तथा बीजों के अंकुरण पर कोई प्रतिकूल प्रभाव नहीं पाया गया (सैनी व पाराशर, 1991बी)।

जैव–रसायन अध्ययन

जीवाणुज झुलसा रोग के प्रभाव से ग्वार के पौधों में कार्यकी प्रकिया तथा जैव रसायन के मौलिक अंश में होने वाले परिवर्तनों को वैज्ञानिकों ने समय–समय पर अध्ययन किया है। इसी क्रम में करवासरा व चांद (1981) तथा माली *एट एल* (1989) ने रोग रहित पौधों की पत्तियों में कुछ अमिनो अम्लों की मात्रा अधिक पाई, जबकि रोगग्रस्त पत्तियों में मिथ्योनिन तथा आइसोल्यूसिन अम्लों की मात्रा अनुपस्थित पाई। सिंह *एट एल.* (1989) व सिंघन *एट एल.* (1996) ने रोग –रोधक किस्मों (एच.जी.–75) में फीनोलिक पदार्थों तथा ऑक्सीडेटिव एनजाइम्स की मात्रा अधिक पाई तथा रोग के प्रभाव बढ़ने की स्थितियों में इनकी मात्राओं में भी वृदि पाई गई। लोढ़ा *एट एल.* (1993) द्वारा जीवाणुज झुलसा रोग के प्रति सूक्ष्मग्राही ग्वार की किस्म पूसा नवबहार में इस बीमारी का प्रकोप 76% तक तथा प्रकोप की दर 0.052 पाई। साधारणतः रोधक किस्मों में फॉस्फोरस, पोटास, जस्ता व पीतल की अधिकता पाई गई परन्तु नत्रजन, लोहा व मैंगनीश की मात्रा अपेक्षाकृत कम पाई गई। पूर्व में कुछ वैज्ञानिकों (गांधी व चांद, 1986बी, सिंघन *एट एल.,* 1988, लूथरा *एट एल.,* 1989 व सिंह *एट एल.,* 1990); द्वारा ऑक्सी हाईड्रिक फीनोल, फ्लेवेनोलस व सूक्ष्म तत्वों, द्वारा रोधक क्षमता तथा अम्ल डिटरजेन्ट रेशा, लिग्निन व सिलिका द्वारा शुष्क प्रदार्थ पाचकता को कम करने के बारे में महत्व को प्रकाशित किया था। लूथरा *एट एल.* (1994) द्वारा ऑक्सीकृत एन्जाइम्स जैसे फीनोल, ऑक्सीड़ेज तथा पर–आक्सीकृत एन्ज़ाईम की स्वस्थ तथा कम रोधित किस्मों की पत्तियों में उपस्थिति, इनके प्रतिरोधक कार्यप्रणाली में महत्व को उजागर करते हैं। जीवाणुज झुलसा रोग ग्रसित पौधों की पत्तियों में उत्सर्जन की क्रिया अधिक पाई गई है, तथा इसकी गति उग्रता की के साथ बढ़ती गई (जैन व चक्रवर्ती, 1988बी)।

बीमारी की रोकथाम

जीवाणुज पर्ण झुलसा रोग की रोकथाम, प्रतिरोधक किस्मों का विकास करके, फसल का उचित प्रबंध करके, पोषक तत्वों की उचित मात्रा देकर तथा दूसरे जैविक व रासायनिक तरीकों द्वारा समुचित प्रकार से की जा सकती है, जो कि निम्न प्रकार है :

प्रतिरोधकता

आनुवंशिक प्रतिरोधक क्षमता एक सस्ता, आर्थिक तथा सुविधाजनक तरीका है तथा राष्ट्रीय्य व अन्तर्राष्ट्रीय महत्व की फसलों में इस पर महत्वपूर्ण कार्य किये गये हैं, तथा निष्कर्ष भी काफी संतोषजनक रहे हैं। इस दिशा में उपलब्ध जननद्रव्यों, पुरानी व नई किस्मों को प्राकृतिक व नियंत्रित स्थितियों में आकलन किया गया है, तथा कुछ किस्मों में संतोषजनक स्तर तक प्रतिरोधक क्षमता पाई गई हैं : जी.पी.– 380, जी.पी.–508बी, जी.पी. –590, (करवासरा व चांद, 1982); गोज –63 (पाण्डे, *एट एल.*, 1993); एच.जी.–75, एच. जी.–258, आर.जी सी.–990, एच.जी.–504 (गुप्ता, एट एल., 1993) व एच.जी.–75, एच. जी.–182, पी.एल.जी.–85, आई सी.–9965, एच.जी.–513 (सिंघन *एट एल.*, 1996)। इसके अतिरिक्त, इस बीमारी के प्रकोप की दर कुछ किस्मों (एच.जी.–75, एच.एफ.जी.–119, एच. जी.–182 व, एच.एफ.जी.–340) में सूक्ष्मग्राही किस्मों की तुलना में कम पाई गई है (गांधी व चांद, 1987)।

ग्वार की कुछ नई व पुरानी रोग रोधी किस्मों को प्रयोगशाला की नियंत्रित स्थितियों में रोग जनक से प्रभावित करने पर वर्ष 2008 में हिसार, एस.के. नगर, बीकानेर तथा दुर्गापूरा में आंकलन करने पर महत्वपूर्ण निष्कर्ष सामने आये हैं (एनोनिमस, 2008) तथा पाया गया कि बीमारी का प्रकोप 5.6 (एच.जी 2-4, एच जी–75) से 28.2% (एम –83) तक पाया गया जबकि नियंत्रित किस्म एफ.एस.–277 में यह रोग 35.5% तक पाया गया। एच.जी. –563, जी.जी. –1, एच.जी.2–20 व एच.जी.–884 भी महत्वपूर्ण किस्में हैं जिनमें अधिकतम उपज के साथ–साथ इस बीमारी की रोधकता क्षमता भी पाई गई है।

रासायनिक तरीके

रासायनिक तरीकों द्वारा इस बीमारी के प्रबंध के लिए महत्वपूर्ण अनुसंधान किये गये हैं, तथा निष्कर्ष भी संतोषजनक पाये गये हैं। ग्वार के बीजों को थीरम (0.2%) या स्ट्रेप्टोसाईक्लिन (0.1%) या क्रेसिन (0.2%) से उपचारित करने पर काफी लाभदायक निष्कर्ष प्राप्त किये गये हैं (सिंह व स्वरूप, 1986)। बीज जनक इस बीमारी की रोकथाम के लिए वीजों को स्ट्रेप्टोसाईक्लिन (200 पी.पी.एम.) के घोल में डुबोकर आधा घंटा शुष्क हवा में सुखाना काफी संतोपजनक पाया गया (गांधी *एट एल.*, 1991)। इसी श्रृंखला में माथुर व शेखावत (1988ए) के अनुसार बीजों को पैलन्टोमाइसीन घोल में दो घंटे उपचार के बाद बीमारी के लक्षण प्रकट होने पर पौधों पर ब्लीटोक्स (0.3%) घोल द्वारा एक छिड़काव करने पर बीमारी को पूर्ण रूप से समाप्त किया जा सकता है। लोढा व राम (1993) के अनुसार स्ट्रेप्टोसाईक्लिन (250 पी.पी.एम.) के घोल द्वारा बीजों को उपचारित करने के बाद इसके 100 पी.पी.एम. घोल द्वारा 5 व 7 सप्ताह बाद दो छिडकाव करने से भी बीमारी को पूर्ण रूप से समाप्त किया जा सकता है। अखिल भारतीय मरू दलहन समन्वित अनुसंधान परियोजना के अन्तर्गत वर्ष 2008 में बीज उपचार पर हिसार व एस.के. नगर केन्द्रों पर किये गये अनुसंधानों के अनुसार मौनकरन (3 मि.ली./कि.ग्राम बीज) + कार्बेनडेजिम (2 ग्राम/कि.ग्राम बीज) उपचार से इस बीमारी के प्रकोप को 40% से घटा कर 10% तक लाना संभव हो सकता है। अतः यह एक गहत्त्वपूर्ण अनुसंधान है तथा व्याधि की रोकथाम में सस्ता व सुदिधाजनक तरीका है (ऐनोनिमरा, 2009)।

जैविक रोकथाम

हाल ही के कुछ वर्षों में बीमारियों की रोकथाम के लिए जैविक रोकथाम पर रूची बढ़ती जा रही है। ऐसे प्रयत्न वातावरण व भोज्य पदार्थ संबंधी आवश्यकताओं के अनुरूप किये गये हैं। ग्वार की फिल्लोप्लेन से निकाली गई फफूँद व जीवाणु प्रजातियों से *पैनिसिलन साइट्रीनम, एसपरजिलस नाइजर, बैसीलस सबटीलिस* व एक सफेद निष्फल फफूंद द्वारा इस बीमारी के जनक *एक्स.एक्सोनोपोडिस पी.वी.सायोमोपोसीडिस* की वृद्धि को प्रयोगशाला में तथा फार्म पर रोकने में सक्षम पाये गये हैं (सैनी व पाराशर, 1991बी, पाराशर *एट एल.,* 1992; सैनी व पाराशर, 1993बी)। इन सभी जैविक प्रतिरोधियों को बीज उपचार के तौर पर या छिडकाव के रूप में प्रयोग किये जाने पर रोग के निदान में काफी सहायता मिली है। *स्ट्रेप्टोसाईक्लिन,* सफेद निष्फल फफूंद, तथा *पी. सिट्रीनम* की रोग निदान की क्षमता लगभग समान पाई गई। सिंघन *एट एल.* (1991) द्वारा ग्वार के पौधों पर प्रतिरोधकों के छिडकाव करके मौलिक अंशों का अध्ययन किया गया तथा पाया कि *बी. सबटीलस* तथा *ए. नाइजर* दोनों के उपयोग द्वारा कुल फीनोलस की मात्रा में बढोतरी पाई गई, इसके विपरीत *स्ट्रेप्टोसाईक्लिन,* व सफेद निष्फल फफूंद द्वारा इसकी मात्रा में गिरावट पाई गई।

नीम पर आधारित पदार्थों तथा कुछ जैविक पदार्थों को साथ मिलाकर तथा अकेले में अखिल भारतीय मरू दलहन अनुसंधान परियोजना के अन्तर्गत कई वर्षों तक विभिन्न केन्दों पर इस बीमारी के निदान हेतु सराहनीय अनुसंधान किये गये हैं, तथा अच्छे निष्कर्ष सामने आये हैं (ऐनोनिमस, 2009)। हिसार में वर्ष 2005, 2006, 2007 व 2008 में लगातार किये गये अनुसंधान दर्शाते हैं की प्रयोग में लाये गये 10 उपचारों में से *स्ट्रेप्टोसाईक्लिन* (1 ग्राम /किलो बीज) द्वारा बीज उपचार तथा इसी जैविक रसायन द्वारा + कॉपर ऑक्सीक्लोराईड (250 पी.पी.एम. व 0.2% क्रमशः) द्वारा तीन छिडकाव करने से बीजों का अंकुरण 93.6%, बीमारी संकेत 17.3%, तथा दानों की उपज सबसे अधिक (7-8 कि./हे.) पाई गई, इसके समीप दूसरा ट्रीटमेंन्टः जिंक सल्फेट + नीम पदार्थ एजेडीरेचटिन (0.25 + 1.5 मी. ली/लीटर क्रमश) द्वारा दो छिड़काव करने पर सम्बन्धित आँकडें 77.6%, 19.0%, तथा 7.2 कि./है पाये गये हैं, जबकि नियंत्रित स्थितियों में क्रमश 74.8%, 57.7% तथा 4.1 कि./है प्राप्त हुए हैं। अतः उपरोक्त आँकड़े बताते हैं कि *स्ट्रेप्टोसाईक्लिन* बीज उपचार तथा *स्ट्रेप्टोसाईक्लिन कॉपर ऑक्सीक्लोराईड* द्वारा तीन छिडकाव बीमारी को पूरी तरह से कम करने में समर्थ हैं, तथा उपज भी लगभग दो गुना अधिक प्राप्त की जा सकती है (तालिका 1) वर्ष 2007 व 2008 में एम–83 ग्वार की किस्म पर किये गये दुर्गापुरा में अनुसंधान भी उपरोक्त निष्कर्षों के ही अनुरूप पाये गये हैं (ऐनोनिमस, 2009)।

ऑल्टरनेरिया पत्ती झुलसा

ऑल्टरनेरिया पत्ती झुलसा रोग सबसे पहले पूसा (बिहार) में प्रकट हुआ था। यह बीमारी *ऑल्टरनेरिया ब्रैसिका* (बक्र) साक (बटलर, 1918, स्ट्रीटस, 1948), ऑल्टरनेरिया *सायमोप्सिमडिस* रंगास्वामी व राव (रंगास्वामी व राव, 1957), तथा *ऑल्टरनेरिया सायमोप्सिमडिस* (ईल्ल व ईव,) इल्लिओट (सौवैल्ल, 1965ए) फफूंदों द्वारा प्रायोजित की

जाती है। इस बीमारी द्वारा दानों की उपज में काफी गिरावट (43-87%) दर्ज की गई है (शर्मा, 1983, गुप्ता *एट एल.,* 1997, 1998)। यह एक बीज जनित बीमारी है।

तालिका 1. नीम आधारित उत्पादों का ग्वार की जीवाणुज पर्ण अंगमारी बीमारी की रोकथाम पर हिसार में चार वर्षों का आंकलन।

क्र. सं.	उपचार	संद्रता	अंकुरण (%)					बीमारी की सघनता (%)					दानों की उपज (कि./है.)				
			2005	2006	2007	2008	औसत	2005	2006	2007	2008	औसत	2005	2006	2007	2008	औसत
1.	एज़ेडि रेचटिन* (2छि.)	1.5 मि. ली/ली.	75.2	78.6	80.5	78.8	**78.3**	35.4	38.6	44.6	46.8	**41.1**	4.80	5.01	5.20	5.3	**5.07**
2.	एज़ेडि रेचटिन* (बी.उ.+1छि.)	1.5 मि. ली/ली.	88.6	86.4	88.5	84.8	**87.1**	35.0	37.4	40.6	43.3	**39.1**	4.75	5.10	5.30	5.4	**5.13**
3.	एज़ेडि रेचटिन* (बी.उ.+2 छि.)	1.5 मि. ली/ली.	86.1	88.0	90.2	88.6	**88.2**	32.6	31.5	32.2	37.4	**33.4**	5.00	5.65	5.84	6.1	**5.64**
4.	एज़ेडि रेचटिन* (बी.उ.)	1.5 मि. ली/ली.	88.9	86.8	86.4	86.8	**87.2**	40.6	42.8	44.4	47.4	**43.8**	4.80	4.94	5.20	5.4	**5.08**
5.	नीम बीज गुठली का अरक (3छि.)	5%	78.4	76.8	76.4	78.2	**77.2**	30.4	28.4	30.6	33.5	**30.7**	5.16	5.90	6.50	6.7	**6.06**
6.	नीम की पत्ती का अरक (3छि.)	10%	75.7	78.9	77.5	78.4	**77.4**	31.7	27.6	30.4	32.8	**30.6**	5.10	5.94	6.40	6.6	**6.01**
7.	एस.टी. + तांबा ऑक्सी क्लोराइड (3छि.)	1 ग्राम/किलो; 150 पी. पी.एम. + 0.2)	92.4	94.6	94.6	92.8	**93.6**	20.6	12.8	16.6	19.3	**17.3**	5.30	6.85	7.45	7.8	**6.85**
8.	जिंक सल्फेट (2छि.)	0.25%	75.4	79.4	80.4	76.5	**78.4**	26.6	26.6	22.4	26.2	**25.5**	5.20	6.25	6.35	6.5	**6.07**
9.	जिंक सल्फेट (2छि.)- एज़ेडि रेचटिन	0.25%. 1.5 मि. ली/ली	77.6	78.8	78.2	75.8	**77.6**	21.3	19.6	15.6	19.4	**19.0**	5.26	6.76	6.82	7.2	**6.51**
10.	नियंत्रण	.	73.8	78.4	74.6	72.4	**74.8**	53.8	55.3	58.2	63.4	**57.7**	4.25	4.54	4.40	4.1	**4.32**
11.	सोचनीय अन्तर. (5%)		4.6	5.4	4.4	5.2	-	3.0	4.2	4.2	3.6	-	0.40	0.50	0.54	0.8	**0.56**

स्त्रोत : एनोनिमस, (2009)

*फॉरचून अजा़ के रूप में सामरिक उपलब्ध; बी.उ. = बीज उपचार छ. = छिड़काव; एस.टी. = स्ट्रैप्टोसाइकलीन

लक्षण

यह बीमारी साधारणतः पत्तियों पर गहरे बादामी रंग के गोल व अक्रमित धब्बों द्वारा, जिनका आकार 2-10 मि.मि. पाया जाता है, से शुरू होती है। शुरू की अवस्था में, ये धब्बे

जलीय शोषित मालूम होते हैं, जो धीरे–धीरे भूरे रंग से गहरे बादामी रंग में परिवर्तित हो जाते हैं तथा एक क्षेत्र में फैलने लगते हैं (प्लेट – 2)। बीमारी की उग्रता की स्थिति, में धब्बे आपस में मिलकर एक बड़ा भाग बना लेते हैं। ऐसी स्थिती में पत्ती का प्रभावित भाग निष्क्रिय होकर गिर जाता है। जल्दी ही बढते प्रभाव से पौधों की वृद्धि रूक जाती है तथा उन पर फूल नही आते हैं, दानों की अंकुरित अवस्था पर इस बीमारी का प्रकोप हो जाने की स्थिति में दानों की उपज पर भारी विपरीत प्रभाव (43-87%) देखा जा सकता है (शर्मा, 1983)।

गौड, *एट एल.* (1983) द्वारा तीन तिथियों में उगाई गई ग्वार फसल पर बीमारी के प्रकोप पर किये गये अध्ययनों से ज्ञात हुआ है कि जून के अन्तिम सप्ताह में बोई गई फसल पूरी तरह से इस बीमारी के प्रकोप से बच जाती है, जबकि देरी से की गई बुवाई द्वारा बीमारी का प्रकोप बढ़ता गया तथा उपज में भी काफी गिरावट दर्ज की गई। शिवनम व शैटी (1991बी) द्वारा विभिन्न माहों में उगाई गई फसल तथा इसकी वृद्धि की अवस्था का बीमारी की सघनता पर 4 रोग जनकों द्वारा प्रभावों का अध्ययन किया गया, तथा पाया कि जुलाई–सितम्बर में बोई गई फसल में तापक्रम 17–37° सै. तथा आर्द्रता 37–100° सै. की स्थिति में वनस्पतिक अवस्था में *ए.सायमोप्सिस* रोग जनक मुख्य रूप से व्याप्त पाया गया तथा अगस्त–दिसम्बर में रोग की व्यापकता 50% तक पहुंच गई। अधिकतम व्यापक प्रभाव (85-90%) नवम्बर–दिसम्बर में पाया गया। बीमारी का अधिकतम प्रकोप 25–31° सै. तापक्रम, अधिक नमी की स्थितियों में पाया गया है, तथा पौधों की अवस्था बढ़ने से इसका प्रकोप धीरे–धीरे कम होना पाया गया है (सिंह एट एल. 1995)।

बीमारी की रोकथाम

प्रतिरोधकता

ग्वार की कुछ जीनप्ररूपों को इस बीमारी की प्रतिरोधक क्षमता के लिए विभिन्न स्थितियों व स्तरों पर मूल्यांकन किया गया है, तथा निष्कर्ष बताते हैं कि कुछ जीनप्ररूपों में अनुवंशिकी रोधक क्षमता विद्यमान है। कुछ जीनप्ररूप जैसेः एच.एफ.जी.–14, आर.जी सी. –619, सी.एच.–39–2, सी.एच.–138–1, डी.सी बी.–7–154, एच.जी.–182, एच.जी.–281, ए.–310, आर.जी सी.–1002, आर.जी सी.–1004, द्वारा संतोषजनक रोधकता दर्शायी गई है (गौड व अहमद, 1983; गुप्ता *एट एल.* 1998), आर.जी.आर–9; एच.जी.एस.–2–20, जी. ए.यू.जी–001- 309 इत्यादि (ऐनोनिमस, 2007).

रासायनिक तरीके

करवासरा व सिंह (1982) द्वारा कई फफूंद रसायनों को बीज उपचार के रूप में अध्ययन किया गया तथा पाया कि कैपटान एग्रोसोन जी.एन., डाइथेन जेड–78 तथा डाइथेन एम.–45 मुख्य रूप से प्रभावी गये हैं। वैनीवाल, *एट एल.* (1991) के अनुसार डाइथेन जेड –78 (0.2%) तथा क्यूमार (0.3%) द्वारा पत्तियों पर छिडकाव काफी प्रभावी पाये गये हैं। डाइथेन एम –45 (0.2%) द्वारा 10 दिन के अन्तराल पर बीमारी प्रकट हो जाने पर चार छिडकाव कॉफी प्रभावी पाये गये हैं, इसके बाद घटते क्रम में डेकोनिल (0.

1%), डाइफॉलेटोन (0.3%) तथा डाइथेन जेड –78 (0.2%) प्रभावी पाये गये हैं, (शर्मा, 1981, 1983)। डाइथेन एम–45 @ 1.15% का पत्तियों पर छिडकाव भी काफी प्रभावी पाया गया है। आईप्रोडाईन (0.2%) का पत्तियों पर छिडकाव भी बीमारी के प्रकोप को रोकने के लिए कॉफी प्रभावी पाया गया है, तथा ऑक्सीकृत एन्जाईम जैसे पोलीफीनोल आक्सीडेज़ (पी.एफ.ओ.), परऑक्सीडेज (पी.ओ.) तथा कैटेलेज की गतिविधियों में बीमारी के निदान के पश्चात् वृद्धि दर्ज की, तथा सबसे अधिक गतिविधि आईप्रोडाईन (0.2%) के छिडकाव के बाद मिली। अध्ययन बताते हैं कि जीनब तथा स्ट्रेप्टोसाइक्लिन को मिलाकर उपयोग करने से भी जीवाणुज अंगमारी तथा आल्टरनेरिया पर्ण झुलसा रोगों को साथ साथ रोका जा सकता है।

शस्य क्रियाएँ

उपयुक्त शस्य क्रियाएँ इस बीमारी के प्रबंध में भली प्रकार सहायक सिद्ध हो सकती है। ये क्रियाएँ आसान हैं तथा फसल उत्पादन के महत्त्वपूर्ण अंग भी हैं। इन पर विचार करना अत्यन्त आवश्यक है। अनुसंधानों से यह स्पष्ट जान पड़ता है कि नत्रजन की मात्रा बढाने से बीमारी के प्रकोप में कमी पाई गई है जबकि कतारों के बीच की दूरी बढाने पर बीमारी के प्रकोप में बढोतरी दर्ज की गई (गौड *एट एल.,* 1983)। जून के अन्तिम सप्ताह में ग्वार की बुवाई करने से इस बीमारी के प्रकोप में कमी पाई गई है, (गौड *एट एल.,* 1983, सिंह *एट एल.* (1995)। सहारण *एट एल.* (1999) के अनुसार मध्यम–प्रतिरोधक किस्म में पर्ण छिद्रों का आकार, संख्या व संकेत कम पाये जाते हैं, उनके अनुसार पत्तियों पर अधिक मोम तथा घने रोंये भी इस बीमारी की रोधक क्षमता रखने वाली किस्मों में अधिक पाये जाते हैं। कैल्शियम तथा बोरोन की उपयुक्त मात्रा को, फसल उगाने से पूर्व भूमि में देने से भी इस बीमारी के प्रति पौधों में अपेक्षाकृत रोधक क्षमता पाई गई है (चक्रवर्ती व श्याम, 1992)।

चूर्ण आसिता

भारत में यह बीमारी सर्वप्रथम मुम्बई तथा चैन्नई में प्रकट हुई थी। इस बीमारी का जनक पौधों की दूसरी प्रजातियों में भी चूर्णित आसिता को बढ़ावा देता है। यह बीमारी दक्षिण व मध्य एशिया, उत्तरी अफ्रीका, तथा दक्षिण व मध्य यूरोप में भी व्यापक रूप से वितरित पाई जाती है। इस बीमारी के अतिथेय बहुत हैं, परन्तु अधिकतर घास प्रवृति के हैं। चूर्णित आसिता द्वारा भारत में सरसों, जीरा, बैंगन, लहसुन तथा मिर्ची की फसलें मुख्य रूप से प्रभावित होती हैं। *ओईडियम टेयरिका* के अलावा *रगरेसिफि पोलिगोनी* (रत्नम एट एल., 1985) व *स्फैरोथेका फुलिजिनिका* (चन्द्रा व सक्सैना, 1990) फफूंद भी भारत में पाई जाती हैं। तथा इस बीमारी के रोग जनक हैं।

लक्षण

यह बीमारी साधारणतः पत्तियों को ही प्रभावित करती है। प्रभावित पत्तियां सफेद पाउडर जैसे धब्बों (माइसीलियल घब्बे) से ढ़क जाती हैं। बीमारी की सधनता की स्थिति में पौधों की पत्तियां गिर जाती हैं, पौधे कमजोर हो जाते हैं तथा समय से पहले ही पक जाते

हैं। फसल पकने की अवधि लम्बी हो जाने की स्थिति में बीमारी का प्रकोप बढ़ जाता है। अधिक तापक्रम (33°सै.), कम आर्द्रता (<75%), तथा सूर्य की चमक इस बीमारी को फेलाने के लिए अनुकूल पाये गये हैं। भारत में इस बीमारी से प्रभावित क्षेत्र मुख्य रूप से आंध्रप्रदेश, कर्नाटक तथा गुजरात है; जबकि राजस्थान तथा हरियाणा में प्रकोप अपेक्षाकृत कम ही प्रतीत होता है (प्लेट 1)।

प्रबन्ध क्रियाऐं

रासायनिक रोकथाम

सोलंकी व सिंह (1976) के अनुसार ट्राईडमोर्फ (0.05%) के दो छिडकावों द्वारा इस बीमारी की रोकथाम की जा सकती है। इस फफूंद रसायन द्वारा 12 दिन के अन्तराल पर 4-5 छिडकाव भी इस बीमारी को कम करने में संभव हो सकते हैं (शर्मा, 1984)। बैविस्टीन द्वारा आवश्यकतानुसार छिडकाव से भी इस बीमारी के प्रकोप को काफी कम किया जा सकता है (रत्नम *एट एल.,* 1985)। दुर्गापुरा में अखिल भारतीय मरू दलहन अनुसंधान परियोजना के अन्तर्गत वर्ष 2001, 2002 व 2003 में *सल्वाडोरा* पत्ती के अरक तथा पूर्व में की गई दूसरी सिफारिशों द्वारा, ग्वार के पौधों पर इस बीमारी के रोकथाम सम्बन्धी अध्ययन किये गये हैं। तीन वर्षों के आकंडों के आधार पर *सल्वाडोरा* पत्ती के अरक (2%) द्वारा फसल बुवाई के 35 व 49 दिन बाद छिड़काव द्वारा नियंत्रण (43.66%) उपचार की तुलना में बीमारी की व्यापकता में काफी कमी (24.98%) पाई गई (तालिका – 2), उपरोक्त छिडकाव के बाद *सल्वाडोरा* के 1% छिडकाव उपरोक्त परिस्थितियों में नम्बर दो पर प्रभावी पाया गया है, तथा बीमारी की व्यापकता 27% पाई गई (ऐनोनिमस, 2004)।

तालिका 2. सल्वाडोरा पत्ती अरक द्वारा ग्वार में चूर्णित आसिता के रोकथाम के लिए वर्ष 2001-2003 में दुर्गापूरा की स्थितियों में आंकलन।

क्र सं.	उपचार	सांद्रता	बीमारी की व्यापकता (%)				दानों की उपज (क्विंटल./है)			
			2001	2002	2003	ओसत	2001	2002	2003	ओसत
1.	स.प.अ.35 और 49 दिनों बाद	1-0	32.94	30.15	20.01	**27.70**	10.18	7.58	12.58	**10.11**
2.	स.प.अ. 35 और 49 दिनों बाद	2-0	29.94	26.59	18.42	**24.98**	11.62	8.83	13.95	**11.47**
3.	डाइनोकेप 35 और 49 दिनों बाद	0.025	34.42	33.33	20.24	**29.33**	10.47	6.74	11.48	**9.56**
4.	स्ट्रेप्टोसाईक्लिन 35 और 49 दिनों बाद	100 पी.पी.एम.	41.50	50.79	26.88	**39.72**	9.47	5.46	11.29	**8.74**
5.	स.प.अ. 60 दिनों बाद	1%	34.19	39.81	21.73	**31.91**	10.07	10.16	8.81	**9.68**
6.	डाइनोकेप 60 दिनों बाद	0.025%	36.81	29.48	19.27	**28.52**	10.58	5.72	11.25	**9.18**
7.	नियंत्रण	.	46.77	53.90	30.32	**43.66**	8.66	3.40	7.54	**6.53**
8.	सोचनीय अन्तर (5%)		11.72	3.25	2.36	**5.78**	NS	5.00	0.85	**2.93**

स्त्रोत : एनोनिमस, (2004)

स.प.अ. सल्वाडोरा पत्ती अरक, सभी उपचारों में 250 पी.पी.एम स्ट्रेप्टोसाईक्लिन द्वारा बीज उपचार दिया गया था।

जैविक रोकथाम

दोरे व सांवत (2001) के अनुसार विभिन्न घोल छनितों में से *टी. विरीडी* के तीन छिड़कावों द्वारा ही इस बीमारी को 90.6% तक रोका जा सकता है। *टी. विरीडी* जैविक एजेन्ट द्वारा पौधों की अधिक ऊंचाई, जबकि *टी. हरजियानम* द्वारा पौधों की अधिकतम उपज प्राप्त की गई। तथा डब्ल्यू.एस.पी.; आर.जी.सी.–1004; सी.ए.जेड.जी–04–09। जी.ए. यू.जी.–63; किस्म में कुछ सीमा तक इस बीमारी के प्रतिरोधक क्षमता पाई गई (ऐनोनिमस, 2006)।

मूल एवं तना विगलन रोग

गर्म व शुष्क क्षैत्रों की ये भंयकर बिमारीयाँ हैं। प्रसाद (1945) के अनुसार *मैकरोफोमिना फेसोलिना* फफूंद द्वारा जनक ये बिमारीयाँ ग्वार तथा कपास की जड़ों को प्रभावित करती हैं। ये बीमारीयाँ फसल की किसी भी अवस्था में, अंकुरण से पूर्व या अंकुरण के बाद पौधों को प्रभावित कर सकती हैं, तथा मूल या तना झुलसा या मूल विगलन के रूप में ग्वार के पौधों को प्रभावित करती हैं। चारकोल विगलन भी एसी ही एक भंयकर बीमारी है, तथा भारत के उत्तरी–पश्चिमी क्षेत्रों में ग्वार के उत्पादन पर भारी प्रतिकूल प्रभाव डालती हैं।

लक्षण

जड़ विगलन की स्थिति में, जडों के ऊत्तक सड़ने लगते हैं, जिसके कारण पौधों की सामान्य वृद्धि रूक जाती है। प्रभावित अंकुरित पौधों को आसानी से खींचा जा सकता है, तथा उनका भूमि से सम्पर्क टूट जाता है। वृद्धि बढ़ने के साथ, इस बीमारी से एक या एक से अधिक शाखाओं की पत्तियों पर बादामी धब्बे बन जाते हैं, तथा पौधों का उपर का नरम भाग गिर जाता है। प्रभावित पौधों पर फलियां नहीं लगती हैं तथा पौधे पतले आकार में परिवर्तित होकर हवा के झोकों से टूट जाते हैं। प्रभावित पौधों की मूलों में गाँठे नहीं लगती हैं। झुलसा की स्थिति में पत्तियों व हरे भागों में लचीलापन खत्म हो जाता है तथा ये काफी कोमल या मुलायम दिखाई जान पड़ते हैं तथा पत्तियाँ गिर जाती हैं (प्लेट – 2)।

उग्रता

उत्तर प्रदेश में, ग्वार की फसल में इस व्याधि की उग्रता मुख्य रूप से *आर.सोलानी, एफ. केरूयम,* एस. रोल्‌.सी तथा *एन. वेसिनफेक्टा* द्वारा पाई गई थी (सिंह, 1951)। *आर. सोलानी,* काफी उग्र फफूंद है तथा अंकुरण के 20 दिन बाद ही इसके प्रभाव से लगभग 90% तक अंकुरित पौधे पूरी तरह से खत्म हो जाते हैं। *एफ. केरूयम,* द्वारा लगभग 78% पौधे पूरी तरह से झुलस सकते हैं। बाकी दो फफूंद कम प्रभावी पायी गयी हैं। सिंह व कंग (1991) द्वारा *एन. वेसिनफेक्टा* फफूंद को ग्वार के झुलसा रोग से संबधित पाया गया है। *एफ. सेलानी* फफूंद जो कि ग्वार की मूल विगलन व्याधि जनित है राजस्थान में पाई गई है (माथुर व शैखावत, 1988बी)।

बीमारी को प्रभावित करने वाले कारक

मूल विगलन से जनित दो फफूंदे *आर.सोलानी* तथा *एफ. केरूयम* भूजल की कमी (15-16%) तथा अधिक तापक्रम (28-30°सै.) पर उग्र पाई गई हैं (सिंह व सिंह, 1956)। गवार को मोठ, चंवला या ज्वार के साथ उगाने पर, भारी उग्रता से प्रभावित भूमियों में, इन फफूंदों का प्रभाव कम देखा गया है। ग्वार की जल्दी बुवाई (मध्य मई) तथा कम बीज दर का प्रयोग करने पर, इन फफूंदों का ग्वार में मूल जनित प्रभाव कम पाया गया है। भूमि में किये गये कुछ संशोधनों का *एफ. सेलानी* फफूंद पर प्रभाव का अध्ययन किया गया है (सत्यप्रसाद व रामाराव, 1982, 1983)। नत्रजन संशोधित काली व रेतीली–लाल मृदाओं में प्रभाव कम पाया गया है। अमोनियम तथा नाइट्रेट नत्रजन का सामूहिक संशोधन *कोनीडिया लाईसिस* के कम करने में सहायक सिद्ध हुआ है। *एस.रोल्फसी* फफूंद द्वारा पौधों में जनित मूल गलन प्रतिकूल प्रभाव की सघनता कम जल उपलब्धता व अम्लीय भूमियों (पी.एच. 5.6-6.6) में अधिक तथा ह्यूमस पदार्थो की उपस्थिति में सघनता कम पाई गई (माथुर, 1962)। पौधों की अगेती अवस्था में अंकुरों की मृत्यु दर, भूमि की कम नमी (16%) में अधिक पाई गई (माथुर, 1963)। अतः ग्वार मूल की समुचित वृद्धि व विकास के लिए भूमि का तापक्रम लगभग 30-32% होना चाहिए (गुप्ता *एट एल.*, 2007ए)।

रोकथाम

जैविक तरीके

रोग रोधक किस्मों का उगाना एक सस्ता तथा सुगम तरीका है, परन्तु दूसरी बीमारियों के विपरीत, जड़ विगलन रोग प्रतिरोधक किस्में ग्वार में नहीं के बराबर है, फिर भी कच्छ–8 व आर.जी.सी.–471 किस्में *एम. फेसोलिना* के प्रति रोधक पाई गई हैं। (लोढ़ा व सोलंकी, 1993)। इसी क्रम में जी.जी.–1 व एच.जी. 2-20 किस्मों में भी रोधकता पाई गई (ऐनोनिमस, 2009)। गुप्ता (2000) द्वारा वैम फफूंद की पांच प्रजातियों का इस बीमारी पर प्रभाव का अध्ययन किया तथा पाया कि *ग्लोमस मोसई* सबसे अधिक प्रभावशाली पाई गई तथा ग्वार के पौधों की ऊंचाई, शुष्क पदार्थ, पोषक तत्वों की मात्रा में बढ़ोतरी पाई गई। गुप्ता, *एट एल.* (2009) द्वारा ग्वार की तीन किस्मों (एच.जी.–75, पूसा नवबहार व एफ.एस. –277) पर फ्यूसेरियम, राहीजोक्ओनिया तथा स्कलरोटियम के सामूहिक प्रभाव द्वारा जनित मूल विगलन द्वारा सबसे कम मृत्यु रेतीली–दोमट भूमियों में दर्ज की गई।

भौतिक व शस्य क्रियाऐं

एम. फेसोलिना फफूंद के स्लेरोटिया की संख्या का मृदा की विभिन्न गहराईयों में अध्ययन किये गये हैं तथा निष्कर्ष काफी संतोषजनक पाये गये हैं। ग्वार की कटाई के बाद सबसे अधिक संख्या (233 स्लेरोटिया प्रति ग्राम मिट्टी) 0.5 से.मी. की गहराई में पाई गई; तथा, इसके बाद घटते क्रम में संख्या (150 ग्राम/मिट्टी), 20-30 से.मी; (93 ग्राम/मिट्टी), 10–20 से.मी. (63 ग्राम/मिट्टी), 5-10 से.मी., पाई गई। अतः इनकी अपेक्षाकृत अधिक संख्या का भूमि की उपरी सतह में पाये जाने का कारण, मृदा का अधिक तापक्रम

(35-40°सैं.), तथा कम जल (0.5-1%) उपलब्धता होना था। इस बीमारी द्वारा कम ग्रसत फसलों (मोठ या बाजरा) को ग्वार के साथ फसल चक्र में अपनाने से *एम.फेसोलिना,* फफूंदो की संख्या में कमी लाई जा सकती है। भूमि को विभिन्न पदार्थों से ढ़ककर तथा दूसरे साधनों का प्रयोग करते हुए पूर्व में कुछ अध्ययन किये गये हैं (लोढ़ा, 1996)। अध्ययन बताते हैं कि बाजरा के सूखे भूसे की 3.5 टन/है. की मात्रा को भूमि में ढ़ालने से, पौधों की कम संख्या (1.6 लाख/है.) रखने तथा गोबर का खाद (10 टन/है.) को एक उपचार या समूहों में मिलाकर उपयोग करने से भूमि में जल की संरक्षित मात्रा में बढ़ोतरी पाई गई तथा *एम.फेसोलिना* फफूँद की संख्या में कमी तथा जड़ विगलन रोग में भी कमी पाई गई। बाजरा, नीम तथा दूसरी फसल खरपतवारों द्वारा अलग–अलग कम्पोस्ट को दो वर्ष तक लगातार शोधन करने पर भूमिगत फफूंदों की संख्या में कमी (20-40%) पाई गई (लोढा व बर्मन, 2000)। मावर व लोढा (2002) द्वारा सरसों की भूसी द्वारा शोधन करने तथा ग्रीष्म सिंचाई के सम्मिलित प्रयोग के अध्ययन बताते हैं, कि भूमि शोधन के बाद ग्रीष्मकालीन (जून) एक सिंचाई देने से 15 से.मी.की गहराई तक मृदा तापक्रम 38-44° सै. पाया गया, यह तापक्रम उसी समय अशोधित भूमि (नियंत्रण) की तुलना में. अधिक (0.5-5° सै) पाया गया।

सूर्य की किरणों की प्रक्रिया

पूर्व में यह पाया गया है कि भूमि का धूप सेवन, भूमि जनित रोग जनकों को कम करने का अच्छा प्रयास है। लोढा एट एल. (1991) व लोढ़ा व सोलंकी (1992) के अनुसार धूप के सेवन के लगभग 15 दिन बाद 5 से.मी. गहरी भूमि में *एम.फेसोलिना,* फफूंद के स्कैरोटिया की संख्या में भारी कमी दर्ज की गई तथा भूमि की 30 से.मी. तक की गहराई में फफूंदो की संख्या में काफी गिरावट दर्ज की गई। धूप के सेवन से कुछ खरपतवारों की संख्या में भी कमी पाई गई तथा ग्वार की उपज में बढ़ोतरी पाई गई। जून के माह में नंगी मृदा को प्राकृतिक रूप से गर्माने के कारण *एम. फेसोलिना,* की संख्या में 42% तक कमी पाई गई। मृदा को गर्माते समय, नत्रजन तथा कमपोस्ट मिला देने से इन फफूंदो की संख्या में और गिरावट दर्ज की गई (लोढ़ा व शर्मा, 2002)।

वनस्पतिक तरीके

गोभी के अवशेष (0.20%) तथा सरसों की खली के अवशेषों (0.18%) को भूमि की 30 से.मी तक की गहराई गें डालने से, इस फफूंद की संख्या में 74-76% तक की कमी की जा सकती है। अखिल भारतीय मरू दलहन अनुसंधान परियोजना के अन्तर्गत वर्ष 2002 से 2004 तक दुर्गापुरा तथा हिसार में वानस्पतिकों, खरपतवारों, ग्रीष्म सिंचाई तथा जैव कन्ट्रोल एजेन्टों द्वारा जड़ गलन रोग पर किये गये अध्ययनों से अच्छे निष्कर्ष सामने आये हैं (तालिका – 3)। आंकडे बताते हैं कि ग्रीष्मकालीन सिंचाई, सरसों के अवशेष. *बैसिलस थुरिनजैनसिस* (4 ग्राम/किलो) सबसे अच्छा उपचार पाया गया तथा दूर्गापुरा व हिसार में 44.0 व 74% तक क्रमशः बीनारी की रोकथाम संभव हो सकी, ग्वार की उपज भी सबसे अधिक (8.6 व 20.8 क्विंटल/है. क्रमश) पाई गई इसके साथ–साथ बीजों का अंकुरण अधिकतम पाया गया तथा अंकुरित पौधों की मृत्यु भी अपेक्षाकृत कम थी

पर्णकुंचन वायरल रोग

तना विगलन रोग

आल्टरनेरिया अंगमारी रोग

प्लेट 1. ग्वार की मुख्य बीमारियाँ

शिरा उत्तक रोग

जीवाणु पर्ण अंगमारी रोग

चूर्ण आसिता रोग

प्लेट 2. ग्वार की मुख्य बीमारियाँ

(ऐनोनिमस, 2009)। अनुसंधान के निष्कर्ष यह भी दर्शाते हैं कि ग्रीष्मकालीन सिंचाई, सरसों के अवशेष. वर्मीकम्पोस्ट उपचार भी काफी प्रभावी पाये गये हैं।

तालिका 3. क्रुसीफैरस अवशेष, खरपतवार, ग्रीष्म सिंचाई व जैव नियंत्रण कारकों का ग्वार की जड़ गलन रोग पर वर्ष 2002-2004 में हिसार तथा दुर्गापुरा की स्थितियों में प्रभाव।

क्र. सं. उपचार	बीजों का अंकुरण		अंकुरो की मृत्यु				उपज* (कि./हे.)		बीमारी की रोकथाम* (%)	
			अंकुरण से पूर्व (%)		अंकुरण के बाद (%)					
	दुर्गापुरा*	हिसार*	दुर्गापुरा*	हिसार*	दुर्गापुरा*	हिसार*	दुर्गापुरा*	हिसार*	दुर्गापुरा*	हिसार*
1. ग्री.सि+स.अ.	54.1	72.7	-	28.9	-	3.5	7.2	16.8	31.1	50.0
2. ग्री.सि+स.अ.+ व.क.	50.8	78.1	-	22.2	-	3.1	6.0	18.0	29.3	60.9
3. ग्री.सि +व.क.	45.3	68.4	-	32.0	-	5.4	5.3	14.5	17.0	42.3
4. ग्री.सि+स.अ.ब.ट.	**59.0**	**85.6**	-	**14.3**	-	**2.5**	**8.6**	**20.8**	**43.9**	**74.0**
5. ब.ट.+ व.क.	49.9	77.3	-	21.8	-	3.4	4.7	17.2	19.8	61.1
6. ब.ट.	48.1	76.2	-	25.6	-	3.9	5.2	14.5	20.3	54.4
7. ग्री.सि.	51.0	65.6	-	34.7	-	5.5	7.2	12.8	32.3	38.1
8. नियंत्रण	35.5	42.6	-	57.1	-	7.9	4.2	7.9	-	-
9. गुणंक प्ररूप (%)	12.0	16.8	-	-	-	-	18.2	-	-	-

स्त्रोत : एनोनिमस, (2005)
*वर्ष 2002, 2003 व 2004 का ओसत।
ग्री.सि. = ग्रीष्म सिंचाई, स.अ. = सरसों का अवशेष, व.क. = वर्मी कम्पोस्ट, ब.ट. = *बैसिलस थुरिनजैनसिस* (4 ग्राम/किलो)

रासायनिक तरीके

भूमि में लम्बे समय तक रोग जनित *स्कैलेरोटिया* के बने रहने के कारण फसल–चक्र कारगर साबित होने की सम्भावना कम है। भूमि को धूवें से उपचार करना यद्यपि लाभदायक पाया गया है, परन्तु यह विधि आर्थिक व सुविधाजनक नहीं हैं। सत्यवीर व ग्रेवाल (1972) ने इस बारे में कुछ अनुसंधान किये हैं, तथा पाया कि कुछ फफूंदीय रसायनों जैसे इथाइल मरकरी क्लोराईड, फिनाइल मरकरी ऐसीटेट, ग्रेनोसन एम, क्रेसिन पैनोगन-15 फारमेलडिहाइड को भूमि में मिला देने से झुलसा रोग को काफी सीमा तक कम किया जा सकता है। इन रसायनों को 250-500 म्यू ग्राम/मिली लीटर की दर से मिलाया जाये। इथाइल मरकरी क्लोराईड, फिनाइलमरकरी को 25 म्यू ग्राम/मिली लीटर की दर से भूमि में अन्दर डालने से संतोषजनक परिणाम निकले हैं। अंकुरित पौधों की *फ्यूसेरियम* प्रजाति द्वारा अकस्मात् मृत्यु को बैविस्टीन (0.2%) बीज उपचार द्वारा 50-60% तक कम किया जा सकता है (गांधी व सैनी, 1986)।

कुछ क्रमबद्ध व अक्रमबद्ध फफूंदीय रसायनों द्वारा ग्वार के बीज उपचार करने पर आंकलन के पश्चात सिर्फ चार रसायन (रिज़ोलैक्स, वीटावैक्स, डोफोलेटान व थीरम) ही अंकुरित पौधे की मृत्यु के रोकने में सहायक पाये गये हैं (सिंह, 1987)। अंकुरों की मृत्यु के भूमि संबधी अनेक कारण जैसे पी.एच.माप, भूजल की उपलब्धता, भूमि की संरचना, इत्यादि है। इन सब के संबध में *एस. रोलफ्सी द्वारा* अंकुरित पौध की मृत्यु पर रसायनों की क्षमता का अध्ययन किया गया है (सिंह व गांधी, 1991, 1994)। अधिकतम पौधे की मृत्यु पी.एच. 6.1 पर पाई गई, जबकि 8.4 पी.एच. के बाद मृत्यु दर में कमी पाई गई, यद्यपि 30°सैं. भू–तापक्रम इस फफूंद जनित रोग के लिए अनुकूल पाया गया, तथा फफूंदीय रसायनों (रिजोलैक्स तथा विटावैक्स) इस तापक्रम पर कम असरदार पाये गये। रेतीली भूमियों में इस व्याधि का अधिक प्रभाव पाया जाता है, तथा नत्रजन, फॉस्फोरस, पोटाश तथा कम्पोस्ट उर्वरक के उपयोग द्वारा इसके दुष्प्रभाव को कम करने में सफलता संभव है।

गणेशन (1997) द्वारा *एस.रोलफ्सी* फफूंद (ग्वार में तने की गलन को फेलाती है) की रोकथाम के लिए 11 फफूंदीय रसायनों का आंकलन किया तथा पाया कि ब्रैसीकोल (0. 2%), डाइथेन एम–45 (0 1%), फोल्टाफ (0.2%), व थाइराइड (0.2%) रसायनों द्वारा इस फफूंद की वृद्धि को पूरी तरह से रोकने में सफलता मिली है। राठौर (2001) के अनुसार ग्वार (आर.जी. सी. 936) पर *एम.फेसोलीना* के दुष्प्रभाव को 50 डबलू.पी.कार्बनडेज़िम (2 ग्राम/किलोबीज) बीज उपचार द्वारा काफी कम करने में सफलता मिली, फलस्वरूप दानों व चारे की अधिकतम उपज के साथ–साथ लाभ भी अधिकतम प्राप्त हुआ।

अखिल भारतीय मरू दलहन अनुसंधान परियोजना, जोधपुर के अन्तर्गत इस व्याधि पर वर्ष 2002 से 2004 तक की अवधि में हिसार केन्द्र द्वारा विभिन्न फफूंदीय रसायनों का प्रभाव जानने के लिए निर्णायक अनुसंधान किये गये हैं (तालिका – 4)। आंकड़े बताते हैं कि विभिन्न उपचारों द्वारा व्याधि की रोकथाम लगभग 11.9 से 73.1 तक पाई गई, तथा उपज भी 14.9 से 19.6 क्विंटल./है. तक पाई गई, तथा बीजों का अंकुरण 52.1 से 86. 8% तक पाया गया। संक्षेप में कहा जा सकता है कि बैविस्टीन 2 ग्राम/किलोबीज बीज उपचार तथा इसका 0.1% से एक छिडकाव या बैविस्टीन बीज उपचार ही काफी संतोषजनक पाये गये हैं तथा इन निष्कर्षों को व्यावहारिक रूप में फार्म पर किसानों के सहयोग से आंकलन करने की आवश्यकता है (ऐनोनिमस, 2009)।

तालिका 4. हिसार की स्थितियों में वर्ष 2002–2004 के दौरान ग्वार की जड़ विगलन बीमारी का फफूंद रसायनों द्वारा का प्रबंध।

क्र. सं.	उपचार	सांद्रता	अंकुरण* (%)	अंकुरों की मृत्यु*		बीमारी की रोकथाम* (%)	उपज* (क्विंटल.है.)
				अंकुरण से पूर्व (%)	अंकुरण के बाद (%)		
1.	बैविस्टिन (बी.उ.)	2 ग्राम/किलो	86.3	12.1	1.9	73.1	18.8
2.	बैविस्टिन (छि.)	2 ग्राम/किलो	66.9	32.8	3.6	30.5	16.5
3.	कैपटॉन (बी.उ.)	2 ग्राम/किलो	74.6	21.7	2.7	54.4	17.7
4.	बैविस्टिन (3छि)	0.2%	62.0	37.9	4.8	21.0	14.9
5.	बिलिटांक्स (3छि.)	0.3%	55.8	42.9	4.2	11.9	15.4

6.	**बैविस्टिन (बी.उ.1 छि.)**	**2 ग्राम/ किलो 0.1%**	**86.8**	**12.4**	**1.9**	**72.0**	**19.6**
7.	इमिसान (बी.उ.) + बैविस्टिन (1छि.)	2 ग्राम/किलो 0.1%	71.1	28.1	2.8	41.1	17.0
8.	कैपटॉन (बी.उ.) + बैविस्टिन (1 छि.)	2 ग्राम/किलो 0.1%	77.5	22.6	2.2	52.8	18.3
9.	नियंत्रण	–	52.1	45.1	7.9	-	13.1

स्त्रोत : एनोनिमस, (2005) *वर्ष 2002, 2003 व 2004 का ओसत।

बी.उ. = बीज उपचार, छि. = छिड़काव किस्म = एफ.एस. 277

पत्ती धब्बा

(i) सरकोसपोरा पत्ती धब्बा : यह पत्ती धब्बा *सरकोसपोरा सोरेली* द्वारा जनित है, तथा भारत में ही इसे सर्वप्रथम पाया गया था (वसुदेवा, 1960)। इस व्याधि द्वारा पत्तियों व तनों पर बैंगनी व भद्धे रंग के दाग पाये जाते हैं। ऐसे ही धब्बे सोयाबिन की पत्तियों पर भी पाये जाते हैं तथा ग्वार व सोयबीन में पाये जाने वाले *आईसोलैटस* दोनों पौधों को प्रभावित कर सकते हैं। यह बीमारी ग्वार के लिए विशेष नहीं है।

(ii) एन्थ्रोक्नोज : यह व्याधि *कोल्लेलोट्राइकम कैपसिकी एफ.सोयमोर्पिसिकोला* फफूंद द्वारा जनित है। भारत में यह बीमारी रोयेदार ग्वार में आनंद से 1952 में प्रकाश में आई, इसका प्रभाव 1966 में राजस्थान में देखने को मिला था। इसके प्रभाव से पत्तियों, डंठलों व तनों पर काले दाग पड़ जाते हैं, तथा तनों पर लम्बी काली रेखाऐं सी बन जाती हैं, तथा तने लम्बाई में फट जाते हैं पौधे कद में छोटे रह जाते हैं।

(iii) करव्यूलेरिया पत्ती धब्बा : यह व्याधि *क. लुनेटा* फफूंद द्वारा जनित है, तथा भारत में यह बीमारी सर्वप्रथम हिसार में प्रकाश में आई। (चांद और वर्मा, 1968ए)। इसकी पहचान पत्तियों की बीच की धमनी पर गोल व अंडाकार धब्बों से की जा सकती है, जो बाद में अधिक क्षेत्र को घेर लेते हैं। अन्त में पत्ती झुलसकर गिर जाती है तथा पौधे का कोई दूसरा भाग प्रभावित नहीं होता है।

झुलसा रोग

(i) ***एसकोकाइटा झुलसा रोग :*** *ए. इम्परफेक्टा* द्वारा जनित एल्फा एल्फा रोग के साथ यह फफूंद ग्वार को भी प्रभावित करती हैं। शुरू में छोटे काले रंग की घाव जैसी संरचना पत्तियों व तनों पर बन जाती है। व्याधि के बढ़ने पर पत्तियां गिर जाती हैं तनों पर घाव/दाग बढ़ते जाते हैं तथा पूरा तना काली फफूंद द्वारा घिर जाता है।

(ii) ***रहीजोक्टोनिया झुलसा रोग:*** *आर. सोलेनी कुहन* फफूंद द्वारा यह व्याधि जनित है। तथा डंठल व शाखाओं का झुलसना तथा उनका विगलन मुख्य लक्षण हैं, इस व्याधि का प्रकोप अगस्त में अधिक तापक्रम तथा रूक–रूक कर वर्षा होने के कारण अधिक जान पड़ता हैं। पानी भर जाने की स्थिति में यह बीमारी ताजी अंकुरित पौधों में भी प्रकट होती है, तथा दो दलीय पत्तियों पर छोटे गोल व अनियंत्रित तथा पीले रंग के जल शोखित धब्बे पाये जाते हैं।

व्याधियों का सम्पूर्ण नियंत्रण

1 पूर्व फसल के सभी अवशेषों, पौधों के भाग, सूखे पदार्थ, खरपतवार, आश्रित पौधों इत्यादि को समय रहते नष्ट करना।

2 उन्नत किस्में मुख्य रूप से रोगा रोधी किस्मों को ही लगभग 10–15% अधिक बीज दर से उपयुक्त समय पर बोना।

3 आश्रित फसल द्वारा उचित फसल चक्र का अपनाना तथा अपेक्षित पोषक तत्वों का प्रयोग करना।

4 सिंचाई द्वारा उगाई गई फसलों में हल्की सिचांईया करना तथा गोबर की खाद का प्रयोग सीमित मात्रा में ही करना।

5 मई के महीने में गहरी जुताई करना ताकि गर्मी से भूमिजनित रोग जनकों का नाश किया जा सके।

6 बैविस्टीन (2 ग्राम/किलो बीज) द्वारा बीज उपचारित करना तथा 15-20 दिन बाद बैविस्टीन (0.1%) द्वारा एक छिड़काव करना ताकि अंकुरण की प्रतिशतता को बढ़ाया जा सके तथा अंकुरित पौधों की मृत्यु दर को भी कम किया जा सके।

7 जीवाणुज पर्ण अंगमारी बीमारी की रोकथाम के लिए स्ट्रेप्टोसाईक्लिन 150 पी.पी.एम की दर से बीमारी के लक्षण स्पष्ट हो जाने पर 15 दिन के अन्तराल पर दो छिड़काव करना।

8 आल्टरनेरिया पत्ती झुलसा रोग की रोकथाम के लिए 0.2% डाईथेन एम.–45 द्वारा लक्षण प्रकट हो जाने पर 15 दिन के अन्तराल पर दो–तीन छिड़काव करना।

9 चूर्णित आसिता की रोकथाम के लिए लक्षण प्रकट हो जाने पर घुलनशील सल्फर 0.3% या घुलनशील सेरेसन व कुपराविड 1 कि./हे. की दर से 15 दिन के अन्तराल पर फसल पर आवश्यकतानुसार छिड़काव करना।

10 स्वच्छ खेती करना।

11 फसल की बुवाई उपयुक्त समय पर ही करना।

भविष्य का दृष्टिकोण

- ग्वार की खेती सीमांत कृषकों द्वारा, सीमांत भूमियों में, सीमित साधनों द्वारा की जाती है, कृषकों के पास पौध संरक्षण में वित्त व्यय करने का विचार नहीं के बराबर होता है। अतः ग्वार में पौध संरक्षण विशेषकर व्याधी प्रबंध आनुवांशिक तरीकों से होना चाहिए। अतः आवश्यक है कि जहां तक संभव हो सके रोग प्रतिरोधक किस्मों का विकास किया जाये।
- अभी भी एक या एक से अधिक बीमारियों के प्रति स्थायित्व रोधी स्त्रोतों का अभाव है। ग्वार की किस्मों को अखिल भारतीय मरू दलहन अनुसंधान परियोजना के तहत प्राकृतिक स्थितियों में ही दानों की उपज के साथ, बीमारियों का आंकलन

किया जाता है। रोगरोधी किस्मों के विकास करने के बारे में अलग से प्रयत्न नहीं किये हैं। अतः यह आवश्यक है कि स्पष्ट रूप से मुख्य बीमारियों के वास्ते रोग रोधी प्रजनन पर विशेष कार्यक्रम चलाया जाये।

- व्याधि नियंत्रण में आवश्यक छिड़काव व सम्प्रेषण की क्रियाओं को सामान्य व सुविधाजनक होना चाहिये, इन क्रियाओं की संख्या सीमित होनी चाहिये, ताकि व्यय : आमदनी के अनुपात को बढ़ाया जा सके।
- जहां तक संभव हो सके व्याधि नियंत्रण में वानस्पतिक व कार्बनिक पदार्थों के आधार पर ही पूर्ण व्याधि प्रबंध किया जाये।
- व्याधि नियंत्रण, एकीकृत व्याधि प्रबंध पर आधारित होना चाहिये, जिसमें उचित किस्म, शस्य क्रियाएँ, पोषक तत्वों का उपयोग, व्याधि नियंत्रण कारकों इत्यादि की सम्पूर्ण व आवश्यकतानुसार भागीदारी होनी चाहिए।

संदर्भ

एनोनिमस. (2004). वार्षिक प्रतिवेदन। ऑल इण्डिया कॉर्डिनेटड प्रोजेक्ट ऑन एरिड लेग्यूमस। (कॉर्डिनेटड यूनिट रिपोर्ट)। पृ : 188.

एनोनिमस. (2005). वार्षिक प्रतिवेदन। ऑल इण्डिया कॉर्डिनेटड प्रोजेक्ट ऑन एरिड लेग्यूमस। (कॉर्डिनेटड यूनिट रिपोर्ट)। पृ : 171.

एनोनिमस. (2006). वार्षिक प्रतिवेदन। ऑल इण्डिया कॉर्डिनेटड प्रोजेक्ट ऑन एरिड लेग्यूमस। (कॉर्डिनेटड यूनिट रिपोर्ट)।

एनोनिमस. (2007). वार्षिक प्रतिवेदन। ऑल इण्डिया कॉर्डिनेटड प्रोजेक्ट ऑन एरिड लेग्यूमस। (कॉर्डिनेटड यूनिट रिपोर्ट)। पृ : 230

एनोनिमस. (2008). वार्षिक प्रतिवेदन। ऑल इण्डिया कॉर्डिनेटड प्रोजेक्ट ऑन एरिड लेग्यूमस। (कॉर्डिनेटड यूनिट रिपोर्ट)। पृ : 293

एनोनिमस. (2009). वार्षिक प्रतिवेदन। ऑल इण्डिया कॉर्डिनेटड प्रोजेक्ट ऑन एरिड लेग्यूमस। (कॉर्डिनेटड यूनिट रिपोर्ट)। पृ : 295.

करवासरा, एस.एस. और चांद, जे. एन. (1981). चैंज़ेज इन एमिनोएसिड एण्ड शूगर कंटेट आफ ग्वार [*साईमोप्सिस.टैट्रगोनोलोबा* (एल) टॉब] लिव्ज़ इंफेक्टेड विद् *जैन्थोमोनाज साईमोप्सिडीज*। *इण्डियन. जे. माईकॉल.* 21 : 349.

करवासरा, एस.एस. और चांद, जे. एन. (1981). स्क्रीनिंग आफ जनेटिक्स स्टॉक ऑफ ग्वार टू बैक्टिरियल बीलिट। *इण्डियन.जे. माईकॉल. प्लांट पैथोल.* 12: 229.

करवासरा, एस.एस. और सिंह, मोहिंदर (1982). सीड माइक्रोफ्लोरा ऑफ कल्स्टर बीन इन हरियाणा एण्ड देअर कंट्रोल बाई सीड ट्रीटमेंटस। *इण्डियन फाईटोपाथ,* 35 : 501 – 502.

गांधी, एस.के. (1984). स्टडीज ऑन बैक्टेरियल बीलिट ऑफ ग्वार कॉज्ड बॉय *जैन्थोमोनाज़ कैम्पेसट्रिस* पी.वी. *साईमोप्सिडीज़*। पी.एच.डी. थीसेज़, हरियाणा, *एग्रीक. यूनि. हिसार* पृ. 108।

गांधी, एस.के. और चांद, जे.एन. (1985 ए). ईल्ड लॉसेज इन ग्वार ड्यू टू बैक्टिरियल बीलिट कॉज्ड बाई *जैन्थोमोनाज़ कैम्पेसट्रिस* पी.वी. *साईमोप्सिडीज़ इण्डियन फाइटोपैथोल.* 38 : 516–519.

गांधी, एस.के. और चांद, जे.एन. (1986 बी). चैन्जेज. इन फिनोलिक्स एण्ड सोल्यूबल कार्बोहाइड्रेट्स कंटेट इन ग्वार कल्टीवर्स ड्यू टू बैक्टिरियल बीलिट। *फॉरेज रिसर्च.* 12 : 87–90.

गांधी, एस.के. और चांद, जे.एन. (1987). हॉरिजोन्टल रेसिसटेन्टस ऑफ कल्स्टरबीन टू *जैन्थोमोनाज़ कैम्पेसट्रिस* पी.वी. *साईमोप्सिडीज़*। *इण्डियन. जे. एग्रीक. साईन्स.* 57 : 755–757.

गांधी, एस.के. और चांद, जे.एन. (1988). प्लांट ऐज, टेम्परेचर एण्ड फ्री मोईश्चर इन रिलेशन टू ससेप्टिबिलिटी ऑफ कल्स्टरबीन टू *जैन्थोमोनाज़ कैम्पेसट्रिस* पी.वी. *साईमोप्सिडीज़*। *प्रो. इन. इण्डियन. ऐकेड. साईन्स.* (प्लांट साईन्स) 98 : 49–53.

गांधी, एस.के. और चांद, जे.एन. (1989 ए). एपिडेमिओलॉजी ऑफ बैक्टिरियल बीलिट डिज़िज ऑफ कल्स्टरबीन। *ग्वार रिसर्च एनेल.* 5 : 28–31.

गांधी, एस.के., गुप्ता, ऐ. और सिंह, जे.वी. (1991). डॉइग्नोसिस एण्ड मैनेजमेंट ऑफ इम्पोर्टेंट डिज़िज ऑफ कल्स्टरबीन। *ग्वार रिसर्च एनेल.* 7 : 20–24.

गौड़, आर.बी., अहमद, एस.आर. और भरी, एम.आर. (1983). इन्फ्लूऐन्स ऑफ फर्टीलाईज़र्स एण्ड कल्चरल प्रेक्टिस ऑन द इन्सिडेन्स ऑफ आल्टनेरिया लीफ स्पोट ऑफ कल्स्टरबीन। *एनेल.एरिड.जोन.* 22 : 199–201.

गुप्ता, ए., गुप्ता, पी.पी. और पाराशर, आर.डी. (2003). इवेल्यूशन ऑफ डिफरेंट मेथड़ ऑफ डिटेक्ट जैन्थोमोनाज़ कैम्पेसट्रिस पी.वी. साईमोप्सिडीज इन कल्स्टरबीन सीड.। *एडवान्सेज़ इन एरिड लेग्यूम्स रिसर्च,* 419–425.

गुप्ता, ए.; सिंह. जे.वी. और लोधी, जी.पी. (1993). स्क्रीनिंग ऑफ कल्स्टरबीन जिनोटाईप फॉर रेसिसटेंस टू बैक्टिरियल बीलिट *जैन्थोमोनाज़ कैम्पेसट्रिस* पी.वी. *साईमोप्सिडीज*। *फॉरेज रिसर्च* : 19 : 336–337.

गुप्ता, पी.पी., कुमार, एस., सिंह, एस. और फोगट, डी.एस. (2009) इफेक्ट ऑफ बायो–ऐजेंटस अगेन्स्ट मेजन रूट पेथेजनस इन कल्स्टर बीन (*साईमोप्सिस टेट्रागोनोलोबा* (एल.) टॉब) पेपर और ऐवस्टेक्ट प्रदर्शित हुआः फोरज सिम्पोजियम 2009, ऐर्मजिंग ट्रेंडस इन फॉरेज रिसर्च एण्ड लाईवस्टोक प्रोडक्शन हेल्ड एट – काजरी, आर.आर.एस. जैसलमेर, फार्म 16–17, 2009, ऐब.सरू. 159, पृ. 142।

गुप्ता, पी.पी., अरोरा, आर.एन. और गांधी, एस.के. (1998). डिज़िज ऑफ खरीफ़ फोडर क्रॉप्स एण्ड देअर मैनेजमेंट इन डिज़िज ऑफ फील्ड क्रॉप्स एण्ड देअर मैनेजमेंट थिड़ टी.एस. (ईड.) नेशनल एग्रीकल्चल टैक्नोलॉजी इन्फोरमैशन सेंटर, लुधियाना. पृ. 373 –404.

गुप्ता, पी.पी., गुप्ता, विवेके., सिंह, वी.पी. और सिंह. जे.वी. (1997). रोल ऑफ माइक्रोन्यूट्रिऐन्टस ऑन द मैनेजमेंट ऑफ बैक्टिरियल बीलिट एण्ड आल्टनेरिया लीफ स्पोट ऑफ कल्स्टरबीन। एब्सट्रेक्ट इन इण्डियन फाईटोलॉजीकल सोसाइटी गोल्डन जूबिली इंटरनेशनल कॉन्फ्रेंस, सं. 10–15, 1997 हैल्ड एट न्यू दिल्ली।

गांधी, एस.के. और सैनी, एम.एल. (1986). रूट रॉट काम्पल्क्स एण्ड ईमर्जिंग प्रोब्लम्स इन ग्वार कल्टीवेशन इन हरियाणा। ग्वार रिसर्च ऐनल. 4 : 21.

गणेशन, जी. (1997). फंगीसाईडल कंट्रोल ऑफ सिलोरोटियम बेसल रोट ऑफ कलस्टरबीन सी वी पूसा नवबहार। इण्डियन फाइटोपैथ 50 : 508–512.

गुप्ता, पी.पी., शेखर, कुमार, और यादव, बी.डी. (2007ए). इफेक्ट आफ सायल टेम्परेचर एण्ड मॉइश्चर लेवलस ऑन रूट रोट ऑफ कलस्टरबीन। जे. एरिड़ लेग्यूम्स 4 (2) : 95–99.

गांधी, एस.के और चांद, जे.एन. (1985बी). इफेक्ट आफ नाईट्रोजन एण्ड फास्फोरस आन द बैक्टिरियल बिलिट आफ क्लस्टरबीन। इण्डियन जे. साईन्स 55 : 376–377.

गुप्ता, पी.पी. (2000). रोल आर्फ द ऐजोटोबैक्टर, माईकोराईज़ो एण्ड राईजोबियम इन रिलेशन टू मैनेजमेंट ऑफ रूट ड़िज़िज इन क्लस्टरबीन। इन. एरिड़ लेग्यूम्स ए.आई.सी.आर.पी., वार्षिक प्रतिवेदन में पृ. 20.

गुप्ता, विवके, गुप्ता, पी.पी. और गुप्ता, एस.के. (1999) ऐफिशिएंसी ऑफ डिफरेन्ट फगिसाईडस ऑन द मेनेजमेंट ऑफ अल्टरनेरिया लीफ स्पोट आफ कल्सटरबीन एण्ड देयर इन्फ्लुऐंस ऑन डिफरेंट ऑक्सिडेटिव एंजाइमस। *प्लांट डिजिज रिसर्च* 14: 182–186,

चन्द्रा, यू. और सक्सेना, एस.के. (1990). ऑक्रेन्स ऑफ स्फेरोथिका फ्युजिनिया ऑन ग्वार बीन। [*साईमोप्सिस टैट्रगोनोलोबा* (एल) टॉब] इन एण्ड अराउण्ड अलीगढ़। *नेशनल ऐकेड. साई. लेटर्स* 13 : 261–262.

चक्रवर्ती, पी.के. और श्याम, के.आर (1992). इफेक्ट ऑफ फ्रोस्ट, बोरोन एण्ड डिफरेट लेवल्स ऑफ नाइट्रोजन ऑन कर्ड राट ऑफ कॉलीफ्लोवर। *इडिंयन फाइटोपैथोलोजी* 45 : 213–216.

चांद, जे.एन. और वर्मा, पी.एस. (1968ए) ऐ लीफ स्पीट डिजिजिज आफ *साईमोप्सिस टेट्रागोनोलोबा* काज्ड बाई क्रूवुलेरिया ल्यूनेटा इन इंडिया। *इंडियन फाईटोपेथो.* 21: 239–240।

जैन, जे.पी. और चक्रवर्ती, बी.पी. (1988 बी). ए कम्पेरिजन ऑफ द मैथड्स ऑफ डिटेक्सन ऑफ बैक्टिरियम जैन्थोमोनाज कैम्पेसट्रिस पी.वी. साईमोप्सिडीज इन ग्वार सीड़। *इण्डियन. जे. माईकॉल प्लांट पैथोल.* 18: 107–108.

दौरे, पी.बी. और सांवत, डी.एम. (2001). मैनेजमेंट ऑफ ग्वार पाउडरी माईल्ड्यू बाई ट्राईकोडर्मा स्पि. कल्चर फिल्ट्रेट। जे. महाराष्ट्र. ऐग्रीक. यूनि. 2000, पब्लिकेशन 2001 : 25 : 253–254.

पटेल, एम.के., धांडे, जी. डब्ल्यू और कुलकर्णी, वाई.एस. (1953). बैक्टिरियल लीफ स्पॉट ऑफ *साईमोप्सिस टैट्रगोनोलोबा (एल) टॉब। करंट साइंस.* 22 : 183.

पाराशर, आर.डी., सिंधन, जी.एस. और हुड्डा आई. (1992). बॉयोलोजिकल कंट्रोल ऑफ बैक्टिरियल बीलिट ऑफ ग्वार। जैन्थोमोनाज़ कैम्पेसट्रिस पी.वी. साईमोप्सिडीज। कलस्टरबीन बाई एपीफाईट्स प्रजेंट इन लीफॅ सरफेस। *क्रॉप रिसर्च*। 5 : 551–558.

पाण्डे, आर.एन., पाठक, ए.आर., खेर, एच.आर. और भदोरिया, पी.एस. (1993). एवेल्यूशन ऑफ कलस्टरबीन [*साईमोप्सिस टैट्रगोनोलोबा* (एल) टॉब] बैक्टिरियल बीलिट जर्मप्लाज़म फॉर रेज़िसटेन्स जैन्थोमोनाज़ कैम्पेसट्रिस पी.वी. साईमोप्सिडीज़ एण्ड पाउडरी माईल्डयू। *इण्डियन. जे. एग्रीक. साईन्स.* 63 : 68–70.

प्रसाद, एन. (1945). स्टडीज़ ऑन द रूट रोट ऑफ द कॉटन इन सिंध–IIA रिलेशन ऑफ रूट रॉट ऑफ कॉटन विद् रूट रोट ऑफ अदर क्रॉप्स। *इण्डियन जे. एग्रीक. साईन्स* 14 : 388–391.

बटलर, ई.जे. (1918). फंजाई एण्ड डिज़िज इन प्लांट्स। *स्पीक एण्ड को.* कलकत्ता।

बैनीवाल, जे., गुप्ता, के., सिंह, जे.वी. और लोधी, जी.पी. (1991). कैमिकल कंट्रोल आफ आल्टरनेरिया साईमोप्सिडिस इन ग्वार। *ग्वार रिसर्च एन.* 7 : 45–47.

माथुर, एस.बी. (1962). सॉयल कडीसन्स इन रिलेशन टू सम डिज़िज ऑफ क्रॉप्स। *ऐग्रा.यूनि.जे. रिसर्च. (साई).* 11 : 105-107.

माथुर, के.और शेखावत, के.एस (1988 ए). स्टडीज़ ऑन द कैमिकल कंट्रोल ऑफ बैक्टिरियल बीलिट ऑफ ग्वार। *पेस्टीसाईडस* 22 : 18–19.

माथुर, एस.बी. (1963). इफेक्ट आफ सायल टेम्परेचर ऑन रूट रोट ऑफ ग्वार। (*साईमोप्सिस पिसोरालोइड्स*) एण्ड वाईल्ड ऑफ ग्राम काज़्ड बाई स्क्रैलोटियम रोलफिसि। ऐग्रा.यूनि.जे. रिसर्च. (साई). 12 : 261–269.

माथुर, के. और शेखावत, के. एस. (1988 बी). फ्यूज़ेरियम रूट रोट ऑफ ग्वार। *इडियन जे. मायेकॉल. प्लांट पैथोलॉजी.* 17 : 237.

माली, पी.सी., व्यास, एस.पी. और लोधी, एस. (1989). बायोकेमिकल कम्पोनेन्ट ऑफ कलस्टरबीन जिनोटाईप्स इन रिलेशन टू बैक्टिरियल बीलिट। *इण्डियन फाईटोपाथ,* 42 : 559 – 561.

रगांस्वामी, जी. ओर राव, वी. (1957). आल्टरनेरिया बैक्टिरियल बीलिट ऑफ कलस्टरबीन। *इडियन फाईटोपैथो.* 10 : 18–25.

मावर, रितु और लोढ़ा, सतीश. (2002). ब्रेसिका एमेण्डमेंट्स एण्ड समर इरिगेषन फार द कंट्रोल आफ मेक्रोफोमिना फेजिओलिना एण्ड फ्यूजेरियम ऑसिस्पोरियम एफ. स्पि. अरमिनी इन होट एरिड रीज़न। फाइटोपैथोलॉजीकल मेडिटिरिएनिया 41 : 45–54.

रत्नम्, सी.वी., पण्डित, एस. वी. और राव, के.सी. (1985). इवेल्यूशन ऑफ सम सिस्टेमैटिक एण्ड नॉन – सिस्टेमैटिक फंगीसाईडस् पाउडरी माईल्ड्यू ऑफ कलस्टरबीन। पैस्टीसाईड्स 19 : 36–37.

राठौर, बी. एस. (2001). इवेल्यूशन ऑफ सीड डिज़िज अगेन्स्ट ड्राई रूट रोट ऑफ कलस्टरबीन। *प्लांट डिज़िज रिसर्च.* 16 : 89–91.

लोढ़ा, एस. (1986). स्टडीज ऑन ड्राई रूट रोट आफ कल्स्टरबीन काज़्ड बाई *माईक्रोफेमिना फेसोलिना। ग्वार रिसर्च एनेल.* 4 : 11–12.

लोढ़ा, एस और राम. के. अन्था (1993). इफेक्टिवनेस ऑफ स्ट्रेप्टोसाईक्लिन स्प्रे सिड्यूल ऑन द बैक्टिरियल बीलिट इन्टेन्सीटी एण्ड ईल्ड ऑफ कल्स्टरबीन। *एनेल.एरिड.जोन.* 32 : 237–240.

लूथरा, वाई.पी., जोशी, यू.एन., गांधी, एस.के. और अरोरा, एस.के (1989). फिनोलिक्स, कार्बोहाईड्रेट्स एण्ड मिनरल एलिमेन्टस् इन ग्वार लिव्ज़ इन रिलेशन टू बैक्टिरियल बीलिट। *एनेल. बायलो.* 5 : 1–7.

लूथरा, वाई.पी., जोशी, यू.एन., गांधी, एस.के. और अरोरा, एस.के (1994) मेटोबोलिक चेंजेज इन बैक्टिरियल बील़िट इन्फेक्टड ग्वार लिव्ज़। *प्लांट डिस. रिसर्च. 9 : 8–70.*

लोढ़ा, एस. और शर्मा, एस. के. (2002). इफेक्ट आफ नेचुरल हीटिंग एण्ड ब्रेसिका अमेण्डमेंटस ऑन सर्वाइवल ऑफ *मेक्रोफोमिया फेजिआलिना।* इण्डियन फाइटोपैथोलॉजी 55(3) : 342–344.

लोढ़ा, सतीश और बर्मन, उदय. (2000). एफिसिएंशी ऑफ कम्पोस्ट ऑन नाईट्रोजन फिक्सेषन, ड्राई रूट रोट *मेक्रोफोमिया फेजिआलिना* इंटेसिटी और ईल्ड आफ लेग्यूम्स। *इण्डियन. जे. एग्रीक. साईन्स* 70 : 846–849.

लोढ़ा, एस. और सोलंकी, के.आर. (1992). इन्फलुएन्स आफ सोलर हीटिंग ऑन कट्रोल ऑफ ड्राई रूट रोट *मेक्रोफोमिया फेजिआलिना* एण्ड वीड इन एरिड एनवायर्नमेंट। *इण्डियन. जे. एग्रीक. साईन्स* 62 : 838–843.

लोढ़ा, एस. और सोलंकी, के.आर. (1993). इनहैरिटेन्स आफ रेज़िस्टेन्स टू ड्राई रूट रोट इन कलस्टर बीन। इण्डियन फाइटोपैथ 45 : 430–433.

लोढ़ा, एस., सिंह, एम. और शर्मा, बी.एम. (1991). सोलराइज़ेशन बीरिंग्स डाउन सॉयल ब्रोन पैथोजन्स इन एरिड लेण्डस। इण्डियनफॉर्मिग 40 : 12–13.

लोढ़ा, एस. और सोलंकी, के.आर. (1992). इन्फलुएन्स आफ सोलर हीटिंग ऑन कट्रोल ऑफ ड्राई रूट रोट *मेक्रोफोमिया फेजिआलिना* एण्ड वीड इन एरिड एनवायर्नमेंट। *इण्डियन. जे. एग्रीक. साईन्स* 62 : 838–843.

लोढ़ा, एस. और सोलंकी, के.आर. (1993). इनहैरिटेन्स आफ रेज़िस्अेन्स टू ड्राई रूट रोट इन कलस्टरबीन। *इण्डियन फाइटोपैथ* 45 : 430–433.

लोढ़ा, एस. सिंह. (1996). इन्फलुएन्स आफ मोईश्चरकंजरवेशन टेक्निक्स आन मेक्रोफोमिया फेज़ियोलिना, पॉपूलेशन, ड्राई रूट रोट एण्ड इल्ड ऑफ कलस्टरबीन। इण्डियन फॉईटोपैथ 46 : 342–346.

सिंह, आई. और केंग, एम.एस. (1991). न्यूकोस्मोस्फोरा वेरिंफेक्टा इंन्सटेन्ट ऑफ विल्ट इन ग्वार। *प्लांट डिज़िज रिसर्च.* 6 : 143.

बसुदेव, आर.एस. (1960). रिपोर्ट आफ डिविज़न आफ माईकोलॉजी एण्ड प्लांट पैथोलोजीः साई.रिप. ऐग्रि. रिसर्च. इंस्टी, न्यू दिल्ली 1957–58. पृ.111–130.

शर्मा, एस.आर. (1984). इॅफेक्ट ऑफ डिफरेंट क्रॉपिग सीज़नस् एण्ड ट्राईडग्रॉफ स्प्रे पाउडरी माईल्ड्यू एण्ड ईल्ड ऑफ कलस्टरबीन। *ज़ितिषिरिफ्ट फर एकर अंड फ्लेंन्जन* 153 : 81–89.

शर्मा, एस.आर. (1981) ईल्ड लॉस इन कलस्टरबीन कॉज्ड बाई *आल्टरनेरिया साईमोप्सिस वेज. साई* 8: 58–63 |

शिवाना, एम.बी और सेठी, एच.एस. (1991बी). रिएक्शन ऑफ सलेक्टड कलस्टरबीन ऑफ [*साईमोप्सिस. टैट्रगोनोलोबा* (एल) टॉब] वैराईटीज़ टू इंफेक्शन बाई आल्टनेरिया *साईमोप्सिस. एण्ड कॉलेटोरियम डेमाटम। इण्डियन. जे. एग्रीक. साईन्स.* 61 : 856–859.

श्रीवास्तव, डी.एन. और राव, वाई.पी. (1963). बैक्टिरियल बीलिट ऑफ कलस्टरबीन। *इडियन फाईटोपैथो.* 16 : 69–73.

शर्मा, एस.आर. (1983). अफेक्ट ऑफ फंगिसाईड्स ऑन द डवलपमेंट ऑफ अल्टानेरिया बीलिट एण्ड ईल्ड ऑफ कलस्टरबीन। *इण्डियन. जे. एग्रीक. साईन्स* 53 : 932–935.

सत्यवीर और ग्रेवाल, जे.एस. (1972) इवेल्यूशन ऑफ फंगीसाईड्स अगेन्स्ट *फ्यूजेरियम सिरूलियम* द केजुअल ऑग्रेनिज्म आफ ग्वार बिल्ट। *इण्डियन फाईटोपेथ* 25: 65–68 |

सिंह, योगेन्दर, खुशवाहा, के.पी. एस और चौहान, एस. एस. (1995). एपिडेमियोलॉजी ऑफ अल्टानेरिया लीफ बीलिट ऑफ कलस्टरबीन काज़्ड बाई अल्टानेरिया *साईमोप्सिस। एनेल प्लांट*। 3 : 171–172.

सिंह, जे.वी., सैनी, एम.एल; अरोरा, एस.के., सिंह, वी.पी. और गांधी, एस.के. (1990). रिलेशनषिप बिटविन बैक्टिरियल बीलिट सेवेरिटी एण्ड बायोकैमिकल्स पैरामीटर्स इन कलस्टरबीन [*साईमोप्सिस. टैट्रगोनोलोबा* (एल) टॉब] एनेल बॉयोल. 6 : 117–121.

सिंह, जे.वी., अरोरा, एस.के., सैनी, एम.एल., सिंह, वी.पी. और गांधी, एस.के. (1989). बायोकैमिकल्स डिफरेन्स फॉर बैक्टिरियल बीलिट रेजिस्टेन्स इन रेजिस्टेन्स ससेप्टीबल कल्टीवर्स ऑफ ग्वार। *ग्वार रिसर्च एनेल.* 5 : 3–1.

सिंह, जे. और स्वरूप, जे.एस. (1986). कंट्रोल ऑफ बैक्टिरियल बीलिट ऑफ कलस्टरबीन बाई सीड ट्रीटमेंट एण्ड फोलियर स्प्रे। *पेस्टीसाईड्स.* 20:23-24.

सिंह, आर. (1987). स्टडीज़ ऑन केमिकल कंट्रोल ऑफ सेक्लेरोटियम रोलफसी कॉजिंग रूट रोट ऑफ ग्वार। एम.एस.सी. थीसीज़, हरियाणा *एग्रीक.यूनि.*हिसार पृ. 47.

सिंह, आर.पी. और गांधी, एस.के. (1991). इफेक्ट ऑफ सॉयल पी.एच. एण्ड टेम्परेचर ऑन सिडलिंग मॉर्टेलिटी ऑफ ग्वार कॉज्ड बाई ऑन सीडलिंग सेक्लेरोटियम रोलफसी एण्ड इट्ज़ फंगीसाईड् कंट्रोल। *इण्डियन फाइटोपैथ* 44 : 360–365.

सिंह, आर.पी. और गांधी, एस.के. (1994). ग्वार सिडलिंग मॉर्टेलिटी डयू टू सेक्लेरोटियम रोलफसी एण्ड इट्ज़ फंगीसाईड् कंट्रोल एज़ इन्फलुएन्स बाई सोईल टेक्सचर, ऑगेनिक मेनुअल एण्ड केमिकल फर्टीलाईज़र्स। फॉरेज रिसर्च 20 : 151–158.

सिंह, आर.एस. (1951). रूट रोट ऑफ ग्वार। साई. एण्ड कल्चर. 17: 131–134.

सोलंकी, जे.एस. और सिंह, आर.पी. (1976). नोट ऑन द फंगीसाईड् कंट्रोल पाउडरी माईल्ड्यू ऑफ कलस्टरबीन। *इण्डियन. जे. एग्रीक. साईन्स* 46: 241–243.

सहारण, एम.एस., सहारण, जी.एस. गुप्ता, पी.पी. और गोयल, एस.सी. (1999). प्री इंफेक्शनल एनाटॉमिकल डिफेंस मैकेनिज़म इन कलस्टरबीन लीफ अगेन्स्ट अल्टानेरिया बीलिट (एब्सट्रेक्ट)। *प्लांट डिज़िज रिसर्च.* 14 : 222.

सैनी, एल.सी. और पाराशर, आर.डी (1991बी). एवेल्यूशन ऑफ माईक्रोफ्लोरा ऑफ कलस्टरबीन अगेन्स्ट जैन्थोमोनाज कैम्पेसट्रिस पी.वी. साईमोप्सिडीज *प्लांट डिज़िज रिसर्च.* 6 : 120–124.

सैनी, एल.सी. और पाराषर, आर.डी. (1993बी). बायोकंट्रोल ऑफ बैक्टिरियल बीलिट ऑफ कलस्टरबीन बाई फाईलोप्लेन माईक्रोफ्लोरा। *फॉरेज. रिसर्च.* 19 : 289–294.

सिंघन, जी.एस., हुड्डा, आई. और पाराशर, आर.डी. (1991) अफेक्ट आफ एन्टागो निस्ट स्प्रे ऑन द इंसिडेन्स ऑफ बैक्टिरियल बीलिट एण्ड बायोकैमिकल्स कंस्टिट्यूटस ऑफ ग्वार प्लांट। *प्लांट डिज़िज रिसर्च.* 6: 28–31.

सिंघन, जी.एस. और हुड्डा, आर.डी. (1996) वैराइटल रेज़िस्टेंस एण्ड बायोकैमिकल्स पैरामीटर्स रेस्पॉसिबल फॉर रेजिस्टेन्स टू बैक्टिरियल बीलिट ऑफ कलस्टरबीन। *इडियन जे. मायेकॉल. प्लांट पैथोलॉजी.* 26 : 101–103.

सिंघन, जी.एस., पाराशर, आर.डी. और हुड्डा, आई. (1988). रोल आफ फिनोलिक कम्पाउण्डस एण्ड मिनरल एलिमेंट इन रेजिस्टेन्स ऑफ सम ग्वार कल्टीवर्स टू बैक्टिरियल बीलिट। *प्लांट डिज़िज रिसर्च.* 3 : 48–49.

सोवेल, जी. (1965 ए). आल्टरनेरिया लीफ स्पॉट आफ ग्वार। *प्लांट डिज़िज रिप्रिंट* 49 : 605–607.

स्ट्रीट, आर.बी. (1948). डिज़िज ऑफ ग्वार। *साईमोप्सिस.प्साआरोट्स। फाईटोपैथो.* (एब्स्ट्रेक्टस्) 38:918.

सत्यप्रसाद, के. और रामाराव, पी. (1982). क्लमाईडोस्पोर प्रोटेक्शन एण्ड लाईसिस ऑफ माईक्रोकोन्डिया ऑफ फ्यूजेरियन सोलनी कॉज़िग रूट रोट ऑफ ग्वार इन अमेन्डिड सॉयल। प्रोसि. इण्डियन नेशनल साई. एकेडेमी बी. 48:556–559.

सत्यप्रसाद, के. और रामाराव, पी. (1983). वैराईटल रिएक्शन ऑफ ग्वार टू फ्यूजेरियन रूट रोट। *बायोल. बुले. इण्डिया.* 5 : 6–10.

सिंह, बी. और सिंह, आर.एस. (1956). टेम्परेचर एण्ड मॉईश्चर रिलेशन ऑफ द फंजाई कॉज़िग सिडलिंग रोट, रूट एण्ड विल्ट ऑफ साईमोप्सिस पिसोरोलोईड्स। 1. इफेक्ट ऑफ द टेम्परेचर ऑन द ग्रोथ ऑफ फंजाई इन आर्टीफिशियल मिडिया। 2. इफेक्ट ऑफ सॉयल मॉईश्चर ऑन मॉर्टेलिटी अण्डर कंट्रोल्ड कंडीशन। *एग्रीक.यूनि.जे. रिसर्च.* 5 : 135–141.

ग्वार कीट विज्ञान

सारांश

अनुकूलन अवस्था में कुछ विशेष कीटनाशी जीव तथा मकड़ियाँ ग्वार की फसल के संदर्भ में काफी हानि पहुँचा कर नाशी जीव का विशेष दर्जा प्राप्त करने में समर्थ पाये गयें हैं। अतः ग्वार के मुख्य नाशी जीवों के साथ–साथ कुछ कम महत्व के कीटों के बारे में भी जानकारी हासिल करना, अधिकतम फसल उत्पादन तथा इसमें स्थिरता स्थापित करने की दृष्टि से अति आवश्यक है। ग्वार में हानि पहुँचाने के स्तर को ध्यान में रखते हुऐ कीटों को तीव्रता (काली सूंड़ी), मध्यम तीव्रता (पर्णतेल) व मध्यम प्रभाव वाले (पुष्प सूंड़ी, फलियों की सूंड़ी, काली सूंडी, चित्तीदार फली छेदक, हरा सेमी लूपर, पीली मकड़ी इत्यादि) वर्गों में विभाजित किया जा सकता है। माहू/चैंपा, मूंगफली माहू, सफेद मक्खी सहित नम जलवायु में अधिक प्रभावशाली होकर, पत्तियों का रस चूसती हैं, इनमें से कुछ बीमारियों के जनकों को ले जाने का भी कार्य भी करते हैं। इनकी रोकथाम के लिए लेक्डा साइहेलोथ्रिन @ 5.0—7.5 ग्राम सक्रिय घोल/है छिड़काव काफी प्रभावी पाया गया है, सफेद मक्खियाँ पत्ती का रस चूसने के अलावा एक प्रकार का भाहद छोड़ देती है जिससे पौधों की वृद्धि रूक जाती है तथा पत्तियां पीली पड़ जाती हैं, इनका जीवनचक्र 14 से 107 दिन तक चल सकता है। मोनोक्रोटोफोस @ 0.04% के छिड़काव के 48 घंटे बाद ही इनकी संख्या पूरी तरह समाप्त हो सकती है। पर्ण तेला (होपर) व हरा तेला (जैसिड्स) पत्तियों के किनारों से रस चूसते हैं फलस्वरूप किनारे पीले पड़कर पत्तियां कप जैसी आकृति ले लेती हैं, इनके मादा की आयु 132 सप्ताह जबकि नर की आयु 2 सप्ताह होती है। नियमित कीटनाशकों डाईमिथोएट (0.05%), फॉस्फोमिडोन (0.05%) के छिड़काव द्वारा इनके कुप्रभाव को रोका जा सकता है। तना सूंडी की कई प्रजातियाँ ग्वार को हानि पहुंचाती हैं। ये पत्तियों में छेद करके तनों में पंचर करके पौधों को कमजोर बना देती हैं, पौधों का कद छोटा रह जाता है। इनका पूरा जीवन 49-57 दिन में समाप्त हो जाता है। फनवेलरेट (0.04%), का छिड़काव करने से इन सूंडियों को समाप्त किया जा सकता है। सफेद लट बहुभक्षी रेतीली भूमियों का मुख्य कीट है जो कि जडों को हानि पहुंचाता है। इसके प्रोढ़ दिने के समय, फसलों के नीचे भूमि में रहते हैं, जबकि रात का बाहर आ जाते है ये लटें ग्वार, बाजरा, गन्ना, मक्का, कपास, मूंगफली इत्यादि फसलों पर आश्रित पाई जाती है। जुलाई में पहली वर्षा पर प्रकाश द्वारा आकर्षित करके उन्हें नष्ट किया जा सकता है। नियमित कीटनाशकों (क्विनोलफोस, मोनोक्रोटोफोस) इत्यादि द्वारा छिड़काव सुझाये गये हैं। पर्ण छेदक की लटें पत्ती की बीच की बड़ी नस पर स्थापित हो जाती है, जाल बनाकर पत्तियों में छेद कर देती हैं। गोल मक्खी के प्रभाव से फूल की कलियां आकृति में बड़ी

तथा कड़ी हो जाती है। मादा भाग हुक जैसी आकृति ले लेते हैं। फलस्वरूप फलियां व दानों का पूर्ण विकास नहीं हो पाता है। काब्रेरिल (0.15%) या फॉस्फोमिडोन (0.03%) सम्यबंध–कीटनाशकों का छिड़काव काफी प्रभावी पाये गये हैं।

पत्तियों से रस चूसने वाले कीटों के नियंत्रण के वास्ते, 10 नये व पुराने कीटनाशकों का वर्ष 2008 में तुलनात्मक अध्ययन सुझाता है कि थायोमिथोक्जेम 25 डब्ल्यू.जी. (0.0084%) के छिड़काव द्वारा व्यय : आय 1:24 अनुपात में पाये जाने व अधिकतम लाभ रू. 1664/है. के कारण सर्वश्रेष्ठ पाया गया जबकि इमिडेंक्लोपरिड 17.8 एस.एल. (0.005%) श्रेष्ठता में नम्बर दो पर पाया गया। वानस्पतिक आधारित उत्पादों का समय समय पर आकलन बताता है कि चित्तिदार फलीछेदक के कुप्रभाव को समाप्त करने के लिये नीम के बीजों का अरक (5.0%) द्वारा छिड़काव कुल उत्पादन, फली छेदक की % हानि, लागत : आय का अनुपात तथा वास्तविक आय के संदर्भ में दूसरे 5 उपचारों की तुलना में बहुत प्रभावी पाया गया है।

प्रस्तावना

शुष्कता रोधी व कठोर प्रकृति के बावजूद ग्वार की फसल बहुत से कीट, नाशी जीव व मकड़ियों को आकर्षित करती है। अनुकूल वातावरण की स्थिति में कुछ कीट ग्वार की फसल को अधिक हानिकारक सिद्ध हो सकते हैं। अतः अधिकतम उत्पादन के लिए ग्वार के मुख्य कीटों, नाशी जीवों व मकड़ियों के बारे में जानकारी प्रस्तुत करना अतिआवश्यक है। संसार भर में छोटे–बड़े कई प्रकार के कीट, ग्वार की फसल पर उपस्थिति दर्ज करते हैं तथा कुछ ने इस ओर ध्यान भी आकर्षित किया है (धालीवाल, 1980, सिंह एट एल., 1981 भूटानी व जोटवानी, 1984)। राम व पाटिल (1972) द्वारा फली भृंग (*पगरिया सिगनाटो*), पर्ण माइनर (*अनारसिया इफीप्पीस*), पर्ण तेला (होपर) (*एक्सीटीनस इन्डिक्स*) व पीली मकड़ी (*पोलीफैगोटरसोनेमस लेटस*) कीटों को ग्वार पर हानिकारक पाया गया है। सिंह *एट एल.* (2002) द्वारा भी कुछ कीटों को ग्वार पर हानिकारक पाया गया है : माहू या चेंपा (*एफिस क्रुसिबोरा कोच*), पर्ण तेला (होपर) (*एम्पोसका केरी परूथी*), सफेद मक्खी (*बेमिसिया टेवेसी जैन्न.*) व पर्ण छेदक (*डिकोमेरिस आइनथेस मेयरीक*)। अन्य और अध्ययनों द्वारा धीरे–धीरे कुछ और कीटों के ग्वार के संदर्भ में हानिकारक माना जाने लगा है हैलियोथिस फली छेदक (*हैलियोथिस आरमिगैरा* हबनर) तथा चित्तकबरा फली छेदक (मरूका टैस्टूलेटिस) इत्यादि (सिंह, 2003)। इन कीटों के अतिरिक्त कुछ को क्षेत्र विशेष तथा समय के अनुसार भी हानिकारक पाया जाता है। ग्वार फसल के मुख्य, छोटे व बड़े हानिकारक कीटों को निम्न प्रकार वर्गीकृत किया गया है (तालिका 1)।

तालिका 1. भारत में ग्वार से संबधित मुख्य कीट व मकड़ियों का ब्यौरा।

आर्डर / परिवार	वैज्ञानिक नाम	सामान्य नाम	स्तर	संदर्भ
कोलिओपटेरा				
केटोनीडेएई	प्रोटेइटिया टेरोसा (गोरी व पर्चरोन)	पुष्प सुरसुरी/सूंडी (बीटल)	मध्यम	प्रोढ़ उगते पौध की जड़ों को हानि पहुंचाते हैं।

क्रासोमेलिडेएई	मोनोलेप्टा (पेगरिया) सिगनाटा (ओलिविइर)	फली सुरसुरी/सूंडी	मध्यम	राम व पाटिल (1972)
कुरकुलिओनिडेई	एटेकटोगेसटर ओरिन टेलिस (चैवरोलेट)	डाक्र ग्रे सुरसुरी/सूंडी	मध्यम	जैसलमेर क्षेत्रों
कुरकुलिओनिडेइ	सिरटोज़िमिया कोगनेटा मार्शल	काली सुरसुरी/ सूंडी	तीव्रता	–
कुरकुलिओनिडेइ	सिरटोज़िमिया कोगनेटा डिसपार पेशइ	काली सुरसुरी/ सूंडी	तीव्रता	–
<u>हेमिपटेरा</u>				
ऐलिरोडिएई	एकेडेलियरोडेस रेचिपोरा (=सिटरी) सिंह	बबूल सफेद मक्खी	मध्यम	मरू क्षेत्र में व्यापक
ऐलिरोडिएई	बेमिसिया टेबेसी जैन्न	कपास सफेद मक्खी	मध्यम	निम्फस पत्तियों व मुलायम टहनियों पर
सरकोपिडेई	पूफीलस कोस्टेलिस वाकर	स्पिट कुक्कू	मध्यम	निम्फ व प्रोढ़ भूमि के ऊपर सभी भागों पर
सरकोपिडेई	क्लोविआ पुंकटा वाकर	स्पिट कुक्कू	मध्यम	–
सिकेडल्लीडेकई	एक्सीटीऐनस इन्डीकस (डिस्टेन्ट)	पर्ण हॉपर (तेला)	मध्यम तीव्र	–
सिकेडल्लीडेकई	अमरेनका (एम्पोएनका) केरी परूथा	पर्ण हॉपर (तेला)	मध्यम तीव्र	–
लिगेइडेएई	रापिलोनटियरा (लिगेइयस) पेनडुरस (रकोपोलि)	लिगयस बग (भृंग)	मध्यम	निम्फ व प्रोढ़ भूमि के ऊपर सभी भागों पर
<u>लेपिडोपटेरा</u>				
गैलचीडेएई	*एगारसिया इफीपीयास*	पत्ती वैबर	मध्यम	–
	डाइकोमैरिस इनथिस मैरिक	पत्ती वैबर	मध्यम	–
नौकटुईडएई	*हलियोथिस आरमिगैरा* हयूबनर	कपास फल वोरम (सूंडी)	मध्यम	सिंह एट एल. (2002)
पाईरेस्टीडएई	*मरूका टैस्टुलेलिस*	चित्तिदार फली छेदक	मध्यम	सिंह (2003)
नोकटुईडएई	*प्लुसिआ निगरिसिगना*	हरा सेमी लूपर (छेदक)	मध्यम	नायर (1986)
टोरट्रीसीडेएई	*साईडिया टोरोडेलटा (मैरिक)*	पत्ती वैबर	मध्यम	नायर (1986)
<u>अकेरिना</u>				
टारसोनेमडिएई	*पोलीफेगोटारसोनमस* (हेमिटारसनभस) लेटस (बैक्स) इविंग (=*टारसनमस ट्रानसलुसेन्स* ग्रीन)	पीली मकड़ी	मध्यम	राम व पटेल, (1972)

स्त्रोत : वर्मा, 2004

माहू या चेंपा

माहू बहुभक्षी हानिकारक कीट है, तथा संसार भर में दलहनों को ग्वार सहित भारी हानि पहुंचाते हैं (छाबडा *एट एल.,* 1993)। माहू जुलाई से सितम्बर माह में, ग्वार कें पौधों को विशेष रूप से हानि पहुंचाता है। सिंह *एट एल.* (1981) के अनुसार ग्वार के पौधों को अनुकूल वातावरण में, विशेष रूप से, ठंडी व नम हवाओं के बहते समय काफी प्रभावशाली ढंग से हानि पहुंचाता है। माहू मुख्य रूप से कोशिकाओं के रस को सोख कर या फिर अनावश्यक वायरसों को कोशिकाओं में सम्प्रेषण करके हानि पहुंचाता है। ग्वार की फसल पर मुख्य रूप से *ए. पाइसम* व *ए. क्रेसीवोरा* माहू संबंधित पाये गये हैं। *ए.पाइसम* को बहुत सी बीमारियों के वायरसों का सम्प्रेषण (कैरियर) करता है, जैसे अल्फा अल्फा मोज़ेक वायरस, मटर की पत्ती की रोलर वायरस, चंवला की हल्की मोटल वायरस इत्यादि।

जीवन चक्र: प्रोढ़ मोतियों जैसी आकृतिनुमा, हरे–पीले या गुलाबी रंग तथा लम्बे उभारनुमा होते हैं। इनके एलेट व एपरेटस दोनों प्रारूप पाये जाते हैं तथा ये मादा होती हैं। नर काफी कम पाये जाते हैं। अमेरिका व यूरोप में पंखदार व बिना पंखवाले नर माहू पाये जाते हैं। परन्तु भारत में नहीं पाये जाते हैं (भूटानी व जोटवानी, 1984)। सन्तान की उत्पत्ति नर व मादा के बिना (अनिषेक जनन) होती है, तथा एक पीढी 7 दिन में पूरी हो जाती है। एक वर्ष में कई ऊपर–नीचे पीढ़ी होती हैं।

मूंगफली माहू : *एफिस क्रैसीवोरा* (= *ए.लग्यूमिनोसएई थ*) दूसरी मुख्य माहू है जो कि ग्वार, भारतीय बीन व दूसरी दलहनों को भारी हानि पहुंचाती है। माहू की यह प्रजाति समस्म भारत में पायी जाती है। यह माहू मुख्य रूप से मोज़ेक मोटलिंग वायरस, अल्फा–अल्फा मोज़ेक वायरस, बीन पत्ति मोज़ेक वायरस, चंवला माहू, बीन मोज़ेक वायरस के वायरस को ले जाने व फैलाने (कैरियर) का कार्य करती है (थोटेप्लिीईई व रोसैल, 1985)।

जीवन चक्र : माहू की इस प्रजाति के निम्फ पंखरहित, काले रंग के तथा लगभग गोल आकृति के होते हैं। प्रोढ़ काले बादामी रंग के गोल आकृति लिए रहते हैं (बखेटिया व सिंधु, 1977)। इनकी उत्पत्ति नर व मादा के संयोंग के बिना (अनिषेक जनन) होती है। एक मादा 10-12 दिनों के जीवन चक्र में 8-10 निम्फ पैदा कर सकती है, परन्तु वृतान्त यह दर्शाता है कि एक मादा 15 दिनों में 174.3 निम्फ पैदा करने की क्षमता रखती है। निम्फ पूर्ण रूप से प्रोढ़ में विकसित होने के लिए 5-8 दिन में 4 प्रक्रियाओं से गुजरते हैं। प्रत्येक इन्सटार की अवधि एक दिन की होती है। एक मादा अधिकतर लगभग 12 दिनों तक जन्म दे सकती है। मादा की जन्म देने की क्षमता आश्रित पौधे, भूमि की उर्वरकता, भूमि की नमी व तापक्रम पर निर्भर करती है। शुष्क अवस्था में इसकी गुणन क्रिया काफी अधिक होती है।

नियंत्रण : माहू की *ऐ.करेसीवोरा* के प्रभाव को काफी हद तक कम करने के लिए डाईमिथेएट, थायोमिटोन या प्रिमिकार्ब का प्रयोग करें, साथ–साथ लेम्कडा–साइहेलोथ्रिन @ 5.0-7.5 ग्राम (सक्रिय घोल/है.) प्रयोग करें (परूसज़ेडीनसकी व मरोवैसनिसकी, 1990)। डाईमिथोएट, फास्फोमिडोन, मोनोक्रोटोफोस का छिड़काव करें या फोरेट का भूमि में प्रयोग भी लाभदायक सिद्ध हुए हैं।

ग्वार की दूसरी अदलहनीय फसलों के साथ अन्तर–फसल पद्धति में उगाना, अविस्थापित फसलों को हर कतार के बाद बोना, फसल की बुवाई समय पर करना तथा उचित दूरी पर उगाना लाभप्रद पाये गये हैं (छाबड़ा *एट एल.,* 1993)।

सफेद मक्खी

सफेद मक्खी ग्वार के संदर्भ में कम महत्व का कीट हैं। यह प्रजाति [*बेमीसिया टेबेसी* (*गैनेडियस = गोसीपीपेरड़ा*) मिश्रा व लांवा] दुनियाभर में काफी प्रचलित है, तथा भारत में 1905 से कपास की सफेद मक्खी के रूप में जानी जाती है (हुसैन व खान, 1945)। यह एक बहुभक्षी कीट है। पिछले 7–8 वर्ष से इसका ग्वार पर प्रभाव बढ़ता ही जा रहा है। निम्फ व प्रौढ़ दोनों ही ग्वार की पत्ती की नीचे की सतह से रस चूसते हैं। फलस्वरूप पत्तियाँ पीली पड़ जाती हैं, सिकुड़ जाती हैं तथा नीचे की तरफ झुककर गिर जाती हैं। इस प्रकार की हानि के अतिरिक्त ये मक्खियाँ पत्तियों पर एक प्रकार का शहद छोड़ देती हैं जिससे पत्तियों में आवश्यक कार्यिकी प्रभावित होने के कारण पौधों की वृद्धि रूक जाती है।

जीवन चक्र : अंडे 1̣5–2.0 मि.मि. आकार के अंडाकार व हल्के पीले रंग के होते हैं। प्रत्येक मादा से लगभग 43–390 अंडे संबधित पाये जाते हैं। निम्फ स्केल जैसे हरे सफेद रंग के होते हैं। प्रौढ़ 1 मि.मि. लम्बे एक सफेद झिल्ली से ढ़के रहते हैं। इनके पंख 4–5 मि.मि. लम्बे सफेद दूध जैसे होते हैं। इनकी उत्त्पत्ति अण्डरोपक तथा कभी–कभी अनिशेक प्रक्रियाओं द्वारा भी होती है। निम्फ के विकास में, गर्मी व सर्दी के मौसम में लगभग 9–14 व 17–18 दिन क्रमशः लगते हैं। चौथे निम्फल इन्सटार को प्यूपा कहा जाता है। जीवन चक्र कम से कम 14 व अधिकतम 107 दिन तक खिंच सकता है। प्रौढ़, गर्मी व सर्दी में क्रमशः 2–5 व 22–24 दिनों तक जिंदा रह सकते हैं।

नियंत्रण: डाइमिथोएट 30 ई.सी. @ 250 मि.लि. या ऑक्सीडिमेटोन मिथाइल 25 ई. सी.से 300 मि.लि./एकड़ द्वारा छिड़काव करने से इनकी संख्या को काफी कम किया जा सकता है (सिंह *एट एल.,* 1994)। एस.के.नगर से प्रकाशित शोध बताते हैं कि मोनोक्रोटोफोस 0.04% के छिड़काव के 48 घंटे बाद ही सफेद मक्खियों *(ए.सिटरी)* के प्रभाव को ग्वार से पूरी तरह से समाप्त किया जा सकता है। तथा कीमत व लाभ का अनुपात (1:14) भी काफी सराहनीय रहा (डोडिया *एट एल.,* 2003) है। भारत में सफेद मक्खियों की तीन प्रजातियां परजीवी, सात प्रीडेटर्स तथा तीन फफूंद प्रजातियां रोग जनिक पाई गई हैं।

जैरिड्स/हौपरस/थिरप्स

पत्ती तेला (हौपर) समूह के कीटों में *ई. गोट्टी* (= केरी) एक प्रमुख प्रजाति है। यह बहुभक्षी कीट है तथा भारत में पौधों की विभिन्न जातियों व प्रजातियों पर पाया जाता है (मन्न व सोही, 1993)। यह कीट ग्वार की फसल पर वर्षा ऋतु में दिखाई देता है तथा फसल की सम्पूर्ण अवधि में हानि पहुंचाता है।

इस कीट के निम्फ व प्रौढ़ दोनों ही पत्तियों व मुलायम भागों से रस को चूसते हैं, फलस्वरूप पत्तियों के किनारों पर पीलापन बन जाता है, तथा पत्तियां कप की आकृति ले लेती हैं। जैसिड़ के भारी प्रभाव से पत्तियां किनारों की तरफ मुड़कर सूख जाती हैं तथा अन्त में गिर जाती हैं। जैसिड़ (हरा तेला) कुछ वायरसों को ले जाने का कार्य भी करते हैं।

जीवन चक्र : प्रौढ़ की लम्बाई 3 मि.मि. होती है तथा इनका रंग पीला–हरा होता है। मादा, पत्तियों की नसों पर 25-30 दिन की अवधि में 25-60 अंडे देती है तथा हैचिंग 3-11 दिन में होता है। निम्फ का पूर्ण विकास होने में 25 दिन लग जाते हैं मादा की आयु (132 सप्ताह) नर (2 सप्ताह) की तुलना में अधिक होती है। बार बार वर्षा, बादलों के छाये रहने की स्थिति तथा अधिक तापक्रम इस कीट की संख्या को तेजी से बढ़ा देने में सहायक होते हैं। गर्मी व रबी की फसलों की तुलना में खरीफ की फसलों में, अधिक हानि दर्ज की गई है (चौधरी *एट एल.*, 1981)।

नियंत्रण : नियमित कीटनाशक जैसे डाइमिथोएट (0.05%) फोरमोथियोन (0.03%), फोसफोमिडोन (0.05%), के छिड़काव द्वारा जैसिड़ के कुप्रभाव को पूरी तरह से रोका जा सकता है। प्रकृति में काली चीटियां व स्पाईडर, माइटस (मकड़ियां) ई. केरी. जैसिड़ पर आश्रित पाई गई हैं।

तना वीविल (सूंडी)

ग्वार के पौधों पर तने की सूंडी की कई प्रजातियां प्रभावी तथा हानिकारक पाई गई हैं। इनमें से कुछ विशेष इस प्रकार हैं: *एल्सीडोड्स बबो* (फैब), ए. *फैबरिसी* (फैब), *ए. कौलेरिस* (पसक), *ए.पिकट्स* (बोहम), *माइलोसैरस मसकुलोसस* (डेसब), इनमें से *ए.बेबो* व म. *मसकुलोसस* काफी प्रचलित है।

प्रौढ़ व लट दोनों ही पत्तियों में छेद करके तथा तनों को पंचर करके पौधों को कमजोर बना देते हैं। प्रौढ़ की तुलना में लट अधिक हानि पहुंचाती है। लट तनों में छेद बनाते हैं, तथा असमान रास्ता बना देते हैं, जिसके कारण छेद बने स्थान पर उभार बन जाता है, तथा वृद्धि अनियन्त्रित हो जाती है। प्रभावित पौधा बीमार सा दिखाई देता है तथा उसका कद भी छोटा रह जाता है (अरोरा व कश्यप, 2002)।

जीवन चक्र : ग्वार के तनों व फलियों के मुलायम भागों पर काट कर बनायी गई जगह में पीले–सफेद रंग के लम्बे व अंडाकार आकृति के अंडें एक पंक्ति में पाये जाते हैं। अंडा सेने की अवधि 6–7 दिन की होती है। पैदा हुए लट पीले–सफेद रंग के तथा सर पीला–बादामी रंग का होता है। लट 6 इन्स्टारों से होते हुए 25 दिन में प्रौढ़ अवस्था में विकसित हो जाती है। पूरा जीवन 49–57 दिनों में समाप्त हो जाता है।

नियंत्रण : तना सूंडी की रोकथाम के लिए कुछ यांत्रिक तरीके जैसे– अपरिपक्व जीवन अवधि पर हमला करना, प्रभावित पौधों या भागों को समाप्त करना, कुछ बेकार पड़े पौधों के सूखे भागों व ठुंठों को हटा देना या जला देना काफी उचित कदम पाये गये हैं। कुछ सम्पक्र कीटनाशकों जैसे ट्राइक्लोरोफोन 5 डी या मैलाथियोन 5 डी का प्रयोग या फिर ग्वार की फसल पर 0.2% कारबेरिल का छिड़काव करना काफी लाभदायक सिद्ध हुआ है।

काली सूंडी का नियंत्रण : ग्वार की फसल पर हानि पहुंचाने वाली काली सूंडीके संबध में कुछ पाउडरों की जैविक क्षमता का अध्ययन किया गया हैं। अनुसंधान दर्शाते हैं कि एन्डोसल्फॉन (4.0%), मैलाथियोन (5.0%), मिथाइल पैराथियोन (2.0%), क्वीलोनफास (1.4%), व फेनवेलरेट (0.4%), पाउडरों का कीट प्रभावित दिन (आई.डी.) व एकत्रित कीट दिन (सी.आई.डी.) के रूप में आकलन करने से फेनवेलरेट (0.4%) द्वारा 80 दिन लम्बी अवधि के कारण सबसे उत्तम पाया गया, जबकि क्विनोलफोस (1.4%) क्षमता के रूप में दूसरे स्थान पर रहा (वर्मा व हैनरी, 2005) है।

सफेद लट (सूंडी)

सफेद लट (*होलोट्रेकिया कानसेनगुनिया* बलैंच) जिसे साधारणतः सूंडी लट या चाफर सूंडी कहा जाता है, एक काफी हानिकारक बहुभक्षी कीट है। यह लट उत्तरी पश्चिमी प्रदेशों जैसे पंजाब, हरियाणा व राजस्थान में अधिक प्रभावी पाई जाती है (बरार व संधु, 1981)। यह मुख्य रूप से मूंगफली, गन्ना, बाजरा, मक्का, भिंण्डी, मिर्च, बैंगन तथा ग्वार पर आश्रित पाई जाती है। लट व प्रौढ़ सूंडी फसल को हानि पहुंचाते हैं। लटें पतली, जड़ें, मुख्य जड़ व जड़ों की गांठों पर आश्रय जमा लेती है। प्रौढ़ दिन में, फसलों के नीचे भूमि में छिपे रहती हैं, तथा रात को बाहर आ जाते हैं तथा हरे भागों पर बैठकर हानि पहुंचाते हैं, तथा नीम, बेर वृक्षों पर बैठ जाते हैं।

जीवन चक्र : मादाऐं फरवरी–मार्च के माह में भूमि में 10 से.मी. की गहराई पर एक–एक करके अंडे देती हैं, जो 7–10 दिन में हेचिंग करके लट में परिवर्तित हो जाती हैं। उत्पन्न नई लटें चमकदार सफेद रंग की होती हैं, जबकि उनका सर काला होता है। लार्वा का विकास 57–60 दिन में हो जाता है। वर्षा ऋतु की समाप्ति के बाद पूरी तरह से विकसित लारवी भूमि में 30–150 से.मी. की गहराई में चले जाते हैं, तथा प्यूपा में परिवर्तित हो जाते हैं। प्यूपा की अवधि 15 दिन की होती है। प्रौढ़ नवम्बर माह में परिवर्तित हो जाने पर जून में ही भूमि के बाहर निकल पाते हैं

नियंत्रण : आश्रित फसलों व वृक्षों पर कार्बेरिल (0.1%), क्विनोल फास (0.05%) या मोनोक्रोटोफास (0.05%) का छिड़काव काफी प्रभावशाली पाया गया है। लटों की रोकथाम के लिए क्लोरीपाइरीफोस 20 ई.सी. द्वारा 2.5 ग्राम सक्रीय पदार्थ/किलो बीज उपचार द्वारा भी इसके प्रभाव को रोका जा सकता है। गुप्ता व यादव (1987) द्वारा क्लोरोपाइरीफोस 20 ई.सी. @ 4 लीटर/है. सिंचाई जल के साथ मिलाने पर भी लटों के प्रभाव को रोकने में सफलता मिली है। जुलाई माह में प्रथम वर्षा पर, रात के समय रोशनी द्वारा लटों को आकर्षित करके उन्हें समाप्त कर देना सबसे उत्तम उपाय पाया गया है (अमीन, 1988)। खेत की गहरी जुताई करने पर भी भूमि में छिपे प्यूपे बाहर आ जाने पर चिड़ियाओं द्वारा उन्हें खा जाने के कारण, इनके प्रकोप को रोका जा सकता है।

पत्ती परफोरेटर (पर्ण छेदक)

पत्ती परफोरेटर (*डाइकोमेरिस एनथस* मेयर) ग्वार का एक हानिकारक कीट समझा जाता है, तथा मुख्य रूप से इसका कुप्रभाव उत्तरप्रदेश व पंजाब (धालीवाल, 1980) तथा

हरियाणा (सिंह *एट एल.*, 1981) में व्याप्त पाया जाता है। ग्वार की अगाई अवस्था में इसका प्रभाव अधिक पाया जाता है (सिंह *एट एल.*, 1982)। ताजा उत्पन्न हुई लटें कुछ दूरी तक घिसट कर पत्ती की बीच की बड़ी नस पर स्थापित हो जाती हैं। या पत्ती की किसी मोटी नस पर स्थिर हो जाती हैं, तथा एक जाल सा बना देती हैं। इस जाल की आड़ में पत्तियों की ऊपरी सतह को कुतरना शुरू कर देती हैं, फलस्वरूप पत्तियों में छेद बन जाते हैं। इन गुणों के कारण से ही इस कीट को परफोरेटर (छेदक) कहा जाता है।

जीवन चक्र : प्रौढ़ भूसे का रंग भूसे जैसा होता है, तथा आगे के पंखों पर गहरे बादामी रंग के दाग होते हैं जो कि लगभग 13.2 x 12.0 मि.मि. माप के होते हैं। मादा, क्रीमी सफेद रंग के, बैरल की आकृति के अंडे देती है। ये अंडें पत्तियों के दोनों तरफ नसों के पास या मुख्य नस के पास एक एक या 2-8 के समूहों में पाये जाते हैं। एक मादा 13 दिन की अवधि में 175 तक अंडें दे देती है। वातावरण के अनुसार लट की अवधि 15-22 दिन की होती है। प्यूपा के पहले की अवधि एक दिन की होती है, तथा प्यूपा बादामी रंग के होते हैं। प्यूपा की अवस्था 6-8 दिन में पूरी हो जाती है। कीट अपनी जीवन अवधि 29 दिन में पूरा कर लेता है। यह कीट ग्वार की फसल की पूरी अवधि में 3-4 पीढी पूरी कर सकता है (राम व वर्मा, 1991)। इस कीट की रोकथाम के वास्ते पत्तियों पर कार्बेरिल कीटनाशक (0.2%) का छिड़काव करके या फसल पर मैलाथियोन 5 डी @ 25 कि.ग्राम/हे. का बुरकाव करना चाहिए।

गौल मिज (गॉल मक्खी)

ग्वार की फसल में गौल मक्खी (*एसफोनडाइलिय सायेमोपसीडिस एन.*) कीट का सर्व प्रथम वृतान्त राव (1917) द्वारा किया गया था। वर्ष 1967 में गौल मिज़ कीट का ग्वार की फसल पर गोल उभार बन जाने के कारण भारी प्रभाव पाया गया (पटेल व चारी, 1970)। गौल मिज़ का दुष्प्रभाव कीटों द्वारा उभार के रूप में होता है। कलियां आकृति में बढ़ी तथा कठोर हो जाती हैं तथा फूल आने की क्षमता समाप्त हो जाती है। कारपेलरी कैविटी के आस पास की कोशिकाओं के फैलाव के कारण फूल का वर्तिकाय विकसित नहीं हो पाता है तथा हुक्केनुमा दिखाई देता है। वर्तिकाय की हुक जैसी आकृति ही गोल मिज़ के दुष्प्रभाव की पहचान है। प्रभावित भागों में हरित पदार्थ की कमी हो जाती है, तथा प्रौढ़ कीट के बाहर आने तक गोल मिज़ हल्का पीला व हरे रंग का दिखाई देता है फलियों की प्रारम्भिक अवस्था में गोल मिज़ के प्रभाव से फलियाँ पूरी तरह से विकसित नहीं हो पाती हैं तथा दाने भी अविकसित रह जाते हैं, तथा प्रभावित फलियां गोल मिज़ बनने के 18-24 घंटे बाद सूख कर बादामी रंग ले लेती हैं।

जीवन चक्र : प्रौढ़, हल्के भूरे रंग के 3-5 मि.मि. लम्बे होते हैं तथा पंखों का फैलाव 5.5 मि.मि. होता है ये मक्खियां तेजी से उड़ने की क्षमता रखती हैं। मादा *ओव्यूल*, फूल व फलियों में अंडें देती हैं। पूरी तरह से विकसित *मैगोटस* पीले रंग के, 1.0-1.25 मि.मि. चौड़ाई व 3.25-3.96 मि.मि. लम्बाई लिए होते हैं। गौलस में प्यूपों का विकास होता है, प्यूपा 3 मि.मि. लम्बे पूरी तरह से विकसित पाये जाते हैं।

नियंत्रण : कार्बेरिल (0.15%) या फॉस्फेमिडोन (0.03%) का फूल आने की अवस्था में छिड़काव (सिंह व यादव, 1985); या मोनोक्रोटोफोस (0.05%) का इस अवस्था पर छिड़काव (कृष्ण कुमार व सरदाना, 1988) काफी सक्षम पाये गये हैं।

बिहार हेयरी कैटरपिलर (बिहार बालिय लट)

काफी क्षेत्र में व्याप्त, बहुखाद्य, बिहार हेयरी कैटरपिलर (*सिलसोमा डिआक्रीसीय) ओबलिक्वा* वाकर, ग्वार फसल में काफी हानि पहुंचाने वाला कीट है। फसल की अगाई अवस्था में यह कीट अधिक हानि पहुंचाता है (सिंह *एट एल.,* 1981)। कीट (इनस्टार) पत्तियों, मुलायम तनों तथा शाखाओं पर आश्रित हो जाते हैं। फलस्वरूप पत्तियों का हरित पदार्थ समाप्त हो जाता है। अन्त में पत्तियां गिर जाती हैं तथा नंगे पौधे नज़र आने लगते हैं।

जीवन चक्र : प्रौढ़ मोथों का सर गंदे–पीले रंग का होता है। पंख पिंक रगं के होते हैं तथा उन पर काले धब्बे पाये जाते हैं। पंखों सहित मोथों का माप 40-50 मि.मि. होता है। पूरी तरह से विकसित लटें स्थूल, 25-45 मि.मि. लम्बे होते हैं तथा चौड़ाई में बादामी रंग की 7 पर्त पाई जाती है तथा पूरे शरीर पर लम्बे सलेटी रंग के बाल पाये जाते हैं तथा बालों के दोनों किनारे काले होते हैं। ये कीट मार्च से अप्रेल व जुलाई से नवम्बर तक चंचल रहते हैं। मादा ग्वार की पत्तियों की ऊपरी सतह पर समान्तर रूप से 3-4 रात लगातार अंडें देती रहती है। एक मादा पूर्ण जीवन चक्र में 400-1600 अंडें देती है। अंडे सेने की अवधि 4-13 दिन की होती है। लटों की अवधि 28 से 56 दिन की होती है। प्यूपा से पहले व प्यूपा अवस्था लगभग 2 तथा 10-15 दिनों की होती है (अथवाल व धारीवाल, 1997)। इस कीट का जीवन चक्र गर्मी के मौसम में 5 सप्ताह परन्तु बसन्त व सर्दी के मौसम में क्रमशः 8 व 10 सप्ताह तक खिंच सकता है। एक वर्ष में इसके 8 जीवन चक्र हो सकते हैं।

नियंत्रण: तीव्रता की स्थिति में एण्डोसल्फॉन 35 ई.सी. या क्विनोल्फॉस 35 ई.सी. या डाइक्लोरोफोस 100 ई.सी. (1.25 लीटर) को 500 लीटर पानी में प्रति हैक्टेयर की दर से छिड़काव करें। अंडों से लटें बनने से पूर्व उन्हें एकत्रित करके नष्ट करना सस्ता व प्रभावी यात्रिंक तरीका है। *निओनेटस* को प्रभावित पौधों से खींच कर तथा भूमि में दबाकर नष्ट किया जा सकता है या भूमि में ट्राईक्लोरोफोन 5 डी का 35 कि.ग्राम/है. की दर से छिड़काव करना चाहिए।

पुष्प बीटल (भृंग)

पुष्प भृंग [*प्रोटेइरिआ टेरौसा* (गोरी व परचरोन)] के प्रौढ़ों द्वारा असामान्य रूप से ग्वार की मूलों को हानि पहुंचाने के बारे में वृतान्त उपलब्ध है (वर्मा, 1998)। ये प्रौढ़ प्रतिदिन सुबह के समय देरी से तथा दोपहर के समय धामन घास के क्षेत्रों उड़ते रहते हैं। इस कीट की भृंग द्वारा ग्वार को भूमि के ऊपर के भाग में नुकसान पहुंचाने के बारे में सूचनाएँ नहीं है। घास की तुलना में ग्वार की फसल को इस कीट की भृंग द्वारा अधिक पसंद करना दर्शाता है, कि यह कीट आने वाले समय में मुख्य हानिकारक कीट के रूप में उभर

सकता है। वर्ष 1992 के बाद से ही इस कीट की भृंग द्वारा ग्वार की मूलों को असामान्य रूप से हानि पंहुचाने की सूचनाएँ मिल रही हैं। इसकी भृंग गहरे काले रंग के तथा हल्के हरे रंग हयू द्वारा पहचाने जाते हैं। प्रभावित ग्वार के पौधे मुरझाने लगते हैं तथा अन्त में पूरी तरह सूख जाते हैं। प्रभावित पौधों की भूमि के चारों तरफ भूमि में 2.2-2.7 मि.मि. के व्यास के सुराख स्पष्ट नजर आते हैं। प्रभावित पौधों के आसपास 0.6-0.8 से.मी. आकृति के 1 से 3 सुराख देखे जा सकते हैं। प्रभावित पौधों को आसानी से खिंच कर भूमि से बाहर उखाड़ा जा सकता है तथा मुख्य जड़ों के साथ दूसरी फैलने वाली जडें नहीं पाई जाती हैं। मुख्य मूल के अगले छोर पर 4 से.मी. लम्बी छिद्रनुमा रचना बन जाती है। बीटल्स जड़ों की भूमि के आसपास रात में तथा प्रातः 10 बजे तक छिपी रहती हैं। गहरे दबाव के साथ की गई सिंचाई द्वारा ये भृंग भूमि से बाहर आकर पौधों पर चढ़ जाती है तथा जल के स्तर में कमी आने के बाद, ये फिर से भूमि में 2.5-3.0 से.मी. की गइराई में पौधे की जड़ों के आस–पास रहती हैं या जड़ों पर चढ़ी हुई पाई जाती हैं। भृंग प्रकाश की तरफ आकर्षित नहीं होती है।

सामान्य तरीकों से तथा सामान्य कीटनाशकों से इसे नियंत्रण करना सुविधाजनक नहीं है, अतः सफेद लटों की तरज पर इसे प्रंबध किया जाना चाहिए। ईमिडेक्लोपिड 17.8 एस. एल @ 1.0 लीटर/है. भूमि को उपचार करने पर इस कीट की संख्या को कम किया जा सकता है।

नए कीटनाशकों का तुलनात्मक मूल्यांकन

ग्वार की फसल में पत्तियों व मुलायम उत्तकों से रस चूसने वाले कीटों (माहू, सफेद मक्खी, थिरप्स इत्यादि) की रोकथाम के लिए कुछ नये कीटनाशक रसायनों (इमिडेक्लोपरिड–0.005%; थयेमीथोक्ज़ेम–0.0084%; एसिटेमिपरिड–0.004%; ट्रायेज़ोफोस–0.05%; एसिफेट–0.075%; काब्रोसल्फान–0.05%; मिथाईल–ओ–डिमिटोन–0.03% व डाइमिथिओएट–0.03%) का अखिल भारतीय मरू दलहन अनुसंधान परियोजना के अन्तर्गत बीकानेर केन्द्र पर वर्ष 2008 में अध्ययन करने पर कुछ कीटनाशक काफी प्रभावशाली पाये गये। कीटों की संख्या में गिरावट को 48, 96 घंटे व एक सप्ताह पर निर्धारण करने, उपज पर प्रभाव, रूपयों में प्राप्ति तथा खर्चा : फायदा के रूप में आंकने पर थायेमिथोक्ज़ेम 25 डब्ल्यू.जी. (0.0084%) तथा इसके बाद घटते प्रभाव में इमिडेक्लोपरिड 17.8 एस.एल. (0.005%) सबसे उत्कृष्ट पाये गये हैं। आंकड़े दर्शाते हैं कि थायेमिथोक्ज़ेम द्वारा नेट लाभ रू. 1664/है. व व्यय : आय 1:2.4 पाया गया, जबकि दूसरे रसायन द्वारा लाभ रू. 1479/है. तथा आय 1:0.87 पाई गई (एनोनिमस, 2009)।

भंडारण के समय कीट नियंत्रण

दलहन फसलों के भंडारण के बाद, उचित व्यवस्था नहीं करने की स्थिति में भंडारण के समय लगने वाले कीटों की प्रजातियाँ एक भारी संकट उत्पन्न कर सकती हैं। कई बार तो यह हानि 70-80% तक दर्ज की गई है। *ब्रुकिड़स* मुख्य रूप से बड़े आकार के दानों, अधिक प्रोटोन व चिकने दानों में अधिक प्रभाव डालते हैं। ये अंडे खेत में से ही गीले दानों जिनकी नमी 12% से अधिक होती है तथा थैलिया ढंग से साफ नहीं की गई हैं तथा नम

होने के कारण ब्रुकिड्स के अंडों का दानों में प्रवेश करना आसान हो जाता है। यह पाया गया है कि ग्वार के दानों में ब्रुकिड्स के द्वारा प्रभाव दूसरी दालों की अपेक्षा कम पाया गया है। कुछ दलहनों में अनुसंधान के बाद पाया गया है कि किस्में जिन्हें ब्रुकिड्स के प्रति काफी रोधक पाया गया था, फिर भी उनमें कुछ न कुछ ब्रुकिड्स का प्रभाव अवश्य पाया ही जाता है। अतः ब्रुकिड्स सहिष्णु किस्मों का विकास आसान नहीं है। अतः भौतिक प्रबंध करने की आवश्यकता है। इस दिशा में अखिल भारतीय मरू दलहन अनुसंधान परियोजना के बीकानेर केन्द्र पर वर्ष 2003-2006 तक अनुसंधान किये गये हैं तथा निष्कर्ष काफी सराहनीय पाये गये है (एनोनिमस, 2006) कुल मिलाकर 13 उपचारों का मोठ के रूप में आकलन करने पर से यह बात प्रतीत होती है कि भंडारण के 40 दिन बाद 41 से 90% तक तथा 220 दिन बाद 36 से 88% तक ब्रुकिड्स की संख्या में कमी पाई गई। अतः 220 दिनों तक दानों का सुरक्षित भंडारण करने के लिए मूंगफली, सरसों या तिल के तेल द्वारा 8 मि.लि./किलोग्राम दर से बीज उपचार करना काफी संतोषजनक पाया गया है (तालिका 2)।

तालिका 2. भण्डारण के समय ब्रुकिड्स का नियंत्रण।

क्रम सं	उपचार	दानों को भण्डारण के बाद ब्रुकिड्स की संख्या में गिरावट (%)	
		40 दिन के बाद*	220 दिन के बाद*
1.	गाय के गोबर की राख (2%)	41.81	36.47
2.	गाय के गोबर की राख (4%)	50.03	39.97
3.	रेत की ऊपरी सतह (2से.मी.)	43.29	38.57
4.	रेत की ऊपरी सतह (4से.मी.)	80.59	71.19
5.	मूंगफली का तेल (2 मि.ली./किलो)	56.43	47.76
6.	मूंगफली का तेल (5 मि.ली./किलो)	74.61	70.86
7.	मूंगफली का तेल (8 मि.ली./किलो)	90.00	88.33
8.	सरसों का तेल (2 मि.ली./किलो)	60.16	50.92
9.	सरसों का तेल (5 मि.ली./किलो)	81.55	75.59
10.	सरसों का तेल (8 मि.ली./किलो)	90.00	88.27
11.	तिल का तेल (2 मि.ली./किलो)	53.72	48.60
12.	तिल का तेल (5 मि.ली./किलो)	71.36	65.72
13.	तिल का तेल (8 मि.ली./किलो)	90.00	88.40
	सोचनीय अन्तर (5%)	10.37	10.41
	सी.वी. (%)	7.77	8.35

स्त्रोत : (एनोनिमस, 2006)
*वर्ष –2003, 2004, 2005 व 2006 का ओसत।

वानस्पतिक व कृत्रिम उत्पादों का आंकलन

वानस्पतिक व कृत्रिम उत्पादों का आंकलन : चित्तिदार फली छेदक एक महत्वपूर्ण कीट है जो कि *लेपीडोपटेरा* आर्डर व *पाईरेलिडेएई* परिवार से संबंधित है। यह कीट ग्वार सहित कुछ दलहनों पर **60%** तक हानि पहुंचा सकता है। इसकी लटें फूल, फलियों व पौधों के अग्रिम भाग को हानि पहुंचाती है, तथा अपने सिल्क व मल द्वारा पौधे के भागों को बांध देता है। रोकथाम की दिशा में मरू दलहन केन्द्र, एस.के.नगर में अनुसंधान किये गये हैं। वर्ष **2003** के नतीजे बताते हैं कि **5** उपचारों में से नीम के बीज का अरक (5%) के प्रभाव से फलियां सबसे कम प्रभावित पाई गईं (16.18%) जबकि नियंत्रण उपचार द्वारा 63. 34% फलियाँ प्रभावित पाई गई। ऐसीटेट (0.075%) व प्रोफीनोफोस (0.05%) द्वारा भी फलियाँ लगभग कम ही प्रभावित पाई गई (18.2% और 20.0%, कमशः)। चंवले की फलियों में हानि, प्राप्त उपज व आर्थिक दृष्टि को ध्यान में रखकर, कहा जा सकता है कि नीम के बीजों के अरक (5%) द्वारा एक छिड़काव या ऐसेफेट (0.075%) व प्रोफीनोफोस (0.05%) को प्रोत्साहित किया जाना चाहिए। इन उपचारों से लगभग लागत व आय का अनुपात क्रमशः 1:11.59, 1:9.59 तथा 1:8.11 तथा असल आय क्रमशः रू. 4520, 3740 व 2110 पायी गयी (तालिका 3)।

तालिका 3. विभिन्न उपचारों के प्रयोग द्वारा फली छेदक द्वारा हानि, ऊपज, लागत व आय का अनुपात तथा वास्तविक आय।

क्रम सं.	उपचार	फली छेदक द्वारा हानि* (%)	ऊपज (कि./हे.)	लागतःआय	वास्तविक आय (रू./है)
1.	नीम के बीजों का अरक (3%)	23.15	904	1 : 5-52	1600
2.	नीम के बीजों का अरक (5%)	16.18	1196	1 : 11-59	4520
3.	निम्बीसीडीन (0.03%)	24.46	807	1 : 1-54	630
4.	एसीफेट (0.075%)	18.22	1118	1 : 9-59	3740
5.	प्रोफिनोफोस (0.05%)	20.20	955	1 : 8-11	2110
6.	नियंत्रण	63.34	744	-	-
	सोचनीय अन्तर (5%)	6.93	122.0	-	-
	सी. वी. (%)	14.68	8.68	-	-

* पुनःपरिवर्तित ओसत।

भविष्य का दृष्टिकोण

वातावरण के बदलते परिवेश में तथा विश्व व्यापक तापन की प्रतिवर्ष बढ़ती संभावना के मद्धेनजर ग्वार को नये क्षेत्रों तथा परिवर्तित शस्य क्रियाओं द्वारा उगाये जाने के कारण नई कीट पतंगों के आक्रामक होने की भी संभावना से इन्कार नहीं किया जा सकता है। अतः वर्तमान हानिकारक कीटों के साथ–साथ कीटों की नई चुनौतियों का सामना करना भी पड़ सकता है, अतः हमें भविष्य के बारे में निश्चित दृष्टिकोण अपनाना होगा जो कि निम्न प्रकार से है।

- वर्तमान में ग्वार फसल को हानि पहुंचाने वाले कीटों को क्षेत्र, वर्षा व ग्वार की अवस्था के अनुसार प्राथमिकता तय की जाये।
- कुल वर्षा व उसके वितरण तथा तापक्रम को आधार मानते हुए मुख्य कीटों की संख्या व होने वाली हानि का आंकलन किया जाये तथा भविष्य में वातावरण के अनुसार कीटों के प्रकोप की भविष्यवाणी की जा सके।
- कीट नियंत्रण के लिए एकीकृत प्रयत्न किए जायें।
- जहां तक संभव हो सके वानस्पतिक व कार्बनिक कीटनाशकों पर पूर्ण निर्भरता की जाये तथा ग्वार का उत्पाद पूरी तरह अकार्बनिक स्त्रोत का प्रतिनिधित्व कर सके।
- कीट नियंत्रण प्रकिया में अधिक से अधिक प्रभावशाली कीटनाशकों का चयन किया जाये ताकि उनके छिड़कावों तथा बुरकने की आवृत्ति को कम किया जा सके।

संदर्भ

अटवाल, ए.एस. और धालीवाल, जी.एस. (1997). एग्रीकल्चरल पेस्ट्स आफ साऊथ ऐशिया एण्ड मैनेजमेंट, कल्याणी पब्लिशर्स, लुधियाना, पृ 487.

अरोरा, आर.के. और कश्यप, आर.के. (2002). इन्सेक्ट्स पेस्ट्स। ग्वार इन इण्डिया, 149–170.

अमीन, पी.डब्ल्यू. (1988). इन्सेक्ट्स एण्ड माईट पेस्ट्स एण्ड देअर कंट्रोल। इन ग्राउण्डनट. (एडी. रेड्डी, पी.एस.) आई.सी.ए.आर, न्यू दिल्ली, 393–452.

एनोनिमस (2006). वार्षिक प्रतिवेदन। ऑल इण्डिया कॉर्डिनेटेड प्रोजेक्ट ऑन एरिड लेग्यूम्स, (कॉर्डिनेटेड यूनिट रिपोर्ट) पृ. 250.

एनोनिमस (2009). वार्षिक प्रतिवेदन। ऑल इण्डिया कॉर्डिनेटेड प्रोजेक्ट ऑन एरिड लेग्यूम्स, (कॉर्डिनेटेड यूनिट रिपोर्ट) पृ. 320.

कृष्णकुमार, एन.के. और सरदाना, एच.आर. (1988). पेस्ट्स मैनेजमेंट एण्ड इन सोलेनेसिअस वेजिटेबल्स। इनः एनु. रिपोर्ट. 1988, आई.आई.एच.आर. बैंगलोर.पृ. 64.

गुप्ता बी.एम. और यादव, सी.पी.एस. (1987) केमिकल कंट्रोल आफ बाईट ग्रब। *होलोट्राईका कॉन्सेगुईना* वैल्नचार्ड इफेस्टिंग ग्राउण्डनट, इण्डियन जे. ऐग्रीक.साईन्स, 57 : 742–744.

डोडिया, डी.ए., प्रजापति, बी.जी. और टिक्का, एस.बी.एस. (2003). रिलेटिव बायोएफिशिऐंसी आफ डिफ्रेंट इन्सेक्टिसाईड्स अगेन्स्ट्स सकिंग पेस्ट्स आफ ग्वार (पृ. 445–447). इन एडवासिंस इन एरिड लैग्यूम्स रिसर्च, (हैनरी, ए., कुमार, डी.और सिंह, एन.बी. इडिएस) इण्डियन एरिड लेग्यूम्स सोसाईटी एण्ड साइंन्टिफिक पब्लिशर्स (इंडिया), जोधपुर, xiii- पृ. 523.

धालीवाल, जे.एस. (1980) इर्म्पोटेन्ट इंसेक्ट पेस्ट्स ऑफ ग्वार इन द पंजाब स्टेट। *ग्वार न्यूजलेटर* 1:18।

चौधरी, के.पी., सिंह, ए.के. और यादव, एल.एस. (1981). इफेक्ट आफ डाईसल्फोटेन ग्रेन्यूल्स ऑन पेस्ट्स कॉक्पेक्स, क्रॉप ग्रोथ एण्ड ईल्ड आफ ग्रीन ग्राम। *इण्डियन जे. ऐन्ट.* 43 : 369–372.

छाबड़ा, के.एस., लाल, एस., कूनर, बी.एस. और वर्मा, एम.एम. (1993). इन्सेक्ट्स पेस्ट्स ऑफ पल्सिस– आईडेंटीफिकेशन एण्ड कंट्रोल मैनुअल। पी.ए.यू. लुधियाना एण्ड डायरेक्ट्रेट आफ पल्सिस रिस. कानपुर. पृ. 88.

थोटेप्टिल, जी. और रोसेल, एच.डब्ल्यू. (1983). वर्ल्ड वाईड़ ऑक्रेंस एण्ड डिस्ट्रीब्यूशन आफ वाईरस डिज़िजज. 155–171। *इन. काऊपी रिसर्च.* प्रोडक्शन एण्ड यूटिलाईजेशन. (ईडिएस) सिंह, एस.आर. एण्ड रेची, के. ओ. जोन विले, लंदन, पृ. 460.

मान. जे.एस. और सोढ़ी, जे.एस. (1993) न्यू रिकार्ड्स ऑफ एशियन इम्पोएसिनिक होमियोप्टेरा : *टाईफायलोसाईबेनि*। *जे. इंसेक्ट साई.* 6: 232–238।

नैयर, एम.आर.जी.के. (1986). इन्सेक्ट्स एण्ड माईट्स आफ क्रॉप्स इन इण्डिया। इण्डियन कॉउन्सिल ऑफ एग्रीकल्चरल रिसर्च, न्यू दिल्ली – 408.

पालीवाल, जे.एस. (1980). इम्पोर्टेन्ट इंन्सेक्ट पेस्ट्स ऑफ ग्वार इन द पंजाब स्टेट। ग्वार न्यूज़ल. 1:18.

पटेल, एच.के. और चारी, एम.एस. (1970). न्यू रिकार्ड आफ गॉल मिड्ज़ एस्फोनडाईलिया स्पि. एस.ए. सीरिअस पेस्ट ऑफ कल्स्टरबीन साईमोप्सिस टैट्रागोनोलोबा (एल.टॉब)। इण्डियन जे. एन्ओमोल. 32: 90-91.

परूस्जेडिन्सकी, एस. ओर मरोवैस्निस्की, एम. (1990). ट्रॉयल रिजल्ट ऑन द यूज ऑफ लैम्ब्डा–साईहेलोथ्रीन फार पेस्ट कंट्रोल इन एग्रीकल्चरल क्रॉप्स इन पौलेंण्ड। इन. प्रो. ब्रिजटोन क्रॉप प्रो. कांफ्रेंस, पेस्ट एण्ड डिज़िजस। के. II बी.सी.पी.सी. पब्लिकेशन पृ. 715–720.

बखेटिया, डी. आर.सी. और सिंधु, ए.एस. (1977). बायोलोजी एण्ड सीजनल एक्टिविटी आफ ग्राउण्डनट एफिड़। ऐफिस क्रेसिवोरा कोच। जे.रिस.पी.ए.यू 14(3): 299–303.

बरार, के. एस. और संधु, जी. एस. (1981). नोट आन द इफेक्ट आफॅ डेट्स ऑफ सोईंग आन द डेमेज बाई हालोट्राईका कॉनसेगुईना बल्नचार्ड टू ग्राउण्डनट इण्डियन जे. एग्रीक.साई. 51 : 466.

भूटानी, डी.के. और जोटवानी, एम.जी. (1984). इन्सेक्ट्स इन वेजीटेबल। पिरिओडिक्ल एक्सपर्ट बुक एजेन्सी, दिल्ली –356.

राम. एस. और पाटिल, एस.डी. (1972). फोरेज एंटोमोलोजिकल प्रोब्लम्स इन इण्डिया (बुलेटिन)। आल इण्डिया कॉआर्डिनेटड प्रोजेक्ट फार रिसर्च आन फोरेज क्रॉप्स, इण्डियन कॉउन्सिल ऑफ एग्रीकल्चरल रिसर्च, न्यू दिल्ली – पृ. 23।

राम, पी. और वर्मा, ए.एन. (1991). बायोलोजी ऑफ डाईकोमेरिस इंऐथस मेयर–ए पेस्ट आफ कल्स्टर बीन (*साईमोप्सिस टैट्रागोनोलोबा* (एल.) टॉब), इन हरियाणा, एग्रीक साई. डाईजेस्ट 11(4): 181–184।

राव, आर (1917) कलस्टरबीन (*साईमोप्सिस पिसोरेमिआईड़स*) (ग्वार हिन्दी) प्रो. II एण्टोमो. मीट, पूसा, कलकत्ता, इण्डिया, पृ. 60–61।

वर्मा, एस.के. (1998). प्रोटेइटिया टेरोसा. (सिटोनिडिया : कालिपिटेरा) बीटल अटेकिंग रूट्स आफ कल्स्टर बीन (*साईमोप्सिस टैट्रागोनोलोबा* (एल.) टॉब), ऐनेल्स आफ एरिड जोन, 37 (1): 103–104।

वर्मा, एस.के. (2004). इन्सेक्टिसाईड्स बायोएंफिसिएंसी अंगेन्स्ट सिरटोजेमिक कोगनेटा मार्शल इन मुंगबीन बाये क्यूमेलेटिव इंसेक्टस डेज। इण्डियन जे. ऑफ एरिड. लेग्यूम्स 1(1): 69–71।

वर्मा, एस.के. और हैनरी ए. (2005). बायोएंफिसिएंसी ऑफ डस्ट फारमुलेशन अंगेन्स्ट क्रायटोजेमिया कोगनेटा मार्शल इन कल्स्टरबीन। जे.एरिड. लेग्यूम्स 2 (1): 142–144।

हुसैन, एम.ए. और खान, ए.डब्ल्यू. (1945). द सिटर्स (2) ऐलिरायोडिड (होमोपिटेरा) इन द पंजाब एण्ड देजर कंट्रोल। मेम. ऐंटोमोल. सो. इण्डिया। पृ. 41।

सिंह, एच. और यादव, टी.पी. (1985). स्ट्रेटेजीज फार द मैनेजमेंट आफॅ इंसेक्ट पेस्ट इन सीसेम टू इंक्रीज इट्स प्रोडक्शन। इन ऑयल सीड्स प्रोडक्शन, कंटेट एण्ड अपॉर्चूनिटी. (एडिटर्स). श्रीवास्तव, एच. के., भास्करन, एस., यत्स्व, बी और मेनन, के.के.जी। ऑक्सफोर्ड एण्ड आई. बी. एच. पब्लि., न्यू दिल्ली।

सिंह, एस.पी. बहनोट, जे.पी और सैनी, एम.एल. (1982). न्यू रिकार्ड ऑफ लीफ प्रफोरेटर, डाईकोमेरिस इएंथेस मेअर. (लेपिडोपिटेरा : गेलिचिडिए), ऑन ग्वार फोम हरियाणा। ग्वार न्यूज़लेटर 3 : 11.

सिंह, एस.पी., वर्मा, ए.एन. और बहनोट, जे.पी. (1981). इन्सेक्ट एण्ड माईट पेस्ट्स आफ ग्वार एण्ड देअर कंट्रोल। ग्वार न्यूज़लेटर 2 : 47–51.

सिंह, जे., अरोरा. आर.एन., सैनी, एम.एल, ग्रेवाल, और यादव, बी.डी. (2002). इन्सेक्ट पेस्ट्स मेनेजमेंट पृ. 27–29 इन ग्वार प्रोडक्शन एण्ड इट्स यूटिलाईज़ेशन इन इण्डिया। ऑल इण्डिया कॉआर्डिनेटड रिसर्च प्रोजेक्ट ऑन ऐरिड लेग्यूम्स, काजरी, जोधपुर, पृ. 50।

सिंह, एस.पी. (2003) इन्सेक्ट पेस्ट्स मेनेजमेंट इन काउपी एण्ड कल्स्टरबीन क्राप्स. पृ. 448–452। इन ऐडवासिंस एन ऐरिड लेग्यूम्स, रिसर्च हेनरी, ए., कुमार, डी. और सिंह, एन.बी. (एडिटर्स), इण्डियन ऐरिड लेग्यूम सोसाईटी एण्ड साईन्टिफिक पब्लिशर्स इण्डिया जोधपुर, पृ. xiii- 523।

ग्वार कार्यिकी

सारांश

जल व तापक्रम तनाव तथा लवणता रोधी आनुवंशिक क्षमता के कारण, ग्वार की फसल मरू भूमियों के प्रति भारी अनुकूलता के लिए जानी जाती है। इन अजैविक तनावों के प्रति रोधकता की क्षमता में वृद्धि तथा उत्पादन की कम देखरेख व सीमित लागत द्वारा ऐच्छिक स्तर तक पहुंचाने के लिए ग्वार की कार्यिकी को समझने तथा कार्यिकी सिद्धान्तों व सूचनाओं को प्रयोगात्मक बनाने की आवश्यकता है। बीजों का अधिकतम अंकुरण 30°सें पर 5-6 दिन में होता जाता है, तथा बीजों की शैल्फ लाइफ लगभग 3 वर्ष होती है। नाइट्रेट की उचित मात्रा द्वारा पत्तियों पर छिड़काव से बीज अंकुरण में 8-24% सुधार, अंकुरो के ओज में 40-50% वृद्धि के साथ, उपज में भी काफी सुधार की संभावना रहती है। ग्वार पर सूक्ष्म तत्वों का सराहनीय प्रभाव पाया गया है। वृद्धि व विकास नियामकों की उचित सांद्रता को उचित अवस्था पर देने से ग्वार की वृद्धि, विकास, चयापचय गतिविधियां, उपजकारकों व उत्पादन पर महत्वपूर्ण प्रभाव पड़ता है। नियामकों में मुख्य रूप से साइकोसिल, बी–9, डाइथेन एम–45, एस.ई.–1099, जिबरैलिक अम्ल इत्यादि का अध्ययन किया गया है। जल तनाव समाप्त हो जाने पर फिर से पनप जाने की ग्वार में अद्भुत क्षमता पाई जाती है। जल तनाव की स्थिति में ग्वार के पौधों में जल उपयोग क्षमता पर्ण सह–संबध व जल स्त्रोत में कमी के कारण कुल हरे पदार्थ व घुलनशील प्रोटीन में कमी तथा स्वतंत्र प्रोलीन की सांद्रता में बढोतरी दर्ज की गई है। अपर्याप्त मृदा जल की स्थितियों में कुछ एन्जाइमों पर प्रभावों का आंकलन करने पर पाया गया है कि तीव्र शुष्कता की स्थिति में एन.आर.ए., जी.एस. व गोगाट की गतिविधियों में कमी जबकि जी.डी. की गतिविधियों में वृद्धि पाई गई है। शुष्कता की स्थिति में जल्दी पकने वाली किस्मों में कार्यिकी कारकों के अनुकूल प्रभावों के कारण रोधकता तथा उपज में वृद्धि पाई गई है। अनुसंधान सूचनाएँ दर्शाती हैं कि जल्दी व देरी से पकने वाली ग्वार की किस्मों के बीजों को 1:1 मात्रा में मिलाकर उगाने से सामान्य व कम वर्षा की स्थितियों में उपज में स्थिरता पाई गई है। शुष्कता की स्थिति में, जल्दी पनपने के लिए ओस्मोटिक एकीकरण एक महत्वपूर्ण प्रक्रिया समझी जाती है। फलस्वरूप प्रकाश संश्लेषण में सुधार के कारण, पत्तियाँ देरी से मुर्झाती है। इसी दिशा में थायोयूरिया 500 पी.पी.एम. द्वारा बीज उपचार तथा बाद में इसके 1000 पी.पी.एम. द्वारा फूल आने की अवस्था में फसल पर छिड़काव से शुष्क पदार्थ, प्रकाश संश्लेषण पत्ती क्षेत्र व नत्रजन चयापचय में वृद्धि पाई गई। ग्वार लवणता के प्रति, अंकुरण की अवस्था पर मध्यम–सहनशील पाया गया हैं, तथा मृदा की 8.5 से अधिक ई.सी. पर अंकुरण

प्रतिशतता तथा अंकुरण अवधि पर प्रतिकूल प्रभाव शुरू हो जाता है। लवणीय जल की बढती ई.सी. द्वारा ग्वार के पौधों में सह–संबध, जल स्त्रोत व जल क्षमता में गिरावट तथा पर्ण डिफ्यूसिव रोधकता व वृद्धि पाई गई है। अध्ययन बताते हैं कि सहनशील किस्मों की उपज तथा वृद्धि दर पर, 10 ई.सी. के स्तर पर 10% गिरावट पाई गई है जबकि इसी स्तर पर सूक्ष्मग्राही किस्मों में यह गिरावट लगभग 40–50% संभव है। जल–तनाव की अधिकतम स्थिती (–2. 8 एम.पी.ए.) लवणता की स्थिति 100 ई.सी. की तुलना में अधिक प्रतिकूल पाई गई है। यह पाया गया है शुष्कता की भारी विपरीत स्थितियों में ग्वार की फसल को 10 ई.सी. के जल द्वारा सिंचाई द्वारा बचाया जा सकता है।

प्रस्तावना

ग्वार भारत की एक प्राचीन, शुष्कता रोधक वार्षिक दलहन है। मरू प्रदेशों में अधिकतम क्षेत्र व अनुकूलता के कारण इस दलहन को मरूदलहन ग्रुप में शामिल किया जाता है, मरू क्षेत्रों में कम व अनियंत्रित वर्षा की स्थिति में इसकी अनुकूलता तो काफी अधिक है, परन्तु कम व अस्थिर उपज व उत्पादकता एक गंभीर तथा चिन्तनीय विषय आज भी बना हुआ है। इस दिशा में गम्भीर तथा निरन्तर अध्ययन किये गये हैं : पादप सुधार; शस्य क्रियाऐं; व्याधि व कीट प्रबंध, अग्रिम पंक्ति प्रदर्शन, इत्यादि। इन प्रयासों से उपज में कुछ सीमा तक बढ़ोतरी भी प्राप्त की गई है, परन्तु यह बढ़ोतरी, आवश्यकता तथा बढ़ते क्षेत्र की तुलना में कम है। शुष्कता रोधी क्षमता को समझने व और सुधारने, खारेपन की स्थिति को जानने व उसमें अनुकूलता को और अधिक उत्पादकता साथी बनाने के बारे में हमारे प्रयास अभी भी कम ही जान पड़ते हैं। इसी प्रकार, जल–उपयोग क्षमता तथा इसी से संबधित दूसरे विषयों पर जो कि परोक्ष या अपरोक्ष रूप से ग्वार की कार्यिकी से जुड़े हैं, पर सूचनाएँ काफी कम हैं। अतः इस पाठ में ग्वार की कार्यिकी से संबधित सभी आयामों के बारे में उपलब्ध सूचनाएँ दी गई है ताकि ग्वार की कार्यिकी द्वारा विपरीत परिस्थितियों में इस महत्वपूर्ण फसल की उपज में बढ़ोतरी की जा सके तथा भविष्य की समस्याओं को भी जाना जा सके।

अंकुरण व अंकुर

छोटे व मध्यम आकार के दानों की अपेक्षा, मोटे दानों में अंकुरण क्षमता तेज व अधिक पाई जाती है। यह पाया गया है कि बीजों के आकार बढ़ने के साथ–साथ मूल व तने की लम्बाई में बढ़ोतरी तथा शुष्क प्रदार्थ के उत्पादन में भी वृद्धि पाई गई है (कलावती व रामामूर्ति, 1992)। साधारणतः ग्वार में अधिकतम अंकुरण 30° सैं पर होता है तथा इस प्रक्रिया में लगभग 6 दिन लगते हैं (यादे *एट एल.*, 1990)। ग्वार की शैल्फ की लाईफ यद्यपि 3 वर्ष है परन्तु अध्ययन बताते हैं कि 6 महीने तक ग्वार का भण्डारण करने पर, इसके अंकुरण में कमी देखी जा सकती है। अधिक तापक्रम (16–35° सैं.) तथा अधिक आर्द्रता की स्थिति में ग्वार का भण्डारण करने पर बीज की जीवन योग्यता पूरी तरह से समाप्त हो सकती है (द्रोजोढे, 1989)। यादव व पंत (1979) के अनुसार अधिक तापक्रम व आर्द्रता पर ग्वार के भण्डारण करने से बीजों के अंकुरण पर विपरीत प्रभाव में तीव्रता पाई गई है। ग्वार के बीज अपने वजन से दोगुने वजन के बराबर या अधिक जल सोखने के

बाद ही अंकुरित हो पाते हैं, बीजों को हल्के सलफ्सयुरिक अम्ल द्वारा उपचार करने (मुसिल, 1946), पांच मिनट तक बीज को खरोचने, 30° सैं. के लगातार तापक्रम तथा 15-30 से.मी. की गहराई तक बुवाई करने से व कुछ इसी प्रकार के प्रयोगात्मक क्रियाओं से ग्वार के बीजों के अंकुरण की प्रतिशतता को बढ़ाया जा सकता है, तथा अंकुरण की गति में भी तीव्रता लाई जा सकती है।

ग्वार के बीजों को 25-30° सैं. पर पूर्व उपचार करने पर, कम तापक्रम द्वारा उत्पन्न कुछ आईसोएन्जाईम के परओक्सिडेज़ की गतिविधियों द्वारा कम अंकुरण के प्रभाव को उल्टा जा सकता है (जेन्ना *एट एल.* 1980). ग्वार के बीजों को नमक के घोल व दूसरे पदार्थों के घोल में भिगोने से अंकुरण प्रतिशतता को सुधारा जा सकता है। यह मुख्य रूप से आवश्यक पदार्थों की वृद्धि युक्त नये भागों में जल के आदान–प्रदान के कारण पाया गया है। दूसरी दलहनों की तरह ग्वार के बीजों का, मृदा जल की काफी कम क्षमता वाली स्थिति में अंकुरण नहीं होता है, इसी प्रकार खारापन व जलभराव की स्थितियों में भी इसके अंकुरण में कमी पाई गई है (दत्ता व दयाल, 1988)।

ग्वार के भ्रुण में लगभग 41% शुष्क पदार्थ तथा 45% एसीटोन में अघुलनशील ठोस पदार्थ (इसका 75% गैलेटोमैनन तथा 3 व 11% नत्रजन व फॉस्फोरस) पाया जाता है, तथा अंकुरण के समय सम्पूर्ण गैलेक्टोमैनन व 95% शुष्क पदार्थ भ्रुर्ण से द्विदाल में परिवहन हो जाते हैं। साथ ही नत्रजन व फॉस्फोरस भी परिवर्तित हो जाते हैं।

वृद्धि क्रायिकी

पूर्व के अध्ययनों द्वारा यह बताया है कि ग्वार के बीजों को यदि हॉगलैण्ड घोल में या यह घोल + गर्म पानी के उपचार या सोडियम हाईपोक्लोराईड के सम्पक्र में लाने से प्राथमिक मूलों की वृद्धि में कमी, परन्तु मूल की शाखाओं की संख्या में वृद्धि पाई गई है। छोटे दिन तथा अधिक तापक्रम द्वारा त्रिपत्रक की संख्या में कमी पाई गई (स्पार्क्स व पोस्टैथवेट, 1967) है। अंकुरित छोटे पौधों से दोनों दालों को तोड़ देने से पत्ती निकल आती है। दूसरे दलहनीय फसलों की तरह, ग्वार की फली का बाहरी आवरण, फली बनने के समय प्रकाश संश्लेषण की आवश्यकता की पूर्ति करता है। इस संदर्भ में यह पाया गया है कि ग्वार दानों के आवरण के क्लोरोएम्ब्रीयो द्वारा क्लोरोप्लास्ट वर्णक पदार्थ बनता है (पीलानीसामी, 1990)। ग्वार बीज के बनने में कई जटिल प्रक्रिया पाई गई है। नई छोटी कली में स्थित ओव्यूल में न्यूसैलर उत्तक पाये जाते हैं जो कि दो आवरणों से घिरे रहते हैं तथा छोटी छड़ीनुमा आकृति से ओव्यूल के साथ लगे रहते हैं। एक अकेला विस्तृत बीजाणु एम्ब्रीयोसैक में ढ़ल जाता है बीजाणु में गुणसूत्र विभाजन द्वारा एक स्पोर वाली 8 नाभकीय मादा जियोमैटोफाइट आकृति बन जाती है। निषेचन की क्रिया के बाद जाइगोट के बीचों, बीच विभाजन द्वारा आधारीय व एक किनारे पर कोशिकायें बन जाती हैं। किनारे की कोशिका से गर्भ, जबकि आधारीय कोशिका से गर्भ को सहारा मिलता है निषेचन के समय भ्रुर्ण में शुक्राणु तथा ध्रुव की दो केन्द्रकों का मिलन हो जाता है। अधिकतर दलहनों में भ्रुर्ण गर्भ के बनने में समाप्त हो जाता है, परन्तु परिपक्व ग्वार मे दानों के बनने तक यह बना रहता है, बाहरी आवरण परिवर्तित होकर बीज का कवच में ढल जाता है, जबकि अन्दरूनी आवरण बीज पकते–पकते पूरी तरह से समाप्त हो जाता है।

खनिज पोषक तत्व

ग्वार की फसल को दूसरी दलहनों की प्रकृति के अनुरूप विशेष पोषक तत्वों की आवश्यकता नहीं होती है, परन्तु अंकुरण के बाद से नत्रजन स्थापित शुरू होने तक अच्छे ओज व मूल की वृद्धि तथा फैलाव के लिए आधार पोषक पदार्थ देना उत्तम पाया गया है। यह पाया गया है कि नत्रजन की कुछ मात्रा देने से गांठों की प्रक्रिया, उनकी वृद्धि व नत्रजन स्थापना सुचारू रूप से शुरू हो जाती है (अथवाल व सिंधु, 1964)। विभिन्न स्थानों पर किये गये अनुसंधान स्पष्ट रूप से इंगित करते हैं कि 15-20 कि. नत्रजन/है, अंकुरित पौध के ओज को बढ़ाने में सहायक होती है। मदलगेरी व राव (1989) के अनुसार बिना रसायन उर्वरक की तुलना में, 25 कि.ग्राम नत्रजन या 70 कि. फॉस्फोरस/है. देने से सामान्य अंकुरित पौध की प्रतिशतता में बढ़ोतरी पाई गई है। नत्रजन के नाईट्रेट के रूप में पत्तियों पर छिडकाव से बीज अंकुरण में 8-26% व अंकुरित पौध के ओज सूचकांक में 32-83% वृद्धि के साथ साथ उपज में सुधार पाया गया (सत्यामूर्ति व विवेकानंदन, 1995)।

नत्रजन को नाईट्रेट स्वरूप में 10 मिली मोल दिये जाने पर नाईट्रेट रिडक्टेज एन्जाईम की गतिविधि में बढ़ोतरी पाई गई, परन्तु 150 व 200 मिली मोल दिये जाने पर इसकी गतिविधि में गिरावट दर्ज की गई (सैल्वराज *एट एल.*, 1995)। इसके विपरीत साधारणतः अमोनिया, अमीनो अम्ल या यूरिया के देने से ग्वार में नाईट्रेट रिडक्टेज गतिविधि में कमी दर्ज की गई है। ग्वार के जाईलम उत्तकों में अमाइड्स की अधिकता यह दर्शाती है कि ग्वार अमाइड्स उत्पन्न करने वाली दलहन है।

दलहनों में ग्वार सहित, फॉस्फेट उर्वरक के देने से गांठों में % नाईट्रोजन की मात्रा व गांठों के शुष्क पदार्थ में बढ़ोतरी पाई गई (अग्रवाल व प्रवीणकुमार, 1993) है। दलहनों के उगाने से अकार्बनिक कार्बन में 12.5% वृद्धि पाई गई तथा फॉस्फोरस देने से कार्बन का यह स्तर 21.2 से 28.7% तक बढाने में सफलता मिली। ग्वार में फॉस्फोरस के प्रयोग से मृदा में नत्रजन की मात्रा विशेषकर नत्रजन के घुलनशील कार्बन की मृदा में बढोतरी पाई गई।

ग्वार की फसल शुष्क खेती की स्थिती में फॉस्फोरस के प्रति प्रभावशील पाई गई है, तथा 5 किलो/है. कि कम मात्रा का भी प्रभाव पाया गया है। दूसरे अध्ययन बताते हैं कि वर्षा पर आधारित दुर्गापुरा में देरी से की गई बुवाई की स्थिती में 1 कि.ग्राम जिंक/है. की दर से बुवाई के 45 दिन बाद छिड़काव से उपज में, 30% की वृद्धि पाई गई। बोरोन की कमी से ग्रस्त ग्वार के पौधों में तनों की मोटाई कम पाई जाती हैं, जडों की वृद्धि में कमी तथा आधारीय पत्तियों के आकार में भी कमी पाई गई है। इसी प्रकार तांबा ग्रस्त ग्वार के पौधों में नई पत्रक में उपर की तरफ मुड़ाव पाया गया तथा पूरा भाग क्लोरोसिस से ग्रस्त पाया गया (नीलकंठ व महता, 1961)। विभिन्न स्थानों पर किये गये अनुसंधानों के आधार पर ग्वार की फसल के लिए सूक्ष्म तत्वों की उपयुक्त मात्रा, (पी.पी.एम में) इस प्रकार पाई गई : नत्रजन 400-450; फॉस्फोरस 30-35; पोटेशियम 400-450; कैल्शियम 180-200; मैग्निशियम 5-10; सल्फर 30-35; बोरोन 0.1-0.3; तथा कॉपर 0.1-0.2, (गांधी व मेहता, 1959; नीलकंठ व महता, 1961)।

जैवरसायन परिवर्तन

मूंग की तुलना में ग्वार में पी.ई.पी.कॉर्बोक्सीलेज़ गतिविधि अधिक पाई जाती है तथा व 14 सीओ$_2$ को$_2$ स्थापीकरण की क्षमता अधिक पाई जाती है (कार *एट एल.,* 1991)। ग्वार की क्लोरोगर्भ में भी अंधकार में कार्बनडाइऑक्साईड स्थापित करने तथा ऑक्सीजन बाहर निकालने की क्षमता पत्तियों के क्लोरोप्लास्ट की तुलना में अधिक पाई जाती है। (कलाधर्न व विवेकानंदन, 1999)। इसके अतिरिक्त, नत्रजन स्थापितकरण का सीधा संबंध प्रकाश संश्लेषण से नहीं है, चूंकि गांठों में कार्बोहाईड्रेट की गिरावट नाईट्रेटएज की गतिविधि की तुलना में कम पाई जाती है। ग्वार की विभिन्न किस्मों में अमिनो अम्लों की मात्रा में विभिन्नता दर्ज की गई है। पत्तियों व बीजों में पोलिफीनोल की मात्रा में वृद्धि के साथ अन्तर भी पाया गया है।

पौधा विकास नियामक

पौधों के विकास नियामक ग्वार सहित सभी पौधों के विकास व वृद्धि को चयापचय की गतिविधियों के द्वारा प्रभावित करते हैं। इनके प्रभाव यद्यपि सांद्रता तथा पौधों की अवस्था पर निर्भर करते हैं। यह पाया गया है कि ग्वार के अंकुरित पौध की वृद्धि में साइकोसिल द्वारा गिरावट जबकि जिबरेलिक अम्ल द्वारा उत्तेजनात्मक वृद्धि पाई गई है। दोनों नियमकों को एक साथ प्रयोग करने पर साइकोसिल द्वारा उत्पन्न वृद्धि में रूकावट समाप्त हो गई। नज़दीक (10 x 6 से.मी.) उगाये गये ग्वार के पौधों पर साइकोसिल के प्रभाव से उनकी उपज में वृद्धि पाई गई, (राठौड *एट एल.,* 1990)। इसके साथ–साथ 20 किलो ग्राम नत्रजन/ है. तथा 500 पी.पी.एम. साइकोसिल देने से दानों की संख्या/फली, हरी फली का वजन, प्रोटीन तथा कच्चा रेशा प्रतिशतता में बढ़ोतरी दर्ज की गई (सिंह व राजपूत, 1985)। बी–9 नियमक द्वारा 250 पी.पी.एम. सांद्रता के प्रभाव से दानों की उपज, 1000 –दानों के वजन, फसल उपज सूचकांक में; कच्ची प्रोटीन, घुलनशील कार्बोहाईड्रेट्स व स्टार्च के एकत्रित होने के कारण वृद्धि पाई गई, परन्तु बी–9 की सांद्रता बढ़ने के साथ साथ ग्वार गोंद की प्रतिशतता में गिरावट पाई गई (उपरेती व यादव, 1985)। वृद्धि अवरोधक इथोफोन द्वारा पत्तियों पर छिड़काव करने से ग्वार के अंकुरों की वृद्धि में सुधार तथा कच्ची प्रोटीन की प्रतिशतता में भी बढोतरी पाई गई है (वर्मा व सांखला, 1976)। इसके विपरीत एस.ई–1019 के प्रभाव से तने की वृद्धि में गिरावट पाई गई, (डेविस, *एट एल.,* 1987)। डाइथेन एम–45 (400–1200 पी.पी.एम.) द्वारा 12 घंटे तक ग्वार के बीजों को उपचार करने से नियंत्रण की तुलना में, पौधों की लम्बाई तथा उपज कारकों में वृद्धि पाई गई, जबकि 24 घंटे उपचार से वृद्धि व उपज पर विपरीत प्रभाव प्रतीत हुआ (रामुलू व राव, 1992)।

शुष्कता के प्रति सहनशीलता

रूक्ष व अर्द्ध–रूक्ष क्षेत्रों में कम व अनियत्रिंत वर्षा के कारण, मृदा जल की कमी, बीजों के उपयुक्त अंकुरण के लिए एक सामान्य स्थिती है जिसके फलस्वरूप पौघों की संख्या प्रति इकाई उचित न रहने के कारण उपज में भारी गिरावट भी एक सामान्य ही बात है।

अतः यह आवश्यक है कि वर्षा के अनुसार फसल की किस्मों का विकास किया जाये ताकि, पौधों की संवेदनशील अवस्था तथा मृदा जल की उपस्थिति को सुचारू किया जा सके। इस दिशा में ग्वार की विभिन्न किस्मों, उनकी अवस्था तथा जल उपलब्धता पर अध्ययन किये गये हैं। दूसरे शब्दों में किस्मों के पकने की अवधि को क्षेत्र व वर्षा के आधार पर प्रजनन द्वारा घटाया या बढ़ाया जा सके, ताकि मृदा जल की उपस्थिति में ही फसल पक कर तैयार हो जाये, फसल शुष्कता से अपने को बचा सके तथा उत्पादन भी अधिकतम प्राप्त किया जा सके। अतः यह आवश्यक है कि शुष्कता रोधी व शुष्कता के प्रति सहनशील ग्वार के पौधों की कार्यिकी का विस्तृत अध्ययन किया जाये। इस दिशा में काफी अध्ययन किये गये हैं तथा उपयुक्त सूचनाएँ भी उपलब्ध हैं।

अनुसंधान दर्शाते हैं कि मृदा–जल की कमी द्वारा, ग्वार के बीजों के अंकुरण में देरी तथा कमी, जल अवशोषण में कमी तथा रेडिकल व पल्यूमूल की लम्बाई में कमी दर्ज की गई है (शिओरण *एट एल.*, 1980)। मृदा–जल की कमी के कारण अंकुरित पौध में स्टार्च की मात्रा में अधिकता पाई गई तथा रैडीकल की तुलना में हाईकोप्टाइल में स्टार्च अधिक पाई गई है। मृदा–जल की कमी बढने से स्वशन क्रिया में कमी तथा ऐमाइलेज़ एनजाइम की गतिविधियों में गिरावट पाई गई है, जबकि कुल घुलनशील कार्बोहाइड्रेटों पर कोई स्पष्ट प्रभाव नहीं पाया गया है।

ग्वार की विभिन्न किस्मों के बीजों में अंकुरण तथा वृद्धि की अवस्थाओं पर मृदा–जल की कमी का अध्ययन किया गया है तथा उनमें महत्वपूर्ण अन्तर दर्ज किये गये हैं (स्टैफोर्ड व मैक माईकल, 1991; गर्ग *एट एल.*, 1998)। नतीजे दर्शाते हैं कि यदि एक बार जल की कमी दूर हो जाती है तो ग्वार की फसल में जल की कमी से निपटने की अद्‌भुत क्षमता विद्यमान है। कुहाण व शिओरण (1986) द्वारा ग्वार की पांच किस्मों पर जल तनाव का फूल आने की अवस्था से पूर्व किये गये अध्ययन बताते हैं कि जल तनाव से सह–सम्बंन्ध, जल स्त्रोत, प्रकाश संश्लेषण, स्टार्च तथा कार्बोहाईड्रेट्स के एकत्रिकरण में कमी पाई गई है। उपरोक्त निष्कर्षों के अतिरिक्त सभी पांचों किस्मों में जी.एस., गोगाट व जी.डी.एच.की गतिविधियों में कमी पाई गई। दो किस्मों (आई.सी.–11521 तथा एफ.एस. –277) के शुष्क पदार्थ एकत्रिकरण तथा दानों की उपज में महत्वपूर्ण कमी पाई गई है। गर्ग *एट एल.* (1998) के अनुसार जल–तनाव का प्रतिकूल प्रभाव मरू ग्वार व एफ.एस. –277 किस्मों पर मुख्य रूप से फूल आने की अवस्था पर पाया गया, परन्तु फलियाँ लगने की अवस्था पर सुविधा, एच.एफ.जी.–182 तथा जे.जी.सी–19 किस्मों मुख्य रूप से संवेदनशील पाई गई थी। अनुसंधानों से ज्ञात हुआ है कि जल तनाव के प्रभाव से पौध जल उपयोग क्षमता, पर्ण सह–सम्बन्ध, जल स्त्रोत में कमी के कारण कुल हरे पदार्थ व घुलनशील प्रोटीन में कमी दर्ज की गई तथा साथ ही स्वतंत्र प्रोलीन में बढ़ोतरी पाई गई। व्यास *एट एल.* (1996) द्वारा मोठ व ग्वार पर मरू स्थितियों में किये गये अनुसंधान बताते हैं कि तीव्र शुष्कता की स्थिती में नाइट्रेट रिडक्टेस गतिविधि, जी.एस. व गोगाट की गतिविधियों में गिरावट पाई गई, परन्तु जी.डी.एच.की गतिविधियों में बढोतरी पाई गई, अतः अमोनिया बनने में सामान्य जी.एस – गोगाट से जी.डी.एच.तक क्रिया में अन्तर पाया गया।

स्टैफोर्ड व मैकमाईकल (1991) ने पाकिस्तान व भारत से एकत्रित ग्वार की उन्नत किस्मों का वर्षा पर आधारित व सिंचिंत अवस्थाओं में तुलनात्मक अध्ययन किया, तथा पाया

कि किस्मों में फलियों की संख्या/पौधों के आधार पर महत्वपूर्ण अन्तर पाया, तथा यह लक्षण वर्षा पर आधारित स्थितियों में सबसे महत्वपूर्ण पाया गया तथा दानों की उपज को प्रभावित करता है। समय–समय पर कम वर्षा व जल–तनाव की स्थितियों द्वारा पौधों पर पड़ने वाले विपरीत प्रभावों को कम करने के लिए विभिन्न स्तर पर सराहनीय प्रयास किये गये हैं। इन प्रयासों में पोटेशियम व थायोयूरिया का उपयोग, शुष्कता रोधी किस्मों का चुनाव तथा शुष्कता रोधी कार्यिकी सूचकांक इत्यादि है। इस संदर्भ में पौधों के पोषक तत्वों में पोटेशियम को शामिल करने पर जल तनाव की स्थिति में, कार्यिकी में सुधारों द्वारा पौधों की उपज बढाने के बारे में भी वृतान्त उपलब्ध है (मंगल व किर्बी, 1980; लहरी तथा कक्कड़, 1985)। पोषक तत्वों की मात्रा में, पोटेशियम की सांद्रता बढाने पर ग्वार के पौधों में, जिन्हे सींचित व वर्षा पर आधारित स्थितियों में उगाया गया था, प्रकाश संश्लेषण की गतिविधि में सुधार पाया गया (व्यास *एट एल.*, 1997)।

जल–तनाव की स्थितियों में संवेदनशील किस्मों में पोटेशियम का प्रभाव अधिक पाया गया। ग्वार की विभिन्न अवस्थाओं जैसे वानस्पतिक, फूल आने व फलियाँ आने के समय पर जल–तनाव के प्रभाव का अध्ययन करने पाया गया कि, फलियाँ आने की अवस्था पर विपरीत प्रभाव अधिक पाया गया तथा, उपज में गिरावट, एन्जाइम्स की गतिविधियाँ तथा प्रकाश संश्लेषण की दर में भी गिरावट दर्ज की गई। वर्षा पर आधारित हिसार की स्थितियों में ग्वार की किस्मों एच.जी.–72 व एच.जी.–75 में पोटेशियम की उपयुक्त मात्रा द्वारा जल सहसम्बन्ध मानक व सहसम्बन्ध जल स्त्रोत में सुधार के द्वारा दानों की उपज में महत्वपूर्ण वृद्धि दर्ज की गई (शर्मा व कुहाण, 1999)।

अध्ययनों से ज्ञात हुआ है कि जल्दी फूल देने/पकने वाली ग्वार की किस्में, देर से फूल देने/पकने वाली किस्मों की तुलना में शुष्कता की स्थिति में अच्छी क्षमता रखती है। व्यास *एट एल.* (1997) के अनुसार जल्दी (आर.जी.सी.–936) व देरी (मरू ग्वार) से पकने वाली ग्वार की किस्मों को जब 1:1 एकान्तर पंक्तियों में या वजन के अनुसार बराबर अनुपात में मिश्रण करने पर बोये जाने पर कम व सामान्य वर्षा की स्थितियों में उनकी प्राप्त उपज में स्थिरता पाई गई। इसका कारण सीमित मृदा जल का उपयोग तथा प्रकाश संश्लेषण की क्षमता में वृद्धि पायी गयी।

गर्ग *एट एल.* (2003) द्वारा जल्दी व देरी से पकने वाली ग्वार की किस्मों पर दो वर्षों तक लगातार (1993 कम वर्षा व 1994 अधिक वर्षा) जोधपुर में अध्ययन किया गया तथा निर्णायक निष्कर्ष पाये गये हैं। उदाहरणतः दानों की उपज, जल उपयोग क्षमता, पोषक तत्वों के अवशेष तथा पत्ती के चयापचय में दोनों समूहों की किस्मों में महत्वपूर्ण अन्तर दर्ज किये गये। जल्दी पकने वाली किस्मों (सुविधा तथा आर.जी.सी.–936) की उपज में देरी से पकने वाली किस्मों (एच.जी.–75 व मरू ग्वार) की तुलना में कम वर्षा की स्थिति में महत्त्वपूर्ण रूप से अधिक उपज पाई गई। इसके विपरीत अधिक वर्षा की स्थिति में निष्कर्ष एच.जी.–75 व मरू ग्वार के पक्ष में पाये गये हैं। कम वर्षा की स्थिति में, जल्दी पकने वाली किस्मों में जल उपयोग क्षमता में 56.8% वृद्धि पाई गई। इन निष्कर्षों के अतिरिक्त, जल्दी पकने वाली ग्वार की दोनों किस्मों में नत्रजन उपयोग क्षमता तथा नत्रजन उपज सूचकांक की अधिकता दर्शाते हैं तथा जल्दी पकने वाली किस्में नत्रजन के बेहतर उपयोग के लिए जानी जाती है (तालिका–1)। जल्दी पकने वाली किस्मों के पौधे अन्तः जल का

स्तर अधिक रखते हैं तथा चयापचय की गतिविधियां जल तनाव की स्थिति में कम प्रभावित होती है, परन्तु देरी से पकने वाली किस्मों में स्थिति इसके बिलकुल विपरीत पाई जाती है।

तालिका 1. ग्वार की जल्दी व देरी से पकने वाली किस्मों की कम व अधिक वर्षा की स्थितियों में दानों की उपज, उपज संकेत, जल उपयोग क्षमता तथा नत्रजन उपयोग क्षमता का ब्यौरा।

वर्ष	वर्षा (मि.मि)	दानों की उपज (कि.ग्राम/हे.)		उपज संकेत (%)		जल उपयोग क्षमता (कि.ग्राम/हे./मि.मि.)		नत्रजन उपयोग क्षमता (कि.ग्राम बीज. /कि ग्राम नत्रजन)	
		जल्दी	देरी से	जल्दी	देरी से	जल्दी	देरी से	जल्दी	देरी से
1993	206	996	625	33.2	19.7	4.66	2.97	17.2	12.2
1994	479	600	800	11.6	12.7	1.83	2.38	11.7	10.5

जल्दी : जल्दी पकने वाली; देरी से : देरी से पकने वाली किस्म
स्त्रोत : गर्ग, *एट एल.,* (2003)

तालिका 2. ग्वार में फूल आने की अवस्था पर जल–तनाव का विभिन्न प्रकार के जल–सह–संबंध मानकों, उपज, शुष्क–पदार्थ व दूसरे कार्यिकी लक्षणों पर तुलनात्मक अध्ययन।

कार्यिकी	जलीय तनावग्रस्त ग्वार	बिना जलीय तनावग्रस्त ग्वार
दानों की उपज (ग्राम/पौधा)	5.10	7.60
तने का शुष्क पदार्थ (ग्राम/पौधा)	16.50	23.40
पर्ण जल क्षमता/पौधा (ψ एम.पी.ए.)	1.90	0.87
सह –सम्बन्ध जल स्त्रोत (%)	65.40	94.60
नेट प्रकाश संश्लेषण (म्यू मोल एम. स$^{-1}$)	4.48	9.70
पर्ण छिद्र क्षमता (स.एम. एस$^{-1}$)	1.04	5.85
हरित पदार्थ (मि.ग्राम ग्राम$^{-1}$ शुष्क पदार्थ)	7.93	9.79
स्टार्च (मि.ग्राम ग्राम$^{-1}$ शुष्क पदार्थ)	142.40	180.60
रिड्यूशिंग शक्करा (मि.ग्राम ग्राम$^{-1}$ शुष्क पदार्थ)	33.09	17.12
घुलनशील प्रोटीन (मि.ग्राम ग्राम$^{-1}$ शुष्क पदार्थ)	85.60	89.60
स्वतंत्र अमीनो अम्ल (मि.ग्राम ग्राम$^{-1}$ शुष्क पदार्थ)	22.30	16.10

स्त्रोत : गर्ग, *एट एल.* (2003)

तालिका 3. थायोयूरिया के उपयोग का ग्वार व मोठ बीन के दानों की उपज तथा शुष्क पदार्थ के उत्पादन पर वर्षा पर आधारित परिस्थितियों में प्रभाव।

फसल	किस्में	दानों की उपज (कि.ग्राम / हे.)		शुष्क पदार्थ की उपज (कि.ग्राम / हे.)	
		नियत्रंण	थायोयूरिया उपचार	नियत्रंण	थायोयूरिया उपचार
ग्वार	आर.जी.सी.–936	405	467	1416	1602
	आर.जी.सी.–1003	438	543	1377	1994
मोठबीन	आर.एम.ओ.–40	507	569	1218	1320
	काजरी मोठ–3	450	521	1125	1254

स्त्रोत : गर्ग व बर्मन (2006)

शुष्क स्थिती में पौधों को पनपने के लिए ओसमोटिक एकीकरण करने की आवश्यकता पड़ती हैं। इस प्रक्रिया में पौधों के विशेष उत्तकों में, मृदा जल क्षमता के घटने के साथ–साथ विशेष प्रकार के ठोस पदार्थों का एकत्रीकरण बढ़ता जाता है (मोर्गन, 1984)। ओसमोटिक एकीकरण की तीव्रता सभी फसलों, दलहनों सहित, प्रजातियों, किस्मों व पौधे के विभिन्न भागों में परिवर्तित होती रहती है (टर्नर, 1997)। पत्ती के कम जलीय क्षमता की स्थिति में, ओसमोटिक एकत्रीकरण द्वारा प्रकाश संश्लेषण में सुधार के कारण, पत्ती के मुर्झाने में समय अधिक लगता है। फूल देरी तक पौधों पर रहते हैं तथा उपज में अच्छी वृद्धि प्राप्त की जा सकती है। जल–तनाव की स्थिति में, ओसमोटिक एकत्रीकरण के दौरान बहुत से कार्बनिक पदार्थ, जल सहसंबध मानक, पर्ण बाह्य संरचना भाग लेते हैं (तालिका 2)। दलहनी फसलों में, विशेष रूप से ग्वार में जल तनाव द्वारा एकत्रित कार्बनिक पदार्थों में स्वतंत्र प्रोलीन, स्वतंत्र अमीनो अम्ल व रिड्यूसिंग शर्करा शामिल पाये जाते हैं (गर्ग *एट एल.*, 2001, 2005; व्यास *एट एल.*, 1996)। जोधपुर में किये गये अध्ययनों से ज्ञात हुआ है कि में शुष्कता की अवस्था में ग्वार व बाजरा, मोठ व तिल की अपेक्षा, स्वतंत्र प्रोलीन अधिक एकत्रित होता है। स्वतंत्र प्रोलीन तथा ग्लाइसीन बिटेएन ओसमोटिक एकत्रीकरण के महत्वपूर्ण कार्बनिक पदार्थ हैं तथा इनके अधिक उत्पादन का शुष्कता रोधी क्षमता से सीधा संबध पाया गया है (किशोर *एट एल.* 1995)।

थायोयूरिया का दलहनी फसलों में अनुसंधान फार्म पर तथा कृषक फार्म पर प्रयोग द्वारा शुष्कता की स्थिति में लाभदायक नतीजे प्राप्त हुए हैं। जोधपुर में अनुसंधान के अनुसार, ग्वार के बीजों को 500 पी.पी.एम.थायोयूरिया द्वारा उपचारित करने तथा बाद में फूल आने से पूर्व 1000 पी.पी.एम थायोयूरिया का फसल पर छिडकाव करने पर ग्वार व मोठ दाने तथा शुष्क पदार्थ के उत्पादन में महत्वपूर्ण वृद्धि पाई गई है (तालिका–3)।

थायोयूरिया के प्रभाव के अतिरिक्त, थायोयूरिया तथा फोस्फोरस के सम्मिलित प्रयोग द्वारा शुष्कता के प्रतिकूल प्रभाव को कम करने की दिशा में जोधपुर में अनुसंधान किये गये हैं, तथा परिणाम भी संतोषजनक पाये गये हैं। बर्मन *एट एल.* (2004) के अनुसार थायोयूरिया + फोस्फोरस को एक साथ फूल आने की अवस्था पर प्रयोग करने से ग्वार के पौधों में प्रतिकात्मक रूप से दाने व शुष्क पदार्थों में वृद्धि पाई गई। इस वृद्धि का मुख्य

कारण प्रकाश संश्लेषण, क्षमता, पत्ती क्षेत्र, व नत्रजन यचापचय में सुधार होना पाया गया है।

लवणता के प्रति सहनशीलता

रूक्ष क्षेत्रों में अधिक तापक्रम, कम वर्षा, वायु की तेज गति के कारण शुष्कता व खारापन की दो समस्यायें काफी प्रचलित पाई जाती हैं, तथा फसलों के अंकुरण से लेकर, दानों के उत्पादन तक भारी प्रतिकूल प्रभाव पड़ता है। इन स्थितियों में वर्षा के पानी या स्थानीय स्त्रोत से प्राप्त जल ही महत्वपूर्ण स्त्रोत पाये जाते हैं, अतः खरीफ के मौसम में वर्षा पर आधारित क्षेत्रों में ग्वार का अच्छा उत्पादन पाने के लिए, ग्वार की लवणता के प्रति सहनशीलता की कार्यिकी का अध्ययन करना अत्यन्त आवश्यक है। इस दिशा में काफी अध्ययन भी किये गये हैं, तथा इन अध्ययनों से निर्णायक निष्कर्ष भी प्राप्त हुए हैं (गर्ग व गुप्ता, 1997)।

लवणता का ग्वार के बीजों के अंकुरण तथा अगाई अवस्था में पौधों की उंचाई पर विपरीत प्रभाव प्राप्त हुए हैं (मालीवाल व पालीवाल 1982, दत्ता व दयाल, 1988)। पूर्व में किये गये अध्ययन बताते हैं कि ग्वार की फसल, बीजों के अंकुरण की अवस्था पर लवणों के प्रति कुछ सीमा तक सहनशील मानी जाती है। लवणता की ई.सी. 8.5 डी.एस.एम$^{-1}$ से अधिक सांद्रता की स्थिति में बीजों का अंकुरण देरी से होता है परन्तु यह पूरी तरह रूक नहीं पाता है।

ग्वार को लवणीय जल के साथ उगाने पर पत्तियों व दूसरे भागों में एकत्रित कार्बनिक व खनिज पदार्थों पर अनुसंधान किये गये हैं। इसी संदर्भ में महल्ला व देसाई (1958) के अनुसार सोडियम क्लोराईड लवणीय जल की ई.सी. बढ़ने के साथ ही कैल्शियम, सोडियम व क्लोराईड की सान्द्रता में भी बढ़ोतरी पाई गई है, लगभग इसी प्रकार मृदा लवणता बढ़ने के साथ–साथ नत्रजन, फासफोरस व पोटाश के संग्रहण में कमी पाई गई तथा यह कमी पौधों की वृद्धि की सभी अवस्थाओं पर पाई गई, परन्तु पौधों की अवधि बढ़ने के साथ, संग्रहण क्षमता में वृद्धि पाई गई (लहडी *एट एल.,* 1987)। गर्ग *एट एल.* (1997) द्वारा किये गये अनुसंधान बताते है कि सोडियम क्लोराइड जनित लवणता की सान्द्रता (0, 50, 100 व 150 मिली मोल) बढ़ने के अनुपात में ही ग्वार के तनों में पोटेशियम व कैल्शियम की सान्द्रता में गिरावट, परन्तु सोडियम की सान्द्रता में बढ़ोतरी पाई गई। अनुसंधान बताते हैं कि कैल्शियम की पूर्ति (2.5 व 5.0 मिली मोल) करने पर कैल्शियम तथा पोटेशियम की पत्तियों में सान्द्रता में बढ़ोतरी पाई गई, जबकि सोडियम की सान्द्रता में कमी दर्ज की गई, जिसके फलस्वरूप सोडियम क्लोराईड के सभी स्तरों पर पौटेशियम : सोडियम के अनुपात में बढ़ोतरी पाई गई। लहडी, *एट एल.* (1996) ने खनिज पदार्थों के संग्रहण के संदर्भ में ग्वार की सहनशील तथा सूक्ष्मग्राही किस्मों पर महत्वपूर्ण अन्तर प्रकाशित किये हैं। उनके अनुसार सहनशील किस्मों में सोडियम व क्लोराईड आयनों की अधिकता पाई गई जबकि लवण सूक्ष्मग्राही किस्मों तनों के उत्तकों में पोटेशियम की सान्द्रता अधिक पाई तथा स्पष्ट रूप से सहनशील किस्मों में सोडियमः पोटेशियम आयनों के अनुपात में अधिकता पाई गई। आयनों की सांद्रता व विशेष आयनों के अनुपात द्वारा लवणता के प्रति ग्वार की सहनशील किस्मों का चयन किया जा सकता है (तालिका–4)।

तालिका 4. मृदा लवणता (10 ई.सी) का ग्वार की सूक्ष्मग्राही व सहनशील किस्मों पर प्रभाव।

किस्म	पत्ती का क्षेत्र (से. मी^{2}, पौधा$^{-1}$)			शुष्क पदार्थ (ग्राम पौधा$^{-1}$)			दोनों की उपज (ग्राम पौधा$^{-1}$)		
	नि,	ल,	कमी (%)	नि,	ल,	कमी (%)	नि,	ल,	कमी (%)
सहनशील									
मैलोसन	21.3	19.0	11.1	10.0	8.0	10.8	3.83	3.27	14.6
एच.एफ.जी.–182	22.8	19.5	14.5	09.8	8.0	10.7	3.27	2.73	16.5
सूक्ष्मग्राही									
दुर्गा जय	26.1	12.0	62.0	8.8	5.4	38.7	3.88	1.92	50.5
एफ.एस.–277	35.8	20.5	43.0	10.7	7.8	26.5	5.63	3.02	46.4
सोचनीय अन्तर									
किस्म		27.00			1.70			0.69	
लवणता		12.00			0.80			0.32	
किस्म x लवणता		38.00			2.60			0.95	

स्त्रोत : लहडी, *एट एल.* (1996)

नि, – नियंत्रण, ल, – लवणीय

गर्ग एट एल. (1997) के अनुसार सोडियम क्लोराइड जनित लवणता के प्रति ग्वार की किस्मों में सूक्ष्मग्राही क्षमता वृद्धि के साथ साथ बदलती रहती है तथा फूल आने की अवस्था सबसे अधिक सूक्ष्मग्राही पाई गई है। गर्ग *एट एल.* (1986) के अनुसंधान बताते हैं कि सिंचाई–जल की बढ़ती लवणता के अनुपात में सह–सबंध, जल स्त्रोत व पौध जल क्षमता में गिरावट तथा पर्ण डिफ्यूसिव रोधकता में बढ़ोतरी पाई गई, परन्तु ये अन्तर अधिक लवणता पर ही स्पष्ट हो पाते हैं। इसी प्रकार ग्वार की किस्मों के उत्तकों में जल की कमी लवणता के अनुपात में बढ़ते सांद्रता के साथ पाई गई है। सोडियम बाईकार्बोनेट के घटते क्रम में दूसरी लवणताऐं जैसे सोडियम सल्फेट तथा सोडियम क्लोराईड, तनों के शुष्क पदार्थ, फलियों व दानों की उपज के प्रति अधिक प्रतिकूल पाये गये हैं।

यादव, *एट एल.* (1975), दत्ता व दयाल (1988) तथा हाल ही में उपलब्ध अध्ययनों के अनुसार, ग्वार की विभिन्न किस्मों का लवणता में मूल्यांकन करने पर, अंकुरण क्षमता के स्तर पर भारी अन्तर प्राप्त हुए हैं। ये निष्कर्ष दर्शाते हैं कि लवणता रोधक ग्वार की किस्मों का चयन अंकुरित अवस्था पर ही किया जा सकता है।

अब तक प्राप्त अधिकतर अध्ययन यह इंगित करते हैं कि ग्वार लवण–सहनशीलता की मध्यम श्रेणी में गिना जाता है तथा वृद्धि व उपज में गिरावट लवणता की एक विशेष स्तर

(ई.सी) के बाद ही दर्ज की जाती है। (बार्शणेय, 1986, महता व देसाई, 1958)। लहडी *एट एल.* (1987) के अनुसार ग्वार में वृद्धि तथा उपज में अन्तिम गिरावट 6 (ई.सी) डी.एस. एम$^{-1}$ पर शुरू होती है। ग्वार के पौधों की में गिरावट का मुख्य कारण दानों के वजन पर निर्भर नहीं बल्कि पौधों की वृद्धि पर निर्भर पाया गया है (लहडी *एट एल.*, 1987)। अतः प्रकाश संश्लेषण द्वारा प्राप्त कार्बनिक पदार्थों की गति अप्रभावित रहती है। गर्ग *एट एल.*, (1986) के अनुसार ग्वार की फसल को 80 मि.इ.ली$^{-1}$ लवणता की सांद्रता से अधिक जल से फूल आने के समय सींचित करने पर पौधों की ऊँचाई, शुष्क पदार्थ व उपज पर महत्त्वपूर्ण प्रभाव नहीं मिले, परन्तु 80 मि.इ.ली$^{-1}$ सांद्रता द्वारा सिंचाई करने पर इन सभी कारकों में महत्त्वपूर्ण गिरावट दर्ज की गई। अध्ययन यह बताते हैं कि लवणता ग्वार के भ्रुण से प्राप्त गैलेक्टोमैनन की मात्रा को भी विपरीत दिशा में प्रभावित करती है।

लहडी, *एट एल.* (1996) द्वारा ग्वार की किस्मों को मृदा की 10 ई.सी. पर आंकलन करके सहनशील व सूक्ष्मग्राही किस्मों के बारे में आर्थिक लक्षणों में तुलनात्मक अन्तर को प्रकाशित किया गया है। उनके अनुसार सहनशील किस्मों (मैलोसन, एच.एफ.जी.–182) में मृदा की 10 ई.सी. द्वारा नियंत्रण की तुलना में वृद्धि तथा उपज में लगभग 10% गिरावट पाई गई, जबकि सूक्ष्मग्राही किस्मों (एफ.एस.–277 व दुर्गा जय) में इन लक्षणों पर लवणता की इस ई.सी. का 40–50% तक प्रतिकूल प्रभाव दर्ज किया गया (तालिका 4)।

पौधों कीं वृद्धि व विकास में रूकावट का मुख्य कारण चयापचय की गतिविधि में कमी का होना है इसी प्रकार ग्वार में भी लवणता द्वारा उत्पन्न चयापचय में रूकावट का वृतान्त मिलता है। मृदा की 4.00 ई.सी.से अधिकता की स्थिति में उगाये गये ग्वार के पौधों में कुल हरित पदार्थ, स्टार्च, रिड्यूसिंग शक्ररा, घुलनशील प्रोटीन, स्वंतत्र अमीनो अम्ल व स्वतंत्र प्रोलीन की सान्द्रता में कमी पाई गई (लहडी *एट एल.,* 1987)। प्रोटीन के चयापचय में लवणता द्वारा उत्पन्न गिरावट इस बात से भी सिद्ध हो जाती है, चूंकि प्रोटिएस की गतिविधी में बढ़ोतरी तथा नाईट्रेट रिडक्टेक की गतिविधियों में कमी लवणता की सांद्रता बढने के साथ साथ पाई गई। लवणता की ई.सी. बढने के साथ ही परओक्सीडेंज तथा अम्लीय व क्षारीय पाइरोफोसफोटेज की गतिविधियों में भी समान्तर बढोतरी पाई गई। ग्वार के पौधों को लवणीय जल की बढ़ती सांद्रता द्वारा सींचित करने पर स्टार्च, रिडयूसिंग शर्करा, स्वतंत्र प्रोलीन की सांद्रता में बढ़ोतरी तथा नाईट्रेट रिडक्टेक की गतिविधियों में कमी कुछ दूसरे अध्ययनों भी प्राप्त हुए हैं। गर्ग *एट एल.* (1996) द्वारा सोडियम के विभिन्न लवणों द्वारा ग्वार की पत्तियों में चयापचय की गतिविधियों में भी अन्तर पाया है। उनके अनुसार सोडियम सल्फेट लवणों द्वारा हरित पदार्थों की सांद्रता में बढोतरी पाई गई, जबकि सोडियम बाईकार्बोनेट व सोडियम क्लोराइड लवणता द्वारा इसकी, गिरावट क्रमशः 5 व 10 ई.सी. पर पाई गई, जबकि आर.एन.ए. व स्वतंत्र प्रोलीन की सांद्रता में बढ़ोतरी सभी प्रकार की लवणता द्वारा दर्शाई गई। अतः यह कहा जा सकता है कि चयापचय व एन्जाईम्स की गतिविधियाँ लवणता में शामिल विभिन्न लवणों की उपस्थितियों पर निर्भर करती है।

अनुसंधानों से यह स्पष्ट हुआ है कि सहनशील किस्मों की तुलना में सूक्ष्मग्राही किस्मों में चयापचय गतिविधियों में काफी फेर बदल होता है। (लहडी *एट एल.,* 1996), उदाहरण के तौर पर ग्वार की सहनशील किस्मों (मैलोसन, एच.एफ.जी.–182) में स्टार्च की मात्रा में गिरावट नहीं पाई गई, जबकि सूक्ष्मग्राही किस्मों (एफ.एस.–277 व दुर्गा जय) में यह

गिरावट महत्त्वपूर्ण रूप से पाई गई। यह बात बताने लायक है कि स्टार्च में यह कमी लवणता बढने के साथ 40% तक पाई गई, जबकि रिडयूसिंग शक्करा में 41 से 43% तक वृद्धि दर्ज की गई। इन गतिविधियों के अतिरिक्त, नाईट्रेट रिडक्टेस व जी. एस. एन्जाइम्स की गतिविधियां सूक्ष्मग्राही किस्मों में महत्त्वपूर्ण रूप से कम पाई गई परन्तु सहिष्णु किस्मों (मैलोसन, एच.एफ.जी.–182) में यह गिरावट नहीं के बराबर पाई गई। लवणता से प्रभावित भूमियों में ग्वार की उत्पादकता बढाने के लिए कुछ शष्य व प्रबंध क्रियाएँ प्रचलित पाई गई हैं। जैसे बीजों को बोने से पूर्व लवणों या जलीय घोलों द्वारा उपचार करना, जिप्सम या कम्पोस्ट उर्वरकों का प्रयोग, जीवन उपयोग सिंचाई का मीठे या हल्के लवणीय जल से सिंचाई करना।

लवणता व शुष्कता का प्रभाव

ग्वार के पौधों पर लवणता तथा शुष्कता का वृद्धि, उपज, कार्यिकी लक्षणों व कार्बनिक पदार्थों के एकत्रिकरण प्रभाव पर वृतान्त अलग अलग है (लैनिट, 1980), इसके विपरीत इन दोनों अजैविक तनावों द्वारा सम्मिलित प्रभावों पर अध्ययन नहीं के बराबर हैं। जबकि रूक्ष क्षेत्रों में दोनों अजैविक कारकों की उपस्थिति काफी पाई जाती है इस प्रकार के अध्ययनों व सूचनाओं की आवश्यकता तब पड़ जाती है जब शुष्कता की तीव्रता की स्थिति में फसल बचाने के लिए उपलब्ध लवणीय जल से ही सिंचाई करना अवश्यमभावी हो जाता है। गर्ग *एट एल.* (2005) द्वारा इस दिशा में जोधपुर से महत्त्वपूर्ण व निर्णायक निष्कर्ष दर्ज किये हैं। उनके अनुसार लवणता व शुष्कता के बढ़ते तनाव के साथ–साथ ही स्वतंत्र प्रोलोन व स्वतंत्र अमीनो अम्ल की सांद्रता में बढोतरी, परन्तु घुलनशील प्रोटीन, हरित पदार्थ तथा बहुत से एन्जाईम की गतिविधियों में गिरावट पाई गई। यह बात स्पष्ट रूप से सामने आती है कि शुष्कता के अधिकतम तनाव, (–2.8 एम.पी.ए.) द्वारा लवणता के अधिकतम तनाव (10.0 ई.सी.) की तुलना में अधिक व महत्वपूर्ण प्रतिकूल प्रभाव पाये गये है। अतः जलीय तनाव, लवणीय तनाव की अपेक्षा अधिक प्रभावशाली पाया गया है। जलीय लवणता की अधिकतम स्थिति में, शुष्कता की अधिकतम तनाव की तुलना में ग्वार के दानों की उपज महत्त्वपूर्ण रूप से अधिक पाई गई है। ये अनुसंधान इस तरफ इंगित करते हैं कि 10 ई.सी. के लवणीय जल को शुष्कता के प्रारम्भ की स्थिती में या इसकी तीव्रता या दोनों अवस्थाओं पर फसल बचाने के लिए सिंचाई के रूप में देना व्यावहारिक रहेगा (गर्ग एट एल., 1986)। इसके विपरीत, काफी देरी से सिंचाई देने की अवस्था में ग्वार की फसल पर लवणता तथा शुष्कता के सम्मिलित प्रभाव से, भारी प्रतिकूल प्रभाव पड़ने की संभावना रहती है।

भविष्य का दृष्टिकोण

- फसल उत्पादन के प्राकृतिक व मनुष्य द्वारा उपलब्ध संसाधनों में निरन्तर ह्रास व अस्थिरता की संभावना बढ़ती ही जा रही है। अतः आवश्यक है कि सीमांत से सीमांत परिस्थितियों में ग्वार के सफल उत्पादन के लिए इन परिस्थितियों के अनुकूल ग्वार की सबसे महत्त्वपूर्ण कार्यिकी के प्रभाव पर अध्ययन किया जाये।

- ग्वार एक अन्तरराष्ट्रीय, निर्यातित व नगदी फसल के रूप में उभर चुकी है। ग्वार की खेती में ग्वार उद्योगपतियों की भारी रूचि है। अतः अच्छे व गुणकारी उत्पाद बढ़ाने के लिए सुव्यवस्थित देखरेख व उच्च कोटि की लागत की सम्भावना से भी इंकार नहीं किया जा सकता है। अतः पूर्ण रूप से नियत्रिंत स्थितियों, लागत व देखरेख में, प्रभावित व स्थिर कार्यिकी कारकों पर, भविष्य में जानकारी की आवश्यकता है।

- निरंतर अनियत्रित वर्षा, तापक्रम व आर्द्रता के कारण ग्वार के सूक्ष्म वातावरण में भारी फेरबदल के फलस्वरूप उत्पादन में भी भारी उतार चढ़ाव एक सामान्य प्रक्रिया है। यह, ग्वार जैसी निर्यातित फसल के लिए चिन्तनीय है। अतः यह नितांत आवश्यक है ऐसी बदलती परिस्थितियों में वृद्धि, विकास व उत्पादन में स्थिरता हेतु कुछ कार्यिकी सूचांक खोजें जाये ताकि प्रजनन द्वारा किस्मों के विकास में इन सूचांकों का सहारा जिया जा सकें।

- सीमांत क्षेत्रों में ग्वार की श्रेष्ठतम किस्म के प्रजनन के लिए उपयुक्त ग्वार कार्यिकी के विकास करने की आवश्यकता है।

- कम वर्षा वाले चिन्हित क्षेत्रों में जल–तनाव के प्रतिकूल प्रभावों से ग्वार की फसल को बचाने के लिए कुछ पौध विकास नियामकों के चयन करने की तुरन्त आवश्यकता है, ताकि बीज उपचार या फूल आने के पश्चात् छिड़काव द्वारा फसल के पकने की अवधि को कम किया जा सके।

संदर्भ

अटवाल, ए.एस. और सिधुं, जी.एस. (1964). लेग्यूम्स इन नाईट्रोजन इकोनोमी ऑफ सोईल। (1) फिक्सेशन एण्ड एक्सक्रिशान आफ नाईट्रोजन वाई इडियन लेग्यूम्स अण्डर कंट्रोल्ड कंडिशन्स इन सेंड कल्चर। *इण्डियन जे. एग्रीक. साईन्स* 34: 139–145.

अग्रवाल, आर.के. और प्रवीण, कुमार (1993). चैन्जेज इन सोईल नाईट्रोजन ड्यू टू कल्टिवेशन ऑफ ग्रीन लेग्यूम्स फर्टिलाईज़ड विद् फोस्फेट इन एन एरिड़ लोमी सेंड सोईल। *एन. ऐरिड़ जोन* 32: 195–196.

उपरेती, एम. और यादव, आर.बी.एल. (1985) इन्फ्लूएन्स ऑफ ग्रोथ रिट्राडेंट (बी–9) ऑन ग्रोथ, फ्लावरिंग, फ्रूटिंग एण्ड सीड़ ऑफ ग्वार प्लांट्स अण्डर पोट कल्चर। *इंडियन जे. ऑफ प्लांट फिजिओलॉजी,* 28: 1282–1289.

कलावर्धन, पी. और विवेकानंन, एम. (1990) फोटोसिंथेटिक पोटेन्शियल एण्ड एक्यूमुलेशन ऑफ ऐसीमिलेट इन द डवलपिंग क्लोराऐम्ब्रोस ऑफ (*साईमोप्सिस टेट्रागोनोलोबा* (एल.) टॉब) प्लांट फिजिओल. 92: 408–412।

कुहाण, एम.एस. और शिरोण, आई.एस. (1986). फिजिओलॉजीकल एण्ड बायो केमिकल चैन्जेज़ इन कलस्टरबीन अण्डर वाटर स्ट्रेस। *इंडियन जे. ऑफ प्लांट फिजिओलॉजी,* 29: 46–52.

कुमार, ए. और शर्मा, बी.के. (1989). नॉट ऑन सेलिनिटी इंडियूज्ड चेजिंज इन गैलेक्टोमैनन गम कन्टेन्ट इन एण्डोस्पर्म ऑफ ग्वार सिड्स। ऐडवा. प्लांट साई. 2: 300–301।

कलावती, डी. और रामामूर्ति, के. (1992). ए नॉट ऑन द इफेक्ट ऑफ सीड़ साईज ऑन वाईविलिटी एंड विगर ऑफ सीड़ इन कलस्टरबीन [*साईमोप्सिस टैट्रागोनोलोबा* (एल.)], *कल्टीवर पूसा नवबहार, मद्रास एग्रीक.* जे 79: 530–532.

किशोर, पी.बी.आर., हांग–जांग, एल., वर्मा, पी.ए.एस. और मिआओ, सी.एच. (1995) ओवर प्रोड्क्शन ऑफ डेल्टा–पार्योलिन एस–कार्बोहायलेज सिंथेटेज़ इन्क्रीजेज़ प्रोलीन प्रोटेक्शन एण्ड कंफर्स ऑस्मोंटोलरेंस इन ट्रांसजेनिक प्लांट्स। *प्लांट फिज़िओलोजी* 108: 1387–1394.

कार, एम., माईथिल, जे.बी. ओर नेर, टी.वी.आर. (1991). कार्बनडाईआक्साईड फिक्सेशन इन द नोड्यूल ऑफ अमाईड ट्रास्पोर्टिंग लेग्यूम्स। जे. न्यूक्लियर एग्रीक. एण्ड बायोल, 19:257–260.

गर्ग, बी.के., काटजू, एस., व्यास, एस.पी. और लहरी, ए.एन. (1986). इफेक्ट ऑफ सलाईन वाटर ऑन ड्राट अफेक्ट कलस्टरबीन। *प्रोसि. ऑफ इण्डियन ऐकेडेमी ऑफ साइंसेज़* (प्लांट साइंसेज) 96: 531–538.

गर्ग, बी.के.; काटजू, एस. व्यास, एस.पी. और लहरी, ए.एन. (1996). रिलेटिव इफेक्टस ऑफ सोडियम साल्ट्स ऑन ग्रोथ ईल्ड एण्ड मैटाबोलिज़्म ऑफ एरिड लेग्यूम्स। *प्लांट फिजिओलॉजी,* बॉयोकेम, 23 : 148–152.

गर्ग, बी.के., काटजू, एस., व्यास, एस.पी. और लहरी, ए.एन. (1997). सेन्सटिविटी ऑफ कलस्टरबीन टू साल्ट स्ट्रेस एट वैरियस ग्रोथ स्टेज़ेज। *इंडियन जे. ऑफ प्लांट फिजिओलॉजी,* 2 : 49–53.

गर्ग, बी.के., काटजू, एस., व्यास, एस.पी. और लहरी, ए.एन. (1998). इन्फ्लूएंन्स ऑफ वाटर डेफिशिऐंट स्ट्रेस एट वैरियस ग्रोथ स्टडीज़ ऑन सम एन्जाईम्स ऑफ नाइट्रोजन मैटाबोलिज़्म एण्ड ईल्ड इन कल्स्टरबीन जिनोटाईप्स। इंडि*यन जे. ऑफ प्लांट फिजिओलॉजी,* 3 : 214–218.

गर्ग, बी.के., काटजू, एस., व्यास, एस.पी. और लहरी, ए.एन. (2003). रिलेटिव परफोर्मेस ऐवेपोट्रांन्सपिरेशन, वाटर एण्ड नाईट्रोजन यूज़ एफिसिएंशी एण्ड नाईट्रोजन मैटाबोलिज़्म ऑफ कल्स्टरबीन जिनोटाईप्स अण्डर एरिड़ इंन्वायर्नमेंट। इनः एडवान्सेज़ इन एरिड़ लेग्यूम्स रिसर्च (इडिएस. ऐ. हेनरी, डी. कुमार और एन.बी. सिंह). *साईंटिफिक पब्लिशर्स,* जोधपुर पृ. 212 – 220.

गर्ग, बी.के., काटजू, एस. और बर्मन, यू. (2001). इन्फ्लूऐंस ऑफ वाटर स्ट्रेस ऑन वाटर रिलेशन्स्, फोटोसिंथेटिक रेट एण्ड नाईट्रोजन मैटाबोलिज़्म ऑफ मोठ बीज जिनोटाईप्स। *बायोलोजिया प्लेंटेरम* 44: 289–292.

गर्ग, बी.के., बर्मन, यू. और काटजू, एस. (2005). कम्पेरेटिव वाटर रिलेशन्स्, फोटोसिंथेसिस रेट एण्ड नाईट्रोजन मैटाबोलिज़्म ऑफ एरिड़ लेग्यूम्स अण्डर वाटर स्ट्रेस। *जे. आफ प्लांट बायोलोजि* 32: 83–93.

गर्ग, बी.के., बर्मन, यू. और काटजू, एस. (2006). इन्फ्लूऐंन्स ऑफ थायोयूरिया ऑन फोटोसिंथेसिस, नाईट्रोजन मैटाबोलिज़्म एण्ड ईल्ड ऑफ कल्स्टरबीन [साईमोप्सिस टैट्रागोनोलोबा (एल.) टॉब], अण्डर रेनफैड कण्डीशनस् ऑफ इंडियन एरिड जोन। *प्लांट ग्रोथ रेग्यूलेशन।* 48 : 237–245.

गर्ग, बी.के. और गुप्ता, आई.सी. (1997). फिजिओलॉजी आफॅ साल्ट्स टाल्रेन्स ऑफ एरिड जोन क्रॉप्स II लेग्यूम्स कलस्टरबीन *करन्ट एग्रीक,* 21 : 23–24

गांधी, एस.सी. और मेहता, बी.के. (1959). स्टड़ीज़ ऑन बोरोन डेफिशिएंन्सी एण्ड टॉक्सीसिटी सिम्टम्स इन सम कॉमन क्राप्स ऑफ गुजरात। *इण्डियन जे. एग्रीक.साईन्स,* 29 : 63–70.

जेंग, जी.एच., जू, जा. और ज्यू, बी.एच. (1980) ए. फिज़िओलोजिकल स्टडीज़ ऑफ जर्मीनेशन इन ग्वार *साईमोप्सिस* टैट्रागोनोलोबा। *एक्टा फाईटोफिजिओ. सीनिका* 6 : 115–126.

टर्नर, एन.सी. (1997). फर्दर प्रोग्रेस इन क्रॉप वाटर रिलेशनस्। *एडवान्सेज़ इन एग्रोनोमी* 39: 1–51.

दत्ता, के.एस. और दयाल, जे. (1988). इफेक्ट ऑफ सेलिनिटी ऑन जर्मीनेशन एण्ड अर्ली सीडलिंग ग्रोथ ऑफ ग्वार [*साईमोप्सिस टैट्रागोनोलोबा* (एल.टॉब)], *इंडियन जे. ऑफ प्लांट फिजिओलॉजी* 31: 357–363.

द्रोज़ोढे, एस.डी. (1989). डिटिरिओरेटिव चैन्जेज इन कलस्टरबीन सीड्स स्ओरेंज इन डिफरेंट कंडीशन्स्। वेज साईन्स, 16: 89–92

डेविस, टी.डी., गहलोत, एच.एस., विलियम्स, सी. एफ. ओर सांखला, एन. (1987). कम्पेरेटिव शूट ग्रोथ रिटार्डिंग एक्टिविटिज़ आफ पेक्लोब्यूट्राजोल एण्ड जी.1019। प्रो. प्लां. ग्रोथ रिग. सां.ए. 121–124.

नीलकंठ, वी. और महता, बी.वी. (1961). स्टडीज़ ऑन कॉपर डेफिसिएन्सी एण्ड टॉक्सीसिटी सिम्टम्स् इन सम कॉमन क्रॉप्स ऑफ गुजरात *(इण्डिया)* / जे. एग्रीक. साईन्स। 56 : 293–298.

पीलीनिसामी, के. (1990). कन एण्डोस्पर्म एण्ड फ्रुट वाल इंडियूज क्रोलोप्लास्ट पिगमेंट सिंथेसिज़ इन क्रोलोएम्ब्रोस ऑफ एंजियोस्पर्मस। *फोटोसिंथेटिका,* 24: 261–265.

बर्मन, यू., गर्ग, बी.के. और काटजू, एस. (2004). इन्टरएक्टिव अफेक्ट्स आफ थायोयूरिया एण्ड फॉस्फोरस अण्डर स्टिम्यूलेट्ड वाटर स्ट्रेस। *बॉईयोला. प्लेटेरियम,* 48 : 61–65.

मंगल, के. और किर्बी, ई.ए. (1980). पोटेशियम इन क्रॉप प्रोटेक्शन। *एड्वान्सेज़ इन एग्रोनामी* 33 : 59–110.

मॉर्गन, जे.एम. (1984). ऑस्मों रेग्यूलेशन एण्ड वाटर स्ट्रेस इन हायर प्लांट्स। *एनुअल रिव्यू ऑफ प्लांट फिजिओलॉजी,* 35 : 292–319.

महता, बी.वी. और देसाई, आर.एस. (1958). इफेक्ट ऑफ साईल सेलिनिटी ऑन जर्मीनेशन ऑफ सम सीड्स। जे.सोईल.वाटर कंजर्वेशन। *इण्डिया* 6: 169–176.

मालीवाल, जी.एस. और पालीवाल, के.वी. (1982). साल्ट टॉलरेंस ऑफ सम मंगबीन *(विगना रेडिऐटा),* उरदबीन *(विगना मुंगो),* और ग्वार *(साईमोप्सिस टैट्रागोनोलोबा)* वैराईटीज़ एट जर्मीनेशन एण्ड अर्ली ग्रोथ स्टेज़ेज। *लेग्यूम रिसर्च* 5 : 23–30.

मदलगिरी, एम.एस. और राव, एम.एम. (1989). इफेक्ट ऑफ फर्टीलाईज़र लेव्लस् एण्ड स्टेग्ड रिमूवल बाई अर्ली प्रोड्यूस्ड फ्रेश पोड़ ऑन द क्वालिटी ऑफ पूसा नवबहार कलस्टरबीन (साईमोप्सिस टैट्रागोनोलोबा) सीड्स। *सीड़ एण्ड फार्मस.* 15 : 7–10.

मुसिल, ए.एफ. (1946). द जर्मीनेशन ऑफ ग्वार [*साईमोप्सिस टैट्रागोनोलोबा* (एल)] *जे.अमेरिकन सोसा. एग्रोन,* 38 : 661–662.

यादव, टी.डी. और पंत, एन. एस. (1979) मोईश्चर कंटेन्ट रिलेटिव ह्यूमिडिटी रिलेशनशिप ऑफ लेग्यूम सीड्स। सीड़ रिसर्च 7: 11–17.

यादव, आर.बी.आर., मेहरा, के.एल., मेंगूर, एम.एल., श्रीनाथ, पी.सी. और यादव, एम.एस. (1975). वैराईटल डिफ्रेंसिस इन साल्ट टॉल्रेंस ड्यूरिंग सीड्स जर्मीनेशन ऑफ ग्वार। *इंडियन जे. ऑफ प्लांट फिजिओलॉजी,* 18:16–19.

यादे, वी.आर., पटेल, वी.एन. और यादे, एन.जी. (1990). स्टेण्डराईज़ेशन ऑफ सीड टेस्टिंग प्रोसिजर्स फॉर ट्राईगोनेला *फिजिओनम – ग्रेकम एण्ड* [*साईमोप्सिस* टैट्रागोनोलोबा]। *ऐने. प्लांट फिजिओलॉजी,* 4 : 182–185.

रामुलू, सी.ए. और राव, डी. (1992) इन्फ्लूएंस ऑफ डाईमिथेन एम–45 ऑन ग्रोथ, फ्लोवरिंग, फ्रुटिंग एण्ड सीड ईल्ड इन ग्वार (*साईमोप्सिस टैट्रगोनोलोबा* (एल.) टॉब) ऐडवा. प्लांट साई. 5: 12–16।

राठौर, एस.वी.एस., पूनीत, कुमार, सिंह, डी.आर. (1990). इफेक्ट ऑफ इन्ट्रा स्पेसिंग एण्ड साइैयासिल ऑन द परफोरमेंन्स ऑफ सीड़ क्रॉप ऑफ वेजिटेबल कल्सटरबीन : *ए नोट हरियाणा जे हॉर्टी साई.* 19: 219–221.

लैविट, जे. (1980) रिस्पॉन्सेज़ ऑफ प्लांट्स टू एन्वायरमेंटल स्ट्रेटीज़। *के2 ऐकेडमिक प्रेस,* न्यूयॉर्क।

लाहिरी, ए.एन. और कक्कड़, एन.एल. (1985). इन्फ्लूएन्स ऑफ पोटेशियम ऑन प्लांट्स अण्डर सोईल वाटर डेफिसिट पी.आर II *रिस. रिव. सीरीज* 2:57-66.

लाहिरी, ए.एन., गर्ग, बी.के., काटजू, एस. व्यास, एस.पी. और माली, पी.सी. (1996). जिनोटाईपिक डिफरेंन्सिस टू सोईल सेलिनिटी इन कलस्टरबीन। *एरिड सोईल रिसर्च एण्ड रिहेब.* 10 : 333–345.

लाहिरी, ए.एन.; गर्ग, बी.के.; काटजू, एस. व्यास, एस.पी. और माली, पी.सी. (1987). रिस्पोंसिज़ ऑफ कल्स्टरबीन टू सोईल सेलिनिटी। ऐने.*एरिड जोन.* 26: 33-42.

वर्मा, सी.एच. और सांखला, एन. (1976). इफेक्ट ऑफ इथिफोन ऑन ग्रोथ एण्ड मैटाबोलिज़्म ऑफ [*साईमोप्सिस टैट्रग्गोनोलोबा* (एल) टॉब]। फॉरेज. रिसर्च. 2:41-48.

व्यास, एस.पी.; काटजू, एस.; गर्ग, बी.के. और लहरी, ए.एन. (1996). रिस्पॉन्स ऑफ कलस्टरबीन जिनोटाईप्स टू शेड़। *इंडियन जे फिजिओलॉजी,* 1 : 234–238.

व्यास, एस.पी.; काटजू, एस.; गर्ग, बी.के. और लहरी, ए.एन. (1997). फिज़िओलॉ– जिकल स्टडीज़ आन जिनोटिपिक मैनेजमेंट ऑफ कलस्टरबीन फार सस्टेनेबल प्रोडक्शन। इन : रिसेंट एडवांसेज इन मैनेजमेंट ऑफ एरिड इको सिस्टम. (एडिटर्स– काटजू, एस. अभिचन्दानी, आर.के., कार, ए. और जोशी, एन.एल.). पृ. 53, एरिड जोन रिसर्च ऐसो. ऑफ इण्डिया, जोधपुर।

शिरोण, आई. एस., खान, एम. आई. और गर्ग, ओ.पी. (1980). डिफरेन्शियल बिहेवियर ऑफ ग्वार जिनोटाईप्स टू वाटर स्ट्रेस ड्यूरिंग जर्मीनेशन। *ग्वार न्यूज़लेटर,* 1 : 3–4.

शर्मा, के.डी. और कुहाण, एम.एस. (1999). इन्फ्लूएंन्स ऑफ पोटेशियम ऑन प्लांट वाटर रिलेशन्स एण्ड ईल्ड़ ऑफ कलस्टरबीन अण्डर सोईल मोईश्चर स्ट्रेस। इन : मैनेजमेंट ऑफ एरिड़ इकोनोमिक्स (इडिएस. ऐ.एस. फरोदा, एन. एल. जोशी, एस. काटजू एण्ड अमलकर). *साईटिफिक पब्लिशर्स,* जोधपुर पृ. 267 – 270.

स्पाकर्स, पी.एन और पोस्टलथवटी, एस.एन. (1967). कम्परेटिव मॉरफोजेनिसिस ऑफ डाईमोरफीक लिवज़ ऑफ साईमोप्सिस टैट्रागोनोलोबा। एन. जे. बोट. 54 : 281–285.

सैलवराज, के, हेमलता, सी और गांधी, एस. जे. (1995). डिप्रेन्सियल नाईट्रेट रिडक्टेज़ एक्टिविटि इन नं. 3 ग्रोथ इन कल्सटरबीन : ग्रीनग्राम इनहिबीलिटी इफेक्ट्स ऑफ अमोनिया अमिनोएसिड़ एण्ड यूरिया। इंडियन जे. एक्स. बायोल. 33: 456–458.

सिंह, एस.जे.पी. और राजपूत, सी.बी.एस. (1985). इफेक्ट ऑफ नाईट्रोजन, फॉस्फोरस एण्ड साईयोसिल ऑन फिजिओ. करेक्टर्स ऑफ कल्सटरबीन वेजिटेबल वैरा. पूसा नवबहार। प्रोग्रसिव हौर्ट. 17: 181–184.

स्टेफोर्ड, आर.ई. ओर मेक माईकल, बी.एल. (1991). इफेक्ट ऑफ वाटर स्ट्रेस ऑन ईल्ड कम्पोनेन्ट इन ग्वार। जे. ऑफ एग्रोनोमी एंड क्रॉप साईन्स 166:63–68.

सत्यमूर्ति, एल. और विवेकानंद, एम. (1995). विगर ऑफ [*साईमोप्सिस टैट्रागोनोलोबा* (एल.) टॉब], सीड़ प्रोड्यूस्ड़ फ्रॉम फोलियर स्प्रे आफ नाईटोजिनस साल्ट्स अण्डर रेफर्ड कण्डिशन्स। लेग्यूम्स रिसर्च 18:50–52.

ग्वार बीज उत्पादन

सारांश

फसल उत्पादन का सबसे महत्वपूर्ण व आधारभूत कारक बीज है, जिसका एकल फसल व फसल–पद्धति की उत्पादन क्षमता में विशेष महत्व रहा है। ग्वार की फसल पर पूर्व के दशक में किए गये अग्रिम पंक्ति प्रदर्शन से यह ज्ञात हुआ है कि शुद्ध व उन्नत बीज द्वारा ग्वार के उत्पादन में 27.30% तक वृद्धि प्राप्त की जा सकती है। प्रजनक बीज उत्पादन पर एकत्रित आँकडें दर्शाते हैं कि इसके उत्पादन में काफी वृद्धि हुई है। उदाहरण के तौर पर वर्ष 2001 में 50 व 2008 में 501.7 क्विंटल प्रजनक बीज उत्पन्न किया गया था। वर्ष 2008–09 में 2000–2001 की तुलना में 23 गुना अधिक प्रजनक बीज उत्पन्न करने का भारत सरकार (डी.ए.सी.) से इन्डेंट प्राप्त हुआ। पिछले 10 वर्षों में आर.जी.सी.–936, आर.जी.सी.–1002 व आर.जी.सी.–1003, सबसे लोकप्रिय व महत्त्वपूर्ण होने का कारण उनके प्रजनक बीज का इन्डेंट था जो कि क्रमशः 293.4, 172.43 व 144.13 क्विंटल था। वर्ष 2008 को आधार मानते हुए वर्ष 2025 तक ग्वार के लक्षित बढ़ते क्षेत्र, प्रजनक, आधारभूत व प्रमाणिक बीज की मात्रा को आंका गया है। वर्ष 2008 में ग्वार का क्षेत्र 25 लाख हैक्टेर, प्रजनक बीज 4166.0, आधार बीज 1,25,000 व प्रमाणिक बीज की मांग 37,50,000 क्विंटल थी; जो वर्ष 2025 में बढ़कर क्रमशः 56.3 लाख हैक्टर, 9383.33, 28,15,000 व 84,45,000 क्विंटल होने की संभावना है। लक्षित बढोतरी ग्वार को गैर परम्परागत क्षेत्रों में पुनःस्थापन, कम उत्पादन देने वाली, अधिक पानी चाहने वाली व अधिक लागत तथा देखरेख वाली फसलों (कपास, मूंगफली, बाजरा इत्यादि) का स्थान लेने के कारण संभव है। इस प्रकार ग्वार के क्षेत्र में प्रतिवर्ष 5.0% की बढ़ोतरी संभव है। भारत में बीज उत्पादन का कार्य अखिल भारतीय समन्वित मरू दलहन अनुसंधान परियोजना के अन्तगर्त सुचारू रूप से चलाया जा रहा है। अतः पिछले 10 वर्षों के अनुभव के आधार पर यह कहा जा सकता है कि ग्वार उत्पादन बीज की मशीनरी काफी सशक्त, निपुण तथा सदृढ़ है जो कि भविष्य में किसी भी चुनौती का सामना कर सकती है। ग्वार के क्षेत्र में कृषि अधिकारियों, कृषि वैज्ञानिकों, सार्वजनिक व सरकारी निगमों व उपक्रमों तथा कृषकों में काफी सामन्जस्य है तथा विश्वास भी बढ़ा है।

प्रस्तावना

शुद्व व गुणवत्ता बीज का किसी भी वार्षिक फसल स्थिति, परिस्थिति या उगाने वाले मौसम में तथा फसल पद्धतियों में सबसे महत्वपूर्ण योगदान रहा है। बीज गुणवत्ता की महत्वता प्राचीन काल से कृषि कार्य प्रारम्भ किये जाने के साथ से ही जानी जाती है। बीज,

फसल उत्पादन का सबसे पहला व आधारभूत कारक है जिसका फसल पद्धति की उत्पादकता क्षमता में विशेष स्थान रहा है। उचित, शुद्ध व सुधरा हुआ बीज ही ऐसा कारक है जिसके द्वारा प्रति रूपया अधिक से अधिक आय प्राप्त की जा सकती है। शुद्ध बीज की महत्ता हरित क्रान्ति के समय अधिक उपज देने व छोटे कद वाली सीधे खड़े रहने वाली गेहूँ व धान की किस्मों तथा महत्त्वपूर्ण संकर किस्मों द्वारा (सूर्यमूखी, मक्का, ज्वार, बाजरा, कपास, अरंडी इत्यादि) द्वारा सिद्ध हो चुकी है। शुद्ध बीज कृषकों की पहली पसंद है तथा इसके प्रसार व प्रचार की भी आवश्यकता नहीं पड़ती है। बीज एक राष्ट्रीय धरोहर तथा सम्पति है जिसका स्वतंत्र रूप से बिना किसी प्रदेश, संस्था तथा व्यक्ति विशेष की रूकावट के बिना बहाव होना चाहिये। शुष्क व अर्द्धशुष्क क्षेत्रों में जहां फसल उत्पादन एक कठिन समस्या है, शुद्ध व उचित किस्म का बीज ही ऐसा कारक है, जो कि फसल उत्पादन को अकेले ही 20% से अधिक बढ़ा सकने में समर्थ हो सकेगा। इसके साथ साथ, खेती के सीमान्त व निरन्तर गिरते क्षेत्रों में, जिनकी उर्वरकता काफी कम है, भूमि भी असमतल है तथा कृषकगण खेती में कम खर्च करना चाहते हैं, तथा फसल की देखरेख की सुविधायें भी सीमित हैं, ऐसी स्थितियों में उचित किस्म के बीज का फसल उत्पाद में विशेषतम योगदान जाना जाता है। ग्वार की फसल को भी इसी प्रकार की फसलों में गिना जाता है तथा पिछले दशक में के 500 से अधिक अग्रिम पंक्ति प्रदर्शनों से यह स्पष्ट हो गया है, कि शुद्ध बीज द्वारा ग्वार की 27-30% फसल उत्पादन में वृद्धि प्राप्त की जा सकती है। अतः इस अध्याय में ग्वार के बीजों की शुद्धता, गुणवत्ता, बीजों के प्रकार व संबधित जानकारियों का विशलेषण किया गया है।

बीज की गुणवत्ता

यह माना जाता है कि समाज की संस्कृति की स्थापना के साथ ही बीज गुणवत्ता के महत्व को समझ लिया गया था। मनुष्य जाति व मनुष्यों के समूहों को प्राचीन में ही अच्छे दाने, बड़ी फलियाँ व स्वस्थ पौधों को चुनने का शौक था, तथा वे इससे जुड़े फसल उत्पाद में वृद्वि को समझते थे। प्राचीनकाल में बीज गुणवत्ता का तात्पर्य सिर्फ मोटे व तंदुरूस्त दानों तथा पौधों से ही था। समय व विज्ञान के बढ़ते बढ़ते, बीजों की गुणवत्ता के तरीके व कारक बढ़ते तथा सुधरते गये। अतः अन्त में बीजों के रंग, आकार, वजन, उनकी आनुवांशिक शुद्धता, अंकुरण की क्षमता, ओज इत्यादि को बीज गुणवत्ता में शामिल किया जाने लगा। बीज के अंकुरण की क्षमता को बीजों की गुणवत्ता का अच्छा कारक नहीं माना जाता है, परन्तु इसके ओज की गुणवत्ता को अधिक अच्छा कारक माना जाता है। बीज ओज एक साधारण गुण नहीं है, बल्कि इसको नापने व सांख्यिकी आंकलन के प्रकार भी भिन्न–भिन्न हैं। बीज ओज जानने का तरीका आसान, आर्थिक तथा तेजी से आंकलन किया जाने वाला होना चाहिए, ताकि खेत में ही बहुत सारी किस्मों के बीजों के चुनाव में शीघ्रता से अच्छे व स्वस्थ बीजों वाली किस्मों का चुनाव निष्पादित किया जा सके। बीज अंकुरण व ओज के साथ साथ बीजों की आनुवंशिक शुद्धता का भी अपना बड़ा महत्व है। बीजों की शुद्धता को मुख्य रूप से उन्हे उगाकर ही चुना या निष्पादित किया जाता है। बीजों के बाहरी गुणों (माईनिंग गुण) का भी बीज गुणवत्ता को पूरक बनाने में काफी योगदान पाया गया है। माईनिंग गुण मुख्य रूप से बीजों के पकने की अवधि, उनकी

कटाई व मंडाई से प्रभावित होते हैं। बीजों के भण्डारण करते समय नमी की प्रतिशतता तथा तापक्रम भी मुख्य कारक है अतः बीज गुणवत्ता एक काफी कठिन तथा अस्थिर प्रक्रिया है जो कि स्थितियों के अनुसार परिवर्तित होती रहती है। अतः लम्बे समय तक अच्छे गुणवत्ता वाले बीजों को सुरक्षित रखना एक महत्त्वपूर्ण प्रक्रिया जान पड़ती है (लाल, 2002)।

लम्बे समय तक कम शस्य क्रियाओं, कम लागत व मरू भूमियों की विपरीत परिस्थितियों के झेलते–झेलते, ग्वार के बीज गुणवत्ता के प्रति काफी स्थिर हो गये हैं। बीजों की छोटी व असमतल आकृति, प्रोटीन की कम मात्रा, फलियों का पौधों से कम झड़ाव व 3–4 वर्ष तक अंकुरण की क्षमता ग्वार के बीजों की ओज व गुणवत्ता के दूसरे कारकों से कम ही प्रभावित होते हैं।

बीजों के प्रकार

बीज उत्पादन की श्रृंखला में निम्नलिखित प्रकार के बीजों के समूहों को शामिल किया जाता है।

नाभकीय बीज : बीज उत्पादन चयन की यह सबसे पहली श्रृंखला है, तथा इस प्रकार का बीज संबधित पौध प्रजनक/ग्वार प्रजनक की सीधी देखरेख में उसी संस्थान या संस्था में प्रतिवर्ष आवश्यकता के अनुसार उत्पन्न किया जाता है। ग्वार के बीजों की यह मात्रा, पूर्णरूप से शुद्ध किस्म के लगभग 400–500 पौधों को वरण कर उत्पन्न की जाती है। इन पौधों को अलग–अलग कतारों में अगले वर्ष फिर उगाकर गहन छान–बीन व चुनाव किया जाता है, तथा किसी प्रकार के अप्रिय व दूसरे पौधों को उखाड़ दिया जाता है। पूरी तरह से शुद्धता प्राप्ति के बाद, पॉपुलेशन में से अगले वर्ष के लिए फिर 400–500 पौधों को चुन कर अलग से कटाई व मंडाई की जाती है। बाकी बचे सभी पौधों को एक साथ न्यूक्लियस बीज के रूप में काट लिया जाता है। इन पौधों में 100% तक आनुवंशिक शुद्वता होना आवश्यक है, बीमारियों से ग्रस्त पौधों को भी उखाड़ देना अतिआवश्यक है। यह क्रिया निरन्तर प्रतिवर्ष ग्वार के मुख्य अनुसंधान केन्द्रों : दुर्गापुरा, हिसार, मंडोर, बीकानेर, एस. के. नगर व झांसी में होती रहती है।

प्रजनक बीज : न्यूक्लियस बीज की संतति को प्रजनक बीज कहा जाता है। इस बीज को भी संबधित संस्थान में संबधित ग्वार प्रजनक या विभागीय अध्यक्ष द्वारा उत्पन्न किया जाता है। इस प्रकार के बीज को खेत में प्रमाणीकरण के लिए एक समिति भी नियुक्त की जाती है। तथा इसके सदस्यः परियोजना समन्वयक, संबधित प्रजनक व राज्य बीज निगम के प्रतिनिधि होते है। प्रजनक बीज की मात्रा का निर्धारण विभिन्न स्त्रोंतो द्वारा मांगे गये बीजों की मात्रा पर निर्भर करती है। प्रजनक की मात्रा ग्वार की किस्म की महत्ता तथा कृषकों व राजकीय कृषि अधिकारियों के मूल्यांकन पर निर्भर करती है। ग्वार की किस्म के बीजों की मात्रा की वार्षिक मांग कभी स्थिर नहीं रहती है।

आधार बीज : प्रजनक बीज द्वारा इस बीज को पैदा किया जाता है यह बीज भारतीय बीज निगम, संबधित राज्य बीज निगम, राज्य फार्म, राजकीय कृषि विश्वविद्यालय तथा सरकारी व गैर सरकारी संस्थाओं द्वारा पैदा किया जाता है। बीज उगाये जाने वाले

खेतों व फार्मों को राजकीय बीज प्रमाणीकरण एजेन्सी द्वारा प्रमाणित किया जाता है। इस प्रकार के बीज की काफी मात्रा इच्छुक किसानों व उपरोक्त निगमों द्वारा भी उत्पन्न की जाती है।

प्रमाणिक बीज : आधार बीज प्रमाणिक बीज का स्त्रोत होता है। यह बीज मुख्य रूप से आधार बीज से किसानों के खेत में बीज प्रमाणिक एजेन्सी या राज्य प्रमाणिक बीज निगमों की सीधी देखरेख में पैदा किया जाता है। यह बीज किसानों द्वारा ग्वार की उन्नत फसल प्राप्त करने के लिए उन्हे उपलब्ध कराया जाता है।

बीज मानक

आधार व प्रमाणिक बीज जिन्हें अन्त में किसानों व दूसरी ऐजेन्सियों द्वारा फसल उत्पादन के लिए सीधे प्रयोग में लाया जाता है, उन बीजों की आनुवाशिंकी शुद्वता कायम रखने के लिए इन बीजों की उचित देखभाल व रख रखाव अत्यन्त आवश्यक है। अतः समय–समय पर सम्बंधित ग्वार प्रजनक व बीज प्रमाणिक समिति द्वारा फसल के समय निरीक्षण अतिआवश्यक समझा गया है। ऐसा करते समय फसल में दूसरे पौधों को उखाड फेंकना तथा ग्वार में दूसरी फसलों के बीज या खरपतवार के बीजों से मिश्रण को दूर रखना अत्यन्त आवश्यक है। ग्वार की बीज वाली किस्म का दूसरी किस्मों या दूसरी फसलों के बीच में पृथककरण की उचित दूरी का रखना अत्यन्त आवश्यक है। अतः इन सभी बातों को घ्यान रखते हुए कुछ बीज मानक बनाये गये हैं। जिनका पालन नितान्त आवश्यक है, जो कि निम्न प्रकार से है (कुमार व सिंह, 2002)।

ग्वार में आधार व प्रमाणिक बीज के उत्पादन के लिए आवश्यक मानक।

क्रम.सं.	विवरण	आधार बीज	प्रमाणिक बीज
1.	निरिक्षणों की कम से कम संख्या	**2.0**	**2.0**
2.	पृथककरण की दूरी (मी.)	**10.0**	**5.0**
3.	बाहरी पौधे (%)	**0.10**	**0.20**
4.	बीमारी से ग्रस्त पौधे (%)	**0.10**	**0.20**
5.	बीज की आनुवांशिक शुद्वता (%)	**98.0**	**98.0**
6.	ग्वार की दूसरी किस्मों के बीज (न./कि.ग्राम)	**5.0**	**5.0**
7.	दूसरे पदार्थो का मिश्रण (न.)	**2.0**	**2.0**
8.	खरपतवारों के कुल बीजों की संख्या (%/कि.ग्राम)	**0.0**	**8-10**
9.	दूसरी फसलों के बीज (अधिकतम %/कि.ग्राम)	**0.0**	**8-10**
10.	प्रतिशत बीज अंकुरण (कम से कम)	**75-80**	**75-77**
11.	बीजों में आर्द्रता (%)		
	i. साधारण बर्तन में	**8.0**	**8.0**
	ii. वाष्प रहित बर्तन में	**9.0**	**9.0**

ग्वार बीज उत्पादन का जाल

भारत में, हरित–क्रान्ति होने तक बीज उत्पादन की प्रक्रिया व समन्वय काफी कमजोर था। कुछ सार्वजनिक बीज उद्यम (राष्ट्रीय बीज निगम, भारत के प्रादेशिक फार्म निगम, व कुछ राजकीय कृषि विश्वविद्यालय) तथा कुछ निजी बीज उत्पादन करने वाले संगठन ही सभी फसलों के बीज उत्पादन में योगदान करते थे। बागवानी, सब्जी, फूल व सजावटी फसलों के बीजों को प्रोत्साहन मिलता था। बीज उत्पादन के कार्यक्रम में विशेष मानकों, तरीकों तथा प्रमाणीकरण की कमी साफ झलकती थी। इसका कारण यह था कि फसल उत्पादन में बीज के योगदान को कम सराहा जाता था। हरित–क्रान्ति के बाद कृषकों, कृषि वैज्ञानिकों, बीज उत्पादन निगमों का गुणात्मक बीज की तरफ विशिष्ट तथा स्पष्ट योगदान सामने आया है, अतः 80 के दशक में आई.सी.ए.आर. द्वारा विश्व बैंक की वित्तिय सहायता से राष्ट्रीय बीज कार्यक्रम शुरू किया गया तथा बीज उत्पादन को यथाक्रम शुरू किया गया। भारतीय कृषि अनुसंधान परिषद् के नेतृत्व में दूसरे भागों तथा निगमों जैसे के भारत सरकार के अनुसंधान संस्थान, राजकीय कृषि विश्वविद्यालय, राष्ट्रीय व प्रादेशिक बीज निगम, भारत सरकार के राजकीय फार्म निगम, राजकीय बीज प्रमाणीकरण संस्था, निजी बीज उत्पादन संस्थाओं के भारी योगदान से आवश्यक सुविधाऐं जुटाई गई तथा उनका विकास किया गया। इन सुविधाओं में मुख्य रूप से फार्म खेतों का विकास, सिंचाई सुविधाऐं, आवश्यक जुताई, कटाई, मंडाई व बीज टीकाकरण संबधित मशीनों की सुविधा शामिल हैं। बीजों का उचित तापक्रम पर भंडारण, आवश्यक बीज टेस्टिंग प्रयोगशालाएं तथा दूसरी सुविधाओं के लिए वित्तिय सहायता उपलब्ध कराई गई। साथ ही प्रजनक बीज उत्पादन इकाइयां तथा बीज परीक्षण प्रयोगशालाओं का, अनुसंधान संस्थानों तथा कृषि विश्वविद्यालयों में आवश्यकतानुसार स्थापना की गई तथा आवश्यक नियुक्तियाँ भी की गई। इन निरन्तर प्रयासों व आवश्यक सुविधाओं व वित्तीय सहायता उपलब्ध कराने के कारण बीज उत्पादन कार्यक्रम सतत् सशक्त होता गया तथा समस्त भारत में अग्रणीय बन गया तथा बीज उत्पादन जानकारी तथा बीज उत्पादन के क्षेत्र में दूसरे राष्ट्रों को गुणात्मक बीज उपलब्ध कराने लगा। इन निरन्तर प्रयासों के कारण भारत के लगभग सभी प्रदेशों में राजकीय बीज निगम व राजकीय बीज प्रमाणीकरण एजेन्सीयों ने बीज उत्पादन व उसके विपणन पर कार्य करना शुरू कर दिया। सार्वजनिक बीज उत्पादन निगमों के साथ –साथ निजी बीज उत्पादन इकाईयों का भी काफी विकास हुआ है।

ग्वार की फसल को सीमान्त किसानों द्वारा सीमित क्षेत्रों में ही कम से कम लागत व देखरेख द्वारा उगाया जाता है। यही कारण है कि ग्वार के बीज उत्पादन, प्रमाणीकरण तथा विपणन का कार्यक्रम भी सीमित स्थानों पर सीमित संसाधनों द्वारा ही किया जाता है, परन्तु 1986 में अखिल भारतीय समन्वित ग्वार अनुसंधान परियोजना तथा बाद में अखिल भारतीय मरूदलहन अनुसंधान परियोजना की 1992 में स्वीकृति के बाद इस दिशा में काफी सराहनीय कार्य हुआ है। प्रजनक बीज की मांग बढने लगी है। प्रजनक बीज का सफलतापूर्वक उत्पादन तथा उसकी गुणवत्ता का किस्म के अनुसार निर्धारण राजस्थान कृषि विश्वविद्यालय, बीकानेर व विश्वविद्यालय के क्षेत्रीय अनुसंधान केन्द्रों दुर्गापुरा व मंडोर में किया जा रहा है। हरियाणा में मुख्य रूप से चौधरी चरण सिंह हरियाणा कृषि विश्वविद्यालय हिसार व इसके क्षेत्रीय अनुसंधान केन्द्र बावल में तथा गुजरात में सरदार पटेल कृषि

विश्वविद्यालय एस. के. नगर में मुख्य रूप से किया जा रहा है। कुछ महत्त्वपूर्ण सब्जी वाली किस्मों के बीज उत्पादन दुर्गापुरा तथा राष्ट्रीय पादप आनुवांशिकी संसाधन ब्यूरो, नई दिल्ली में किया जा रहा है। इसी प्रकार हरे चारे वाली ग्वार की किस्मों के बीज का उत्पादन अखिल भारतीय चारा समन्वित परियोजना के निर्देशन में झांसी व दूसरे संस्थानों में किया जा रहा है।

भारतवर्ष में ग्वार के बीज उत्पादन का जाल

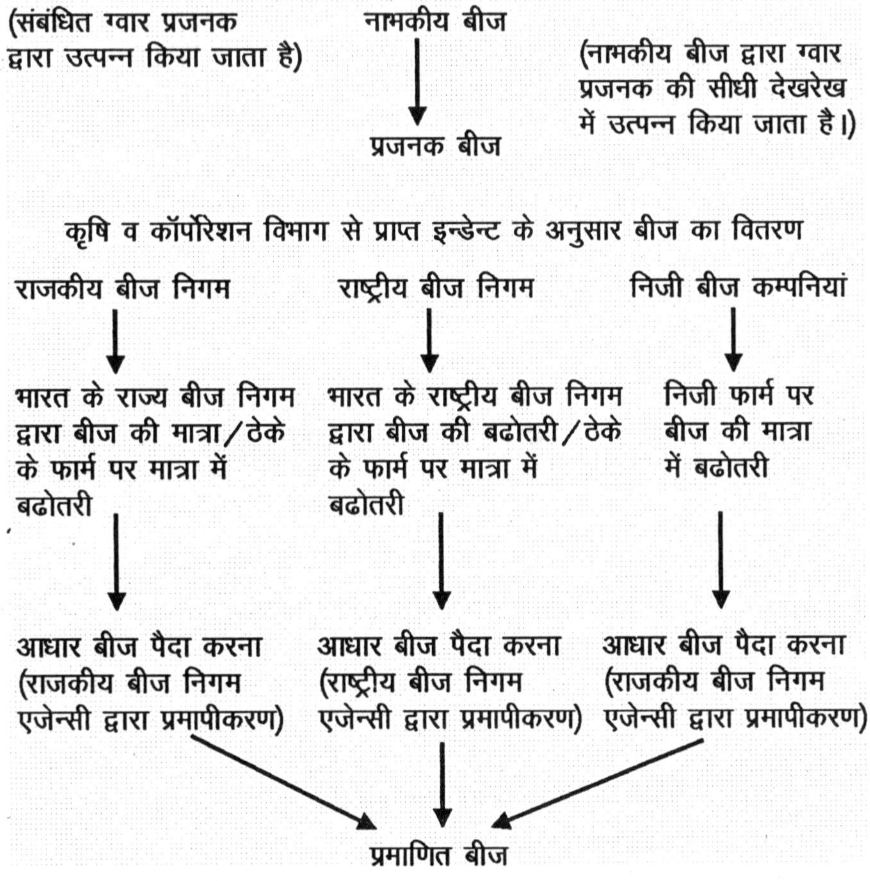

ग्वार के गुणवत्ता बीज उत्पादन की उन्नत तकनीकीय संकेत

क्रम संख्या	स्त्रोत/कार्य/संसाधन	तकनिकीयाँ
1	नाभकीय बीज	संबधित ग्वार प्रजनक व संस्थान जहाँ से ग्वार की किस्म का विकास किया गया। संबधित ग्वार प्रजनक की अनुपस्थिति में विभागाध्यक्ष या संस्था के अध्यक्ष, ग्वार की किस्म के गुणवत्ता बीज का उत्पादन करने के लिए बाध्य हैं।

2	प्रजनक बीज	प्रजनक बीज का उत्पादन संबधित या अधिकारिक पौध/ग्वार प्रजनक संबधित संस्थान में प्रजनक बीज का उत्पादन करेंगें।
3	आधार व प्रमाणिक बीज	इन बीजों का उत्पादन राजकीय बीज निगम या संबधित एजेन्सी द्वारा किया जाता है।
4	मृदा	रेतीली दोमट से दोमट भूमियों में जहॉ पानी खड़ा न रह सके उपयुक्त पाई गई है कम से मध्यम उर्वरकता वाली भूमियाँ ग्वार के लिए चुनी जानी चाहिए।
5	बुवाई का उचित समय	लम्बी अवधि वाली किस्मों के लिए जून के अन्तिम से जुलाई का प्रथम सप्ताह तथा जल्दी पकने वाली किस्मों के लिए मध्यम जुलाई का समय उचित पाया जाता है।
6	बीज दर	बीज दर, बुवाई के समय, मृदा की संरचना, किस्म के प्रारूप पर निर्भर करता है। देरी से बोने की अवस्था में 20 किलो व सामान्य अवस्था में 15-18 किलो बीज दर प्रति हैक्टेयर उचित पाया गया है।
7	कतारों के बीच की दूरी	कतारों की दूरी भी बोने का समय तथा ग्वार की किस्म के प्रारूप पर निर्भर करती है। जल्दी पकने व अशाखित किस्मों के लिए 25–30 से.मी. व देरी से पकने वाली तथा शाखित किस्मों को 45–50 से.मी. की दूरी पर बोया जाना चाहिए।
8	बीज उपचार	थीरम/कैप्टान/बैविस्टीन/स्ट्रेप्टोसाइक्लिन से 2-3 ग्राम/किलोग्राम बीज दर से उपचारित किया जाये।
9	उर्वरक प्रबंध	15-20 किलोग्राम नत्रजन + 30-40 किलोग्राम पी$_2$ओ$_5$ + 20–25 किलोग्राम जिंक सल्फेट प्रति है. दिया जाना चाहिए, या 1.0% यूरिया द्वारा, फूल आने से पूर्व व फूल आने के बाद दो छिड़काव किये जाये।
10	खरपतवार नियंत्रण	ग्वार की फसल को बोने के 20–30 दिन की अवधि तक, आवश्यक रूप से खरपतवार को पनपने न दें। फसल बुवाई के पूर्व ग्वार के खेत में हल्की भूमियों में बेसालिन/ट्रिफलॉन की 1 किलोग्राम प्रति हैक्टेयर मात्रा (एक्टिव इनग्रेडिएन्ट) को भूमि में सम्मिलित करने से ग्वार की फसल में पनपने वाले खरपतवार नष्ट किये जा सकते हैं।
11.	<u>व्याधि नियंत्रण</u>	
	i) जीवाणु पर्ण अंगमारी रोग	बीज उपचार 100 पी.पी.एम.स्ट्रेप्टोसाइक्लिन द्वारा तथा स्ट्रेप्टोसाइक्लिन के 150 पी.पी.एम घोल + ब्लीटोक्स (0.2%) से 1 या 2 आवश्यकतानुसार छिड़काव करें।
	ii) आल्टरनेरिया झुलसा रोग	कैप्टाफाल या मैनकाज़ेव से 1.5 कि. ग्रा/है. की दर फसल बुवाई के 40-50 दिन बाद आवश्यकताअनुसार छिड़काव करें।
	iii) मूल व तना विगलन रोग	बीटावैक्स (2ग्राम) या बैविस्टीन (2ग्राम) प्रति किलोग्राम दर से बीज उपचार करें।

iv) चूर्णिल आसिता रोग	घुलनशील सल्फर (0.3%) या घुलनशील करेविड़ (एक कि.ग्रा./है.) द्वारा 15 दिन के अन्तराल पर आवश्यकतानुसार छिड़काव करें।
12. कीट नियंत्रण	
i) माहू, चूसने वाले कीट, पत्तीहोपर	मैलाथियोन 50 ई.सी. (0.05%) का छिड़काव करें।
ii) फली छेदक, पत्तीदार परफोरेटर	एण्डोसल्फॉन 35 ई.सी. (0.07%) द्वारा दो छिड़काव करें।

स्त्रोत : कुमार व सिंह, 2004

ग्वार का प्रजनक बीज उत्पादन

प्रजनक बीज, ग्वार की भारत में वृद्धि, उत्पादन, निर्यात व इसका दूसरे नये क्षेत्रों में फैलाव में सहायक सिद्ध हो सकेगा। भविष्य में बढ़ते क्षेत्र की सम्भावनाओं को संतुष्ट कर पाने के लिए भी ग्वार के प्रजनक बीज का अहम योगदान जान पड़ता है। अतः यह आवश्यक है कि पिछले एक दशक में ग्वार के प्रजनक बीज की मांग तथा उत्पादन में कितनी तालमेल रही है, तथा क्या हम पूरी मांग को संतुष्ट करने में सफल रहे हैं। इस प्रकार की तस्वीर साफ रूप से भविष्य के बारे में दर्पण दिखा सकेगी। अतः तालिका–1 में वर्ष 1998 से 2007 तक ग्वार के प्रजनक बीज की विभिन्न स्त्रोतों से कुल (राज्यों व किस्मों) मांग तथा कुल उत्पादन का लेखा जोखा दिया गया है। आंकड़े दर्शाते हैं कि बीज की मांग 2001 में सबसे कम (5.0 कि) तथा वर्ष 2007 में सबसे अधिक (414 कि.) रही। वर्ष 2000 से 2007 तक (2001 को छोड़कर) प्रजनक बीज की मांग प्रतिवर्ष बढ़ती चली गई। बीज उत्पादन की क्रिया बीज की मांग के लगभग अनुरूप ही रही है। दूसरे शब्दों में, वर्ष 2007 में उत्पादन अधिकतम ऊँचाई (526.0 कि.ग्राम.) पर पहुंच गया। उत्पादन धीरे–धीरे माँग बढ़ने के साथ 2000 के बाद (वर्ष 2001 को छोड़कर) बढ़ता चला गया। दस वर्षों के दौरान प्रजनक बीज का कुल उत्पादन लगभग 1346.4 कि.ग्राम प्राप्त हुआ, जबकि विभिन्न स्त्रोतों से इसकी मांग 709.6 कि.ग्राम. थी। अतः कुल मिलाकर पिछले 10 वर्षों में ग्वार के प्रजनक बीज का 636.8 कि.ग्राम अधिक उत्पन्न किया गया।

विभिन्न किस्मों के प्रजनक बीज उत्पादन की भारत सरकार (डी.ए.सी.) द्वारा माँग (इन्डेंट) दर्शाता है कि किस्मों की मांग समान नहीं है (तालिका–2) यह माँग उनकी उत्पादन क्षमता, कम वर्षा में स्थायित्व व कृषकों तथा कृषि अधिकारियों की पंसद पर निर्भर करता है। यदि 2000-01 से वर्ष 2008-09 तक कुल बीज की मांग का अध्ययन किया जाये तो यह बात स्पष्ट हो जाती है कि समय के साथ प्रमाणिक बीज की माँग काफी बढ़ी है तथा यह 2000-01 में 21.55 क्विंटल से बढ़कर वर्ष 2008-09 में 501.79 क्विंटल हो गई जो कि लगभग 23 गुना बढ़ गई है दुर्गापुरा से विकसित किस्म आर.जी.सी.– 936 बहुत ही लोकप्रिय रही है, कारण सबसे अधिक बीज की मांग (293.4 क्विंटल) तथा माँग का प्रतिवर्ष होना रहा है, इसके बाद लोकप्रियता के घटते क्रम में आर.जी.सी.–1003, आर. जी.सी.–1002 व आर.जी.सी.–1017 रही हैं। जिनके प्रमाणिक बीज की मांग लगभग 172.

43, 144.13 व 125.15 क्विंटल क्रमशः रही है (तालिका–2)। हरियाणा में मुख्य रूप से एच.जी.–365 व एच.जी.–563 किस्में बहुत लोकप्रिय रही है।

तालिका 1. प्रजनक बीज की पूर्व के दशक में कुल मांग तथा उत्पादन (कि.)।

वर्ष	1998	1999	2000	2001	2002	2003	2004	2005	2006	2007	कुल
मांग	11.0	7.7	21.5	5.0	41.6	46.2	52.4	45.2	65.0	414.0	709.6
उत्पादन	6.5	6.9	174.0	6.5	50.7	121.3	85.4	272.1	97.0	526.0	1346.4

स्त्रोत : मरू दलहन परियोजना वार्षिक प्रतिवेदन, वर्ष 1998 से 2007।

तालिका 2. भारत सरकार (डी.ए.सी.) द्वारा ग्वार की किस्मों के प्रजनक बीज का वर्ष 2000-01 से 2008-09 तक का इन्डेंट (कि.)।

किस्में	00-01	01-02	02-03	03-04	04-05	05-06	06-07	07-08	08-09	योग
आर.जी. सी–936	14.80	32.10	15.30	15.66	12.28	10.80	18.70	78.51	95.00	**293.14**
आर.जी सी–986	2.40	4.90	5.30	7.00	5.40	6.03	5.61	30.90	25.00	**92.54**
आर.जी एम–1003	1.80	6.40	4.20	7.70	5.80	4.24	9.09	72.60	60.00	**172.43**
आर.जी सी–197	1.15	3.20	-	0.80	2.70	0.50	0.40	11.60	15.00	**35.35**
आर.जी सी–1002	1.20	-	6.60	8.50	1.80	4.60	8.93	51.00	61.50	**144.13**
आर.जी सी–1017	-	-	-	-	2.30	4.10	7.75	51.00	60.00	**125.15**
एम–83	-	0.03	0.03	0.09	-	0.10	0.25	0.40	7.40	**8.3**
मरू ग्वार	-	2.00	1.00	-	-	-	-	-	-	**3.0**
जी.जी.–1	-	2.00	1.00	-	-	-	-	-	-	**3.2**
आर.जी सी–471	-	-	0.20	1.00	3.80	-	-	-	-	**3.2**
एच.जी.–365	-	-	1.80	4.50	6.25	5.15	2.59	34.91	40.00	**95.2**
एच.जी.–75	-	-	0.20	-	7.85	0.65	-	0.50	-	**9.2**
एफ.एस.–277	-	-	0.60	0.60	-	0.50	-	-	-	**1.7**
एच.जी.–119	-	-	3.70	-	3.00	-	-	-	0.10	**6.8**
बुंदेल –1	-	-	1.40	-	-	-	6.00	0.55	10.00	**17.95**
बुंदेल –2	-	-	0.25	-	-	-	2.50	0.50	10.00	**13.25**
एच.जी.–563	-	-	-	1.00	7.85	2.60	2.24	21.52	25.00	**60.21**
बुंदेल –3	-	-	-	-	1.60	1.60	0.80	-	2.00	**6.0**
आर.जी सी–1031	-	-	-	-	-	-	-	6.75	60.00	**66.75**
आर.जी एम.–112	-	-	-	-	-	-	-	0.70	0.50	**1.20**

जी.–80	-	-	-	-	-	-	-	0.50	0.20	**0.70**
आर.जी सी–1055	-	-	-	-	-	-	-	-	15.00	**15.0**
आर.जी सी–1066	-	-	-	-	-	-	-	-	15.00	**15.0**
योग	**21.55**	**50.63**	**41.58**	**46.85**	**52.78**	**40.87**	**59.68**	**361.94**	**501.70**	**1777.58**

स्त्रोत : चौधरी *एट एल.,* 2009।

उपरोक्त वर्णन व तालिका 1 तथा 2 में दर्शाये गये आंकड़ों से दो बातें बिल्कुल साफ हो जाती है : 1. हमारे बीज उत्पादन की मशीनरी बिलकुल सशक्त तथा निपुण है, जो कि भविष्य के किसी भी मांग को पूरा कर सकेगी, 2. ग्वार के क्षेत्रों में कृषि अधिकारियों, सार्वजनिक व निजी बीज निगमों तथा कृषकों का विश्वास बढ़ता जा रहा है। अतः ग्वार के क्षेत्र को दूसरे प्रदेशों में तथा अर्द्ध–मरूप्रदेशों में पुनःस्थापन की व्यापक संभावना है।

ग्वार के विभिन्न किस्मों की भविष्य में लक्षित मांग

मरूदलहनों, विशेषकर ग्वार व दूसरी प्रादेशिक तथा शुष्कता रोधक कम विकसित तथा कम जानी जाने वाली फसलों का भारतीय कृषि के संदर्भ में भारी योगदान रहा है। विभिन्न ऋतुओं की अवधि तथा उनके बीच के अन्तराल में बदलाव, वर्षा की मात्रा में कमी तथा इसकी अनिश्चितता की स्थिति में ग्वार या मरूदलहनों को प्राथमिकता से उगाया जाता है। पूरे कृषि पद्वति को स्थायित्व तथा विविधता प्रदान करने में भी, ये फसलें अग्रणी जानी जाती है। दाना, चारा तथा निर्यात के मामले में तो ग्वार की फसल असमान्तर जानी जाती है। भूमि की उर्वरकता को बढ़ाने, अन्तर फसल पद्धति में अहम योगदान रखने तथा कम देखरेख वाली तथा और बहुत से सामाजिक व प्राणिक कारणों के कारण आने वाली दशक में ग्वार के क्षेत्रफल के बढ़ने की व्यापक संभावना व्यक्त की जा सकती है। इन संभावनाओं के कारण यह आवश्यक है कि आने वाले 18-20 वर्षों (या वर्ष 2025 तक) में इसके बढ़ते संभावित क्षेत्रों का आंकलन किया जाये तथा इन बढ़ते क्षेत्रों को संतुष्ट करने के लिए विभिन्न किस्मों के बीज की मात्रा का आंकलन किया जाये ताकि भविष्य की योजना का प्रारूप तैयार करके उस पर अमल किया जा सके।

उपरोक्त दिशा में गहन विचार किया गया है तथा आवश्यक आंकड़ें जुटाये गये हैं, तथा उनका संकलन तालिका–3 में किया गया है। वर्ष 2008 से शुरू करके 2025 तक प्रतिवर्ष 5.0% ग्वार के क्षेत्र में बढ़ोतरी की संभावना व्यक्त की गई है। विभिन्न किस्मों के बीजों की मात्रा को 15 कि.ग्राम/हे. की दर से अन्दाजा लगाया गया है। जबकि बीज गुणांक का अनुपात 1:30 को आधार बनाया गया है।

वर्ष 2008 में ग्वार के क्षेत्र (लगभग 25 लाख है), को आधार माना गया है, तथा 5.0% प्रतिवर्ष बढ़ोतरी से ग्वार का भारत में क्षेत्र 2010 में 27.5, वर्ष 2015 में 34.8, वर्ष 2020 में 44.3, तथा वर्ष 2025 में क्षेत्र बढ़कर लगभग 56.3, लाख हैक्टेयर हो जाने की सम्भावना है।

तालिका 3. भारत में वर्ष 2025 तक ग्वार का लक्षित क्षेत्र तथा विभिन्न किस्मों के बीज की लक्षित माँग।

वर्ष	क्षेत्र (लाख है.)	प्रजनक बीज की मांग (क्विं.)	आधार बीज की मांग (क्विं.)	प्रमाणित बीज की मांग (क्विं.)
2008	25.0	4166.60	125000	3750000
2009	26.2	4366.66	131000	3930000
2010	27.5	4583.33	137500	4125000
2011	28.8	4800.00	144000	4320000
2012	30.2	5033.33	151000	4530000
2013	31.7	5283.33	158500	4755000
2014	33.2	5533.33	166000	4980000
2015	34.8	5800.00	174000	5220000
2016	36.5	6083.33	182500	5475000
2017	38.3	6383.33	191500	5745000
2018	40.2	6700.00	201000	6030000
2019	42.2	7033.33	211000	6330000
2020	44.3	7383.33	221500	6645000
2021	46.5	7750.00	232500	6975000
2022	48.8	8133.33	244000	7320000
2023	51.2	8533.33	256000	7680000
2024	53.7	8950.00	268500	8055000
2025	56.3	9383.33	281500	8445000

यह क्षेत्र वर्तमान में मरू दलहनों के कुल क्षेत्र के बराबर हो सकेगा। ग्वार का यह क्षेत्र कम आमदनी व अधिक खर्चीली तथा अस्थिर फसलों (बाजरा, कपास, मूंगफली इत्यादि) की शेष पूर्ति तथा ग्वार का दूसरे नये अपरम्परागत क्षेत्रों में जहां यह फसल उगाई नहीं जाती है, में फैलाव के कारण संभव हो सकेगा।

वर्ष 2008 में लक्षित क्षेत्र को संतुष्ट करने के लिए लगभग 3750000 क्विंटल प्रमाणिक बीज की मात्रा आंकी गई है, यह मात्रा लगभग 125000 कि. आधार बीज तथा 4166.60 क्विंटल प्रजनक बीज द्वारा पूरी की जा सकेगी। इसी प्रकार वर्ष 2015 में लगभग 5220000 क्विंटल प्रमाणिक बीज की आवश्यकता होगी ताकि 34.8 लाख हैक्टेयर क्षेत्र को संतुष्ट कर सके। प्रमाणिक बीज की यह मात्रा लगभग 174000 कि. आधार बीज तथा 5800.0 कि. प्रजनक बीज से प्राप्त की जा सकेगी। बढ़ते ग्वार के क्षेत्र की वर्ष 2020 में लगभग समस्त भारत में लगभग 66,45,000 क्विंटल प्रमाणिक बीज की मात्रा की आवश्यकता होगी तथा यह मात्रा 2,21,500 क्विंटल आधार बीज द्वारा प्राप्त की जा सकेगी, जबकि आधार बीज की इस मात्रा के लिए लगभग 7383.33 क्विंटल प्रजनक बीज की आवश्यकता होगी। इसी क्रम में वर्ष 2025 में ग्वार के 56.3 लाख है. क्षेत्र में उगाये जाने की सम्भावना व्यक्त की जाती है। इस विशाल क्षेत्र की बुवाई के लिए लगभग 8445000 कि. प्रमाणिक बीज की आवश्यकता होगी। प्रमाणिक की इस मात्रा को लगभग 281500 आधार बीज तथा 9383.33 क्विंटल प्रजनक बीज की आवश्यकता जान पड़ती है।

तालिका–4 में दी गई सूचना ग्वार की मुख्य किस्मों के बीज शृंखला में शामिल होने की तरफ इंगित करती है। तालिका के आँकड़े दर्शाते हैं कि किस्म आर.जी.सी.–936 जल्दी पकने के कारण राजस्थान में ग्वार संबंधित सभी क्षेत्रों में पहुंच चुकी है, तथा इसके प्रजनक बीज की मांग सर्वाधिक है तथा हाल ही के वर्षों में भी काफी रही है। दूसरी किस्में आर. जी.सी.–1003, आर.जी.सी.–1031 व आर.जी.सी.–1017 इस किस्म की लोकप्रियता से काफी पीछे हैं। अतः एक ही किस्म पर लम्बे समय तक निर्भर रहना उचित नहीं होगा। दूसरे शब्दों में पकने की इसी अवधि (85–90 दिन) की दूसरी किस्मों (एच.जी.–563, एच.जी. –365 व आर.जी.एम.–112) को बढ़ावा देने की आवश्यकता है।

तालिका 4. वर्ष 1987 से 2008 तक ग्वार के बीज शृंखला की मुख्य किस्मों का संक्षेप में वर्णन तथा प्रजनक बीज की मांग तथा उत्पादन।

किस्म	विकास का वर्ष	पकने की अवधि (दिन)	उपज (किग्रा/है.)	प्रजनक बीज की मांग (क्विं/है.)	प्रजनक बीज उत्पादन (क्विं./है.)
एच.जी –2–20	2008			-	-
एच.जी–884	2007	90-92	1400-1500	-	-
आर.ज़ी सी–1038	2006	90-95	1400-1500		
आर.जी सी–1031	2005	110-145	700-1400	66.75	85.00
आर.जी एम– 112	2005	85-90	1200-1300	0.70	1.0
आर.जी सी– 1017	2002	92-95	1200-1300	61.05	111.95
एच.जी–563	2001	85-90	1250-1300	35.19	53.3
आर.जी.सी– 986	1999	110-120	1100-1200	56.51	94.56
आर.जी.सी– 1003	1999	92-95	1100-1200	95.44	206.60
आर.जी.सी– 1002	1999	90-95	800-1300	70.03	138.45
एच.जी –365	1998	85-90	1200-1400	20.79	35.16
आर.ज़ी सी– 936	1994	85-95	900-1150	768.15	803.20
आर.ज़ी सी– 197	1990	100-110	900-1100	16.65	152.2
जी.जी.–1	1987	95-100	800-1100	3.10	2.90

स्त्रोत : मरू दलहन परियोजना, वार्षिक प्रतिवेदन, 1987 से 2008।

अतः मरू दलहन अनुसंधान परियोजना के तहत दूसरे विभागों तथा एजेन्सियों के सहयोग से ग्वार की वृद्वि के लिए उपरोक्त लक्षित वृद्वि को प्राप्त करना मुश्किल नही है क्योंकि अच्छी उन्नत किस्में विद्यमान हैं, उत्पादन व रक्षक तकनीकियां अच्छी तरह प्रदर्शित है तथा कृषि विभाग के अधिकारियों व कृषि वैज्ञानिकों में कृषकों का विश्वास बढ़ रहा है तथा हमारा बीज उत्पादन उपक्रम सशक्त है।

भविष्य का दृष्टिकोण

1 ग्वार के पुराने बीज को नये बीज द्वारा बदले में भारी तेजी की आवश्यकता है, यह परिवर्तन दर लगभग 3-4% है इसे आने वाले वर्षों में चुनौती मानते हेए 8-10% करना प्रदेश सरकारों की अग्रिम प्राथमिकताओं में से एक होना चाहिए।

2 हाल ही में विकसित किस्मों का ही प्रजनक बीज के लिए इन्डेंट करना चाहिए किस्मों का इन्डेंट काफी सोच समझकर दिया जाना चाहिए। पुरानी किस्मों का इन्डेंट (8-10 वर्ष पुरानी किस्मों) धीरे–धीरे कम कर होना चाहिए।

3 बीज उत्पादन व अग्रिम प्रंक्ति प्रदर्शनों में सबसे अन्तिम विकसित किस्मों को ही सम्मिलित किया जाना चाहिए। ऐसा करने में प्रजनक, संस्थान या प्रदेश का घ्यान नहीं रखना चाहिए।

4 बीज उत्पादन में विशेषकर प्रमाणिक बीजों के उत्पादन में किसानों की भागीदारी बढ़नी चाहिए। इससे बीज उत्पादन होगा, कृषक किस्म को जान सकेगें तथा बीज कृषकों तक शीघ्रता से पहुंच जायेगा।

5 ग्वार बीज उत्पादन व वितरण के लिए कुछ संस्थान, शहर या गाँव को बीज हब के रूप में विकसित किया जाये। हब में पूर्ण तकनीकी ज्ञान व पूरा बीज तंत्र (सिंचाई की उपलब्धता, बीज प्रक्रिया की मशीनें, भंडारण व्यवस्था, बीज उपचार) उपलब्ध होना चाहिए।

6 बीज पैदा करना, किसानों तक पहुंचाना, आगे वितरण व विपणन एक मिशन के रूप में तथा लक्ष्य सहित समय के साथ बंधा होना चाहिए।

संदर्भ

कुमार, डी. और सिंह, एन.बी. (2002). ग्वार इन इण्डिया। साइन्टीफिक पब्लीशर्स, जोधपुर इण्डिया.

कुमार, डी. और सिंह, एन.बी. (2004). मैनुअल फॅार सीड़ प्रोड़क्शन ऑफ एरिड़ लेग्यूमस। पृ. 9–10.

लाल, एस. (2002). *सीड़ प्रोड़क्शन।* पृ. 217–225 (इनः ग्वार इन इण्डिया, (एडिटर्स) कुमार, डी. एवं सिंह, एन.बी.) 217-225.

चौधरी, एस.पी., एस. सिंह, एन.पी. और सैनी, डी.डी. (2009). *स्टेट्स ऑफ एरिड़ लेग्यूमस ब्रीडर एण्ड सर्टिफाईड़ सीड़ प्रोड़क्शन यसटर्डे,* इनः पर्सपेक्टिव रिसर्च एक्टिविटिज़ ऑफ एरिड़ लेग्यूमस इन इण्डिया, (एडीटर्स – कुमार, डी. एवं हैनरी, ए.) पृ. 104.

ग्वार अग्रिम पंक्ति प्रदर्शन

सारांश

अग्रिम पंक्ति प्रदर्शन ग्वार के प्रचार और प्रसार के लिए अत्यंत आवश्यक है। इस प्रकार के प्रदर्शनों से किसानों की भागेदारी व विश्वास मजबूत होते हैं। हाल ही में विकसित ग्वार की उत्पादन तकनीकी तथा उत्पन्न किस्म तुरन्त ही किसानों के द्वार तक पहुंच जाती है। इसी क्रम में पिछले छः वर्षों में कुल 676 अग्रिम पंक्ति प्रदर्शन सात प्रदेशों में किसानों के खेतों में लिए गये। इन प्रदर्शनों में उन्नत किस्में, बीज बोने का तरीका, खरपतवार नियंत्रण, व्याधि प्रबन्ध, उर्वरक व जिंक प्रबंध शामिल किये गये। इन प्रदर्शनों से विभिन्न क्षेत्रों के लिए कुछ उन्नत किस्में स्पष्ट रूप से चयनित की गई है। उदाहरण के तौर पर गुजरात में ग्वार के क्षेत्र में जी.जी.–1, हरियाणा के रेवाड़ी जिले में एच.जी–563, उत्तरप्रदेश के आगरा क्षेत्र में एच.जी–563, आन्ध्रप्रदेश के अन्नतपुर, कोड्डपा व चित्तुर क्षेत्रों में आर.जी.सी.–1003, आर.जी.एम–112 व एच.जी. 563, पंजाब के भटिण्डा क्षेत्र में एच.जी. 365 उत्तम पाई गई। राजस्थान के विभिन्न क्षेत्रों के लिए भी उन्नत किस्मों का चयन किया गया है। उदाहरणतः दुर्गापुरा व उसके आस–पास के ग्वार के क्षेत्रों के लिए आर. जी.सी – 1066 (2007), आर.जी.सी –217 (1848), आर.जी.सी–936 (1565), व आर.जी.सी–1003 (1462 कि.ग्राम/हे.) उत्तम पाई गई है। वनस्थली में आर. जी.सी.–1055 (1412), व आर.जी.सी.–1002 (1243 कि.ग्राम/हे.) अजमेर में आर.जी.सी.–1033 (1084 कि.ग्राम/हे.), अलवर में आर.जी.सी.–1077 (1127 कि.ग्राम/हे.) पाई गई है। बुवाई के तरीकों को ग्वालियर के क्षेत्र में किये गये प्रदर्शन बताते हैं कि पंक्तिवार बुवाई से लगभग 37% उपज में बढ़ोतरी मिल सकती है। उर्वरक प्रबंध पर किये गये 53 प्रदर्शनों से ज्ञात हुआ है कि 20 किलोग्राम नत्रजन + 30-40 पी$_2$ओ$_5$ कि.ग्राम/हे. से उपज में 26% वृद्वि पाई गई है। जस्ते के प्रभाव को जानने के लिए कुल 62 प्रदर्शन किये गये तथा 25 किलोग्राम जिंक सल्फेट/है. देने से ग्वार की उपज में 17-18% वृद्वि प्राप्त की गई है। खरपतवारों पर किये गये प्रदर्शन सुझाव देते हैं कि फसल को बोने के 20 से 30 दिन की अवधि में पूर्ण रूप से खरपतवार रहित रखा जाना चाहिए।

इन प्रदर्शनों का बारीकी से आँकलन करके यह जानने का प्रयत्न किया गया कि उपज के विभिन्न कारकों से अधिक से अधिक मिलने वाली उपज की जानकारी प्राप्त की गई। इस प्रकार के आंकड़े बहुत संतोषजनक पाये गये हैं उदाहरणतः आर.जी.सी.–1002 किस्म से वर्ष 2006 में दुर्गापुरा में 1870 किग्रा. /हे. सबसे अधिक उपज प्राप्त की। इस प्रकार 20 किलोग्राम नत्रजन + 40 किग्रा पी$_2$ओ$_5$ कि.ग्राम/हे. जी.जी.–2 में देने से वर्ष 2006 में 2300 कि.

ग्राम/हे. अधिकतम उपज प्राप्त की गई। 25 किग्रा. जिंक/है. को आर.जी. सी–1003 में देने से वर्ष 2005 में ग्वालियर की स्थिति में 1330 किग्रा./हे. उपज प्राप्त की गई। वर्ष 2003 में भटिण्डा में किस्म एच.जी.–365 में उचित खरपतवार प्रबंध से अधिक से अधिक उपज 1680 कि.ग्राम./हे. प्राप्त की गई। इसी प्रकार उचित बुवाई के तरीके से अधिकतम उपज 1240 कि.ग्राम./है. ग्वालियर में प्राप्त की गई।

परिचय

भारत में, कृषि फसलों के परिवेश में, ग्वार को एक न्यून व कम प्रचलित तथा कम विकसित फसल के रूप में जाना जाता है। इसके विपरीत ग्वार को, वर्षा पर आधारित स्थितियों में, शुष्क क्षेत्रों की मुख्य दलहन के रूप में जाना जाता है। इस दलहन को, छोटे किसानों द्वारा, कम संसाधनों व न्यूनतम देखरेख की स्थितियों में कम विकसित भूमियों में उगाया जाता है। यह शुष्क दलहन, सीमांत कृषकों के जीवनयापन, पशु चारा व उनकी भूमियों की उर्वरक शक्ति को बढ़ाने के लिए उगाई जाती है। ग्वार को, वर्षा की अप्रर्याप्तता, देरी से आने व जल्दी समाप्त हो जाने की स्थितियों में, कृषकों की प्राथमिक व अन्तिम पसन्द के रूप में देखा जाता है। इसके साथ साथ, एकल, मिश्रित अन्तर–फसल पद्वति, कृषि–वानिकी, कृषि–बागवानी की पद्वतियों में उगायी जाने वाली उत्कृष्ट मरू फसल के रूप में भी ग्वार ही को जाना जाता है। सिंचाई सुविधा प्राप्त सम्पन्न कृषकों के लिये ग्वार–सरसों या ग्वार–गेहूँ फसल चक्र की सबसे महत्वपूर्ण खरीफ फसल के रूप में भी इसे जाना जाता है। अतः पानी की न्यूनतम आवश्यकता के कारण, भूमि की उर्वरकता को बढ़ाने, दाना व चारे का अच्छा स्त्रोत होने, फसल चक्र की मुख्य फसल तथा औद्योगिक व कैश फसल होने के कारण ग्वार को मरू क्षेत्र के किसानों की मेरूदंड माना जाता है। मरूप्रदेश के किसानों तथा ग्वार के बीच विच्छेद न होने वाला यह लगाव ही है जिसके कारण भारी से भारी विपरीत परिस्थितियों में भी ग्वार का क्षेत्र लगभग यथावत रहता है। अतः ग्वार की फसल के उत्पादन में बढ़ोतरी, ग्वार के किसानों में आर्थिक सहायता के तुल्य माना जाता है। अतः यह तर्कसंगत ही माना जायेगा कि प्रायोगिक फार्म व कृषक फार्म के बीज फसल उत्पादन के अन्तर को न्याय संगत कम से कम किया जाये। यह तभी संभव हो सकता है, अगर ग्वार की उत्पादन प्रौद्योगिकी के सभी सूत्रों को सूचीबद्ध किया जाये तथा कृषकों की आर्थिक स्थिति, वर्षा स्थिति, भूमियों की उर्वरकता तथा बाजार को दृष्टिगत रखकर प्राथमिकता तय की जाये। यह संभव है, यदि कृषि वैज्ञानिकों द्वारा सुविधाजनक, सुगम व टिकाऊ तकनीकों का कृषि फार्म पर ही वस्तुस्थिति अध्ययन किया जाये तथा प्राप्त उपज व उत्पाद का ब्यौरेवार आकलन किया जाये।

भारत सरकार के कृषि मंत्रालय द्वारा तिलहन व दलहन नियोग (मिशन) के अन्तर्गत, ग्वार व दूसरी दलहनों पर अग्रिम पंक्ति प्रदर्षन कृषकों के खेतों पर उनकी उपस्थितियों में अधिक से अधिक संख्या में लगाने पर जोर दिया जा रहा है। ऐसा होने से उन्नत किस्मों का शुद्व बीज किसानों को स्वतः ही मिल सकेगा। किस्मों की क्षमता का भी आकलन किसानों द्वारा उनके खेतों पर किया जा सकेगा। इसके साथ–साथ, किसान, शस्य क्रियाओं, उर्वरकों के प्रभाव, खरपतवार नियंत्रण, बिमारियों तथा कीटों के ज्ञान व रोकथाम

के बारे में रूबरू हो सकेंगें। इस तरह किसानों की प्रौद्योगिकी के विकास में सहभागिता बढ़ेगी तथा प्रौद्योगिकी व वैज्ञानिकों पर मरू कृषकों का विश्वास और दृढ़ होगा।

ग्वार पर पूर्व के 6 वर्षों (2002–2007) तक किसानों के खेतों में किसानों के सहयोग से किये गये अग्रिम पंक्ति प्रदर्षनों का विवरण तालिका–1 में दिया गया है। कुल मिलाकर 676 प्रदर्शन लिए गये। राज्यवार ब्यौरा बताता है कि सबसे अधिक प्रदर्शन (329) राजस्थान में लिए गये जहाँ मरू दलहनों का क्षेत्रफल भी सबसे अधिक (60%) है, हरियाणा में 91, मध्यप्रदेश में 16, उत्तरप्रदेश में 35, गुजरात में 90, आंध्रप्रदेश में 98 व पंजाब में 8 प्रदर्शन सफलतापूर्वक लिये गये। प्रदर्शनों की सफलता व लोकप्रियता के कारण इनकी संख्या में निरन्तर बढ़ोतरी दर्ज की गई है। उदाहरण के तौर पर प्रदर्शनों का वर्षों के आधार पर वर्गीकरण बताता है कि 2002, 2003, 2004, 2005, 2006 व 2007 में प्रदर्शनों की संख्या 38, 76, 81, 107, 161 व 213 क्रमशः रही। जिलों वार ब्यौरा बताता है कि ग्वार के सबसे अधिक प्रदर्शन राजस्थान में जयपुर (239) व सबसे कम चुरू व बाड़मेर (1, 1) जिलों में लिए गये।

अखिल भारतीय समन्वित मरूदलहन अनुसंधान परियोजना द्वारा सन् 2000 से अनेकों अग्रिम पंक्ति प्रदर्शन कृषकों के खेतों पर किये गये हैं तथा विकसित तथा प्रचलित ग्वार की खेती के तरीकों की तुलना की गई है। इस प्रकार उन्नत फसल के ज्ञान को ग्वार दिवस, कृषक दिवस या किसान मेले के रूप में प्रसारित भी किया गया है। इन कार्यक्रमों के द्वारा कृषकों के सुझाव भी मांगे जाते हैं। ताकि तकनीकी त्रुटियों को सुधारा जा सके। इन प्रदर्शनों का उद्धेश्य ग्वार की अधिकतम उपज कम से कम वित्तिय साधनों तथा कम से कम देखरेख व असुविधाओं द्वारा लिया जाना है। इस अध्याय में ग्वार के 2000-2007 तक किये गये अग्रिम पंक्ति प्रदर्शनों का विषलेषण किया गया है।

तालिका 1. छः वर्षों की अवधि में ग्वार पर किए गये अग्रिम पंक्ति प्रदर्शनों का ब्यौरा।

राज्य	केन्द्र	2002	2003	2004	2005	2006	2007	योग
राजस्थान	अजमेर	-	-	-	-	20	-	**20**
	जोधपुर	-	11	-	-	-	-	**11**
	जयपुर	-	9	33	25	68	104	**239**
	दौसा	-	7	-	-	-	-	**7**
	टोंक	-	5	-	-	-	-	**5**
	बाड़मेर	-	1	-	-	-	-	**1**
	चुरू	-	1	-	-	-	-	**1**
	वनस्थली	-	-	-	5	10	-	**15**
	नवगॉव	-	-	4	-	-	25	**29**
हरियाणा	बावल / हिसार	21	26	12	22	1	9	**91**
मध्यप्रदेश	ग्वालियर	-	7	9	-	-	-	**16**
उत्तर प्रदेश	आगरा	-	-	10	5	10	10	**35**

गुजरात	एस.के.नगर	17	9	10	30	19	15	**90**
आन्ध्रप्रदेश	तिरूपति	-	-	-	20	28	50	**98**
पंजाब	भटिण्डा	-	-	3	-	5	-	**8**
	योग	**38**	**76**	**81**	**107**	**161**	**213**	**676**

अग्रिम प्रदर्शन उन्नत किस्मों, तथा शस्य क्रियाओं, पौध रोग उपचार व पूर्ण पैकेजों पर तथा एकल पैकेजों पर किये गये हैं, ताकि उपज निर्धारण के मुख्य बिन्दुओं को जाना जा सके, साथी हर पैकेज द्वारा प्राप्त आमदनी तथा उपज का भी आकलन किया गया है, ताकि, सबसे महत्वपूर्ण उपज कारक को चिन्हित करके, पूर्ण रूप से प्रसार व प्रचार किया जा सके। अतः इन सभी प्रदर्शनों का कारकों तथा पैकेजों सहित अध्ययन किया गया है, तथा इनका ब्यौरा नीचे दिया गया है।

उन्नत किस्में

छः वर्षों की अवधि में, 13 स्थानों पर 17 उन्नत किस्मों का स्थानीय किस्मों के साथ अध्ययन किया गया है, तथा उपज में बढ़ोतरी का अध्ययन किया गया है, जिसका पूर्ण विवरण, तालिका–2 में दिया गया है।

गुजरात के दांतीवाड़ा जिले में, कुल मिलाकर 81 प्रदर्शनों में जी.जी.–1 ग्वार की किस्म का वर्षा पर आधारित परिस्थितियों में अध्ययन किया गया तथा ओसत उपज 474 कि.ग्राम/हे. पाई गई तथा इस किस्म का स्थानीय किस्म की तुलना में 22.4% उपज में बढ़ोतरी दर्ज की गई।

तालिका 2. ग्वार की उन्नत किस्मों का अग्रिम पंक्ति प्रदर्शनों के संदर्भ में उपज का ब्यौरा

प्रदेश	किस्म	केन्द्र	कुल अग्रिम पंक्ति प्रदर्शन (सं)	उन्नत किस्म की ओसत उपज (कि.ग्राम /है.)	स्थानीय किस्म की ओसत उपज (कि ग्राम/है.)	उपज में बढ़ोतरी (%)
गुजरात	जी. जी–1	एस.के.नगर	81	474 .6	387.6	**22.44**
हरियाणा	एच.जी –563	बावल	40	1230	991	**24.11**
उत्तरप्रदेश	एच.जी –563	आगरा	15	1453	1074	**35.28**
आन्ध्रप्रदेश	आर.जी सी–1003	अनन्तपुर	25	608	-	-
	एच.जी –563	चित्तुर	40	938	-	-
	आर.जी एम–112		15	709	-	-
पंजाब	आर.जी़ एम–112	भटिण्डा	5	1851	1630	**13.55**
	एच.जी –365		5	1792	1425	**25.75**
राजस्थान	आर.जी.सी –1003	दुर्गापुरा	76	1462	1162	**25.81**
		वनस्थली	2	930	680	**36.76**

	अजमेर	10	911	759	**20.02**
	अलवर	11	815	705	**15.60**
आर.जी.सी –1017	दुर्गापुरा	8	1848	1407	**31.34**
आर.जी.सी –1002	दुर्गापुरा	49	1337	957	**39.70**
	वनस्थली	8	1243	1040	**19.51**
आर.जी.सी –1077	अलवर	5	1106	821	**34.71**
आर.जी.सी–936	दुर्गापुरा	2	1565	1160	**34.91**
आर.जी.सी –1025	नवगॉव	2	648	485	**33.60**
एच.जी–563	दुर्गापुरा	14	1024	800	**28.0**
एच.जी–365	दुर्गापुरा	11	840	686	**22.44**
आर.जी.सी –1038	दुर्गापुरा	40	1354	876	**54.56**
आर.जी.सी –1029	दुर्गापुरा/अजमेर	10	1014	810	**25.18**
आर.जी.सी –1031	दुर्गापुरा	1	960	680	**41.17**
	वनस्थली	4	1166	890	**31.01**
	अलवर	24	1127	914	**23.30**
आर.जी.सी –1055	अजमेर	4	1000	852	**17.37**
	वनस्थली	13	1412	1051	**34.34**
आर.जी.सी –1066	अजमेर	4	970	825	**17.57**
	दुर्गापुरा	9	1997	992	**101.31**
आर.जी.सी–986	अजमेर	5	924	777	**18.91**
आर.जी.सी–936	दुर्गापुरा	4	1565	1000. 5	**56.5**
	जोधपुर	2	675	-	-
आर.जी.सी–1033	अजमेर	4	1084	852	**27.23**
	योग/ओसत	**548**	**1152.50**	**920.29**	**25.23**

हरियाणा के रेवाड़ी जिले में ग्वार की किस्म एच.जी.–563 के 40 प्रदर्शन किये गये तथा उपज काफी अच्छी (1230 कि.ग्राम/हे.) प्राप्त हुई, जबकि स्थानीय किस्म की उपज मात्र 991 कि ग्राम/हे. प्राप्त की गई तथा **उन्नत किस्म द्वारा लगभग 24.11% उपज में बढ़ोतरी दर्ज की गई।**

उत्तरप्रदेश के आगरा जिले में बिचपुरी के आस–पास के क्षेत्रों में भी एच.जी.–563 के ही 15 प्रदर्शन किये गये तथा उपज काफी अच्छी (1453 कि.ग्राम/हे.) प्राप्त की गई तथा स्थानीय किस्म की तुलना में लगभग 35.0% उपज में बढ़ोतरी दर्ज की गई। यह किस्म किसानों द्वारा काफी पसंद की जा रही है, किसान बाजरा की तुलना में ग्वार की इस किस्म को उगा रहे हैं।

आंध्रप्रदेश के रॉयलसीमा क्षेत्रों में (अन्नतपुर, कोड्प्पा व चित्तुर) वर्षा पर आधारित मूंगफली के क्षेत्रों में ग्वार को पहली बार प्रसारित किया गया है, ताकि कम आमदनी वाली मूंगफली की फसल से किसानों को छुटकारा दिलाया जा सके। वहां पर स्थानीय किस्म के न होने के कारण, तुलना नहीं की जा सकती है। ग्वार की आर.जी.सी.–1003, आर.जी.एम.–112, व एच.जी.–563 को क्रमशः 25, 15 व 40 प्रदर्शनों में अध्ययन किया गया, तथा दानों की उपज क्रमशः 608, 709 व 938 कि. ग्राम/है. प्राप्त की गई। **अतः रॉयलसीमा क्षेत्रों में एच.जी.–563 एक अच्छी किस्म के रूप में उभर कर सामने आई है, तथा किसान इस किस्म को 200-250 मि.मि. वर्षा की स्थिति में बिना सिंचाई तथा रासायनिक उर्वरक के उगाने के लिए आगे आ रहे हैं, तथा ग्वार का क्षेत्र प्रतिवर्ष बढ़ता जा रहा है।** ग्वार के बीजों के उचित माध्यम (नागार्जुन सीमेंट लिमिटेड) द्वारा एकत्रित करके जोधपुर भेजा जा रहा है।

पंजाब के ग्वार क्षेत्र भटिण्डा में आर.जी.एम.–112, व एच.जी.–365 पर 5, 5 प्रदर्शन लगाये गये थे तथा दानों की उपज काफी संतोषजनक 1851 व 1792 कि.ग्राम/हे. क्रमशः प्राप्त की गई, जो कि स्थानीय किस्म की तुलना में लगभग 13.55 व 25.75% क्रमशः अधिक पाई गई। अतः भटिण्डा क्षैत्र के लिए एच.जी. 365 किस्म अच्छी पाई गई है।

राजस्थान में ग्वार का अधिक क्षेत्र होने के कारण तथा किसानों की इस फसल की तरफ अधिक रूचि होने के कारण ग्वार की विभिन्न किस्मों के कई क्षेत्रों में प्रदर्शन लगाये गये हैं। उदाहरण के तौर पर आर.जी.सी.–1003, आर.जी.सी.–1017, आर.जी.सी.–1002, आर.जी.सी.–936, आर.जी.सी.–1025, आर.जी.सी.–1038, आर.जी.सी.–1029, आर.जी.सी.–1031, आर.जी.सी.–1055, आर.जी.सी.–1066, आर.जी.सी.–986, आर.जी.सी.–1033, एच.जी.–365 व एच.जी.–563 ग्वार की किस्मों को अजमेर, जोधपुर, अलवर, नवगांव, दुर्गापुरा, वनस्थली में प्रदर्शन लगाये गये तथा निष्कर्ष निकाले गये हैं। सभी प्रदर्शन वर्षा पर आधारित परिस्थितियों में बिना रासायनिक उर्वरकों के किसानों के पूर्ण सहयोग से लगाये गये थे। इन प्रर्दशनों का ब्यौरा निम्न प्रकार दिया गया है।

दुर्गापुराः दुर्गापुरा में आर.जी.सी.–1003 पर 6, आर.जी.सी.–1017 पर 8, आर.जी.सी.–1002 पर 49, आर.जी.सी.–936 पर 6, एच.जी.–563 पर 14, एच.जी.–365 पर 11, आर.जी.सी.–1038 पर 40, आर.जी.सी.–1031 पर 1, आर.जी.सी.–1066 पर 9, प्रदर्शन विभिन्न वर्षों में लगाये गये तथा किस्मों के स्तर पर उत्साहवर्धक निष्कर्ष प्राप्त हुए हैं। उपरोक्त किस्मों में से सबसे अधिक उपज आर.जी.सी.–1066 (1997 कि.ग्राम/हे.) प्राप्त हुई; तथा आर.जी.सी.–1017 (1848 कि.ग्राम/हे.); आर.जी.सी.–936 (1565 कि.ग्राम/हे.); आर.जी.सी.–1003 (1462 कि.ग्राम/हे.) किस्में उपज के गिरते क्रम में पाई गई। इन किस्मों की उपज में स्थानीय किस्मों की तुलना में लगभग 101.31; 31.34; 34.91; 25.81% बढ़ोतरी प्राप्त की गई। **अतः आर.जी.सी.–1066 किस्म जो कि 2007 में विकसित की गई थी, किसानों के खेत में तथा किसानों द्वारा अच्छी पाई गई है।**

वनस्थलीः वनस्थली के आसपास के क्षेत्रों में आर.जी.सी.–1003 पर 2, आर.जी.सी.–1002 पर 8, आर.जी.सी.–1031 पर 4 व आर.जी.सी.–1055 पर 13 प्रदर्शन किये गये थे। इन किस्मों की ओसत उपज लगभग 930, 1243, 1166 व 1412 कि.ग्राम/हे. क्रमशः

प्राप्त हुई जो कि स्थानीय किस्म की तुलना में क्रमशः 36.76, 19.51, 31.01 व 34.34% अधिक पाई गई। **अतः वनस्थली की स्थितियों में आर.जी.सी.–1055 व आर.जी.सी.–1002 किस्में उत्तम पाई गई।**

अजमेर : अजमेर में आर.जी.सी.–1003 पर 10, आर.जी.सी.–1029 पर 10, आर.जी.सी.–1055 पर 4, आर.जी.सी.–1066 पर 4, आर.जी.सी.–986 पर 5 तथा आर.जी.सी.–1033 पर 4 प्रदर्शन किये गये थे। इन किस्मों की ओसत उपज लगभग 911, 1014, 1000, 970, 924 व 1084 कि.ग्राम/हे. प्राप्त की गई। इन किस्मों का स्थानीय किस्मों के साथ तुलना के अनुसार उपज में लगभग 20.02, 25.18, 17.37 व 17.57, 18.91 27. 33% क्रमशः प्राप्त हुई। **अतः आर.जी.सी.–1033 किस्म अजमेर की स्थितियों के लिए अच्छी पाई गई।**

अलवर : अलवर में आर.जी.सी.–1003 पर 11, आर.जी.सी.–1077 पर 5, आर.जी.सी.–1031 पर 24 प्रदर्शन किये गये थे। तथा इन किस्मों की ओसत उपज लगभग 815, 1106, 1127 कि.ग्राम/हे. प्राप्त की गई जबकि स्थानीय किस्मों की उपज 705, 821 व 914 कि.ग्राम/हे. प्राप्त की गई, तथा उपज में बढ़ोतरी क्रमशः 15.6, 34.71 तथा 23.30 पाई गई। **अतः स्थानीय किस्मत की तुलना में आर.जी.सी.–1077 किस्म उत्तम पाई गई।**

नवगांव : नवगांव में दो प्रदर्शनों के अनुसार आर.जी.सी.–1025 (648 कि.ग्राम/हे.) जिसने स्थानीय किस्म (485 कि.ग्राम/हे.) की तुलना में लगभग 33.6% बढ़त दर्ज की गई।

कुल 548 प्रदर्शनों को जो कि विभिन्न किस्मों पर विभिन्न क्षेत्रों में लिए गये हैं को यदि एक साथ विचार करें तो प्रतीत होता है कि उन्नत किस्मों में अच्छी उत्पादन क्षमता है तथा ओसतन अच्छी किस्म द्वारा लगभग 1152 कि.ग्राम/है उपज ली जा सकती है। जबकि स्थानीय किस्में 25% कम (920.29 कि.ग्राम/हे.) ही उपज दे पाने की क्षमता रखती है।

बुवाई का तरीका

किसी भी फसल को, किसी भी स्थिति में उगाने, तथा अधिकतम उत्पादन प्राप्त करने के लिए, बुवाई का तरीका अत्यन्त आवश्यक है। फसल उत्पादन के इस महत्त्वपूर्ण कारक को आमदनी में परिवर्तन कर देने पर बोने का तरीका बहुत ही महत्त्वपूर्ण बन जाता है। अतः इस प्रकार के अनुसंधानों को किसानों तक आमदनी की इकाई में पहुंचाना और महत्त्वपूर्ण बन जाता है। किसी भी विधी या तरीके को आमदनी के रूप में रूपान्तरण प्रसार तथा प्रचार काफी आसान हो जाता है। इस दिशा में प्रदर्शन बहुत ही कम किये गये हैं, चूंकि कृषक प्रचलित तरीकों से हटना नहीं चाहते है।

तालिका 3. ग्वार में बुवाई के तरीकों पर अग्रिम पंक्ति प्रदर्शनों का उपज व आमदनी पर प्रभाव।

खेत के कार्य	आर.जी.सी–1003*		एच.जी –365*	
	पंक्तिवार बुवाई (रू/हे.)	छिंटककर बुवाई (रू/हे.)	पंक्तिवार बुवाई (रू/हे.)	छिंटककर बुवाई (रू/हे.)
जुताई – 3 @ 300 प्रति हैक्टेयर	900	900	900	900
पंक्तिवार बुवाई (किलोग्राम/हे.)	300	60	300	60
पैण्डिमिथाइलिन द्वारा खरपतवार नियत्रंण (रू 1519/है.)	1519	1519	1519	1519
कटाई (रू/हे.)	1337	1337	1337	1337
छंटाई (रू/हे.)	1000	1000	1000	1000
बीज दर (16 किलोग्राम) रू 30 प्रति क्विंटल	480	480	480	480
उर्वरक (रू/हे.)	1371	**1371**	1371	1371
बीज उपचार(रू/हे.)	20	20	20	20
अन्य उपचार	138	138	138	138
खेती की कुल लागत (रू/हे.)	7065	6825	7065	6825
उपज (कि. ग्राम/हे.)	**1185**	980	**1240**	920
मुख्य उत्पाद (रू 1000/क्विं.)	**11850**	9800	**12400**	9200
सह उत्पाद (रू 30/क्विं.)	**355**	294	**372**	276
सम्पूर्ण आय (रू/हे.)	**12205**	10099	**12772**	9476
लाभ (रू/हे.)	**+2106**	–	**+3296**	–

* भिण्ड, मध्यप्रदेश

मध्यप्रदेश के भिंड क्षेत्र में बीजों को पंक्ति तथा छिटककर बोया गया तथा दो उन्नत किस्मों (आर.जी.सी.–1003 व आर.जी.सी.–365) की तुलना की गई। इस प्रदर्शन में सभी आवश्यक शस्य क्रियाओं, पौध उपचार, बीज उपचार, खरपतवार नियत्रंण, बीज की कीमत इत्यादि का पूरा ब्यौरा तैयार किया तथा प्राप्त आमदनी को दोनों किस्मों के संदर्भ में अध्ययन करने पर, प्रशंसनीय निष्कर्ष सामने आये हैं (तालिका –3) छिटककर बुवाई से दोनों किस्मों, आर.जी.सी.–1003 (980 कि.ग्राम/हे.) व एच. जी.–365 (920 कि.ग्राम/हे.) द्वारा उपज काफी कम प्राप्त हुई, जबकि सीधी पंक्तियों में उचित दूरी पर बुवाई से दोनों किस्मों से (आर.जी.सी.–1003 द्वारा 1185 व एच.जी.–365 द्वारा 1240 कि.ग्राम/हे.) अपेक्षाकृत अधिक उपज प्राप्त हुई। मुख्य उत्पाद तथा सह उत्पाद को रूपयों में परिवर्तन करने पर स्थिति काफी स्पष्ट हो जाती है। दूसरे शब्दों में बीजों को छिटककर फसल बुवाई से आर.जी.सी.–1003 किस्म से सम्पूर्ण आय रू 10099 व एच.जी –365 से रू 9476/है. प्राप्त हुई। इसके विपरीत पंक्तिवार बुवाई से सम्पूर्ण आय काफी अधिक (आर. जी.सी.–1003 रू 12205 व एच.जी.–365 द्वारा 12772 कि.ग्राम/हे.) प्राप्त हुई। पंक्तिवार

बुवाई से दोनों किस्मों को तुलना करने से स्पष्ट हो जाता है कि जल्दी पकने वाली किस्म एच.जी–365 से कुल आय रू 3296/है. अधिक प्राप्त हुई है (आकृति – 1)। **अतः भिंड मुरैना व ग्वालियर के क्षेत्र में एच.जी. 365 किस्म को सीधी पंक्तियों में, उचित शस्य क्रियाओं द्वारा उगाया जाना चाहिये। ताकि लगभग 85–90 दिनों में ही रू 3296/है. की आय प्राप्त हो सके (तालिका – 3)।**

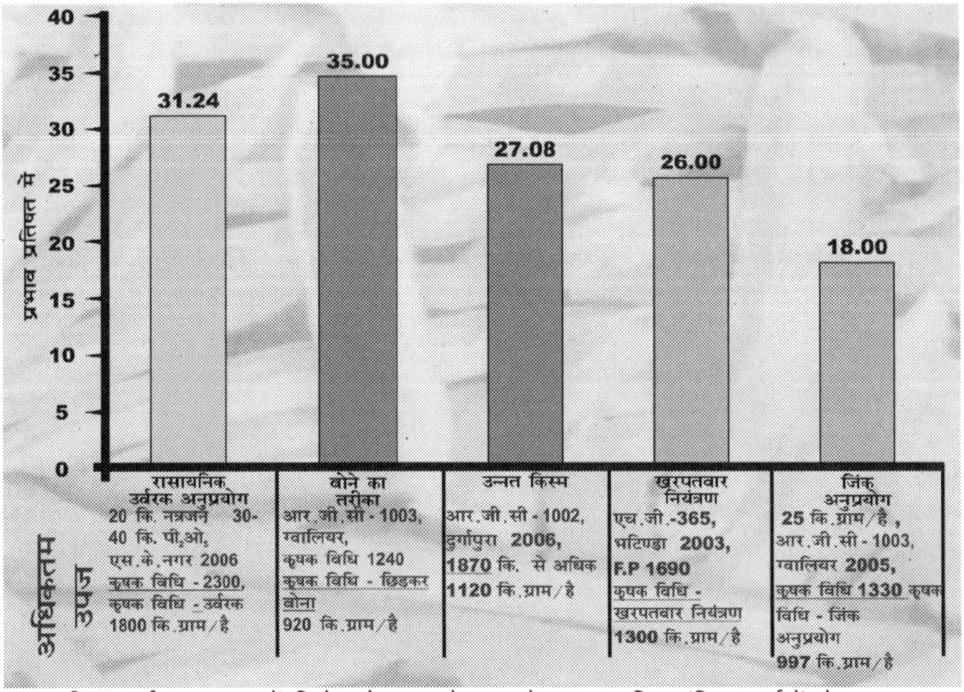

आकृति 1. वर्ष 2002–07 में किये गये ग्वार के कुल क्षेत्र 463 अग्रिम पंक्ति प्रदर्शनों के आधार पर विभिन्न कारकों का उपज पर प्रभाव

उर्वरक प्रबंध

पूर्व में यह अवधारणा रही है कि दलहनों को रासायनिक उर्वरकों के देने की आवश्यकता नहीं होती है। इसके दो कारण जान पड़ते हैं : एक, जड़ों में पाये जाने वाली गाठें वायुमण्डल की नत्रजन को लेकर भूमि में स्थापित करती हैं, जो कि पौधों द्वारा उपयोग में लाई जाती है, दूसरा कारण है कि इन फसलों के पुराने प्रारूप उर्वरकों के प्रति प्रभावहीन व उदासीन पाये गये हैं, तथा वृद्धि पर तो प्रभाव पड़ता है परन्तु उपज पर नहीं के बराबर जान पड़ता है, परन्तु शनैः शनैः अनुसंधानों से जल्दी पकने वाली तथा परिवर्तित प्रारूप वाली किस्मों का उदय हुआ है, ये नई किस्में रसायनिक उर्वरकों के प्रति अच्छा प्रभाव दिखाती है तथा वृद्धि तथा उपज दोनों में बढ़ोतरी पाई गई है। अतः इस प्रकार के प्रयोगों की कृषकों के खेतों पर प्रदर्शन करने की आवश्यकता समझी जा रही है।

तालिका 4. ग्वार में उर्वरक प्रबंध पर अग्रिम पंक्ति प्रदर्शनों का उपज पर प्रभाव

राज्य	केन्द्र	उन्नत किस्म	ओसत उपज* (कि./हे.)			
			अग्रिम पंक्ति प्रदर्शनों की संख्या	व्याप्त मोटरी ओसत	व्याप्त मोटरी – उर्वरक ओसत	बढ़ोतरी (%)
मध्यप्रदेश**	ग्वालियर	एच.जी.–365 आर.जी.सी–1003	23	1155.50	861.75	**34.08**
राजस्थान**	दुर्गापुरा	आर.जी.सी–1003	10	968.33	775.00	**24.94**
गुजरात**	एस.के.नगर	जी.जी.–1	5	1105.00	878.30	**25.80**
हरियाणा**	बावल / हिसार	एच.जी.–365 एच.जी.–563	15	1290.50	1073.50	**20.22**
	कुल योग / ओसत		**53**	**1129 .83**	**897.13**	**26.26**

वर्ष 2003, 2004, 2005, 2006 व 2007 का ओसत।

ग्वार की उपज से प्राप्त आमदनी को उचित उर्वरक प्रबंधन से जोड़कर देखने के लिए वर्ष 2003 से 2007 तक 53 प्रदर्शन मध्यप्रदेश, राजस्थान, हरियाणा तथा गुजरात में किये गये। मध्यप्रदेश (ग्वालियर) में आर.जी.सी.–1003 व एच.जी.–365, राजस्थान (दुर्गापुरा) में आर.जी.सी.–1003, गुजरात (एस.के.नगर.) में जी.जी.–1 व हरियाणा में एच.जी.–365 व एच.जी.–563 किस्मों को इन प्रयोगों में शामिल किया गया। उर्वरक सहित व उर्वरक रहित आंकड़ों के अध्ययन से ज्ञात होता है कि, चारों केन्द्रों में उर्वरक द्वारा अधिक उपज प्राप्त की गई जो कि 968.33 (दुर्गापुरा) से 1290.5 कि.ग्राम/हे. (बावल) में प्राप्त हुई। केन्द्रवार ब्यौरा बताता है कि उर्वरक देने से ग्वालियर, दुर्गापुरा, एस. के. नगर व बावल/हिसार में 1155.5, 968.33, 1105.0, 1290.5, कि.ग्राम/हे., क्रमशः उपज प्राप्त की गई जबकि इन्ही केन्द्रों पर बिना उर्वरक के उपज लगभग 861.70, 775.0, 878.3 व 1073.5 कि.ग्राम /हे., क्रमशः प्राप्त की गई। अतः उचित रासायनिक उर्वरकों द्वारा दानों की उपज में बढ़ोतरी ग्वालियर में 34.08, दुर्गापुरा में 25.0, एस.के.नगर में 25.8 व बावल/हिसार में लगभग 20.2% दर्ज की गई (तालिका 4)।

निष्कर्ष से यह ज्ञात होता है कि 5 वर्षों तक 4 स्थानों पर किये 53 प्रदर्शन स्पष्टता से दर्शाते हैं कि उचित उर्वरक प्रबंधन से ग्वार की उपज में लगभग 26.00 तक बढ़ोतरी प्राप्त की जा सकती है।

जस्ते का प्रभाव

उत्तरी–पश्चिमी भारत में गहन खेती करने के कारण रासायनिक उर्वरकों का प्रयोग दिनों दिन बढ़ता जा रहा है। मशीनरी का प्रचलन बढ़ने के कारण पालतु पशुओं की संख्या में कमी होती जा रही है, यही कारण है कि गोबर व कम्पोस्ट खाद का भी प्रयोग धीरे धीरे घटता जा रहा है अतः विशेष प्रकार के नत्रजन युक्त रसायन के कारण भूमि में सूक्ष्म तत्वों की विशेष रूप से जस्ता, लोहा व तांबा की कमी महसूस की जा रही है। यही कारण है

कि सूक्ष्म तत्वों का दलहनों पर अच्छा प्रभाव पड़ता है तथा उपज के साथ गोंद व प्रोटीन की मात्रा में बढ़ोतरी मिली है। कुछ स्थानों पर फसल के दानों की मोटाई तथा फसल की पकने की अवधि में प्रशंसा योग्य प्रभाव देखने में आया है। अतः इस तकनीकी के प्रचार प्रसार के लिए यह आवश्यक है कि अग्रिम प्रदर्शनों द्वारा कृषक फार्म पर अध्ययन किया जाये (आकृति – 1)।

इसी श्रृंखला में ग्वालियर, हिसार, दुर्गापुरा, एस.के.नगर व आगरा में जस्ते का उपज पर प्रभाव जानने के लिए कुल 62 प्रदर्शन किये गये। इनमें से 5 प्रदर्शन आगरा में वर्ष 2007 में किये गये, जबकि 4 प्रदर्शन ग्वालियर में, 24 प्रदर्शन हिसार में, 5 प्रदर्शन दुर्गापुरा में तथा 4 प्रदर्शन एस.के.नगर में वर्ष 2004 से 2006 तक किये गये। यदि इन प्रदर्शनों को पूर्ण संदर्भ में देखें तो जस्ते का उपज पर स्पष्ट प्रभाव नजर आता है। उदाहरण के तौर पर, जस्ते को भूमि में मिलाने से 1178.6 व बिना जस्ते के 1004.22 कि. ग्राम/हे. उपज प्राप्त की गई तथा जस्ते द्वारा उपज में लगभग 17.46% दर्ज की गई है। प्रत्येक केन्द्र के स्तर पर अध्ययन करने पर सबसे अच्छा प्रभाव दुर्गापुरा में दिखाई दिया, जहाँ पर जस्ते के प्रभाव से 1305 व बिना जस्ते के प्रदर्शनों में 1036.6 कि.ग्राम/हे. उपज प्राप्त की गई तथा यह वृद्धि लगभग 25.89% दर्ज की गई। सबसे कम प्रभाव हिसार (7. 25%) में दर्ज किया गया, जहां जस्ते व बिना जस्ते के प्रदर्शनों में उपज लगभग 1153.8 व 1076.0 कि.ग्राम/हे. क्रमशः प्राप्त की गई (तालिका – 5)।

तालिका 5. ग्वार में जस्ते के प्रयोग पर अग्रिम पंक्ति प्रदर्शनों का उपज पर प्रभाव।

राज्य	केन्द्र	किस्म	कुल अग्रिम पंक्ति प्रदर्शन	व्याप्त मोटरी	व्याप्त मोटरी–जस्ता	बढ़ोतरी (%)
मध्यप्रदेश**	ग्वालियर	आर.जीसी–1003	4	1546.0	1289.5	**19.89**
हरियाणा**	हिसार	एच.जी–563	24	1153.8	1076.0	**7.23**
राजस्थान**	दुर्गापुरा	एच.जी–365	5	1305.0	1036.6	**25.89**
गुजरात**	एस.के.नगर	आर.जीसी–1003 जी.जी–1	4	726.0	606.0	**19.80**
उत्तरप्रदेश*	आगरा	एच.जी–563	5	1160.0	1013.0	**14.51**
	कुल योग/ओसत		**62**	**1178.16**	**1004.22**	**17.46**

* वर्ष 2007 का ओसत।

** वर्ष 2004 से 2006 तक का ओसत।

अतः ग्वार की उपज में लगभग 17-18% वृद्धि प्राप्त करने के लिए 25 कि. ग्राम/हे. की दर से जिंक सल्फेट फसल बुवाई से पूर्व खूड़ों में बोना आवश्यक जान पड़ता है।

जैविक टीके

दलहनों में जैविक टीके का विशेष महत्व है। ग्वार की जड़ों में गांठों की उचित संख्या व गांठों द्वारा नत्रजन स्थापित करना दलहनों की खेती को लाभदायक बनाने में सहायक

होता है। **राइजोबियम** कल्चर के अलावा फॉस्फोरस को घुलनशील करने वाले जीवाणु का दाल वाली फसलों में अच्छा प्रभाव देखने में मिला है। अधिकतर फास्फोरस (<60%) अघुलनशील कार्बनिक स्थिती में पाया जाता है। अतः इससे शोषण के रूप में लाने वाले जीवाणु का महत्व बढ जाता है।

वर्ष 2006 में बावल में 14, हिसार में 11, दुर्गापुरा में 2 तथा एस. के. नगर में 3 प्रदर्शन किये गये, तथा मुख्य रूप से एच.जी. 870, एच.जी. 867, एच.जी 563, एच.जी. 884, एच.जी. 365 व जी.जी. 2 किस्मो को प्रयोग में लाया गया। कुल मिलाकर यदि राइजोबियम + पी.एस.बी के प्रभाव का आंकलन 30 प्रदर्शनों के आधार पर करने से 7.0% कुल उपज में बढ़ोतरी लगभग प्राप्त की गई। केन्द्रों के संदर्भ में अध्ययन से ज्ञात होता है कि उपज में बढोतरी सबसे कम 2.47% गुजरात में तथा सबसे अधिक 8.0% दुर्गापुरा केन्द्र से प्राप्त हुई। अतः राइजोबियम तथा पी.एस.बी के सामुहिक टीके से ग्वार की उपज में वृद्धि अधिक संतोषजनक नहीं पाई गई (तालिका – 6)।

खरपतवार नियंत्रण

वर्षा पर आधारित स्थितियो में खरपतवारों को नियंत्रण करना अत्यन्त आवश्यक है। खरपतवारों का नियंत्रण समयबद्ध करना आवश्यक है, ताकि पानी का समुचित उपयोग पौधों द्वारा किया जा सके, तथा खरपतवारों व पौधों के बीच स्पर्धा को इस प्रकार कम किया जा सके ताकि मृदा जल का समुचित उपयोग दानों के बनने की अवस्था में प्रयोग हो सके।

तालिका 6. ग्वार में जैविक टीके का अग्रिम पंक्ति प्रदर्शनों में उपज पर प्रभाव।

राज्य	केन्द्र	किस्म	दाने की उपज (कि.ग्राम/हे.)			
			अग्रिम पंक्ति प्रदर्शन (संख्या)	व्याप्त मोटरी	व्याप्त मोटरी – आर.एच.+पी.एस.बी.	बढ़ोतरी (%)
			ओसत	ओसत	ओसत	
हरियाणा	हिसार	एच.जी.एस–870 एच.जी. एस–867 एच.जी. एस–563 एच.जी. एस–884	11	1103	1186.5	**7.57**
हरियाणा	बावल	एच.जी.एस–870 एच.जी. एस–563 एच.जी. एस–365 एच.जी. एस–867	14	957	1015.5	**6.11**
राजस्थान	दुर्गापुरा	–	2	1350	1250	**8.0**
गुजरात	एस.के.नगर	जी.जी.–2	3	620	605	**2.47**
	कुल योग/ओसत		**30**	**1007.5**	**1014.25**	**6.93**

वर्ष – 2006 व 2007 का ओसत।
पी. एस. बी. = फॉस्फोरस घोलने वाला जीवाणु, आर.एच. = राइपोबियम कल्चर।

ग्वार में बुवाई पश्चात् 25-30 दिन की अवधि तक खरपतवारों को नियंत्रण करना आवश्यक है तथा यह अवधि ग्वार–खरपतवारों के लिए सोचनीय पाई गई है।

तालिका 7. ग्वार में खरपरतवार प्रबंध पर अग्रिम पंक्ति प्रदर्शनों का उपज पर प्रभाव।

राज्य	केन्द्र	उन्नत किस्म	दाने की उपज का ओसत (कि./हे.)					
			अग्रिम पंक्ति प्रदर्शन (संख्या)	व्याप्त मोटरी	व्याप्त मोटरी – खरपतवार नियंत्रण	बढ़ोतरी (%)	कुल आय	
							आई. पी.	आई.पी. – खरपतवार नियंत्रण
			ओसत	ओसत	ओसत		ओसत	ओसत
मध्यप्रदेश	ग्वालियर	एच.जी –365 आर.जी सी–1003, एच.जी–563	25	1085.1	841.75	28.91	11090	6474
राजस्थान	दुर्गापुरा	आर.जी सी–1003	6	666.66	486.66	36.98	-	-
हरियाणा	बावल	एच.जी–365	6	1021.83	812.66	25.73	-	-
	हिसार	एच.जी–563						
पंजाब	भटिण्डा	एच.जी–365	7	1758.33	1383.33	29.06	-	-
	कुल योग/ओसत		**44**	**1132.98**	**881.1**	**28.58**	**11090**	**6474**

वर्ष – 2002 से 2007 तक का ओसत।

पूर्ण खरपतवार नियंत्रण की अवस्था में कुल उपज 1132.98 कि. ग्राम /है. व खरपतवार अनियंत्रित प्रदर्शनों में उपज काफी कम (881.1 कि.ग्रा./हे.) प्राप्त की गई, तथा उपज में बढोतरी लगभग 28% प्राप्त की गई (तालिका – 7)। विभिन्न प्रदर्शनों पर यदि दृष्टि डाले तो मालूम होगा कि दुर्गापुरा में खरपतवार नियंत्रण द्वारा सबसे अधिक 36.90% उपज में वृद्धि पाई गई। बावल/हिसार में यह वृद्धि 25.73, भटिण्डा में 29.0 तथा ग्वालियर में 28.91% पाई गई। ग्वालियर में किये गये 25 प्रदर्शनों के आधार पर यह कहा जा सकता है कि खरपतवार नियंत्रित प्रदर्शनों से रू 11090/है. तथा अनियंत्रित प्रदर्शनों में बचत मात्र रू 6474/है. पाई गई। **अतः सयमबद्ध तरीके से खरपतवारों का उचित नियंत्रण करने से लगभग रू 4614/है. की बचत की जा सकती है जो कि काफी संतोषजनक है (आकृति – 1)।**

अग्रिम पंक्ति प्रदर्शनों द्वारा प्राप्त अधिकतम उपज

कृषकों के खेतों पर 6 वर्ष (2002 से 2007) की अवधि में किये गये 500 से अधिक अग्रिम पंक्ति प्रदर्शनों को विस्तृत अध्ययन किया गया ताकि यह जाना जा सके कि उपज के प्रत्येक कारक का उपज बढ़ोतरी में कितना योगदान है तथा किस कारक द्वारा किस स्थान पर अधिकतम उपज प्राप्त की गई है। ऐसा जानने से उपज के इन निष्कर्षों का प्रचार व प्रसार किया जा सकेगा ताकि कुछ कारकों पर विशेष ध्यान देकर दूसरे क्षेत्रों की प्राप्त उपज को बढ़ाया जा सके। ऐसा करने से अग्रिम पंक्ति प्रदर्शनों को उचित प्रयोग हो सकेगा, तथा सभी प्रदर्शनों के करने का तात्पर्य भी सिद्ध हो सकेगा। ऐसा करने के लिए सभी प्रदर्शनों के निष्कर्षों का अलग अलग अध्ययन किया गया है तथा निष्कर्ष काफी संतोषजनक पाये गये है (चित्र – 1)।

उपज को सबसे अधिक प्रभावित करने वाला कारक बोने का तरीका पाया गया, यदि किस्म के अनुसार व बुवाई के समय के अनुसार ग्वार की बुवाई कतारों में की जाये तो किसान के खेतों पर 35.0% तक उपज में बढ़ोतरी प्राप्त की जा सकती है। यह तरीका आसान है, समय व कीमत की कसौटी पर भी भारी नहीं है। इसे बढावा देने की काफी आवश्कता है। इसके बाद उर्वरक प्रबंध है जो कि उपज को 31.24% तक बढा सकता है। अतः 20 कि. ग्राम नत्रजन व 40 कि. ग्राम पी$_2$ओ$_5$/है. की खुराक देने पर ध्यान देने की आवश्यकता है। उन्नत किस्म का चुनाव व प्रयोग से ग्वार की उपज में वर्षा पर आधारित स्थितियों में लगभग 27% तक बढोतरी दर्ज की जा सकती है। खरपतवार नियंत्रण (हाथ द्वारा या रासायनों) द्वारा बुवाई के 30 दिन की अवधि तक, 26% तक उपज में वृद्धि प्राप्त की जा सकती है। जिंक की भूमियों में कमी होने के कारण इसके 25 कि. ग्राम जिंक सल्फेट/है. प्रयोग द्वारा लगभग 18% ग्वार की उपज बढ़ सकती है (तालिका 8)।

तालिका 8. विभिन्न कारकों तथा स्थानों पर प्राप्त ग्वार की अधिकतम उपज का ब्यौरा

कारक	कारक के साथ किस्म	वर्ष	स्थान	प्रयोग किये गए कारक	उपज कारक सहित (कि.ग्राम/हे)	उपज बिना कारक के (कि.ग्राम/हे)
उन्नत किस्म	आर.जी.सी–1002	2006	दुर्गापुरा	आर.जी.सी– 1002	**1870**	1120
उर्वरक	जी. जी.–2	2006	एस.के.नगर	20 कि.ग्राम नत्रजन +40 कि.ग्राम पी$_2$ओ$_5$ /है.	**2300**	1800
जस्ता	आर.जी.सी–1003	2005	ग्वालियर	25 कि.ग्राम जिंक सल्फेट/है.	**1330**	997
खरपतवार नियंत्रण	एच.जी.–365	2003	भटिण्डा	हस्त खरपतवार नियंत्रण	**1690**	1300
बुवाई का तरीका	आर.जी.सी–1003	–	ग्वालियर	पंक्ति में फसल बुवाई	**1240**	920

अतः फसल उत्पाद के कारकों द्वारा कम से कम 1240 व अधिकतम उपज 2300 कि. ग्राम/है. किसानों के खेतों पर प्राप्त होना एक सुखद व संतोषजनक बात है।

भविष्य का दृष्टिकोण

- अग्रिम पंक्ति प्रदर्शन में सम्मिलित की जाने वाली किस्में आधुनिक होनी चाहिए तथा इनमें संबन्धित प्रजनक व क्षेत्र का भेदभाव नहीं होना चाहिए।
- कोई भी प्रदर्शन हर प्रकार से परिपूर्ण होना चाहिए।
- प्रदर्शनों में किसानों की भागेदारी 100% होनी चाहिए।
- प्रदर्शनों में उपज के सभी कारकों को लिया जाना चाहिए।

- अकेले किस्म पर अधिक जोर नहीं दिया जाना चाहिए।
- अच्छे व सफल प्रदर्शनों को किसान मेले या ग्वार गाँव के रूप में सही प्रकार से प्रचारित किया जाये।
- प्रदर्शन कम परन्तु निष्कर्ष देने वाले तथा निर्णायक होने चाहिये।

उत्पादन की एकीकृत तकनीकियाँ

सारांश

सम्बन्धित विषयों व उपज के मुख्य प्रभावी कारकों पर 10 अध्यायों में ग्वार संबंधी विस्तृत जानकारी प्रस्तुत करने के बाद भी कुछ ऐसा प्रतीत होता है मानो सब कुछ अलग–अलग है। नट कहीं है और बोल्ट कहीं है दोनों साथ नहीं है। अतः यह विचारा गया कि अलग–अलग प्रस्तुत विशेष जानकारियों को जोड़ा जाये, एकीकृत किया जाये तथा एक ही मुख्य खिड़की से गुजारा जाये ताकि अन्तिम उपयोगकर्ता को भटकना न पड़े तथा सभी अत्यन्त आवश्यक व संबंधित वैज्ञानिक सूचनाओं का एक चक्र बनकर मस्तिष्क में घूमने लगे तथा व्यावहारिकता के लिए समय–समय पर प्रेरित करता रहे। इन मनोवैज्ञानिक, सामाजिक तथा व्यावहारिक तथ्यों को ध्यान में रखते हुए कृषि विज्ञान के इतिहास में संभवतः यह पहला प्रयास है, ऐसा करते समय राज्य, क्षेत्र व जनपद द्वारा ग्वार के क्षेत्र, उत्पादन व उत्पादकता के योगदान को राष्ट्रीय व प्रदेश स्तर पर ध्यान में रखा गया है। क्षेत्र विशेष की औसत वर्षा, भूमि की संरचना, सामाजिक आवश्यकताओं का ध्यान भी रखा गया है। अंत में सभी आवश्यक सूचनाओं की जनपद या जनपद समूहों के स्तर पर प्राथमिकता तय की गई है। सभी सूचनाओं (फसल क्रमांक, किस्म, बोने का समय, शस्य क्रियाओं, उर्वरक व व्याधि प्रबंध) को जनपद स्तर तक प्रस्तुत किया गया है। ऐसा करते समय प्रदेश, जनपद, अनुसंधान संस्थान, वैज्ञानिकों तथा प्रदेश के कृषि अधिकारियों के महत्व व महत्वकांक्षाओं से हटने का प्रयत्न किया गया है। यही कारण है कि जनपदों या राज्यों में एकीकृत तकनीकी सूचनाओं में समानता भी है असमानता भी है।

परिचय

दाना, चारा, सब्जी, पुष्टीकर हरी खाद या औद्योगिक परिणाम से संबन्धित फसल उत्पादन प्रति इकाई, पौधों की सम्पूर्ण क्रियाओं व प्रक्रियाओं का मिश्रित, संयुक्त व पेचीदा अन्तिम निष्कर्ष जाना जाता है। फसल उत्पादन संबन्धित प्राकृतिक संसाधन कभी भी स्थिर नहीं रह पाते हैं। फसल की शस्य क्रियाओं, देखरेख व उत्पाद साधन में भी बदलाव प्रायः सामान्य बात है। अतः निरन्तर परिवर्तित स्थितियों व परिस्थितियों के कारण बड़े क्षेत्र के स्तर पर फसल उत्पादन अस्थिर बना रहता है। फसल क्षेत्र द्वारा वातावरण, मृदा संरचनाओं व उनकी उर्वरकता को पार कर जाने की स्थितियों में फसल उत्पादन को स्थिर रख पाना और कठिन हो जाता है, कारण क्षेत्र बढ़ने व फैलने से फसल उत्पादन को प्रभावित करने वाले कारकों की संख्या तथा उनकी सघनता भी बढ़ जाती है। अतः फसल वृद्धि के संदर्भ

में, अधिक उत्पादन बढ़ाने की तुलना में, इसमें स्थिरता लाना अधिक आवश्यक जान पड़ता है। फसल उत्पादन को प्रभावित करने वाली प्राकृतिक क्रियाओं, कारकों व आपदाओं पर नियंत्रण भी लगभग संभव नहीं है, अतः आम जन द्वारा प्रभावित व नियंत्रित साधनों व कारकों को उचित दिशा व समय के अनुरूप नियंत्रित करना एक मुख्य पहल समझी जाती है। अतः फसल उत्पादन विज्ञान के कारकों को एक एक करके व विभिन्न समूहों में विभाजित कर उत्पादन के योगदान में प्रधानता की घटते क्रम में डालने की आवश्यकता है। दूसरे शब्दों में शुद्ध बीज, बोने का तरीका, बीज दर, खरपतवार नियंत्रण, उर्वरक प्रबंध जैसे मुख्य उत्पादन कारकों का क्षेत्रवार, वर्षा के अनुसार तथा सामाजिक आवश्यकताओं के अनुसार निर्धारण करना आवश्यक है। इन्हें अकेले में नहीं बल्कि एकीकरण रूप में अध्ययन करने व व्यवहार में लाने की आवश्यकता है। अतः यह आवश्यक है कि तकनीकी हस्तांतरण में उपरोक्त सभी कारकों को एक इकाई मानकर उनके योगदान के अनुसार प्रतिनिधित्व दिया जाये। इस प्रकार से सोचे–समझे एकीकृत वैज्ञानिक प्रयत्न फसल उत्पादन की वृद्धि तथा स्थिरीकरण में कारगर सिद्ध हो सकते हैं।

पुस्तक के इस अन्तिम पाठ में ग्वार की तकनिकियों को एक समूह में बांधकर क्षेत्रवार व वर्षा की मात्रा तथा वितरण को ध्यान में रखते हुए प्रस्तुत करने का प्रयत्न किया गया है, ताकि तकनीकी हस्तांतरण में कृषकों द्वारा ग्वार को अपनाते व उगाते समय सिर्फ एक खिड़की से ही झांकने की आवश्यकता पड़े।

राजस्थान

राजस्थान, ग्वार के संदर्भ में सबसे महत्वपूर्ण राज्य है, तथा सम्पूर्ण भारत (33.43 लाख है.) का 84.0% (28.08 लाख है.) ग्वार इसी राज्य में उगाया जाता है (वर्ष 2006-07 के आँकड़े)। इसके विपरीत राजस्थान में ग्वार का उत्पादन तथा उत्पादकता (6.58 लाख टन, 234 कि.ग्राम/हैक्टर, क्रमशः) भारत की तुलना में (11.69 लाख टन, 350 कि.ग्राम/हैक्टर, क्रमशः) काफी कम है तथा यह एक विचारणीय विषय बन गया है। अतः राजस्थान प्रदेश की उत्पादकता को बढ़ाकर राष्ट्रीय स्तर के तुल्य या अधिक करने के पश्चात् स्थायित्व प्रदान करने की आवश्यकता है। राजस्थान में ग्वार की कम व अस्थिर उत्पादकता के कुछ मुख्य कारण इस प्रकार हैं:

- राजस्थान के शुष्क व अर्द्ध-शुष्क क्षेत्रों में ग्वार की खेती पूर्ण से वर्षा पर निर्भरता की स्थितियों में ही की जाती है। कृषकगण सिंचाई जल की उपलब्धता होने पर भी ग्वार की फसल में सिंचाई नहीं देते हैं।
- कृषक शस्य क्रियाओं संबधित साधनों (उर्वरक, बीज उपचार इत्यादि) तथा बीमारियों की रोकथाम पर बिलकुल ध्यान नहीं देते हैं।
- कृषक फसल की देखभाल पर कम से कम ध्यान देते हैं तथा सबसे कमजोर भूमि इसके लिए चुनते हैं।
- लगभग 20-25% किसान ही उन्नत किस्म का बीज उपयोग में लेते हैं तथा इस बीज का उपयोग क्षेत्र, भूमि की संरचना व वर्षा की मात्रा के अनुसार नहीं करते हैं।

उपरोक्त कारणों को ध्यान में रखते हुए तथा विभिन्न जनपदों में वर्षा की मात्रा तथा वातावरण सम्बन्धी अन्तर व दूसरे सामाजिक ताने बाने को ध्यान में रखते हुए जनपद व जनपद समूहों के स्तर पर कुछ विचारणीय तथा प्रयोगात्मक एकीकृत बिन्दु सुझाए जा सकते हैं परन्तु जनपदों में ग्वार का क्षेत्र तथा फसल अवधि में औसत वर्षा का वितरण जानना सर्वप्रथम आवश्यक है।

बीकानेर (5.11 लाख हैक्टर, 270 मि.मि.), बाड़मेर (4.24 लाख हैक्टर, 235 मि.मि.), चुरू (3.87 लाख हैक्टर, 172 मि.मि.), जैसलमेर (3.40 लाख हैक्टर, 172 मि.मि.), हनुमानगढ़ (2.87 लाख हैक्टर, 205 मि.मि.), जोधपुर (1.83 लाख हैक्टर, 320 मि.मि.), गंगानगर (1.20 लाख हैक्टर, 200 मि.मि.), नागौर (1.55 लाख हैक्टर, 340 मि.मि.), सीकर (78 हजार, 410 मि.मि.), झुंझुनू (61 हजार, 350 मि.मि.), पाली (50 हजार, 393 मि.मि.), जालौर (50 हजार, 375 मि.मि.), जयपुर (51 हजार, 670 मि.मि.)। दूसरे जनपदों में उदयपुर, भीलवाड़ा, अलवर में ग्वार का क्षेत्र 15-27 हजार हैक्टर तक वितरित है तथा वर्षा भी काफी (650-940 मि.मि.), उपलब्ध है।

जनपद स्तर पर ग्वार की एकीकृत तकनिकियों को निम्न प्रकार सुझाया गया है।

गंगानगर व हनुमानगढ़

नहरी सिंचाई क्षेत्र में होने तथा कृषकों का व्यावसायिक रूझान होने के कारण इन जनपदों में ग्वार की उत्पादकता काफी अधिक (680-725 कि.ग्राम/है.) है तथा पंजाब की उत्पादकता के बराबर है। यह संयोग ही है कि फसल अवधि में वर्षा काफी कम (195-200 मि.मि) प्राप्त होने के बावजूद, लगातार खेती करने तथा उन्नत तरीके अपनाने के कारण इन जनपदों की भूमि में सुधार देखा जा सकता है तथा ये भूमियाँ कपास के लिए उपयुक्त हो गई हैं। **अतः ग्वार की उत्पादकता को 1000 कि.ग्राम/है. तक बढ़ाने का लक्ष्य होना चाहिए।** कृषक कपास व अधिक लागत वाली फसलें उगाने के कारण, ग्वार में भी अच्छी कीमत लगा सकेंगें। मजदूरों की अनउपलब्धता के कारण कृषक ग्वार की पूर्ण खेती मशीनों द्वारा करना चाहते हैं (चित्र 1), अतः उनकी ग्वार की किस्मों की पसंद भी अलग है। अतः इन जनपदों के बारे में निम्न मुख्य व्यवहारिक बिन्दु हो सकते हैं।

- *प्राथमिकता :* **सम्पूर्ण उत्पादन तकनीक का हस्तान्तरण**
- *उन्नत किस्में :* कम्बाईन का उपयोग : आर.जी.सी.-1066 व आर.जी.सी.-197
  सामान्य अवस्था में : आर.जी.सी.-1038 व आर.जी.सी.-1002, एच.जी -2-20, एच.जी-563,
- *बुवाई का समय :* 1. मध्य जून से जून के अन्त तक (नहर का पानी की उपलब्धता की स्थिति में)।
  2. मध्य जुलाई तक वर्षा की स्थिति में (25-30 एम.एम. वर्षा)
- *बीज दर व अन्तर कतारों की दूरी :* समय पर बुवाई : 15-16 कि.ग्राम/हैक्टर.
  30-35 सें.मी. (शाखित किस्में)
  20-25 सें.मी. (अशाखित किस्में)

- ***बीज उपचार :*** 2 ग्राम बैविस्टिन/किलोग्राम बीज/एक लीटर पानी में घोल कर बीज उपचारित किया जाना चाहिए।
- ***रसायन उर्वरक प्रबंध :*** **20-40** कि.ग्राम नत्रजन **+40-60** किलोग्राम पी$_2$ओ$_5$ **+25-30** कि. ग्राम जिंक सल्फेट/हैक्टर फसल बुवाई से पूर्व भूमि में अनुप्रयोग करें
- ***व्याधि नियंत्रण :*** **जीवाणुज पर्ण अंगमारी :** (अधिक नमी व अधिक गर्मी की स्थिति में): फसल बोने के **40-50** दिन बाद स्ट्रेप्टोसाईक्लिन (150 पी.पी. एम.)+ ब्लीटॉक्स (0.2%) द्वारा एक या दो छिड़काव करें।
  आल्टरनेरिया पत्ती झुलसाः (अधिक नमी व गर्मी की स्थिति में): ड़ाईथेन एम. 45 (0.2%) द्वारा पत्तियों पर छिड़काव करें।
  चूर्ण आसिता (देरी से बोने की स्थिति में): सल्वाडोरा (2.0%) के अरक द्वारा **35-40** दिन बाद पत्तियों पर छिड़काव करें।
  मूल व तना विगलन रोग : ग्रीष्म जुताई करें तथा फसल बुवाई के **15-20** दिन बाद बैविस्टिन (0.1%) रसायन द्वारा छिड़काव करें।
- ***सिंचाई व्यवस्था :*** सिंचाई जल की उपलब्धता होने पर फूल आने से फलियां बनने तक की अवधि में (50-60दिन की अवधि) **एक सिंचाई अवश्य करें**।
- ***खरपतवार नियंत्रण :*** फसल में उचित निराई, गुड़ाई करके, खरपतवारों को पूरी तरह से निकाल दें या बेसालिन @1.5 कि.ग्राम/हैक्टर घोल बना कर बुवाई से पूर्व भूमि में अनुप्रयोग करें।
- ***शस्य क्रियाऐं :*** दो या तीन गहरी गुड़ाई **20** व **30** व **50** दिन बाद अवश्य करें।
- ***फसल क्रंमाक :*** खाली खेत - सरसों
  ग्वार - गैंहू
  एकल फसल (मिक्स या अन्तर फसल पद्धति का पूर्ण अभाव)।
- ***फसल पुर्नःस्थापन :*** ग्वार की फसल, कपास, मूंगफली तथा बाजरा की तुलना में सुविधाजनक तथा सस्ती पाई गई है, तथा इनका स्थान ले सकती है।

चित्र 1. गंगानगर क्षेत्र में ग्वार की कटाई व मंडाई का कार्य कम्बाईन हार्वेस्टर द्वारा वर्ष 2008 से कृषकों द्वारा प्रारम्भ

चुरू, जैसलमेर

इन जनपदों की भूमियाँ अधिकतर रेतीलेपन, असमतल सतह तथा कम उर्वरकता के लिए जानी जाती है, तथा वर्षा का फसल अवधि में काफी कम (लगभग 170-185 मि.मि.) होना तथा इसकी काफी अनिश्चित जैसे कारण ग्वार के सफल उत्पादन के लिए गम्भीर चुनौती बने हुए है। वर्ष 2005-06 में इन जनपदों में ग्वार की उत्पादकता (90-95 कि.ग्राम/हैक्टर) काफी कम थी। अतः इन बातों को ध्यान में रखते हुए कुछ सामान्य तकनीकी बिन्दु निम्न प्रकार से सुझाये जा सकते हैं।

- **प्राथमिकताऐं:** **उचित किस्म का बीज, उचित बुवाई का समय, बोने का तरीका तथा खरपतवार नियंत्रण।**
- ***उन्नत किस्म:*** शीघ्रतम पकने वाली किस्में : आर.जी.सी.-936, एच.जी.-365, एच.जी.-563 ही उगाई जाये।
- ***बुवाई का समय :*** जुलाई का प्रथम पखवाड़ा, 30-40 मि.मि. वर्षा हो जाने पर फसल को 1 या 2 दिन में ही फसल को बो दिया जाये।
- ***बीज दर व कतारों की दूरी :*** 15-16 कि.ग्राम /हैक्टर, 40-50 से.मी. क्रमशः
- ***निराई, गुड़ाई :*** कम से कम **3 या 4 गहरी गुड़ाई करें** (15, 30, 45 व 60 दिन बाद)
- ***खरपतवार नियंत्रण :*** फसल को 50 दिन की अवधि तक पूर्ण रूप से खरपतवार रहित रखा जाये, तथा खरपतवार हाथ से ही निकालें।
- ***फसल पद्धति :*** ग्वार. बाजरा (3:1)
- ***फसल क्रमशः :*** ग्वार-ग्वार-ग्वार-बाजरा
ग्वार-ग्वार-बाजरा
- ***मिश्रित खेती :*** देरी से मानसून (जुलाई के अन्त से अगस्त के प्रथम सप्ताह तक) आने की स्थिति में चवला-ग्वार-मोठ-बाजरा-तिल बराबर मात्रा में मिलाकर चारे के लिए उगायें।

बीकानेर व बाड़मेर : ये दो जनपद एक प्रकार से शुष्कता की हृदय-भूमि का प्रतिनिधित्व करते हैं, तथा शुष्कता, रेतीली भूमि, भूमि के कटाव, अधिक तापक्रम व दूसरी विपरीत परिस्थितियों के लिए जाने जाते हैं। इतनी विपरीत परिस्थितियों के बावजूद बीकानेर (5.11 लाख हैक्टर) व बाड़मेर (4.24 लाख हैक्टर) में ग्वार का क्षेत्र राजस्थान में सबसे अधिक है, परन्तु इन जनपदों की उत्पादकता (215 व 134 कि.ग्राम./है.), काफी कम तथा विचारणीय है। वर्षा के संदर्भ में भी इन जनपदों (270 व 235 मि.मि. क्रमशः) की स्थिति काफी सोचनीय है। अतः इन जनपदों में ग्वार की उत्पादकता को बढ़ाना तथा उसमें स्थायित्व लाना एक गम्भीर चुनौती है। बीकानेर जनपद में नहर का पानी होने व उसकी उपलब्धता के कारण स्थिति इतनी बुरी भी नहीं है जबकि बाड़मेर में इसे भयावह ही कहा जायेगा। अतः ग्वार की स्थिरता के लिए निम्नलिखित बिन्दू विचारार्थ तथा सलाह देने के लिए मुख्य रूप से नजर आते हैं।

- *प्राथमिकता :* **बाड़मेर : भाुद्ध व उन्नत किस्म का बीज, बोने का तरीका व खरपतवार नियंत्रण।**
  बीकानेर : शुद्ध व उन्नत किस्म का बीज, बीज उपचार, खरपतवार नियंत्रण व रासायनिक उर्वरक।
- *उन्नत किस्में :* जल्दी पकने वाली किस्में: आर.जी.सी.-936, एच.जी-365, एच.जी - 563, आर.जी.एम.-112 दोनों जनपदों के लिए आम तथा उपयुक्त हो सकेंगी।
- *बुवाई का समय :* जुलाई का प्रथम पखवाड़ा (एकल फसल के लिए)
  वर्षा देरी से आने की स्थिति में: जुलाई का तीसरा या चौथा सप्ताह (मिश्रित खेती: मोठ+ग्वार+बाजरा+तिल+चंवला)
- *बीज उपचार :* बीकानेर 2 ग्राम बैविस्टिन/किलोग्राम बीज/ लीटर पानी द्वारा उपचारित करके बोयें।
- *बीज दर, व अन्तर कतारों की दूरी :* बीकानेर : 16-18 कि.ग्राम/हैक्टर.; 40-45 सें.मी.
  बाड़मेर : 15-16 कि.ग्राम/हैक्टर.; 50-60 सें.मी.
- *रसायन उर्वरक प्रबंध :* बीकानेर के लिए – 1% यूरिया का घोल बनाकर फसल बुवाई के 50-60 दिन बाद पत्तियों पर छिड़काव करें।
- *व्याधि नियंत्रण :* जीवाणुज पर्ण अंगमारी : (मुख्य रूप से बीकानेर की स्थितियों में) स्ट्रेप्टोसाईक्लिन (150 पी.पी.एम.)द्धारा आवश्यकतानुसार व बीमारी प्रकट होने पर छिड़काव करें।
- *निराई गुड़ाई व खरपरतवार नियंत्रण :* फसल को 50-60 दिन तक की अवधि तक पूर्ण रूप से खरपतवार रहित रखा जाये तथा फसल में कम से कम तीन गहरी गुड़ाईयां (15, 35, 50 दिन की अवधि) की जायें।

नागौर व जोधपुर : नागौर तथा जोधपुर जनपदों में लगभग 320-350 मि.मि. वर्षा होती है। ग्वार का क्षेत्र भी काफी है। (1.55 व 1.83 लाख हैक्टर, क्रमशः) परन्तु नागौर की कृषि भूमि अच्छी है तथा नलकूपों की भी कुछ व्यवस्था है। भूमि की जल संरक्षण क्षमता अधिक है, परन्तु जोधपुर के अधिकतर भूभाग में भूमि रेतीली-दोमट है, सिंचाई की व्यवस्था काफी कम है। इन्ही कारणों से नागौर जनपद में ग्वार की उत्पादकता (420 कि.ग्राम./है.), जोधपुर (144 कि.ग्राम./है.) की तुलना में काफी अधिक है। अतः दोनों जनपदों में ग्वार उत्पादन की अपार क्षमता है परन्तु व्यावहारिक तकनीकों में कुछ अन्तर अपेक्षित है।

- *प्राथमिकताऐं :* **सम्पूर्ण उत्पादन तकनीक का हस्तान्तरण**
- *उन्नत किस्में :* नागौर : आर.जी.सी.-1038. आर.जी.सी.-1002, आर.जी.सी.-1071, एच.जी-2-20, एच.जी-884।
  जोधपुर : एच.जी-563, एच.जी-365, आर.जी.सी.-936, आर.जी.सी.-884।
- *बुवाई का समय :* लगभग 30-40 मि.मि. वर्षा की एक बार में प्राप्ति के बाद, जुलाई के प्रथम पखवाड़े में फसल बुवाई करें

- ***बीज उपचार :*** 2 ग्राम बैविस्टिन/किलोग्राम बीज
- ***बीज दर व अन्तर कतारों की दूरी :*** नागौर (दोमट भूमियों में): 18-20 कि.ग्राम/ हैक्टर; 30-35 सें.मी (रेतीली-दोमट भूमियों में): 16-18 कि.ग्राम/हैक्टर; 40-45 सें.मी

  जोधपुरः 15-16 कि.ग्राम/हैक्टर; 45-50 से.मी.
- ***रसायन उर्वरक प्रबंध :*** नागौर : 20-30 कि.ग्राम नत्रजन +40-50 कि.ग्राम पी$_2$ओ$_5$ + 25 कि.ग्राम जिंक सल्फेट/हैक्टर बुवाई से पूर्व।

  जोधपुर : 1% यूरिया का छिड़काव 45-50 दिन फसल की अवधि में करें।
- ***व्याधि नियंत्रण :*** जीवाणुज पर्ण अंगमारी : (अधिक नमी व गर्मी की स्थिति में): फसल बोने के 40-50 दिन बाद स्ट्रेप्टोसाईक्लिन (150 पी.पी.एम.). ब्लीटॉक्स (0.2%) द्वारा एक या दो छिड़काव करें।

  आल्टरनेरिया पत्ती झुलसाः (अधिक नमी व गर्मी की स्थिति में): ड़ाईथेन एम. 45 (0.2%) द्वारा पत्तियों पर छिड़काव करें।

  चूर्ण आसिता (देरी से बोने की स्थिति में): सल्वाडोरा (2.0%) द्वारा 35-40 दिन बाद पत्तियों पर छिड़काव करें।

  मुल व तना विगलन रोग : ग्रीष्म जुताई करें तथा फसल बुवाई के 15-20 दिन बैविस्टिन (0.1%) रसायन द्वारा छिड़काव करें।
- ***सिंचाई व्यवस्था :*** नागौर क्षेत्र में एक सिंचाई फसल बुवाई के 40-50 दिन बाद आवश्यकता पड़ने पर अवश्य दें।
- ***निराई गुड़ाई व खरपरतवार नियंत्रण :*** दो या तीन बार; 15 व 30 या 50 दिन बाद गहरी गुड़ाई करें ताकि खरपतवार पूर्ण रूप से समाप्त हो जाये।

सीकर व झुंझुनू : सीकर व झुंझुनू जनपद भी पूरी तरह से मरू वातावरण का प्रतिनिधित्व करते हैं। भूमि रेतीली व अधिकतर असमतल है। (झुंझनू जनपद में समतल भूमि अधिक है)। भूमि की उर्वरा शक्ति कम है तथा जल संरक्षण क्षमता भी कम है। लगभग 90% कृषि वर्षा पर निर्भर रहती है। झुंझुनू जनपद में कुछ क्षेत्रों में नलकूपों द्वारा सिंचाई उपलब्ध है परन्तु सिंचाई जल (भूजल) खारा/क्षारीय है। ग्वार के संदर्भ में ग्वार-गैंहू फसल क्रमांक (जल उपलब्धता) या ग्वार-खाली खेत छोड़ दिया जाता है। दोनों जनपदों में वर्षा की औसत मात्रा लगभग बराबर (400 मि.मि.) है जिसे संतोषजनक माना जा सकता है। सीकर व झुंझुनू जनपदों में ग्वार का क्षेत्र (78 व 62 हजार है.) तथा उत्पादकता (311 व 280 कि.ग्राम./हैक्टर क्रमशः) है, तथा ये उत्पादकता क्षमताऐं कुल राजस्थान ग्वार की उत्पादकता के लगभग बराबर ही है। अतः इन दोनों जनपदों में ग्वार के क्षेत्र व उत्पादकता दोनों को बढ़ाने के अवसर खोजने की आवश्यकता है।

- ***प्राथमिकताएं :*** **भुद्ध व उन्नत किस्म का बीज, बीज उपचार, बोने का तरीका व खरपतवार नियंत्रण।**
- ***उन्नत किस्में :*** जल्दी पकने वाली जल्दी से मध्यम जल्दी अवधि में पकने वाली किस्में: आर.जी.सी.-936, एच.जी-365, एच.जी-563, एच. जी.-884, आर.जी सी.-1017 व आर.जी.सी.-1038।

- ***बुवाई का समय :*** समय पर वर्षा प्राप्ति की स्थिति में: जुलाई का प्रथम पखवाड़ा। देरी से वर्षा (जुलाई के अन्त से अगस्त के प्रथम सप्ताह) : (मिश्रित खेती के लिए : मोठ ग्वार+बाजरा+ तिल + चंवला बराबर मात्रा में मिलाकर चारे के लिए उपयोग करें)।
- ***बीज उपचार :*** 2 ग्राम बैविस्टिन/किलोग्राम बीज /लीटर पानी।
- ***बीज दर, व अन्तर कतारों की दूरी :*** 15-16 कि.ग्राम/हैक्टर.; 40-50 सें.मी.
- ***रसायन उर्वरक प्रबंध :*** 20 कि.ग्राम नत्रजन +40-50 कि.ग्राम पी$_2$ओ$_5$/हैक्टर बुवाई से पूर्व या 1% यूरिया का घोल बनाकर फसल बुवाई के 40-50 दिन बाद पत्तियों पर छिड़काव करें।
- ***निराई गुड़ाई :*** 2-3 बार 15, 30, 50 दिन बाद या प्रत्येक वर्षा के बाद गहरी गुड़ाईयां की जायें।
- ***खरपरतवार नियंत्रण :*** 40 दिन तक फसल को गहरी खुर्पी द्वारा खरपतवार रहित रखना अत्यन्त आवश्यक है।

जयपुर, अलवर, भीलवाड़ा, जालोर व पाली : इन जनपदों में ग्वार का क्षेत्र (51, 27, 21, 50 व 50 हजार है. क्रमशः) यद्यपि कम है, परन्तु इन जनपदों में ग्वार की उत्पादकता काफी अधिक (781, 1034, 600, 675, 708 कि.ग्राम/है. क्रमशः) है तथा यह उत्पादकता दूसरे प्रदेशों (पंजाब व गुजरात) के लगभग करीब है। दूसरी सुखद बात यह है कि इन जनपदों में वर्षा भी काफी संतोषजनक (673.9, 947.6, 658.0, 380.0 व 400 मि. मि. क्रमशः) है। अतः इन जनपदों की जलवायु, भूमि की संरचना व उर्वरकता ग्वार के प्रति अनुमोदित जान पड़ती है। ये जनपद एक प्रकार से अर्द्ध-शुष्क जलवायु का प्रतिनिधित्व करते है। वर्षा की अच्छी मात्रा के साथ साथ नलकूपों द्वारा सिंचाई की सुविधा भी उपलब्ध है। तथा वर्ष में करीब करीब दो या तीन फसलें वार्षिक फसल चक्र में शामिल करने के कारण कृषकों में ग्वार जैसी फसल में उचित उत्पादन के लिए व्यय करने की सामर्थ तथा इच्छा व्याप्त जान पड़ती है। अतः इन जनपदों में ग्वार के क्षेत्र तथा उत्पादकता दोनों को बढ़ाने की आवश्यकता है; विचारणीय व प्रयोगात्मक बिन्दू निम्न प्रकार से हो सकते है :

- ***प्राथमिकताएं :*** **सम्पूर्ण उत्पादन तकनीकी का हस्तान्तरण**
- ***उन्नत किस्में :*** जयपुर, अलवर, भीलवाड़ा : आर.जी.सी.-1002, आर.जी.सी.-1003, आर.जी.सी.-1038, एच.जी.-884, एच.जी.-2-20, आर.जी.सी.-1017।
  पाली, जालौर : एच.जी.-365, एच.जी.-563, आर.जी.सी.-936, आर.जी.एम.-112।
- ***बुवाई का समय :*** रबी में सरसों उगाने की स्थिति में : जुलाई का प्रथम सप्ताह।
  रबी में गैंहू उगाने की स्थिति में : जुलाई का दूसरा व तीसरा सप्ताह।
  रबी में खाली खेत छोड़ने की स्थिति में : जुलाई का दूसरा व तीसरा सप्ताह।

- ***बीज दर, व अन्तर कतारों की दूरी :*** जयपुर, अलवर, भीलवाड़ा : 18-20 कि.ग्राम/हैक्टर.; 30-35 सें.मी.
  पाली, जालौर : 15-16 कि.ग्राम/हैक्टर.; 40-50 सें.मी.
- ***रसायन उर्वरक प्रबंध :*** जयपुर, अलवर, भीलवाड़ा : 20-30 कि.ग्राम नत्रजन +40-50 कि.ग्राम पी$_2$ओ$_5$ +25 कि.ग्राम जिंक सल्फेट./हैक्टर बुवाई से पूर्व।
  पाली, जालौर : 20 कि.ग्राम डी.ए.पी. + जिंक सल्फेट 25 कि.ग्राम./हैक्टर या 45-50 दिन बाद 1% यूरिया का छिडकाव करें।
- ***निराई गुड़ाई :*** 2-3 बार गहरी गुड़ाई वर्षा समाप्ति या सिंचाई के बाद अवश्य करें।
- ***बीज उपचार :*** 2 ग्राम बैविस्टिन/किलोग्राम बीज/लीटर पानी।
- ***खरपरतवार नियंत्रण :*** फसल को 30-40 दिन की अवधि तक हाथों से खरपतवार रहित रखें या 1.5 कि.ग्राम ट्रिफ्लान/बेसालीन हैक्टर की दर से घोल बनाकर, फॅसल बुवाई से पूर्व भूमि में दें।
- ***व्याधि नियंत्रण :*** जीवाणुज पर्ण अंगमारी : (अधिक नमी व गर्मी की स्थिति में): फसल बोने के 40-50 दिन बाद स्ट्रेप्टोसाईक्लिन (150 पी.पी.एम.) +ब्लीटॉक्स (0.2%) द्वारा एक या दो छिड़काव करें।
  आल्टरनेरिया पत्ती झुलसा: (अधिक नमी व गर्मी की स्थिति में): डाईथेन एम.45 (0.2%) द्वारा पत्तियों पर छिड़काव करें।
  चूर्ण आसिता (देरी से बोने की स्थिति में): सल्वाडोरा (2.0%) द्वारा 35-40 दिन बाद पत्तियों पर छिड़काव करें।
  मूल व तना विगलन रोग : ग्रीष्म जुताई करें तथा फसल बुवाई के 15-20 दिन बैविस्टिन (0.1%) रसायन द्वारा छिड़काव करें।
- ***सिंचाई प्रबंध :*** फूल-फलियां आने की अवस्था (40-50 दिन) में **मीठे पानी से या खारे जल होने पर भी एक सिंचाई अवश्य करें।**

हरियाणा

हरियाणा, ग्वारकी वृद्धि के संदर्भ में, सबसे महत्वपूर्ण राज्य के रूप में उभर रहा है। प्रदेश में ग्वार वैज्ञानिकों, प्रबंधको, विस्तार मशीनरी तथा प्रदेश सरकार के कृषि अधिकारियों का कृषकों, ग्वार गोंद उद्योगों व दूसरी संबधित ईकाइयों के साथ बेहतरीन तालमेल नजर आता है। यही कारण है कि हरियाणा राज्य में वर्ष 1997-98 में ग्वार का क्षेत्र, उत्पादन तथा उत्पादकता मात्र 1.47 लाख है., 1.08 लाख टन व 740 कि.ग्राम/है. क्रमशः था, जबकि वर्ष 2007-2008 में ये आंकड़े बढ़कर लगभग 4.00 लाख है., 4.5 लाख टन तथा 1200 कि.ग्राम/है. हो गये हैं, जो कि अद्भुत तथा प्रशंसनीय हैं। अतः स्थिति को आगे बढ़ाते हुए ग्वार के क्षेत्र में क्रान्ति लाने की इस राज्य में पूरी संभावना है। यदि ऐसी ही सकारात्मक स्थिति बनी रहती है तथा उचित कदम उठाये जाते रहते हैं, तो यह संभव है कि आने वाले 4-5 वर्षों में हरियाणा एक **ग्वार प्रदेश** (ग्वार हब) कहलाने लगेगा। ग्वार में

वृद्धि के कुछ कारण हैं जैसे 75-80% कृषकों द्वारा उन्नत किस्मों का ही बीज उपयोग करना, तथा आवश्यकता पड़ने पर कृषक एक या दो सिंचाईयों अवश्य देते हैं, उत्पादन व व्याधियों संबन्धित नई तकनिकियों को भी अपनाते हैं।

हरियाणा में ग्वार की खेती मुख्य रूप से सिरसा, हिसार, भिवानी, महेन्द्रगढ़ तथा रेवाड़ी जनपदों में की जाती हैं। हरियाणा में ग्वार की वृद्धि को और अधिक बढ़ाने के लिए निम्नलिखित बातों व तकनिकियों पर ध्यान देने की आवश्यकता है।

- ***प्राथमिकताएं :*** **सम्पूर्ण उत्पादन तकनीकी का हस्तान्तरण**
- ***फसल क्रंमाक :***

  सींचित अवस्था (मीठे पानी की उपलब्धता)

  ग्वार-गैंहू (लम्बी अवधि की ग्वार की किस्में: एच.जी.2-20, एच.जी.-884)

  ग्वार-सरसों (जल्दी पकने वाली ग्वार की किस्में: एच.जी-365, एच.जी.-563)

  (खारे जल की उपलब्धता)

  ग्वार - गैंहू

  ग्वार - राया

  सितम्बर में वर्षा

  ग्वार - खाली खेत

  ग्वार (जल्दी पकने वाली किस्म) चना (15-20 सितम्बर तक फसल बुवाई)
- ***फसल न्यूनतापूरक :*** सिरसा जनपद : कपास

  हिसार, भिवानी, महेन्द्रगढ़, रेवाड़ी : बाजरा, तिल, ज्वार
- ***उन्नत किस्में :*** जल्दी पकने वाली किस्में : एच.जी-365, एच.जी.-563 (भिवानी, महेन्द्रगढ़, रेवाड़ी)

  देरी से पकने वाली किस्में : एच.जी.2-20, एच.जी.-884, एच.जी.-870 (सिरसा तथा हिसार जनपद में पानी की सुविधा होने, भूजल का ऊंचा होना दोमट या रेतीली दोमटी मृदा होने के कारण लम्बी अवधि वाली किस्में उत्तम रह सकती है) जबकि, दूसरे जनपदों में जल्दी पकने वाली किस्में उत्तम रहेंगी।
- ***बोने का समय :*** एच.जी-365, एच.जी.-563: जून का दूसरा पखवाड़ा

  एच.जी.2-20, एच.जी.-884, एच.जी.-870: जुलाई का दूसरा सप्ताह
- ***बीज दर व अन्तर कतारों की दूरी :*** एच.जी-365, एच.जी.-563:16-18 कि.ग्रा./है.; 30-35 सें.मी.

  एच.जी.2-20, एच.जी.-884, एच.जी.-870: 15-16 कि.ग्रा./है.; 40-45 सें.मी.
- ***उर्वरक प्रबंध :*** सरसा व हिसार जनपद : 20 कि.ग्राम नत्रजन/है. +40 कि.ग्राम पी$_2$ओ$_5$/है. + 25 कि.ग्राम जिंक सल्फेट/है; फसल बुवाई से पूर्व भूमि में दिया जाये।

  भिवानी, महेन्द्रगढ़, रेवाड़ी : 20 कि.ग्राम नत्रजन/है.; 40 कि.ग्राम पी$_2$ओ$_5$/है. फसल बुवाई से पूर्व भूमि में दिया जाये या 1% यूरिया का फसल बोने के 40-50 दिन बाद छिड़काव करें।

- ***पौध संरक्षण :*** सिरसा व हिसार जनपद (मुख्य रूप से)

  जीवाणुज पर्ण अंगमारी बीमारी की रोकथाम करने के लिए निम्नलिखित बीज उपचार तथा खड़ी फसल पर छिड़काव करें।

  बीज उपचार : ग्वार के बीजों को बोने से पूर्व स्ट्रेप्टोसाईक्लिन (1 ग्राम/किलो बीज/एक लीटर पानी) द्वारा उपचार करें।

  रसायन छिड़काव : फसल बोने के 40-45 दिन बाद स्ट्रेप्टोसाईक्लिन (150 पी.पी.एम.). ब्लीटॉक्स (0.2%) द्वारा एक छिड़काव करें।
- ***खरपरतवार नियंत्रण :*** फसल को 25-30 दिन की अवधि तक आवश्यक रूप से खरपतवार रहित रखें।
- ***सिंचाई व्यवस्था :*** सिंचाई जल की सुविधा उपलब्ध होने पर फूल व फलियों की अवस्था (45-60 दिन) में नहर द्वारा या नलकूप के खारे पानी द्वारा भी *एक सिंचाई की जानी आवश्यक है।*

पंजाब

ग्वार के संदर्भ में पंजाब राज्य का महत्व कम है इसका कारण है कि सीमित क्षेत्र (28 हजार है.) में ही इसकी खेती की जाती है, तथा ग्वार मुख्य रूप से भटिण्डा, मनसा, फिरोजपुर व मुक्तसर जनपदों में उगाया जाता है। ग्वार का उत्पादन काफी कम लगभग 22.2 हजार टन है, परन्तु इसकी उत्पादकता (796 कि.ग्राम/है.) काफी संतोषजनक है। अतः ग्वार के क्षेत्र को बढ़ाकर इसके उत्पादन को अच्छी ऊँचाईयों तक पहुंचाया जा सकता है। ग्वार की खेती पंजाब के इन जनपदों मे पलेवा के रूप में एक सिंचाई देकर की जाती है। अतः बीजों के अंकुरण की कोई समस्या नहीं है। इसके अतिरिक्त इन जनपदों की भूमि की संरचना भी संतोषजनक है। अतः पंजाब के इन जनपदों में ग्वार की सघन खेती हेतु निम्नलिखित बिन्दुओं पर ध्यान देने की आवश्यकता है।

- ***प्राथमिकता :*** **ग्वार क्षेत्र को बढ़ाना**
- ***फसल क्रमांक :*** अधिकतर ग्वार-गैंहू; ग्वार-सरसों (सीमित स्तर पर)
- ***न्यूनतापूरक :*** कपास व मूंगफली का खेती की पूर्ति ग्वार द्वारा की जा सकती है, चूंकि उपरोक्त खेती मंहगी, कम आमदनी वाली तथा अस्थिर जानी जाती हैं।
- ***उन्नत किस्में :*** मुख्य रूप से जल्दी पकने वाली किस्में ही पंजाब के उपरोक्त जनपदों के लिए उत्तम पायी गई है इसका कारण खरीफ व रबी दोनों मौसम में सघन फसलों का लिया जाना है। अतः एच.जी-365, एच.जी.-563, अगेती ग्वार-112 व आर.जी.सी.-936 किस्में उपयुक्त समझी जाती है।
- ***बुवाई का समय :*** मध्य जून से जून का अन्तिम सप्ताह।
- ***बीज दर व अन्तर कतारों की दूरी :*** 15-18 कि.ग्रा.बीज/है. तथा कतारों की दूरी 30-35 सें.मी.

- ***रसायन उर्वरक प्रबंध :*** 20-30 कि.ग्राम.डी.ए.पी.+ 25 कि.ग्राम जिंक सल्फेट/है.; फसल बुवाई से पूर्व भूमि में दिया जाये।
- ***सिंचाई प्रबंध :*** फसल बुवाई से पूर्व एक सिंचाई पलेवा के रूप में दी जाये तथा एक सिंचाई बोने के 40-45 दिन बाद दी जानी चाहिए।
- ***खरपरतवार नियंत्रण :*** फसल को 30-40 दिन तक पूरी तरह खरपतवार रहित रखना चाहिए। ऐसा खुर्पी द्वारा निराई गुड़ाई करके या बेसालिन या ट्रिफ्लॉन @1.5 कि.ग्राम/है. भूमि की ऊपरी पर्त में, खेत तैयार करते समय मिला देना चाहिये।

आन्ध्र प्रदेश

आन्ध्र प्रदेश के वर्षा पर निर्भर क्षेत्रों में, उगाई जाने वाली तिलहनों में मूंगफली सबसे महत्वपूर्ण फसल है। जो लगभग 20 लाख हैक्टर क्षेत्र में उगाई जाती है। रॉयलसीमा क्षेत्र मे मूंगफली का क्षेत्र लगभग 5 लाख हैक्टर है। इन क्षेत्रों में मूंगफली मंहगी तथा अस्थिर फसल होती जा रही है। अतः मूंगफली के लगभग 1 लाख हैक्टर क्षेत्र को ग्वार में परिवर्तित करने के लिए मरू दलहन परियोजना, एन.जी.आर.ए.यू के क्षेत्रीय केन्द्र तिरूपति के वैज्ञानिकों तथा आन्ध्र सरकार के कृषि विभाग के संयुक्त प्रयासों द्वारा इसमें सफलता मिली है तथा अन्नतपुर, कोड्प्पा, व चित्तुर में वर्षा पर निर्भर क्षेत्रों के लिए कम लागत वाली फसल के रूप में ग्वार को अपनाया जा रहा है, तथा उपज 800-1200 कि.ग्राम/हैक्टर प्राप्त की गई है (चित्र 2 व 3)। इन क्षेत्रों के लिए मुख्य तकनीकी बिन्दू निम्न प्रकार से हैं।

- ***प्राथमिकता :*** **ग्वार क्षेत्र में बढ़ोतरी व स्थिर उत्पादन**
- ***उन्नत किस्में :*** आर.जी.एम.-112, एच.जी-563, आर.जी.सी.-1003 व आर.जी.सी.-936 किस्में उपयुक्त समझी जाती है।
- ***बुवाई का समय :*** असिंचित अवस्था : जून का माह।
सिंचित अवस्था : जनवरी का माह।
- ***बीज दर व अन्तर कतारों की दूरी :*** 15-16 कि.ग्रा. बीज/है.; 45 x 10 से.मी., क्रमशः
- ***रसायन उर्वरक प्रबंध :*** नत्रजन 10- पी$_2$ओ$_5$ 20/है. जिंक सल्फेट 25 कि.ग्राम/है.
- ***अन्तर फसल पद्धति :*** ग्वार + अरहर (1 : 7)
- ***बीज उपचार :*** एक ग्राम स्ट्रेप्टोसाईक्लिन/लीटर पानी में घोल बना कर एक किलो बीज की दर से उपचारित करके बोना चाहिए।
- ***खरपरतवार नियंत्रण :*** वर्षा पर निर्भरता के कारण ग्वार की फसल को खरपतवारों से 35-40 दिन तक पूर्ण रूप से मुक्त रखना आवश्यक है। ऐसा हाथ से खुर्पियों द्वारा करना चाहिये या खरपतवार नियंत्रक रसायन, बेसालिन @1.5 किलोग्राम/है. (एक्टिव इन्ग्रेडिऐंट) बुवाई से पूर्व भूमि में प्रयोग किया जाये।

चित्र 2. ग्वार का आर.ए.आर.एस. तिरूपति (आन्ध्रप्रदेश) में वर्ष–2003 में प्रथम सफल प्रदर्शन

चित्र 3. ग्वार का रॉयल सीमा क्षेत्र (आन्ध्रप्रदेश) में वर्षा पर आधारित परिस्थितियों में पुर्नःस्थापन

मध्य प्रदेश

मध्य प्रदेश में ग्वार की खेती मुख्य रूप से भिण्ड, शिवपुरी, मुरैना, ग्वालियर, दंतिया तथा गुना जनपदों में वर्षा पर आधारित (400-750 मि.मि.) स्थितियों में की जाती है। इन जनपदों में ग्वार को एकल तथा मिश्रित खेती दोनों रूप में उगाया जाता है। मध्य प्रदेश में ग्वार का एकल व मिश्रित खेती के रूप में क्षेत्र लगभग 11.6 हजार व 39.12 हजार हैक्टर क्रमशः है तथा उत्पादकता लगभग 316 कि.ग्राम./हैक्टर है जो की सराहनीय है। अतः ग्वार के संदर्भ में मध्यप्रदेश एक मुख्य प्रदेश नहीं है। परन्तु यह पाया गया है कि फसल बुवाई के 40-50 दिन बाद, खेत में 20-25 दिन तक पानी खड़े रहने की अवस्था में भी ग्वार की वृद्धि व उपज पर प्रतिकूल प्रभाव नगण्य पाया गया है। ग्वार के संबध में उत्पाद प्रौद्योगिकी के मुख्य बिन्दू निम्न प्रकार हैं।

- *प्राथमिकताएं :* **सम्पूर्ण उत्पादन तकनीकी का हस्तान्तरण**
- *उन्नत किस्में :* जल्दी पकने वाली तथा शाखित किस्में मध्यप्रदेश के लिए उपयुक्त पाई गई हैं, जैसे : एच.जी-365, एच.जी-563, आर.जी.सी.-936, आर.जी.सी.-1002 व आर.जी.सी.-1003
- *बुवाई का समय :* सामान्य स्थिति में जुलाई का प्रथम सप्ताह अच्छे उत्पादन के लिए महत्वपूर्ण पाया गया है। वर्षा के पानी के खड़े रहने की स्थिति में फसल बुवाई का कार्य मध्य से जुलाई के अन्त तक भी किया जा सकता है।
- *बीज दर व अन्तर कतारों की दूरी :* समय पर बुवाई : 16-18 कि.ग्राम व देरी से बुवाई 18-20 कि.ग्रा.बीज/हैक्टर।
  कतारों की दूरी : 35-40 से.मी.
- *रसायन उर्वरक प्रबंध :* वर्षा की मात्रा अपेक्षाकृत संतोषजनक (400-700 मि.मि.) होने के कारण उर्वरकों का उपयोग अत्यन्त आवश्यक है जो कि निम्न प्रकार है
  नत्रजन 20 + पी$_2$ओ$_5$ 40 + जिंक सल्फेट 25 कि.ग्राम/है.
  फसल की बुवाई के पूर्व देना आवश्यक है।
- *पौध संरक्षण :* जीवाणुज पर्ण अंगमारी बीमारी की रोकथाम करने के लिए निम्नलिखित बीज उपचार तथा खड़ी फसल पर छिड़काव करें।
  बीज उपचार : ग्वार के बीजों को बोने से पूर्व स्ट्रेप्टोसाईक्लिन (1 ग्राम/किलो बीज/एक लीटर पानी) द्वारा उपचार करें।
  रसायन छिड़काव : फसल बोने के 40-45 दिन बाद स्ट्रेप्टोसाईक्लिन (150 पी.पी.एम.). ब्लीटॉक्स (0.2%) द्वारा एक छिड़काव करें।
- *सिंचाई व्यवस्था :* सिंचाई जल की सुविधा उपलब्ध होने पर फूल व फलियों की अवस्था (45-60 दिन) में शुष्कता की अवस्था में एक सिंचाई नहर के पानी से दी जानी चाहिए।
- *खरपरतवार नियंत्रण :* फसल को 30-40 दिन की अवधि तक अवश्य रूप से खरपतवार रहित रखें।
- *न्यूनतापूरक :* ग्वार की फसल कम उपज वाली व कम आय वाली बाजरा तथा मूंगफली का स्थान ले सकती है। इसी प्रकार अस्थिर सोयाबीन की फसल का भी ग्वार की फसल स्थान ले सकती है।

- ***फसल क्रंमाक :*** समतल भूमियों में, सिंचाई जल की उपलब्धता में : ग्वार-गैंहू
  असमतल भूमियों में जैसे : भिण्ड, शिवपुरी, मुरैना इत्यादि क्षेत्रों में : ग्वार-खाली खेत

भविष्य का दृष्टिकोण

- ग्वार उत्पादन प्रौद्योगिकी को और सरल तथा सुविधाजनक बनाया जाना चाहिए, तथा प्रौद्योगिकी सदैव ही एकीकृत माध्यम में होनी चाहिए, ताकि इसका हस्तान्तरण तुरन्त हो सके
- प्रौद्योगिकी को राज्य व अनुसंधान केन्द्रों पर विकसित करने के बाद एकीकृत माध्यम में जनपद व मंडल स्तर पर आंकलन किया जाना चाहिए।
- वातावरण संबधी परिवर्तन, वैश्विक तापक्रम में बढ़ोतरी, कृषि उत्पादों की कीमत में ठहराव तथा महंगे होते हुए कृषि आगम के कारण ग्वार की उत्पादन प्रौद्योगिकी का सस्ता होना चाहिए।
- ग्वार गोंद, व गोंद की अधिक मात्रा तथा मुख्य बीमारियों संबधित आनुवंशिक स्त्रोंतो के स्थिरीकरण की भारी आवश्यकता है।

लेखीय अनुक्रमणिका

ल

व

श

श्र